NOUVELLES SUITES

A

BUFFON,

FORMANT,

avec les œuvres de cet auteur,

UN COURS COMPLET D'HISTOIRE NATURELLE.

Collection

accompagnée de Planches.

PARIS

A LA LIBRAIRIE ENCYCLOPÉDIQUE DE RORET,

Rue Hautefeuille, N° 10 bis.

POURRAT Frères, Rue des Petits Augustins, N° 5.

HISTOIRE NATURELLE

DES

VÉGÉTAUX.

—

PHANÉROGAMES.

XI.

IMPRIMERIE SCHNEIDER ET LANGRAND,
rue d'Erfurth, 4.

HISTOIRE NATURELLE

DES

VÉGÉTAUX.

—

PHANÉROGAMES.

Par M. Édouard SPACH,

AIDE-NATURALISTE AU MUSÉUM D'HISTOIRE NATURELLE, MEMBRE
DE PLUSIEURS SOCIÉTÉS SAVANTES.

TOME ONZIÈME.

OUVRAGE ACCOMPAGNÉ DE PLANCHES.

PARIS,

LIBRAIRIE ENCYCLOPÉDIQUE DE RORET,

RUE HAUTEFEUILLE, N° 10 BIS.

—

1842.

VÉGÉTAUX PHANÉROGAMES

DICOTYLÉDONES.

VEGETABILIA DICOTYLEDONEA.

TRENTE-NEUVIÈME CLASSE.

LES PIPÉRINÉES.

PIPERINEÆ Bartl.

CARACTÈRES.

Herbes ou *arbustes.* Tiges et rameaux noueux avec articulation, cylindriques, ou irrégulièrement anguleux.

Feuilles opposées, ou verticillées, ou rarement alternes, simples, nerveuses (rarement penninervées), indivisées (le plus souvent très-entières) point stipulées, ou munies d'une stipule intra-pétiolaire.

Fleurs hermaphrodites ou diclines, apérianthées, 1-à 3-bractéolées (rarement ébractéolées), disposées en épis ou en grappes (quelquefois accompagnés d'un involucre coloré ou d'une spathe colorée).

Périanthe nul.

Étamines au nombre de 2 à 6 (rarement plus), hypogynes, ou insérées sur la paroi de l'ovaire. Filets libres. Anthères 1-ou 2-thèques, adnées au filet : bourses déhiscentes chacune par une fente longitudinale.

Pistil : Ovaire solitaire, 1-loculaire, 1-à 3-style, 1-ou

pluri-ovulé ; ou bien 2 à 4 ovaires soit disjoints dès leur base, soit cohérents seulement inférieurement, 1-loculaires, 1-ou pluri-ovulés, 1-styles. Ovules orthotropes.

Péricarpe capsulaire, ou drupacé, ou baccien.'

Graines munies d'un périsperme charnu ou farineux, copieux. Embryon petit ou minime, inclus, ou extraire, antitrope, situé à l'extrémité opposée au hile, le plus souvent recouvert d'une enveloppe distincte du périsperme.

Cette classe comprend les *Saururées*, les *Pipéracées*, et les *Chloranthées*.

CENT QUATRE-VINGTIÈME FAMILLE.

LES SAURURÉES. — *SAURUREÆ.*

Saururæ L. C. Rich. Anal. du fruit. — A. Rich. Élém. de Bot.; id.
in Dict. class. d'hist. nat. XV. — E. Meyer (*Dissertatio de Houttuynia
et Saurureis,* 1827). — Bartl. Ord. Nat. p. 84. — Endl. Gen. Plant.
p. 266. — *Saururaceæ* Lindl. Nat. Syst. ed. 2, p. 184. — *Alismacearum*
genn. Reichb. Consp.

Cette famille, très-voisine des Pipéracées, ne comprend qu'un petit nombre d'espèces, dont la plupart
habitent la zone équatoriale.

Caractères de la Famille.

Herbes (la plupart aquatiques) à rhizome rampant et
articulé (souvent écailleux aux articulations), ou tubéreux. Tige simple ou peu rameuse (quelquefois très-
courte ou nulle), noueuse, feuillée.

Feuilles (les radicales roselées) alternes, pétiolées,
très-entières, nerveuses, et accompagnées de stipules
solitaires, membraneuses, intra-pétiolaires, spathacées
(fendues antérieurement), adnées inférieurement au pétiole; lorsque les feuilles sont dépourvues de stipule, le
pétiole est engaînant par sa base, et ailé aux bords.

Fleurs hermaphrodites, 1-à 3-bractéolées, agrégées
en grappes ou en épis. Inflorescences solitaires ou géminées au sommet d'un pédoncule-commun (radical,
ou oppositifolié, ou terminal), ordinairement accompagnées chacune d'un involucre d'une ou de plusieurs
bractées spathacées, colorées.

Étamines au nombre de 3 à 6 (ou moins souvent
plus), 1-sériées, hypogynes, ou insérées sur la paroi de
l'ovaire. Filets filiformes ou claviformes, libres. An-

thères adnées au filet, oblongues, ou ovales, 2-thèques, latéralement déhiscentes; bourses parallèles, bilatérales, séparées par un connectif étroit.

Pistil : 3 à 5 ovaires disjoints dès leur base, ou cohérents seulement inférieurement, 1-styles, 1-loculaires, pauci- ovulés; ou bien ovaire solitaire, 1-ou 3-à 5-loculaire, 3-à 5-style, pluri-ovulé. Ovules ascendants, orthotropes, bisériés sur chaque placentaire. Styles grêles, persistants, obtus, recourbés et papilleux au sommet.

Péricarpe baccien ou capsulaire.

Graines solitaires ou peu nombreuses (sur chaque placentaire), petites, ascendantes, ou vagues. Tégument coriace. Hile basilaire. Périsperme farineux. Embryon minime, antitrope, obcordiforme, intraire, recouvert d'une enveloppe distincte du périsperme.

Cette famille renferme les genres suivants :

. *Saururus* Linn. (Mattuschia Gmel.) — *Houttuynia* Thunb. (Polypara Loureir.) — *Spathium* Loureir. — *Aponogeton* Thunb. (Apogeton Schrad. Amogeton Neck.) — *Ouvirandra* Thouars. (Hydrogeton Pers.)

Genre SAURURE. — *Saururus* Linn.

Fleurs 1-bractéolées, pédicellées, disposées en grappes spiciformes point involucrées; bractéole naviculaire, adnée inférieurement au pédicelle. Étamines 4 à 8 (ordinairement 6), hypogynes; filets filiformes, épaissis vers leur sommet; anthères elliptiques-oblongues, obtuses. Pistil de 4 (moins souvent de 3 ou de 5) ovaires disjoints, connivents, 1-loculaires, 1-styles, pauci-ovulés; ovules attachés à l'angle interne des loges. Péricarpe de 4 (moins souvent de 3 ou de 5) follicules charnus, indéhiscents, par avortement 1-spermes. Graines subglobuleuses, rugueuses. — Herbe vivace, à rhizome rampant, articulé, point écailleux, radicant aux articulations. Tige rameuse,

feuillée, anguleuse, flexueuse. Feuilles grandes, cordiformes, point stipulées; pétiole ailé aux bords, engaînant par la base. Grappes longues, solitaires, oppositifoliées, nutantes au sommet; pédicelles courts, filiformes,
couverts (de même que les bractéoles et les ovaires) d'un
duvet court, laineux, ferrugineux, à poils articulés. Fleurs
petites, blanchâtres. — L'espèce suivante constitue à elle
seule le genre.

SAURURE À ÉPIS PENCHÉS. — *Saururus cernuus* Linn. —
Pluk. tab. 117. — Mirb. in Ann. du Mus. XVI, tab. 19. —
Schk. Handb. tab. 103. — A. Rich. in Dict. class. cum fig.—
Saururus lucidus Spreng. Syst. — Jacq. fil. Eclog. tab. 18.
— Tige haute de 1 pied à 2 pieds, dressée, ou ascendante, pubérule. Feuilles longues de 2 à 4 pouces, d'un vert foncé en
dessus, d'un vert glauque et pubérules en dessous, ovales, ou
ovales-lancéolées, plus ou moins profondément cordiformes à la
base; pétiole long de 1 pouce à 2 pouces. Grappes longues de
3 à 6 pouces. Étamines plus longues que le pistil.—Cette plante
croît aux États-Unis (où on l'appelle *Lys de marais*), dans les
marais et les étangs; sa racine, broyée et appliquée en cata-
plasme, passe pour émolliente.

Genre HOUTTUYNIE. — *Houttuynia* Thunb. (1).

Fleurs 1-bractéolées, 3-andres, sessiles, agrégées en
épis solitaires accompagnés d'un involucre de 3 ou 4
bractées colorées, marcescentes, simulant une corolle.
Etamines insérées vers le milieu de la paroi de l'ovaire,
persistantes; filets filiformes, élargis au sommet; anthères
petites, elliptiques, obtuses. Pistil : Ovaire solitaire,
ovoïde, 3-sulqué, 1-loculaire, 3-céphale, 3-style, hiant au
sommet entre les styles; placentaires 3, pariétaux, linéaires, alternes avec les styles, 4-8-ovulés. Styles courts. Péricarpe un peu charnu, 3-céphale, évalve, hiant au sommet (2), ovoïde, 3-cuspidé (par les styles); placentaires par

(1) Ce genre avait été placé, par plusieurs auteurs, dans les Alismacées.
(2) Comme le fruit des *Reseda*.

avortement oligospermes. Graines ovales ou subglobuleuses, vagues, apiculées aux 2 bouts, très-petites. — Herbe vivace, à rhizome rampant, rameux, radicant et écailleux aux articulations. Tige rameuse, feuillée. Feuilles cordiformes, accompagnées d'une stipule spathacée, adnée inférieurement au pétiole. Épis solitaires, cylindracés, courts, très-denses, oppositifoliés. Involucre blanc, à l'époque de la floraison plus long que l'épi. — On ne peut rapporter à ce genre, avec certitude, d'autre espèce que la suivante.

HOUTTUYNIE A FEUILLES CORDIFORMES. — *Houttuynia cordata* Thunb. Jap. tab. 26. — Bot. Mag. tab. 2731. — *Polypara cochinchinensis* Loureir. — Tiges flexueuses, anguleuses, hautes de 1 pied à 2 pieds. Feuilles larges de 1 pouce à 3 pouces, subcoriaces, glabres et d'un vert gai en dessus, en dessous ponctuées, pubérules aux nervures, d'un vert glauque, exactement cordiformes, ou cordiformes-orbiculaires, courtement acuminées, acérées ; pétiole long de 6 à 18 lignes; stipule liguliforme, obtuse, brunâtre, scarieuse, de moitié plus courte que le pétiole. Pédoncules plus ou moins divergents, accrescents : les fructifères longs d'environ 1 pouce. Bractées-involucrales elliptiques-oblongues, obtuses, planes, étalées, inégales, longues de 4 à 7 lignes. Fleurs petites. Anthères jaunes. Épis-fructifères longs d'environ 1 pouce. Capsules longues à peine de 1 ligne. Graines brunes, du volume de celles du Pavot. — Cette plante croît dans l'Inde, ainsi qu'en Chine et au Japon; on la cultive dans les collections d'orangerie.

Genre SPATHIUM. — *Spathium* Loureir.

Fleurs sessiles, 2-bractéolées, 6-andres, agrégées en épis solitaires accompagnés d'un involucre monophylle, coloré, caduc. Étamines hypogynes; filets subulés, étalés. Pistil de 3 ou 4 ovaires 1-loculaires, 1-styles, 2-à 4-ovulés, cohérents inférieurement; ovules attachés vers la base de l'angle interne des loges. Capsule de 3 ou 4 follicules cohérents inférieurement, 1-4-spermes, s'ouvrant par la suture antérieure. Graines dressées, acuminées, lisses. — Herbes acaules, à rhizome tubéreux. Feuilles en général flottantes, longuement pétiolées, oblongues, cordiformes à la base, nerveuses. Hampes terminées par un seul épi. Spathe cordiforme, pétiolée. Bractéoles cunéiformes, colorées, collatérales. — Ce genre appartient à l'Asie équatoriale et subéquatoriale. Les tubercules de ces plantes sont mangeables.

SPATHIUM DE CHINE. — *Spathium chinense* Loureir. Flor. Cochinch. — *Aponogeton monostachyum* Lin. fil. — Andr. Bot. Rep. tab. 406. — Roxb. Corom. tab. 81. — *Saururus natans* Linn. Mant. — *Parua kelanga* Hort. Malab. vol. 2, tab. 15. — Herbe aquatique. Feuilles flottantes, longuement pétiolées, linéaires-oblongues, cordiformes à la base, lisses, 3-ou 5-nervées, longues de 3 à 6 pouces, larges d'environ 1 pouce. Hampes striées, obscurément trigones, aussi longues que les feuilles. Épis denses, flexueux. Fleurs odorantes. Spathe blanche de même que les bractéoles ; celles-ci persistantes, concaves. Filets marcescents, plus courts que les bractéoles. Anthères bleues. Péricarpe de 3 follicules 4-8-spermes. Graines oblongues. — Cette espèce croît dans l'Inde et en Chine, dans les eaux basses et stagnantes ; ses tubercules ont la saveur de la pomme de terre, et sont estimés comme aliment. Chez nous, la plante se cultive pour l'ornement des serres.

SPATHIUM-A FEUILLES CRÉPUES. — *Spathium (Aponogeton) crispum* Thunb. — *Aponogeton undulatum* Roxb. Flor. Ind. ed. 2, vol. 2, p. 211. — Racine stolonifère. Feuilles flottantes ou submergées, pétiolées, lancéolées, ondulées, 3-ou 5-nervées, veineuses, longues de 4 à 6 pouces, larges à peine de 1 pouce ; pétiole comprimé, plus court que la feuille. Hampes cylindriques, lisses. Épis denses. Bractées et étamines comme chez l'espèce précédente. Fleurs 3-ou 4-gynes. Follicules 1-ou 2-spermes, lisses. Graines oblongues. (*Roxburgh, l. c.*) — Cette espèce croît au Bengale.

SPATHIUM A PETITES FEUILLES. — *Spathium (Aponogeton) microphyllum* Roxb. l. c. — Feuilles sessiles, étalées sur terre, subsemi-cylindriques, longues d'environ 1 pouce, larges de 1 ½ ligne. Hampe dressée, cylindrique, lisse, 3 à 4 fois plus longue que les feuilles. Épi presque dressé, dense. Fleurs d'un beau bleu. Péricarpe de 3 follicules 1-ou 2-spermes. Graines globuleuses. (*Roxburgh, l. c.*) — Cette espèce croît au Boutan, dans les localités humides.

Genre APONOGÉTON. — *Aponogeton* Thunb.

Fleurs 1-ou 2-bractéolées, sessiles, distiques, 6-à 18-andres, agrégées en épis bifurqués accompagnés d'un involucre 2-phylle, coloré, persistant. Étamines insérées au-dessus de la base de l'ovaire. Pistil de 3 à 5 ovaires cohérents inférieurement, 1-loculaires, 1-styles, 2-à 4-ovulés ; ovules insérés vers la base de l'angle interne des loges. Capsule de 3 à 5 follicules cohérents inférieurement, 1-à 4-spermes, déhiscents par la suture antérieure. Graines dressées, oblongues, lisses. — Herbes aquatiques, à rhizome tubéreux. Feuillés flottantes, longuement pétiolées, oblongues, nerveuses ; pétiole ailé, engaînant. Hampes flasques, cylindriques, terminées en épi bifurqué. Involucre à bractées blanches, spathacées, alternes avec les branches de l'épi. Bractéoles collatérales, colorées. Une fleur sessile dans la dichotomie de l'épi. Fleur-terminale de chaque épi 3-bractéolée. — Ce genre appartient à l'Afrique australe ; on en connaît 5 espèces, dont voici la plus notable.

APONOGÉTON A ÉPIS BIFURQUÉS. — *Aponogeton distachyum* Thunb. Cap. — Bot. Mag. tab. 1293. — Feuilles oblongues ou lancéolées-oblongues, acuminulées, longuement pétiolées, glabres, lisses en dessus, scabres en dessous. Hampes longues, grêles, redressées au sommet. Épis longs d'environ 1 pouce. — Cette plante se cultive dans les collections de serre.

CENT QUATRE-VINGT-UNIÈME FAMILLE.

LES PIPÉRACÉES. — *PIPERACEÆ.*

Piperaceæ Rich. in Humb. Bonpl. et Kunth, Nov. Gen. et Spec. I,
p. 39. — E. Meyer, in Diss. de Houttuynia, p. 9. — Reichb. Consp.
p. 85. — Bartl. Ord. Nat. p. 85. — Lindl. Nat. Syst. ed. 2, p. 185. —
Endl. Gen. Plant. p. 265. — Kunth, in Ann. des Sciences Nat. 2ᵉ sér.
vol. 14 (1840), p. 175 (Revisio generum). — Miquel, in Bullet. des
Sciences physiques et naturelles en Néerlande, 1856, p. 447; id. in Ann.
des Sc. Nat. vol. 14 (1840), p. 167 (Revisio generum); id. Commentarii
phytographici (Monographia partialis). — *Piperiteæ* Dumort. Anal. —
Aristolochiaceæ, tribus I : *Pipereæ*, Reichb. Syst. Nat. p. 173.

Plusieurs botanistes célèbres ont cru devoir placer
cette famille parmi les Monocotylédones, à côté des
Aroïdées, avec lesquelles elle semblerait en effet avoir
beaucoup d'affinités, à ne considérer que le port et l'inflorescence; mais la structure de l'embryon et la germination des Pipéracées, aujourd'hui suffisamment étu-
diées, sont celles des Dicotylédones, à cela près que
leur sac-embryonnaire forme souvent autour de l'embryon une enveloppe distincte du périsperme (comme
chez les Nymphéacées), de sorte qu'à une observation
superficielle cet embryon paraît être indivisé; du reste,
les Pipéracées sont extrêmement voisines des Urticées,
auxquelles A. L. de Jussieu les avait réunies dans l'origine, et dont assez récemment encore M. Gaudichaud
n'a pas cru devoir les séparer. Beaucoup de Pipéracées
produisent des fruits fortement aromatiques (comme le
poivre noir), et cette propriété se retrouve, à un degré
plus ou moins prononcé, dans les autres parties de ces
végétaux; toutefois un certain nombre d'espèces sont
absolument insipides; quelques-unes ont des propriétés
narcotiques. La plupart des Pipéracées habitent la zone

équatoriale ; elles abondent surtout dans le nouveau
continent, et dans les archipels de la mer des Indes,
tandis qu'elles paraissent être très-rares en Afrique ;
aucune n'est indigène des contrées extra-tropicales de
l'hémisphère septentrional.

Caractères de la Famille.

Arbrisseaux ou *sous-arbrisseaux* (en général volu-
biles), ou *herbes* (le plus souvent succulentes). Bois sans
couches concentriques, mais muni de rayons-mé-
dullaires. Faisceaux-vasculaires des espèces herbacées
épars. Tiges et rameaux cylindriques, articulés, noueux.
Rameaux axillaires ou oppositifoliés. Sucs - propres
aqueux.

Feuilles opposées, ou verticillées, ou alternes, simples, très-entières, nerveuses, réticulées, stipulées, ou
non-stipulées, condupliquées ou convolutées en vernation ; pétiole (quelquefois très-court) à base engaînante.

Fleurs hermaphrodites ou dioïques, apérianthées,
1-bractéolées, ordinairement sessiles, disposées en
chatons spiciformes (terminaux, ou axillaires, ou oppositifoliés), nus, ou accompagnés chacun d'une spathe
herbacée.

Étamines en nombre défini (2 à 6), ou en nombre
indéfini, insérées (dans les fleurs hermaphrodites) sur
la paroi de l'ovaire. Filets courts, linéaires. Anthères
1-ou 2-thèques, extrorses (ou rarement introrses),
adnées au filet ; bourses déhiscentes chacune par une
fente longitudinale.

Pistil : Ovaire simple, inadhérent, 1-loculaire,
1-ovulé, couronné d'un stigmate indivisé, 3-à 5-fide, ou
pénicilliforme, sessile, souvent sublatéral. Ovule orthotrope, dressé, attaché au fond de la loge.

Péricarpe indéhiscent, légèrement charnu, 1-loculaire, 1-sperme.

Graine dressée, subglobuleuse, périspermée, attachée au fond de la loge ; tégument mince, cartilagineux. Périsperme charnu ou subcartilagineux, copieux, souvent creux au centre. Embryon apicilaire, antitrope, extraire, petit, turbiné, ou lenticulaire, recouvert d'une enveloppe charnue, distincte du périsperme ; cotylédons très-courts ; radicule supère.

La famille des Pipéracées se compose des genres suivants (1) :

Cubeba Miquel. — *Muldera* Miq. — *Piper* (Linn.) Miq. — *Macropiper* Miq. — *Pothomorphe* Miq. (Heckeria* Kunth.). — *Artanthe* Miq. (Steffensia Kunth). — *Micropiper* Miq. — *Peperomia* Ruiz et Pav. — *Laurea* Gaudich (Dugagelia Gaudich).—*Enckea* Kunth. — *Schilleria* Kunth. — *Zippelia* Blum. — *Serronia* Gaudich. (Ottonia Spreng).

Genre CUBÉBIER. — *Cubeba* Miquel.

Fleurs dioïques, sessiles, 1-bractéolées. Chatons pédonculés, oppositifoliés : les mâles plus grêles et plus petits que les femelles. — *Fleurs-mâles :* 2-à 5-andres. Filets cylindriques. Anthères ovoïdes, 2-thèques, extrorses. — *Fleurs-femelles :* Ovaire point stipité, ovoïde. Stigmate à 3 lobes linéaires, pointus, hispidules. Baie rétrécie en faux stipe. — Arbrisseaux ou sous-arbrisseaux grimpants. Feuilles membranacées ou coriaces, tripli- ou multiplinervées, alternes : celles des individus mâles ont souvent d'autres formes que celles des individus femelles. (*Miquel, Comment. Phyt.* p. 44.) — Ce genre appartient à l'Asie

---

(1) La plupart de ces genres, très-récemment établis, sont fondés aux dépens de l'ancien genre *Piper* de Linné.

équatoriale. M. Miquel y rapporte une vingtaine d'espèces.

CUBÉBIER OFFICINAL. — *Cubeba officinalis* Miq. l. c. tab. 1 et 2. — *Piper Cubeba* Linn. fil. (non aliorum, ex Miq.) — Arbuste grimpant, à tige grêle. Rameaux bifurqués. Feuilles pétiolées, glabres, coriaces, à peine luisantes en dessus, d'un vert pâle en dessous : les inférieures ovales, très - courtement acuminées, à base obliquement subcordiforme; les supérieures ovales-oblongues, plus petites, arrondies à la base, subquintupli-nervées. Pédoncules solitaires, à peu près aussi longs que les pétioles : les mâles grêles; les femelles plus gros. Baies globuleuses, plus courtes que leur stipe. (*Miquel, l. c.*) — Cette espèce, qui, suivant M. Miquel, a été confondue par la plupart des auteurs avec plusieurs espèces voisines, et notamment avec le *Piper caninum* Blum. (*Cubeba canina* Miq.), est propre à l'île de Java, où elle est fréquemment cultivée. Ses fruits, connus sous le nom de *Cubèbes* ou *Poivre à queue*, sont usités en thérapeutique à titre de remède tonique, stimulant et antiblénorrhagique; ces fruits sont noirâtres, du volume d'un Pois, et d'une saveur analogue à celle du Poivre noir, mais moins brûlante.

Genre POIVRIER. — *Piper* Linn.

Fleurs monoïques ou polygames, 1-bractéolées, sessiles; les mâles et les hermaphrodites diandres. Étamines latérales; filets courts, gros; anthères 2-thèques, extrorses, à connectif épais. Ovaire subglobuleux ou ovoïde, point stipité. Stigmate à 4 ou 5 lanières linéaires. Baie globuleuse, en général point rétrécie vers sa base. — Arbustes dressés ou grimpants. Feuilles tripli- ou multipli-nervées, alternes, pétiolées. Chatons oppositifoliés (sur les jeunes pousses), allongés, lâches. (*Miquel, l. c.*). — Ce genre appartient à l'Asie équatoriale.

POIVRIER NOIR. — *Piper nigrum* Linn. — Blackw. Herb. tab. 348. — Turp. in Dict. des Scienc. nat. Ic. — Hook. in Bot.

Mag. tab. 3139. — *Piper aromaticum* Poir. Encycl. — *Mo-laco-codi* Hort. Malab. vol. 7, p. 23, tab. 12. — Tige traî-nante ou grimpante, frutescente, flexueuse, dichotome, souvent munie de radicelles aux articulations. Feuilles longues de 4 à 6 pouces, distiques, d'un vert gai, ovales, acuminées, 5-ou 7-ner-vées, subcoriaces, luisantes. Pétiole cylindrique, long de 6 à 10 lignes. Fleurs monoïques ou polygames. Chatons pédonculés, longs de 3 à 6 pouces, grêles, pendants. Fruit d'abord vert, puis rouge, enfin noir à la maturité.—Les fruits de cette espèce sont le Poivre si généralement employé comme assaisonnement. La plante, indigène dans les îles de la Sonde et dans l'Inde, est cul-tivée en grand dans ces mêmes contrées, pour lesquelles elle forme une branche de commerce de la plus grande importance. Déjà du temps de Théophraste et de Dioscoride, les Grecs connais-saient cet épice, aujourd'hui d'un usage si général. C'est surtout dans les régions à la fois brûlantes et humides de l'Asie équa-toriale, où l'estomac est affaibli par des transpirations excessi-ves et par le régime végétal, que le Poivre devient un stimu-lant indispensable.—On distingue dans le commerce deux sortes de Poivres : le *Poivre noir* et le *Poivre blanc ;* le premier est dans son état naturel ; le second est la graine dépouillée de l'en-veloppe charnue, laquelle est la partie la plus stimulante.—On recherche, pour la culture du Poivre, les situations humides, le long des rivières. A Sumatra, où, selon Marsden, le Poivre est le principal article de commerce, les plantations se font en plans carrés ou oblongs, renfermant chacun 500 ou 1,000 individus, placés à 6 pieds de distance les uns des autres. Les plantations des riches contiennent quelquefois 2,000 ou 3,000 Poivriers. Une lisière de 12 pieds de large, protégée à l'extérieur par une haie, entoure chaque plantation. L'*Erythrina Corallodendron,* appelé *Chinkariang* par les Sumatrais, végétal qui prend de boutures avec une grande facilité, sert toujours de soutien aux sarments des Poivriers. On récolte les chatons dès que quelques-uns des fruits qu'ils portent deviennent rouges, sans attendre la maturité complète ; on met sécher ces chatons au soleil, où les fruits finissent par acquérir la couleur noire sous laquelle ils nous sont connus. Les graines dont la maturité est trop avancée perdent en grande partie leur arome. Le Poivrier produit ordinairement deux récoltes par an. Le Poivre le plus estimé de l'Inde est celui de la côte de Malabar. Cette contrée en fournissait, dans la seconde moitié du siècle dernier, entre 8 et 9 millions de livres chaque année. (*Hooker, in Bot. Mag.*) La culture du Poivre est aussi introduite, depuis la fin du dernier siècle, aux îles de France et de Bourbon, ainsi qu'aux Antilles et à Cayenne.

POIVRIER TRIOÏQUE. — *Piper trioicum* Roxb. Flor. Ind. ed. 2, vol. I, p. 151. — Arbuste sarmenteux, radicant, trioïque. Feuilles distiques, obliquement ovales, acuminées, 5-à 7-nervées, glauques. Chatons cylindriques, pendants. — Racines longues, pivotantes. Tige volubile, finalement ligneuse, scabre, très-longue. Branches nombreuses, alternes : les jeunes lisses; les adultes scabres et ligneuses. Feuilles longues de 4 à 6 pouces, larges de 2 à 4 pouces, pétiolées, cordiformes, ou elliptiques, ou ovales, ou oblongues, pointues, glabres et luisantes en dessus, pâles en dessous. Pétiole glabre, cannelé, long de 12 à 18 lignes. Stipules solitaires, spathacées, caduques avant le complet développement des feuilles. — *Chatons-mâles* filiformes; bractées imbriquées, 5-sériées, elliptiques, charnues, peltées. Anthères 4-lobées, à peine débordantes. Pistil nul ou rudimentaire. — *Chatons-femelles* plus courts et plus roides que les mâles; bractées imbriquées, 3-sériées, conformes à celles des fleurs-mâles. Étamines nulles. Ovaire globuleux. Stigmate 3-lobé, blanc, glanduleux. Baie petite, globuleuse, rouge, un peu charnue. — *Chatons-hermaphrodites* semblables aux chatons-femelles, mais à écailles 4-sériées. Étamines en général 2 (quelquefois 1 seule); filets charnus, claviformes, apprimés; anthères à 2 bourses elliptiques, terminales. Ovaire globuleux. Stigmates 3, sessiles, étalés. Baie globuleuse, rouge, du volume d'un petit Pois. (*Roxburgh, l. c.*) — Cette espèce croît spontanément dans l'Inde; elle se plaît dans les localités fraîches et ombragées des montagnes. Sa graine a la même saveur que le Poivre noir. Roxburgh pense que c'est elle qu'on cultive e plus généralement dans l'Inde, pour l'usage du commerce.

POIVRIER BÉTEL. — *Piper Betle* Linn. — Burm. Zeyl. tab. 82, fig. 2. — Rumph. Amb. V, tab. 116, fig. 2. — Hook. in Bot. Mag. tab. 3132. — *Beetle Codi* Hort. Malab. VII, tab. 15. — Tiges traînantes ou grimpantes, ligneuses, très-longues, très-rameuses, radicantes aux articulations. Feuilles longues de 4 à 7 pouces, distiques, glabres, 5-ou 7-nervées, ovales-oblongues, ou ovales-lancéolées, acuminées, obliquement cordiformes à la base ; pétiole cylindrique, canaliculé en dessus. Stipules lancéolées, caduques. Fleurs dioïques. Chatons-femelles subcylindracés, penchés, pédonculés, à l'époque de la floraison plus courts que les feuilles, puis s'allongeant jusqu'à 1/2 pied ou plus, pendants à l'époque de la maturité. Baies petites, globuleuses, verdâtres. (*Hooker, l. c.*) — Cette espèce, connue sous le nom de Bétel, est très-fréquemment cultivée dans l'Inde et aux îles de la Sonde (où on l'appelle *Sirih*). On sait que c'est un besoin indispensable, pour tous les peuples de race malaise, de mâcher continuellement des feuilles de Bétel, auxquelles on joint de la noix d'Arec, et un peu de chaux vive préparée de coquilles calcinées. La mastication de ces substances provoque une forte sécrétion de salive, qui prend une teinte rouge ; on a coutume d'avaler ce jus dès que la première effervescence causée par la chaux est passée. Cet usage a pour but de stimuler les organes digestifs, et c'est à tort qu'on avait avancé qu'il agissait comme débilitant, et qu'il occasionnait la carie des dents ; les Malais s'adonnent à cette mastication dès l'enfance, et leurs dents restent blanches jusqu'à ce qu'en vertu d'une autre coutume du pays, on leur en enlève l'émail par un procédé particulier. Les étrangers qui n'ont point l'habitude de mâcher ces substances en éprouvent des vertiges, accompagnés de l'excoriation des lèvres et du palais.

POIVRIER A CHATONS ALLONGÉS. — *Piper longum* Linn. — Hort. Malab. 7, tab. 14. — Rumph. Amb. 5, tab. 110, fig. 2. — Pluk. Alm. tab. 104, fig. 4. — Blackw. Herb. tab. 356. —

Racine ligneuse. Tiges nombreuses, ligneuses, renflées aux articulations. Jeunes-pousses cotonneuses. Ramules-florifères
dressés. Feuilles 5-à 10-nervées : les inférieures pétiolées, cordiformes-ovales ; les supérieures sessiles, amplexicaules, cordiformes-oblongues ; celles des rameaux décombants plus grandes
que celles des ramules-florifères. Stipules des feuilles-pétiolées
géminées, lancéolées, adhérentes au pétiole. Stipules des feuilles-
florales intrapétiolaires, solitaires, spathacées. Fleurs dioïques.
Chatons-femelles pédonculés, dressés, cylindriques, à 5 rangées
d'écailles orbiculaires, imbriquées. Étamines nulles. Ovaire subglobuleux. Stigmates 3-ou 4-lobés. Baies agrégées en syncarpes
subcylindracés. (*Roxburgh, Flora indica,* ed. 2 .vol. 1, p. 154.)
— Cette espèce habite les montagnes de l'Inde ; elle se plaît
dans les localités humides et ombragées ; au témoignage de Roxburgh, elle n'est cultivée qu'au Bengale, où on la nomme *Tip-
pul.* Ses fruits, qu'on connaît en Europe sous le nom de *Poivre
long* (parce que c'est l'épi tout entier, séché au soleil, qui entre dans le commerce), ont la saveur du Poivre noir, et servent
aux mêmes usages. Les racines de la plante, ainsi que les tiges
les plus grosses, participent aux propriétés de l'épi, et ils s'ex-
portent en quantité considérable pour toute l'Inde ; les habitants
de ces contrées les emploient de préférence à titre de remède
stimulant.

POIVRIER CHABA. — *Piper Chaba* Hunt. in Asiat. Res. vol.
9, p. 391. — Roxb. Flor. Ind. ed. 2, vol. 1, p. 156. — *Piper
longum* Rumph. Amb. v. 5, tab. 116, fig. 1. — Arbuste rampant. Feuilles courtement pétiolées, ovales-lancéolées, inéquilatérales à la base, subtriplinervées. Épis oppositifoliés, dressés, coniques-cylindracés, fermes, charnus. (*Roxburgh, l.
c.*) — Cette espèce se cultive aux Moluques ; ses fruits ont les
mêmes propriétés que ceux du *Poivre long.*

POIVRIER DES BOIS. — *Piper sylvaticum* Roxb. Flor. Ind. ed.
2, vol. 1, p. 156. — Feuilles toutes pétiolées, largement cordiformes, 5-à 7-nervées, obtuses ; lobes basilaires égaux, larges, orbiculaires. Épis dressés, courtement pédonculés, colum-

naires. Fleurs-mâles 4-andres. — Racine vivace. Tiges radicantes. Feuilles longues de 3 à 5 pouces, larges de 2 à 4 pouces,
glabres, obtuses; pétiole long de 1 à 2 pouces, canaliculé. (*Roxburgh, l. c.*). — Cette espèce croît dans les montagnes du nord
du Bengale; ses fruits servent aux mêmes usages que le Poivre
long.

POIVRIER FAUX-PIPUL. — *Piper pipuloides* Roxb. l. c. pag.
157. — Feuilles ovales, ou ovales-lancéolées, équilatérales, acuminées, 3-à 5-nervées, courtement pétiolées, glabres. Épis subsessiles, cylindracés. — Tige et rameaux rampants. Feuilles
longues de 3 à 5 pouces, larges de 1 pouce à 3 pouces. Baies
plus petites que celles du *Piper nigrum*, obliquement ellipsoïdes, presque sèches. — Cette espèce croît dans les montagnes
du Silhet; ses épis s'emploient aussi comme le Poivre long.

Genre MACROPIPER. — *Macropiper* Miq.

Fleurs hermaphrodites, sessiles, 1-bractéolées, 3-andres,
ou polyandres. Anthères sessiles, oblongues, 4-sulquées.
Ovaire subglobuleux. Stigmates 3, ponctiformes. Baie
monosperme. — Arbrisseaux ou sous-arbrisseaux. Tiges
dressées, flexueuses, cylindriques. Feuilles alternes, pétiolées; pétiole souvent réduit à une gaîne membraneuse.
Chatons solitaires ou fasciculés, axillaires, pédonculés, filiformes, densiflores. (*Miquel, l. c.*)

Ce genre appartient à la Polynésie. Le MACROPIPER A LON-
GUES FEUILLES (*Macropiper longifolium* Miq. Comment. Phy-
togr. p. 35. — *Piper longifolium* Forst. — *Piper methysticum* Linn. fil.), et le MACROPIPER ÉNIVRANT (*Macropiper methysticum* Miq. l. c. — *Piper methysticum* Forst. — Deless.
Ic. Sel. III, tab. 89), sont remarquables par des propriétés narcotiques : les insulaires de l'Océan Pacifique en préparent une
boisson enivrante.

CENT QUATRE-VINGT-DEUXIÈME FAMILLE.

LES CHLORANTHÉES. — *CHLORANTHEÆ*.

Chloranthew R. Brown, in Bot. Mag. sub. tab. 2190. — E. Meyer, in Diss. de Houttuynia, p. 54. — Bartl. Ord. Nat. p. 85. — Blume, Flor. Jav. fasc. 8. — *Chloranthaceæ* Lindl. Nat. Syst. ed. 2, p. 188. — Endl. Gen. p. 264. — *Piperacearum* genn. Juss. — Dumort. — *Loranthearum* genn. Reichb. Consp. p. 92. — *Santalaceæ-Chloranthew* Reichb. Syst. Nat. p. 167.

Les *Chloranthées* ne diffèrent essentiellement des Pipéracées que par la position de l'ovule et de l'embryon; cette famille, entièrement exotique, ne renferme qu'un petit nombre d'espèces, lesquelles n'offrent d'ailleurs aucun intérêt particulier.

CARACTÈRES DE LA FAMILLE.

Arbrisseaux, ou *sous-arbrisseaux,* ou *herbes;* sucs-propres en général aromatiques. Rameaux opposés, noueux, articulés, feuillés.

Feuilles opposées, pétiolées, simples (soit très-entières, soit dentées ou crénelées), penninervées, 2-stipulées; pétioles de chaque paire soudés par la base en gaîne amplexicaule.

Fleurs hermaphrodites ou diclines, apérianthées, petites, 1-bractéolées, ou nues, sessiles, disposées en épis simples ou plus souvent rameux, articulés.

Étamines au nombre de 1, ou de 3, ou en nombre indéfini; celles des fleurs hermaphrodites insérées sur la paroi de l'ovaire. Filets libres, ou monadelphes par la base, souvent très-courts. Anthères 1-ou 2-thèques, continues au filet. Bourses longitudinalement déhiscentes.

Pistil : Ovaire simple, 1-loculaire, 1-ovulé, couronné d'un stigmate indivisé ou lobé, sessile, terminal, non persistant. Ovule orthotrope, renversé, attaché au sommet de la loge.

Péricarpe drupacé, 1-loculaire, 1-sperme : noyau mince, fragile.

Graine périspermée, renversée : tégument membranacé. Périsperme copieux, charnu. Embryon petit, antitrope, intraire, niché vers le sommet du périsperme : cotylédons très-courts, divariqués; radicule infère.

Cette famille renferme les genres suivants :

Hedyosmum Swartz. (Tafalla Ruiz et Pav.) — *Ascarina* Forst. — *Chloranthus* Swartz. (Nigrina Thunb. Creodus Loureir. Cryphæa Hamilt. Peperidia Reichb.)

LES URTICINÉES.

URTICINEÆ Bartl.

CARACTÈRES.

Herbes, ou *arbrisseaux*, ou *arbres*. Rameaux articulés (et noueux) ou inarticulés, le plus souvent subcylindriques.

Feuilles alternes (ou rarement opposées), simples, pétiolées, penninervées, ou subpalmatinervées, indivisées, ou lobées, le plus souvent dentées ou dentelées, stipulées, ou non-stipulées.

Fleurs monoïques ou dioïques, petites, verdâtres. Inflorescence très-variée.

Périanthe soit nul, soit incomplet (réduit à des squamules asymétriques), soit régulier (plus ou moins profondément 3-à 5-lobé), herbacé.

Étamines en général en nombre défini (en même nombre que les lobes du périanthe et insérées à la base de ceux-ci). Filets libres, le plus souvent infléchis en préfloraison et se redressant ou se renversant avec élasticité au moment de la déhiscence des anthères. Anthères 2-thèques : bourses longitudinalement 2-valves.

Pistil : Ovaire 1-loculaire, 1-ovulé, inadhérent, 1-style. Stigmate simple, ou 2-furqué, ou multifide. Ovule orthotrope, ou anatrope, ou campylotrope.

Péricarpe carcérulaire, ou drupacé, 1-sperme, le plus souvent recouvert par le périanthe amplifié (sec ou charnu), ou moins souvent par un réceptacle charnu.

Graine périspermée ou apérispermée. Embryon homotrope ou antitrope, rectiligne, ou replié, ou spiralé ; cotylédons plans.

Cette classe, qui correspond à la famille des Urticées d'A. L. de Jussieu, comprend les *Urticées*, les *Artocarpées*, et les *Monimiées*.

CENT QUATRE-VINGT-TROISIÈME FAMILLE.

LES URTICÉES. — *URTICEÆ.*

Urticacearum pars Juss. — *Urticeæ* De Cand. Flore Franç. — Bartl. Ord. Nat. p. 105. — *Urticeæ veræ* A. Rich. Bot. Méd. — *Urticaceæ-Urticeæ* Reichb. Consp. p. 82; id. Syst. Nat. p. 172 (excl. genn.) — *Urticaceæ* Endl. Gen. Plant. p. 282, et *Cannabineæ*, id. *l. c.* p. 286. — *Urticeæ-Elatostemeæ*, — *Urereæ*, — *Bœhmerieæ*, — *Parietarieæ*, — *Forskahleæ*, et *Cannabineæ* Gaudich. in Freycin. Voy. p. 492 et seq.

Les propriétés physiques des Urticées s'éloignent beaucoup de celles de la famille des Artocarpées (lesquelles, sous le rapport des caractères techniques, ne diffèrent peut-être pas suffisamment des Urticées), qui sont caractérisées la plupart par des sucs-propres laiteux et très-âcres; les vraies Urticées, au contraire, ne contiennent que des sucs plus ou moins astringents; toutefois quelques unes sont éminemment narcotiques, et un certain nombre d'espèces sont hérissées de poils roides dont l'attouchement cause, sur la peau, une irritation plus ou moins vive : phénomène connu sous le nom d'urtication, et qui paraît dû à la sécrétion d'un suc vénéneux. Le tissu fibreux de l'écorce des Urticées est tenace et textile; aussi plusieurs espèces (notamment le Chanvre et quelques Orties) sont-elles célèbres par les filasses qu'elles fournissent (1). La plupart des Urticées habitent la zone équatoriale.

CARACTÈRES DE LA FAMILLE.

Herbes, ou *sous-arbrisseaux,* ou *arbrisseaux.* Sucs

---

(1) Suivant Roxburgh, une Urticée qu'il appelle *Urtica tenacissima* (mais qui appartient sans doute à un autre genre), et qui croît à Sumatra, fournit la filasse la plus tenace qu'on connaisse.

point laiteux. Rameaux opposés ou épars, cylindriques.

Feuilles opposées ou alternes, simples, pétiolées, penninervées et indivisées (rarement palmatinervées ou digitinervées, plus ou moins profondément lobées), 2-stipulées, ou non-stipulées. Stipules entières ou lobées, inadhérentes, persistantes, ou caduques, membranacées.

Fleurs monoïques ou dioïques (par exception polygames), bractéolées, ou ébractéolées, disposées en épis, ou en panicules, ou en fascicules, ou en capitules, ou agrégées sur un réceptacle charnu.

Fleurs mâles : Périanthe herbacé, plus ou moins profondément 3-à 5-lobé, ou 3-à 5-parti (moins souvent tubuleux ou urcéolé, indivisé; par exception réduit à une squamule solitaire); segments égaux, imbriqués en préfloraison, étalés lors de l'anthèse.

Étamines en nombre défini (égal à celui des lobes du périanthe), antéposées, insérées au fond du périanthe; filets libres, le plus souvent infléchis en préfloraison, et se redressant ou se rejetant avec élasticité lors de l'anthèse, souvent transversalement rugueux. Anthères 2-thèques, médifixes, longitudinalement déhiscentes; bourses parallèles, juxtaposées, quelquefois disjointes aux 2 bouts.

Fleurs femelles : Périanthe (quelquefois nul) inadhérent, persistant, tubuleux, ventru, 2-à 5-denté, ou 2-à 5-fide, moins souvent 2-parti ou très-entier; lobes le plus souvent inégaux.

Pistil : Ovaire 1-loculaire, 1-ovulé, 1-style, inadhérent. Ovule en général orthotrope, dressé, attaché au fond de la loge. Style terminal ou sublatéral, soit simple et terminé par un stigmate longitudinal, ou capitellé, ou pénicilliforme, soit bifurqué en deux stigmates allongés.

Péricarpe membranacé, ou crustacé, ou nuculaire, indéhiscent, nu, ou recouvert par le périanthe amplifié (par exception devenu charnu), 1-sperme.

Graine basifixe, dressée, périspermée, ou apérispermée. Tégument mince, souvent adhérent à l'endocarpe. Périsperme (rarement nul) charnu, plus ou moins copieux. Embryon ordinairement antitrope, le plus souvent rectiligne ; radicule supère.

Cette famille renferme les genres suivants :

Ire TRIBU. **LES URTICÉES VRAIES.** — *URTICEÆ VERÆ*, Bartl. (*Urticaceæ* Endl. *Urticaceæ - Urticeæ* Dumort.)

Étamines à filets infléchis en préfloraison, se redressant ou se rejetant avec élasticité lors de l'anthèse. Ovule orthotrope, dressé. Graine périspermée. Embryon rectiligne.

Section 1. **ÉLATOSTÉMÉES**. — *Elatostemeæ* Gaudich.

Elatostemma Forst. — *Sciophila* Gaudich. — *Pellionia* Gaudich. — *Langeveldia* Gaudich. — *Schychowkya* Endl. — *Pilea* Lindl. (Dubreuilia Gaudich. Haynea Schumach.)

Section II. **URÉRÉES.** — *Urereæ* Gaudich.

Urtica Tourn. — *Urera* Gaudich. — *Fleurya* Gaudich. — *Laportea* Gaudich. — *Girardinia* Gaudich.

Section III. **BŒHMÉRIÉES**. — *Bœhmerieæ* Gaudich.

Bœhmeria Linn. — *Duretia* Gaudich. — *Neraudia* Gaudich. — *Procris* Commers. (Vaniera Lour.)

Section IV. **PARIÉTARIÉES**. — *Parietarieæ* Gaudich.

Parietaria Linn. — *Gesnouinia* Gaudich. — *Freirea*

Gaudich. — *Thaumuria* Gaudich. — *Pouzolzia* Gaudich. — *Rousselia* Gaudich. — *Soleirolia* Gaudich. (Helxine Requien.)

SECTION V. **FORSKAHLÉES.** — *Forskahleæ* Gaudich.

Forskalea Linn. — *Droguetia* Gaudich. — *Australina* Gaudich. — *Clibadium* Allem.

IIᵉ TRIBU. **LES CANNABINÉES.** — *CANNABINEÆ* Gaudich. (*Urticaceæ-Cannabineæ* et *Urticaceæ-Humulineæ* Dumort.)

Étamines à filets rectilignes, point élastiques. Ovule campylotrope, suspendu au sommet de la loge. Embryon à cotylédons repliés ou spiralés, incombants. Périsperme nul.

Cannabis Tourn. — *Humulus* Linn. (Lupulus Tourn.)

GENRES VOISINS DES URTICÉES.

Stilago Linn. — *Antidesma* Linn. — *Pyrenacantha* Hook. (1). — *Putranjiva* Wallich. — *Nageia* Gærtn. (2). — *Scepa* Lindl. — *Lepidostachys* Wallich. — *Hymenocardia* Wallich. (3). — *Thelygonum* Linn. (4). — *Gunnera*

---

(1) Ces trois genres constituent la famille des *Antidesmées* de Sweet, ou *Stilaginées* d'Agardh, qui diffèrent des Urticées par des anthères à bourses transversalement déhiscentes, par la présence d'un disque hypogyne, et par l'ovaire contenant 2 ovules anatropes, suspendus au sommet de la loge.

(2) M. Endlicher met les genres *Nageia* et *Putranjiva* à la suite des Antidesmées.

(3) Les genres *Scepa*, *Lepidostachys* et *Hymenocardia* constituent la famille des *Scépacées* de M. Lindley, que cet auteur classe après les Bétulacées.

(4) M. Endlicher fonde sur ce genre un groupe particulier (les *Cynocrambées*), qu'il met à la suite de ses Urticacées.

Linn. (*Misandra* Commers. *Perpensum* Burm. *Panke*
Feuil. *Disomene* Banks et Soland.) (1).

Ire TRIBU. LES URTICÉES VRAIES. — *URTICEÆ VERÆ* Bartl.

*Filets des étamines infléchis en préfloraison, se redres-
sant ou se rejetant avec élasticité lors de l'anthèse.
Ovule orthotrope, attaché au fond de la loge. Graine
périspermée. Embryon rectiligne.*

Genre ORTIE. — *Urtica* Tourn.

Fleurs monoïques ou dioïques, disposées en épis ou en
capitules. - *Fleurs-mâles* : Périanthe 4-parti, régulier :
segments concaves, valvaires en préfloraison. Étamines 4 ;
filets filiformes, étalés après l'anthèse ; anthères elliptiques,
médifixes, échancrées aux 2 bouts ; connectif étroit, court,
elliptique. — *Fleurs-femelles* : Périanthe 4-parti ; segments
opposés-croisés, dressés, persistants : les 2 intérieurs concaves, plus grands, accrescents. Ovaire ovoïde, couronné d'un
stigmate sessile, pénicilliforme. Nucule subcoriace, lisse,
ovale, lenticulaire, recouverte par les segments intérieurs
du périanthe (amplifiés mais point charnus). Graine adhérente. — Herbes annuelles ou vivaces, plus ou moins hérissées de poils irritants. Feuilles opposées, dentelées (rarement très-entières), 2-stipulées. Inflorescences axillaires,
paniculées. Fleurs petites. — L'attouchement des Orties
cause, sur la peau, une irritation plus ou moins douloureuse, analogue à celle d'une brûlure, et due à une liqueur

---

(1) Suivant M. Gaudichaud, ce genre constitue une tribu parmi les
Urticées (les *Gunnérées*) ; M. Endlicher l'érige en groupe particulier
(*Gunnéracées*) qu'il place à la suite de ses Urticacées ; M. Bennet, au
contraire, sans assigner à ce genre une place déterminée, assure qu'il n'a
aucune affinité avec les Urticées.

vénéneuse sécrétée par les poils de la plante : ces poils, roides et acérés, reposent sur une glandule dans laquelle se fait la sécrétion ; à l'état de dessiccation, les Orties, comme l'on sait, n'ont plus cette propriété (1).

---

(1) Parmi les espèces exotiques qu'on rapporte à ce genre (mais qui probablement appartiennent à quelque autre genre voisin), il en est plusieurs dont la piqûre est suivie d'accidents très-graves. De ce nombre est surtout l'*Urtica crenulata*, Roxb., indigène du Bengale. M. Leschenault, qui n'avait pas été suffisamment informé des propriétés pernicieuses de cette plante, la cueillit, sans autres précautions, au jardin botanique de Calcutta, et fut touché légèrement à la main par une feuille. « Je ne ressentis d'abord, dit cet auteur, qu'une faible piqûre : il était 7 heures « du matin ; la douleur augmenta progressivement ; au bout d'une heure « elle était presque insupportable. Il me semblait qu'on me promenait « sur les doigts une lame de fer rougie. Il n'y avait cependant ni en- « flure, ni pustule, ni même inflammation. La douleur se propagea rapi- « dement tout le long du bras jusqu'à l'aisselle. Je fus ensuite saisi « d'un éternument fréquent, et d'un flux aqueux par les narines, comme « si j'eusse eu un violent rhume de cerveau. A midi environ, j'éprouvai « une contraction douloureuse dans la partie postérieure des mâchoires, « qui me fit craindre une attaque de tétanos. Je me couchai, espérant « que le repos me soulagerait ; mais les douleurs ne diminuèrent point ; « elles persistèrent avec violence pendant la nuit suivante presque en- « tière ; la contraction des mâchoires s'était dissipée vers 7 ou 8 heures « du soir. Le lendemain matin le mal diminua sensiblement, et je m'en « dormis. Je souffris encore beaucoup les deux jours suivants, et les dou- « leurs reprenaient pour un moment toute leur force, lorsque je plon- « geais la main dans l'eau. Elles se sont ensuite progressivement affaiblies ; « mais elles n'ont entièrement disparu que le 9ᵉ jour. » Le même bota- niste rapporte qu'un des employés du jardin de Calcutta, ayant été frappé sur les épaules avec cette espèce d'ortie, en souffrit tellement pendant les deux jours suivants, qu'il se croyait à chaque instant sur le point d'en mourir. L'éternument, le flux aqueux par les narines, la contraction des mâchoires furent considérables et durèrent plusieurs jours ; ce ne fut qu'au bout de deux semaines qu'il cessa de souffrir. Pour peu qu'on mouillât les parties malades, il lui semblait qu'on y ver- sait de l'eau bouillante.

M. Leschenault cite encore comme très-vénéneuses : l'*Urtica stimu- lans*, indigène de Java, et une espèce non décrite, qui habite Timor, où

A. *Fleurs des deux sexes en épis paniculés ou subcymeux,
composés de glomérules pauciflores, sessiles. — Feuilles
palmatifides ou incisées-dentées.*

a) *Plante annuelle.*

ORTIE BRULANTE. — *Urtica urens* Linn. — Engl. Bot. tab.
1236. — Flor. Dan. tab. 739. — Feuilles ovales ou elliptiques; longuement pétiolées, subquinquénervées. Fleurs monoïques. Épis denses, géminés, peu ou point rameux, plus courts
que les pétioles. Plante plus ou moins hispide, haute de 6 à 18
pouces, ordinairement rameuse. Tige 4-gone. — Cette espèce,
nommée vulgairement *Petite Ortie*, ou *Ortie grièche*, est commune dans les décombres, les jardins et autres lieux cultivés;
c'est l'une des plantes que l'on rencontre le plus habituellement
au voisinage des habitations, dans toute l'Europe, ainsi qu'en
Sibérie, et jusqu'aux chalets les plus élevés des Alpes; elle fleurit depuis le printemps jusqu'en automne. Cette Ortie a une saveur légèrement stiptique; on l'employait jadis à titre de remède astringent et diurétique.

b) *Espèces vivaces.*

ORTIE DIOÏQUE. — *Urtica dioica* Linn. — Flor. Dan. tab.
746. — Blackw. Herb. tab. 12. — Nees, jun. Gen. Plant.
(anal.) — *Urtica angustifolia* Fisch. in Horn. Hort. Hafn.
Suppl. p. 107; (var.) — *Urtica hispida* De Cand. Flore Franç.
— Feuilles ovales, ou oblongues, ou sublancéolées, pétiolées,
incisées-dentées, ordinairement cordiformes à leur base. Fleurs
dioïques ou polygames. Épis paniculés, pendants, géminés, plus
longs ou aussi longs que les feuilles-florales. — Plante haute de
2 à 5 pieds, en général très-hispide. Racine rampante. Tiges

___

on la nomme *Daoun sétan*, c'est-à-dire feuille du diable, et dont la piqûre passe pour être presque mortelle.

L'*Urtica heterophylla* Roxb., qui croit dans les montagnes du Malabar, cause aussi des douleurs insupportables, mais heureusement de
peu de durée.

dressées, grêles, tétragones, peu rameuses, touffues. — Cette espèce, connue sous les noms vulgaires de *Grande Ortie*, *Ortie commune*, et *Ortie vivace*, croît dans les haies, les buissons, les décombres, etc. C'est une excellente plante fourragère, qui offre l'avantage de prospérer dans les terrains même les plus arides, et d'être plus précoce que la plupart des autres fourrages; en Suède, on la cultive, de temps immémorial, à cet usage. Dans le nord de l'Europe, ses jeunes-pousses sont recherchées comme herbe potagère. Ses tiges fournissent une filasse inférieure en qualité à celle du chanvre, mais qui peut s'employer avec avantage à faire des tissus grossiers et du papier. Les graines sont une fort bonne nourriture pour la volaille.

ORTIE A FEUILLES DE CHANVRE. — *Urtica cannabina* Linn. — Amman. Ruth. p. 173, tab. 25. — Feuilles 3-ou 5-parties : segments linéaires-lancéolés ou oblongs-lancéolés, pointus, incisés-dentés. Fleurs monoïques. Épis paniculés, dressés, subgéminés, plus courts que les feuilles florales. — Plante plus ou moins hispide, haute de 3 à 6 pieds. Racine rampante. Tiges touffues, dressées, plus ou moins rameuses, grêles, tétragones. — Cette espèce croît en Sibérie et au Kamtchatka. Les habitants de ces contrées font, avec la filasse de ses tiges, des filets, des cordages, du fil à coudre, etc.

B. *Fleurs-mâles en épis paniculés, composés de fascicules pauciflores. Fleurs-femelles en capitules globuleux, longuement pédonculés. — Feuilles tantôt très-entières, tantôt dentées.*

ORTIE PILULIFÈRE. — *Urtica pilulifera* Linn. — Engl. Bot. tab. 148. — Nees, jun. Gen. Plant. (anal.) — Blackw. Herb. tab. 321, fig. 1. — *Urtica balearica* Willd. — *Urtica Dodartii* Linn. — Plante annuelle, plus ou moins hispide, haute de 6 à 18 pouces. Tige simple ou rameuse, faible, subcylindrique. Feuilles ovales, pointues, longuement pétiolées. Inflorescences pendantes, subfasciculées. Capitules-fructifères du volume d'un gros Pois. — Cette espèce, nommée vulgairement *Ortie romaine*, habite la région méditerranéenne.

Genre PARIÉTAIRE. — *Parietaria* Tourn.

Fleurs polygames, disposées en cymes ou en glomérules. — *Fleurs hermaphrodites :* Périanthe 4-fide, régulier : segments concaves. Étamines 4 ; filets filiformes, transversalement plissés, étalés après l'anthèse ; anthères subcordiformes, rétuses, supra-basifixes : connectif étroit ; bourses contiguës antérieurement. Ovaire substipité. Style court, terminal, couronné d'un stigmate pénicilliforme. — *Fleurs femelles :* Périanthe tubuleux ou ovoïde, 4-denté. Pistil à style saillant, plus allongé que dans les fleurs hermaphrodites. — Nucule lenticulaire, testacée, recouverte par le périanthe peu amplifié et sec. Graine adhérente. — Herbes annuelles ou vivaces. Feuilles alternes, pétiolées, entières, ponctuées, triplinervées. Inflorescences axillaires, sessiles, solitaires, androgynes, accompagnées d'un involucre de plusieurs bractées. Fleurs petites.

PARIÉTAIRE OFFICINALE. — *Parietaria officinalis* Linn. — Engl. Bot. tab. 879. — Flor. Dan. tab. 521. — Bull. Herb. tab. 199. — Tiges dressées, peu rameuses. Feuilles elliptiques ou oblongues, acuminées aux 2 bouts. Glomérules multiflores, dichotomes. — Herbe vivace, multicaule, touffue, pubescente. Tiges hautes de 1 pied à 18 pouces, rougeâtres. Feuilles un peu scabres, d'un vert foncé en dessus, d'un vert pâle ou glauque en dessous. Fleurs verdâtres. Bractées sessiles, un peu plus courtes que les fleurs. Nucules noirâtres, luisantes. — Cette plante, connue sous les noms vulgaires de *Pariétaire, Paritoire, Casse-pierre, Perce-muraille, Vitriole, Panatage* et *Herbe de Notre-Dame,* est commune dans les décombres et les fentes des vieux murs ; elle fleurit tout l'été. Ses feuilles et ses tiges contiennent beaucoup de nitrate de potasse ; on les emploie comme remède diurétique.

PARIÉTAIRE DIFFUSE. — *Parietaria diffusa* Mert. et Koch. — *Parietaria judaica* Schk. Handb. tab. 346. (non Linn.) — Tiges procombantes ou diffuses. Feuilles elliptiques-oblongues, acuminées. Involucres 7-ou 9-fides, 3-ou 5-flores : la fleur moyenne femelle ; les latérales hermaphrodites. — Cette espèce, vulgairement confondue avec la précédente, croît dans des localités semblables, et possède aussi des propriétés diurétiques.

IIᵉ TRIBU. LES CANNABINÉES. — *CANNABINEÆ* Blume.

Étamines à filets rectilignes, point élastiques. Ovule campylotrope, suspendu. Embryon à cotylédons repliés ou spiralés, incombants. Périsperme nul (ou du moins réduit à une membrane mince).

Genre CHANVRE. — *Cannabis* Tourn.

Fleurs dioïques : les mâles en panicules ; les femelles en glomérules disposés en épis. — *Fleurs-mâles :* Périanthe régulier, 5-parti : segments imbriqués en préfloraison, étalés lors de l'anthèse. Étamines 5, pendantes ; filets courts, filiformes ; anthères grandes, versatiles, basifixes, oblongues, 4-sulquées ; connectif inapparent. — *Fleurs-femelles :* Périanthe réduit à une squamule enveloppant l'ovaire. Ovaire subglobuleux. Style court, terminal, terminé en 2 stigmates filiformes. Nucule ovoïde, testacée, bicarénée, recouverte par le périanthe peu amplifié, herbacé. Graine à tégument verdâtre, membranacé, adhérent : embryon huileux, replié : radicule longue, supère.—Herbe annuelle. Feuilles comme digitées, pétiolées : les inférieures opposées ; les supérieures alternes ; segments dentelés ou incisés-dentés. Inflorescences axillaires : les mâles pendantes, aphylles, lâches, bractéolées ; les femelles dressées, denses, feuillées à la base. — L'espèce dont nous allons traiter constitue à elle seule le genre.

CHANVRE CULTIVÉ. — *Cannabis sativa* Linn. — Nees, jun. Gen. (anal.)—Blackw. Herb. tab. 322. — Plante pubérule, haute de 3 à 10 pieds. Racine fibreuse. Tige dressée, effilée, cylindrique, simple ou peu rameuse, un peu scabre. Feuilles d'un vert foncé en dessus, d'un vert glauque en dessous : les inférieures 5-ou 7-parties ; les supérieures 3-parties ; segments lancéolés ou lancéolés-linéaires, pointus. Fleurs-mâles petites, d'un jaune verdâtre, courtement pédicellées ; bractéoles minimes, subulées. Périanthe à segments oblongs ou oblongs-lancéolés, un peu plus courts que les étamines. — Périanthe des fleurs-femelles tubuliforme, ventru à la base. Stigmates pubescents. Nucules petites, grisâtres. — Le Chanvre est originaire d'Orient ; cultivé, depuis plusieurs siècles, en Europe, il s'y trouve naturalisé dans beaucoup de contrées. A l'état frais, cette plante a des propriétés narcotiques très-énergiques, et toutes ses parties exhalent une odeur particulière très-forte ; on prétend même que les émanations des chènevières peuvent causer des vertiges et des maux de tête. En Orient et dans l'Inde, on fait, avec les feuilles du Chanvre, une préparation enivrante (appelée *hachich* par les musulmans), dont les effets sont analogues à ceux de l'opium ; dans ces mêmes contrées, on a coutume de fumer des feuilles de Chanvre, soit pures, soit mêlées au tabac ; mais l'abus de ces habitudes agit d'une manière très-pernicieuse sur la constitution physique et morale. Les graines de Chanvre (qu'on nomme vulgairement *Chènevis*) sont excellentes pour engraisser la volaille ; l'huile grasse qu'on en exprime s'emploie, en thérapeutique, à des émulsions adoucissantes ; en Russie, elle sert aux paysans à la préparation des aliments ; de même que l'huile de lin, elle est siccative : propriété qui la rend propre à la peinture. Tout le monde sait qu'en Europe le Chanvre se cultive en grand, à cause de la filasse que fournissent ses tiges ; toutefois, l'usage des toiles de Chanvre n'est répandu en Europe que depuis trois siècles : avant cette époque, on ne connaissait que les toiles de lin ; la reine Catherine de Médicis, épouse de Henri II, possédait deux chemises de toile de chanvre, lesquelles étaient une nouveauté à cette époque. La culture du Chanvre n'est avantageuse que dans un sol meuble, très-fertile et un peu humide. Le *Chanvre de Piémont* est une variété plus élancée que le Chanvre commun.

Genre HOUBLON. — *Humulus* Linn.

Fleurs dioïques : les mâles en panicules cymeuses ; les femelles en capitules pédonculés. — *Fleurs-mâles :* Périanthe 5-parti, régulier ; segments étalés lors de l'anthèse, imbriqués en préfloraison. Étamines 5 ; filets très-courts ; anthères oblongues, basifixes, 4-sulquées, apiculées ; connectif inapparent. — *Fleurs-femelles :* Périanthe réduit à une squamule embrassant l'ovaire, accrescente après la floraison. Ovaire ovoïde, un peu comprimé, couronné de 2 stigmates subulés, pubérules. Chaque capitule femelle devient une sorte de strobile, composé d'écailles (les périanthes amplifiés) foliacées, imbriquées, portant chacune à sa base une petite nucule subglobuleuse, pulvérulente. Graine à tégument membranacé, adhérent ; embryon roulé en forme de crosse : cotylédons linéaires ; radicule allongée, cylindracée. — Herbe vivace, volubile, très-longue. Feuilles opposées, pétiolées, palmati-lobées, dentelées. Inflorescences axillaires, pendantes. Panicules-mâles multiflores, lâches, subtrichotomes ; pédicelles filiformes, 1-bractéolés à la base. Capitules-femelles solitaires ou en panicule, longuement pédonculés, composés de bractées herbacées, serrées, 2-flores, point accrescentes. — L'espèce suivante constitue à elle seule le genre.

HOUBLON CULTIVÉ. — *Humulus Lupulus* Linn. — Bull. Herb. tab. 234. — Engl. Bot. tab. 427. — Nees, jun. Gen. (anal.) — *Lupulus scandens* Lamk. — *Lupulus communis* Gærtn. — Tiges longues de 12 à 30 pieds, très-grêles, rameuses, un peu scabres, de même que les autres parties herbacées de la plante. Feuilles palmées, cordiformes à la base, 3-ou 5-lobées (les ramulaires cordiformes ou ovales, indivisées) : lobes acuminés. Stipules entières ou bifides, ovales. Fleurs-mâles d'un jaune verdâtre : segments du périanthe oblongs, subobtus, à peu près aussi longs que les étamines ; bractéoles dentiformes. Strobiles ovoïdes ou ellipsoïdes, obtus, longs de 1/2 pouce à

1 pouce; écailles ovales, subacuminées. — Le Houblon est commun dans presque toute l'Europe, dans les haies et les buissons; on le cultive en grand dans plusieurs départements du nord de la France, et surtout en Allemagne ainsi qu'en Angleterre. Ce sont les cônes (fruits accompagnés des écailles-florales amplifiées) de cette plante, recueillis un peu avant la parfaite maturité, et séchés à une chaleur douce, qui constituent le Houblon du commerce, et qui, comme l'on sait, sont un ingrédient indispensable à la fabrication de la bière. Ces fruits et leurs écailles ont une saveur amère, jointe à une odeur forte et aromatique : qualités dues à une matière résineuse qui se trouve à leur surface, sous forme d'une poussière jaunâtre, et à laquelle on a donné le nom de *lupuline*; on les emploie, en thérapeutique, à titre de remède tonique, diurétique et antiscorbutique; à forte dose, ils sont un peu narcotiques. Les jeunes-pousses de Houblon ont une saveur et une odeur analogues à ceux des fruits, mais à un degré moins prononcé. On les mange cuites, comme herbe potagère.

CENT QUATRE-VINGT-QUATRIÈME FAMILLE.

LES ARTOCARPÉES. — *ARTOCARPEÆ.*

Urticacearum pars, Juss. Gen. — *Artocarpeæ* De Cand. Flore Franç.
— R. Brown, in Tuck. Congo. — Bartl. Ord. Nat. p. 104. — *Urticeæ-Artocarpeæ* A. Rich. Bot. Méd. — Reichenb. Syst. Nat. p. 172. — *Urticeæ-Dorstenieæ* Reichb. Consp. — *Sycoideæ* Link, Handb. — *Ficineæ* et *Artocarpideæ* Dumort. Fam. — *Artocarpeæ* et *Moreæ* Endl. Gen. — — *Urticeæ-Broussonetieæ, Cecropieæ, Moreæ, Chlorophoreæ, Ficeæ, Dorstenieæ, Artocarpeæ,* et *Pouroumeæ* Gaudich.

Les Artocarpées contiennent des sucs-propres laiteux, en général plus ou moins âcres et quelquefois très-délétères ; néanmoins plusieurs espèces, telles que les mûriers, l'arbre à pain, quelques figuiers, etc., produisent des fruits comestibles. Le liber de beaucoup d'Artocarpées consiste, comme chez les Urticées, en fibres très-tenaces et textiles. La plupart des espèces de cette famille habitent la zone équatoriale.

CARACTÈRES DE LA FAMILLE.

Arbres ou *arbrisseaux* ; quelques espèces seulement sont des *herbes*. Sucs-propres laiteux. Rameaux alternes, cylindriques, quelquefois noueux.

Feuilles alternes (rarement opposées), pétiolées, simples, pennatilobées, ou palmées, ou indivisées (soit très-entières, soit dentées), stipulées. Stipules persistantes ou caduques, inadhérentes, soit bilatérales et planes, soit solitaires - oppositifoliées, spathacées, enveloppant les feuilles en vernation.

Fleurs monoïques ou dioïques, quelquefois apérianthées, agrégées en épis, ou en capitules, ou à la surface interne de réceptacles concaves et charnus.

Fleurs-mâles.

Périanthe nul, ou tubuleux (soit indivisé, soit 2-à 5-fide), ou 2-à 5-parti, herbacé, ou membranacé; estivation imbricative.

Étamines en même nombre que les lobes du périanthe (ou quelquefois moins) et insérées à la base de ceux-ci, antéposées. Filets filiformes ou subulés, lisses, ou transversalement rugueux, libres (rarement monadelphes), rectilignes ou indurpliqués en préfloraison (dans ce dernier cas ils sont élastiques), quelquefois très-courts. Anthères dressées ou incombantes, extrorses, ou introrses, ou latéralement déhiscentes, 2-thèques : bourses longitudinalement 2-valves, parallèles, contiguës, ou séparées par un connectif plus ou moins large.

Fleurs-femelles.

Périanthe nul, ou à peu près conforme à celui des fleurs-mâles, en général accrescent.

Ovaire inadhérent, 1-loculaire (par exception 2-loculaire), 1-ovulé, à stigmate simple, ou bifide, ou rarement multifide, ordinairement terminal. Ovule soit orthotrope et attaché au fond de la loge, soit anatrope ou campylotrope et suspendu au sommet de la loge, soit amphitrope et pariétal.

Péricarpe : Nucule membranacée, ou coriace, ou osseuse, 1-sperme, le plus souvent recouverte par le périanthe amplifié et charnu : tous les périanthes du même capitule ou épi soudés de manière à simuler une baie syncarpienne; chez les espèces dont les fleurs sont portées à la surface interne d'un réceptacle concave, celui-ci devient charnu, et finit par simuler une baie polysperme.

Graine dressée, ou suspendue, ou appendante; tégument coriacé, ou crustacé, ou membranacé. Périsperme nul ou charnu. Embryon homotrope ou antitrope, rectiligne, ou courbe, central lorsque la graine est périspermée; radicule courte ou allongée, supère, ou transverse relativement au hile; cotylédons minces ou charnus, sublinéaires, quelquefois très-inégaux.

Cette famille comprend les genres suivants :

I⁰ TRIBU. **LES MORÉES.** — *MOREÆ* Endl.

Ovaire 1-loculaire, 1-ovulé; ovule campylotrope, suspendu au sommet de la loge; micropyle supère. Graine périspermée; embryon homotrope, central, onciné : radicule supère. — Nucules soit recouvertes par leur périanthe devenu charnu, soit adhérentes à la paroi interne d'un réceptacle charnu, soit enfoncées chacune dans une fovéole d'un réceptacle charnu et presque plan, soit portées chacune sur un stipe charnu.

Epicarpurus Blum. (Albrandia Gaudich). — *Morus* Tourn. — *Fatoua* Gaudich. — *Maclura* Nutt. (Ioxylon Rafin. Chlorophora Gaudich.) — *Broussonetia* Vent. (Papiria Lamk.) — *Ficus* Tourn. (Erosma Roth.) — *Dorstenia* Plum. (Kosaria Forsk.) — *Sychinium* Desv.

II⁰ TRIBU. **LES ARTOCARPIDÉES.** — *ARTOCAR-PIDEÆ* Dumort. (*Artocarpeæ* Endl.)

Ovaire 1-loculaire, 1-ovulé; ovule soit orthotrope et attaché au fond de la loge, soit amphitrope et pariétal (à micropyle supère), soit anatrope et suspendu au sommet de la loge. Graine apérispermée; embryon rectiligne ou courbe, homotrope, ou antitrope; radicule supère ou transverse. — Nucules recouvertes par un périanthe charnu, ou par un réceptacle soit sec, soit charnu.

Brosimum Swartz. (Piratinera Aubl.) — *Galactoden-*

drum Humboldt. — *Antiaris* Lesch. — *Olmedia* Ruiz et
Pavon. (Maquira Aubl.) — *Sorocea* Aug. Saint-Hil. —
Cecropia Linn.— *Musanga* R. Br. — *Coussapoa* Aubl.—
Myrianthus Pal. Beauv. — *Artocarpus* Linn. (Sitodium
Banks. Polyphema Loureir. Rademachia Thunb. Soccus
Rumph. Rima Sonnerat.) — *Conocephalus* Blum. —
Gynocephalium Blum. — *Trophis* P. Browne.

IIIe TRIBU (1). **LES PLATANÉES.** — *PLATANEÆ*
Lestib.

*Arbres à sucs-propres aqueux. Ovaire 1-loculaire, tantôt
1-ovulé, tantôt 2-ovulé; ovules (superposés lorsqu'il y
en a 2) orthotropes, renversés, pariétaux. Nucules
nues, 1-loculaires, 1-spermes. Graine à périsperme
mince, charnu; embryon antitrope, rectiligne : radicule infère.*

Platanus Linn.

IVe TRIBU. **LES BALSAMIFLUÉES.** — *BALSAMI-*
FLUÆ Blume.

*Arbres à sucs-propres résineux, balsamiques. Ovaire
2-loculaire, multi-ovulé; ovules amphitropes, attachés
à la cloison. Capsules 2-loculaires, 2-valves, soudées
en syncarpe globuleux. Graines à périsperme mince,
cartilagineux; embryon rectiligne : radicule supère.*

Liquidambar Linn. (Altingia Noronh.)

GENRES INCOMPLÉTEMENT CONNUS; *rapportés avec doute
à la famille des Artocarpées.*

Pourouma Aubl. — *Bruea* Gaudich. — *Perebea* Aubl.
— *Bagassa* Aubl. — *Castilloa* Cervant. — *Aporosa*
Blum. — *Sciaphila* Blum. — *Tinda* Rheede.

—————————————————————

(1) Considérée comme famille distincte par M. Lestiboudois, ainsi
que par MM. Lindley, Endlicher et autres.

Genre MURIER. — *Morus* Tourn.

Fleurs dioïques ou rarement monoïques (1), ébractéolées, disposées en épis pédonculés. — *Fleurs-mâles* :
Périanthe submembranacé, profondément 4-fide : segments concaves, égaux, finalement étalés ; estivation imbricative. Étamines 4 : filets filiformes, indupliqués en
préfloraison, se redressant élastiquement lors de l'anthèse, finalement appliqués aux segments du périanthe ;
anthères réniformes-orbiculaires, didymes, médifixes, innées, extrorses en préfloraison : connectif petit, subovale.
— *Fleurs-femelles* : Périanthe 4-parti, accrescent, recouvrant l'ovaire : segments bisériés, opposés-croisés, égaux,
charnus, cuculliformes-obovales, très-obtus, dressés, appliqués. Ovaire ovoïde, 1-loculaire (2), 1-ovulé, couronné de 2 stigmates filiformes ou subulés, divergents,
sessiles, marcescents ; ovule campylotrope, suspendu vers
le sommet de la loge. Nucules ovoïdes, subtrigones, drupacées (épicarpe gélatineux, finalement submembranacé,
endocarpe testacé), recouvertes chacune par son périanthe
amplifié et devenu pulpeux ; les périanthes de chaque capitule finissent par s'entre-greffer, de manière à simuler
une baie syncarpienne, mamelonnée, polysperme (3).
Graine inadhérente, périspermée ; tégument membranacé ; embryon central, arqué : radicule supère. — Arbres
ou arbrisseaux. Suc-propre laiteux, blanchâtre, peu ou
point âcre. Rameaux cylindriques, inarticulés. Bourgeons
écailleux. Feuilles alternes, pétiolées, 2-stipulées, point persistantes, dentées, ou crénelées, ordinairement acuminées,

---

(1) On a admis à tort que les Mûriers (du moins la plupart des espèces) sont constamment monoïques.

(2) Malgré nos recherches nous n'avons jamais trouvé que l'ovaire
des Mûriers fût 2-loculaire, comme le prétendent quelques auteurs.

(3) M. de Mirbel désigne ce fruit par le nom de *sorose*.

de formes très-variables chez la plupart des espèces (tantôt indivisées, tantôt palmati-lobées ou irrégulièrement lobées), ordinairement cordiformes à leur base. Stipules membranacées, planes, striées, subinéquilatérales, caduques. Inflorescences naissant aux aisselles des jeunes feuilles et à la base des jeunes pousses (parfois aussi de bourgeons latéraux aphylles), solitaires, pédonculées. Epis-mâles grêles, denses, cylindracés, un peu interrompus, pendants, plus longuement pédonculés que les inflorescences femelles, non-persistants. Épis-femelles ovoïdes, ou cylindracés, ou capitelliformes, pendants, ou dressés, ou subhorizontaux, courts. Périanthe-mâle petit, semidiaphane, d'une jaune verdâtre. Étamines incluses ou saillantes; filets blanchâtres; anthères petites, jaunes, mucronulées. Stigmates plus ou moins divergents, souvent plus ou moins roulés en crosse. Capitules-fructifères colorés, succulents. Périsperme charnu, huileux. Cotylédons oblongs ou elliptiques, obtus, incombants; radicule cylindracée, obtuse, allongée. — Les fruits des Mûriers sont mangeables, acidules avant leur maturité, finalement plus ou moins sucrés. Plusieurs espèces de ce genre sont, comme l'on sait, précieuses parce que leurs feuilles servent de nourriture aux vers à soie. La plupart des espèces habitent l'Asie tempérée ou l'Asie intertropicale; aucune des espèces cultivées en Europe n'est indigène, mais plusieurs y sont parfaitement naturalisées dans les contrées voisines de la Méditerranée.

A. *Pédoncules-fructifères point pendants.*

a) *Stigmates libres dès leur base.*

MURIER NOIR. — *Morus nigra* Linn. — Blackw. Herb. tab. 126. — Duham. Arb. vol. 1, tab. 8. — Duham. ed. nov. vol. 4, tab. 23. — Wats. Dendr. Brit. tab, 159. — Nees, jun. Gen. (anal.). — Feuilles scabres et rugueuses en dessus, hispidules et réticulées en dessous, le plus souvent indivisées, cordiformes; pétiole cylindrique, point canaliculé. Stipules oblongues ou el-

liptiques-oblongues, obtuses, ciliées. Fleurs dioïques. Étamines
1 fois plus longues que le périanthe. Stigmates filiformes, cotonneux, un peu plus longs que l'ovaire. Syncarpes ovoïdes ou
ellipsoïdes, courtement pédonculés.—Arbre atteignant (dans les
climats chauds) 30 à 45 pieds de haut, sur 1 à 2 pieds de diamètre. Racines longues, rampantes. Tronc à écorce épaisse, noirâtre, rimeuse. Branches divariquées, nombreuses, formant une
tête assez touffue. Bois jaunâtre, assez dur, tenace. Écorce des
rameaux lisse, d'un brun de châtaigne. Jeunes pousses cotôn-
neuses. Bourgeons ovoïdes, pointus, courts, apprimés, à 6 écailles brunâtres, imbriquées, arrondies. Feuilles fermes, point luisantes, d'un vert foncé en dessus, d'un vert glauque en dessous,
plus ou moins fortement dentelées ou crénelées, profondément
cordiformes à la base, en général ovales, indivisées, moins souvent soit 3-ou 5-lobées, soit indivisées d'un côté, et irrégulièrement lobées de l'autre côté; lobes ordinairement arrondis,
peu profonds; les feuilles des ramules-florifères larges de 1 pouce
à 4 pouces; celles des scions souvent larges de près de 6 pouces;
pétiole pubérule, cylindrique, long de 6 à 12 lignes. Stipules
rougeâtres, de la longueur du pétiole. Épis-mâles longs d'environ 1 pouce, à pédoncule plus long que le pétiole, pubescent de
même que le périanthe. Périanthe à segments elliptiques, pointus. Capitules-femelles ovoïdes, ou subglobuleux, petits, à pédoncule plus court que le pétiole, pubescent de même que le périanthe. Stigmates moins grêles que ceux des espèces congénères.
Syncarpes assez gros, longs de $\frac{1}{2}$ pouce à 1 pouce, écarlates
avant la parfaite maturité, finalement d'un violet noirâtre. Nucules jaunâtres, plus grosses que celles des espèces suivantes.

Le *Mûrier noir*, cultivé de temps immémorial en Orient et
dans le nord de l'Afrique, à titre d'arbre fruitier, passe pour
originaire de Perse; les anciens, à ce qu'il paraît, ne connais-
saient pas d'autre espèce de ce genre, et c'est d'elle que Théophraste fait mention sous le nom de *Sycaminon*. Ce Mûrier est
encore la seule espèce qu'on cultive en Europe comme arbre
fruitier, car ses congénères ne produisent que des fruits beaucoup plus petits et de qualité inférieure. Les feuilles du Mûrier

noir peuvent, au besoin, servir d'aliment aux vers à soie ; mais on ne les emploie à cet usage qu'à défaut du Mûrier blanc, parce qu'on n'en obtient qu'une soie de qualité inférieure. Les fruits du Mûrier noir sont rafraîchissants et légèrement laxatifs. Ces fruits, cueillis avant leur parfaite maturité, servent à la préparation du sirop de mûres ; mais on leur substitue souvent, à cet usage, les mûres sauvages (fruits du *Rubus fruticosus*), qui sont beaucoup plus communes, et possèdent les mêmes propriétés. Le bois du Mûrier noir est employé par les tourneurs ; il donne une teinture de couleur olive très-durable. Les couches filandreuses de l'écorce peuvent servir à faire des cordages et du papier. Cet arbre est assez sensible au froid ; dans le nord de la France, il reste bas, et il ne prospère que dans des situations abritées ; néanmoins il fructifie encore, en plein air, en Angleterre. De même que tous ses congénères, il se multiplie facilement de boutures et de marcottes ; il se plaît dans les sols secs et légers.

MURIER BLANC. — *Morus alba* Linn. — Schk. Handb. tab. 290. — Nees, jun. Gen. (anal.) — Lamk. Ill. tab. 762, fig. 2. — Feuilles lisses, luisantes, point rugueuses, glabres en dessus, pubescentes en dessous aux aisselles des nervures, d'un vert gai aux 2 faces, finement veinées, en général acuminées ; pétiole subcylindrique, canaliculé en dessus. Stipules linéaires-lancéolées ou oblongues-lancéolées, longuement acuminées, glabres. Fleurs monoïques ou dioïques. Étamines à peine plus longues que le périanthe. Stigmates filiformes, veloutés, plus courts que l'ovaire. Syncarpes ovoïdes, ou oblongs, ou subglobuleux, plus ou moins longuement pédonculés.

— α : COMMUN. — *Morus alba* auctorum. — Guimp. et Hayn. Deutsch. Holz. tab. 138. — *Morus tatarica* Pallas, Flor. Ross. II, tab. 52. — Aubier blanchâtre. Feuilles ovales, ou elliptiques, ou ovales-oblongues, ou diversement lobées, en général pointues ou courtement acuminées, dentées, ou crénelées, à base cordiforme (ou moins souvent arrondie ; rarement tronquée). Capitules-fructifères petits, blancs, ou grisâtres, ou lilas, en général à peine aussi longs que les pédoncules.

— β : NERVEUX. — *Morus venosa* Delile. — Feuilles oblongues, ou lancéolées-oblongues, ou lancéolées, acuminées, irrégulièrement incisées-dentées, fortement penninervées. Capitules-fructifères petits, blancs.

— δ : DE CONSTANTINOPLE. — *Morus constantinopolitana* Poir. Enc. — Duham. ed. nov. vol. 4, tab. 24. — *Morus byzantina* Sieber. — Arbrisseau de 5 à 10 pieds, touffu, rameux presque dès la base. Feuilles grandes, cordiformes, indivisées, crénelées, acuminées-cuspidées. Capitules-fructifères assez gros, ellipsoïdes, blancs, plus longs que les pédoncules.

— γ : D'ITALIE. — *Morus italica* Poiret, Encycl. — *Morus Morettiana* et *Morus patavina* Hortul. — Aubier rougeâtre. Feuilles variant de forme comme celles du Mûrier blanc commun. Capitules-fructifères rouges ou d'un pourpre noirâtre, en général ovoïdes ou subglobuleux, petits, à peine aussi longs que les pédoncules.

Arbre s'élevant au plus à 30 pieds, dans le nord de la France, mais atteignant, dans le midi de l'Europe, jusqu'à 50 pieds de haut, à tronc de 6 à 8 pieds de circonférence. Racines rampantes. Tronc à écorce grisâtre, finalement rimeuse. Branches nombreuses, diffuses, formant une tête plus ou moins arrondie. Bois d'un jaune pâle, assez dur, d'un grain fin. Feuilles longues de 1 pouce à 6 pouces, quelquefois aussi larges que longues, minces, fortement dentées ou crénelées, tantôt indivisées, tantôt indivisées d'un côté et plus ou moins profondément lobées de l'autre côté, tantôt régulièrement 3-ou 5-lobées ; dents ou crénelures obtuses ou pointues, égales ou inégales ; lobes subovales ou arrondis (les latéraux obtus, le terminal ordinairement acuminé), séparés par des sinus tantôt étroits, tantôt plus ou moins larges. Pétiole long de 1/2 pouce à 1 1/2 pouce, grêle, glabre. Stipules verdâtres, à peu près aussi longues que le pétiole. Épis-mâles longs de 1/2 pouce à 1 pouce, débordant les pétioles ; pédoncules très-grêles. Pé-

rianthe à segments elliptiques-oblongs, subobtus, glabres. Capitules-femelles longs de 2 à 4 lignes, débordés par les pétioles.
Syncarpes longs de 4 à 12 lignes. Nucules petites, jaunâtres.

Cette espèce, aujourd'hui naturalisée dans toute l'Europe méridionale, ainsi qu'en Orient, passe pour originaire de Perse ou
de Chine; jusqu'à l'époque, encore très-récente, de l'introduction du Mûrier multicaule, c'était elle seule qu'on cultivait en
Europe, pour la nourriture des vers à soie. Sous le règne de
Justinien, on commença à cultiver le Mûrier blanc en Grèce et
dans l'Asie Mineure, où il fut apporté de Perse; en 1230, il
passa en Sicile, d'où il ne fut transporté en Provence qu'en 1494;
mais ce n'est qu'à partir du règne de Henri IV qu'on peut dater
la multiplication de ce précieux végétal en France. Du reste, le
Mûrier blanc est plus rustique que le Mûrier noir; il résiste
parfaitement aux hivers les plus rigoureux du nord de la France;
et, à la faveur de situations abritées, on le cultive en Allemagne jusque vers le 55ᵉ degré de latitude ; et en Russie, jusqu'au 50ᵉ : toutefois, dans ces contrées, l'extrémité des rameaux
gèle assez souvent en hiver. Cet arbre se refuse à croître dans
les sols humides ou tenaces, tandis qu'il craint peu la sécheresse.
Comme il supporte très-bien la taille, on l'emploie souvent,
dans le midi, en place du Hêtre ou du Charme, qui viennent
mal dans les localités arides, pour former des charmilles ou des
palissades vivantes. Le bois du Mûrier blanc est d'une grande
ressource pour les contrées méridionales de l'Europe; on l'emploie à des ouvrages de tour, de menuiserie, de charronnage, et
surtout à la confection des barriques à vin ; on le recherche également pour les échalas et les treillages, puisqu'il dure autant
que le bois du Châtaignier; enfin, on en peut obtenir, surtout
de celui des racines, une teinture d'un jaune très-solide, et, à
ce qu'on assure, aussi belle que celle du fustet. L'écorce contient une filasse propre à fabriquer des cordages et du papier.
Les feuilles sèches sont fort goûtées du bétail. Les fruits ont une
saveur sucrée, mais fade ; aussi ne sont-ils guère recherchés
comme aliment ; on les emploie à engraisser la volaille, qui les
dévore avec avidité ; tous les oiseaux frugivores en sont très-

friands. En Allemagne, on en prépare du vinaigre et des sirops.

On cultive, en Italie et dans le midi de la France, un grand nombre de variétés et sous-variétés du Mûrier blanc ; nous allons en citer les plus recherchées, d'après M. Loiseleur Deslongchamps et MM. Audibert frères.

Mûrier romain. (*Morus alba ovalifolia* Loisel. — *Morus romana* Loddig.) — Feuilles grandes, tantôt lobées, tantôt indivisées. Fruit d'un gris rose ou lilas. — Cette variété est la plus répandue en Provence et en Languedoc.

Mûrier Feuille-rose. (*Morus alba rosea* Lois.) — Feuilles rarement lobées, portées sur des pétioles roses ; suivant M. Loiseleur Deslongchamps, cette variété est l'une des meilleures pour les vers à soie, quoiqu'elle soit peu répandue.

Mûrier grosse-reine. (*Morus alba macrophylla* Loisel. — *Morus macrophylla* Lodd. — *Morus latifolia* et *Morus hispanica* Hortul.) — Arbre gros, mais peu élevé. Feuilles larges, rarement lobées. Fruit gros, blanc, très-sucré.

Mûrier nain. (*Morus alba nana* Lois. — *Morus nana* Hortul.) — Arbrisseau touffu. Feuilles et fruits semblables à ceux du Mûrier grosse-reine. Le Mûrier nain, dit M. Loiseleur, serait d'un usage très-avantageux, parce que ses bourgeons sont très-rapprochés, et qu'un arbre de peu d'étendue fournirait autant de feuilles qu'un autre Mûrier trois fois plus grand.

Mûrier Colombassette. (*Morus alba Columbassetta* Audib. Cat.) — Arbre gros, de longue durée. Feuilles petites, minces. Fruits gros, jaunâtres. — Cette variété est la plus anciennement connue ; les vers à soie la préfèrent aux autres.

Mûrier Colombasse. (*Morus alba Columbassa* Audib. Cat.) — Feuilles assez grandes. Fruits bleuâtres. — Cette variété est aussi estimée que la précédente.

Mûrier Fourcade. (*Morus alba furcata* Audib. Cat.) — Feuil-

les presque rondes. — Variété très - productive, à cause du
rapprochement des bourgeons.

Mûrier Amella ou *Amande*. (*Morus alba amygdalina* Audib. Cat.) — Feuilles ovales, épaisses. L'arbre ne produit
presque pas de fruits.

Mûrier Meyne ou *Mûrier Pomme*. (*Morus alba Meyna* Audib. Cat.) — Feuilles grandes, fines, arrondies.

Mûrier langue de bœuf. (*Morus alba oblongifolia* Loisel.) —
Feuilles grandes, point lobées, oblongues.

MURIER MULTICAULE. — *Morus multicaulis* Perrottet, in
Mém. de la Soc. Linn. de Paris, 1824; id. in Guillem. Arch.
de Bot. 1, cum fig. — *Morus tatarica* Desfont. Cat. Hort. Par.
ed. 3. (non Pallas.) — *Morus cucullata* Bonafous. — *Morus
bullata* Balbis. — Feuilles rugueuses, scabres (surtout en dessus), d'un vert gai, finement veinées, pubescentes en dessous
aux aisselles des nervures, ordinairement acuminées-cuspidées;
pétiole subcylindrique, canaliculé en dessus. Stipules lancéolées
ou linéaires-lancéolées, acuminées. Fleurs monoïques ou dioïques. Étamines plus courtes que le périanthe. Stigmates veloutés, filiformes, à peine plus longs que l'ovaire. Syncarpes oblongs ou ellipsoïdes, pédonculés. — Buisson multicaule, haut
de 15 à 20 pieds, ou petit arbre. Racines longues, traçantes.
Écorce grisâtre, parsemée de petites verrues blanches. Rameaux
divariqués, longs, flexibles, pendants. Feuilles longues de 2 pouces à 1 pied, larges de 2 à 8 pouces, ordinairement minces et
flasques, inégalement ou doublement dentées (dents obtuses ou
pointues, larges, souvent mucronées), tantôt ovales ou cordiformes, et soit indivisées, soit plus ou moins profondément sinuées-
lobées, tantôt palmées (3-ou 5-lobées); base oblique ou équilatérale, plus ou moins profondément cordiforme, ou arrondie, ou
tronquée; lobes égaux ou inégaux, ovales, ou ovales-lancéolés,
ou oblongs, ou arrondis : les latéraux obtus. Pétiole long de
1 pouce à 4 pouces. Stipules blanchâtres, longues de 3 à 6 lignes. Chatons-mâles longs d'environ $^1/_2$ pouce. Périanthe à seg-

ments elliptiques-oblongs, obtus. Syncarpe petit, d'abord blanc, plus tard rouge, finalement noir, porté sur un pédoncule d'environ 1 pouce.

Cette espèce, connue sous les noms de *Mûrier multicaule*, *Mûrier Perrottet*, et *Mûrier des Philippines*, est originaire de Chine, où on la préfère, à ce qu'il paraît, à tous les autres Mûriers pour la nourriture des vers à soie. Son introduction est due à M. Perrottet, qui l'apporta de Manille au Sénégal, en 1821, et, quelques années plus tard, en France. Cette espèce prospère dans les départements méridionaux, où elle est très-multipliée aujourd'hui ; mais elle résiste difficilement aux hivers des environs de Paris. On assure que la culture du Mûrier multicaule est beaucoup plus avantageuse que celle du Mûrier blanc, parce qu'elle produit une quantité plus considérable de feuilles, et que la soie qu'on obtient des chenilles nourries avec ces feuilles est d'une qualité supérieure.

b) *Stigmates cohérents vers leur base (de manière à paraître portés sur un style).*

MÛRIER DE L'INDE. — *Morus indica* Linn. — Roxb. Flor. Ind. ed. 2, vol. 3, p. 596. — Rumph. Amb. 7, tab. 5. — Hort. Malab. 1, tab. 49. — *Morus australis* et *Morus latifolia* Poir. Enc. — *Morus intermedia* Perrott. in Guill. Arch. de Bot. 1, p. 228, cum fig. ; id. in Ann. des Sc. Nat. vol 13, p. 315 (mai 1840). — Feuilles point rugueuses, presque lisses, luisantes, d'un vert gai, finement veinées, pubescentes en dessous aux aisselles des nervures, ordinairement acuminées ; pétiole subcylindrique, canaliculé en dessus. Stipules lancéolées ou linéaires-lancéolées, acuminées. Fleurs dioïques. Périanthe plus court que les étamines. Stigmates filiformes-subulés, finement cotonneux, 1 fois plus longs que l'ovaire. Syncarpes pédonculés. — Petit arbre de 20 à 25 pieds, à tronc atteignant la grosseur de la jambe d'un homme (*Roxburgh ; Perrott.*) ; ou bien arbrisseau droit, très-rameux ; ou bien buisson rabougri, étalé (*Perrottet*). Branches nombreuses, divergentes, vagues. Bois d'un jaune pâle, dur, d'un grain serré (*Roxburgh*). Écorce d'un gris

cendré, lisse, ou parsemée de verrues blanchâtres. Feuilles longues de 2 à 6 pouces, minces, inégalement dentées ou dentelées
(à dents obtuses ou pointues, plus ou moins larges, contiguës
ou distancées, ordinairement mucronées), tantôt indivisées (ovales, ou elliptiques, ou suborbiculaires, ou ovales-lancéolées, ou
oblongues-lancéolées, courtement ou longuement acuminées, ou
très-obtuses, à base oblique ou équilatérale, cunéiforme, ou
tronquée, ou arrondie, ou légèrement cordiforme, ou plus ou
moins profondément cordiforme), tantôt irrégulièrement lobées,
tantôt palmati- (3-5-ou 7-) lobées, à lobes latéraux ovales, ou
arrondis, ou lancéolés, en général très-obtus. Pétiole grêle, long
de 1 pouce à 3 pouces. Stipules longues de 3 à 6 lignes, blanchâtres, glabres. Épis-mâles courts. Périanthe à segments elliptiques-oblongs, obtus. Syncarpes oblongs, ou ellipsoïdes, ou subglobuleux, petits (quelquefois un peu lâches), rouges avant la
parfaite maturité, finalement noirs ; pédoncules ordinairement
plus courts que les pétioles. — Cette espéce croît dans l'Inde, la
Cochinchine et les Moluques ; on la cultive en grand, dans ces
contrées, pour l'éducation des vers à soie : c'est même la seule,
au témoignage de Roxburgh, qu'on cultive, à cet usage, au Bengale. M. Perrottet a aussi introduit ce Mûrier en même temps
que le Mûrier multicaule ; mais il paraît qu'on n'a pas encore
fait d'expériences sur les avantages que sa culture pourrait of-
frir en France ; du reste, elle résiste difficilement aux hivers
des environs de Paris.

B. *Pédoncules-fructifères pendants.*

MURIER ROUGE. — *Mórus rubra* Linn. — Mich. fil. Arb.
vol. 2, p. 232, cum fig. — Duham. éd. nov. vol. 4, tab. 23.
— *Morus scabra* Willd. — *Morus canadensis* Poir. Enc. —
Morus pensylvanica Lodd. Cat. — Feuilles scabres et rugueuses en dessus, cotonneuses-incanes ou pubescentes et d'un vert
glauque en dessous, acuminées, dentelées ; pétiole subcylindrique, canaliculé en dessus. Stipules linéaires-lancéolées, pointues. Fleurs dioïques. Étamines du tiers plus longues que le
périanthe. Stigmates libres dès leur base, linéaires, obtus, fine-

ment pubérules, à peu près aussi longs que l'ovaire. Syncarpes oblongs-cylindracés. — Arbre atteignant, dans des situations favorables, 60 à 70 pieds de haut, sur 18 à 24 pouces de diamètre. Écorce du tronc grisâtre, fendillée. Branches longues, divergentes, disposées en tête ample et touffue. Bois jaunâtre, compacte, d'un grain fin. Feuilles longues de 1 pouce à 4 pouces (celles des pousses-gourmandes longues de ½ pied à 1 pied), fermes, d'un vert foncé en dessus, ovales, ou cordiformes, plus ou moins longuement acuminées, acérées, indivisées, ou irrégulièrement lobées d'un côté et indivisées de l'autre, ou régulièrement 3-lobées : lobes arrondis ou ovales, acuminés; dents obtuses, ou acuminées, mutiques, ou mucronées, égales, ou inégales. Stipules rougeâtres ou blanchâtres, pubescentes, longues de 2 à 4 lignes. Pétiole long de ½ pouce à 2 pouces, finalement glabre. Bourgeons petits, ovoïdes, acuminés. Épis-mâles longs de 1 pouce à 2 pouces : pédoncules longs d'environ 1 pouce. Périanthe à segments ovales, obtus. Épis-femelles plus ou moins longuement pédonculés, à l'époque de la floraison longs de 4 à 6 lignes. Syncarpe long d'environ 1 pouce, rouge avant la parfaite maturité, finalement d'un pourpre noirâtre. Nucules petites, brunes. — Cette espèce habite les États-Unis et le Canada; on la recherche, en Europe, pour les plantations d'agrément, en raison de sa cime ample et très-touffue. Ses fruits ont la même saveur que ceux du Mûrier noir; et, comme elle est beaucoup plus rustique que ce dernier, elle mériterait peut-être la culture, à titre d'arbre fruitier. Son bois a, comme celui de l'Acacia, la précieuse propriété de résister fort longtemps aux alternatives de sécheresse et d'humidité; on le recherche, en Amérique, pour les constructions navales, ainsi que pour les pieux et échalas. Les feuilles du Mûrier rouge ne conviennent point à la nourriture des vers à soie, quoique ces chenilles les mangent avec autant d'avidité que les feuilles du Mûrier blanc.

Genre BROUSSONÉTIA. — *Broussonetia* Vent.

Fleurs dioïques, bractéolées, sessiles : les mâles en épis pendants; les femelles en capitules globuleux, droits. —

Fleurs-mâles : Périanthe campanulé, profondément 4-fide, accompagné d'un involucre de 5 ou 6 bractéoles subulées : segments concaves, dressés, valvaires en préfloraison et induliqués au sommet. Étamines 4, induliquées en préfloraison, se redressant avec élasticité lors de l'anthèse; filets filiformes, transversalement rugueux; anthères réniformes-didymes, latéralement déhiscentes, médifixes, innées : connectif petit, suborbiculaire. — *Fleurs-femelles :* Réceptacle globuleux, charnu, garni de bractées charnues, accrescentes, subclaviformes, acuminées, disposées sans ordre relativement aux fleurs. Périanthe submembranacé, ovoïde, 2-ou 3-denté, fendu profondément d'un côté, engaînant l'ovaire. Ovaire obliquement ovoïde, acuminé, substipité, 1-loculaire, terminé en stigmate filiforme-subulé, très-long, indivisé, pubérule; loge très-petite, sphérique, diaphane; ovule campylotrope, suspendu vers le sommet de la loge. Nucules distinctes, subglobuleuses, drupacées (épicarpe gélatineux, finalement mince, crustacé, rugueux; endocarpe testacé), chacune presque recouverte par son stipe-ovarien très-amplifié, longuement saillant (au delà des écailles-réceptaculaires), charnu, pulpeux, curviligne, subclaviforme, engaîné à la base par le périanthe sec et peu amplifié. Graine inadhérente, subglobuleuse, périspermée: tégument membranacé; embryon central, arqué; radicule supère. — Arbre à suc-propre blanc, laiteux, douceâtre. Rameaux cylindriques, inarticulés. Bourgeons écailleux; les floraux quelquefois aphylles. Feuilles pétiolées, 2-stipulées, non-persistantes, dentées, tantôt indivisées, tantôt palmatilobées, tantôt lobées d'un côté et indivisées de l'autre. Stipules grandes, caduques, submembranacées, nerveuses, planes, inéquilatérales. Inflorescences naissant soit de bourgeons aphylles, au-dessus des cicatrices des feuilles de l'année précédente, ainsi que sur les rameaux plus anciens, et même sur les branches ou sur le tronc, soit à la base des jeunes pousses ainsi qu'aux aisselles des feuilles de ces mêmes ramules; ces divers

modes d'inflorescences coexistent en général sur le même
arbre, surtout lorsqu'il est d'un certain âge. Épis-mâles
denses, pédonculés, velus, non-persistants ; floraison pro-
cédant de haut en bas. Anthères petites, jaunes. Capitules-
femelles courtement pédonculés, velus. Réceptacle accrescent. Périanthes à l'époque de la floraison cachés par les
bractées. Stigmates rougeâtres, longuement saillants, très-
grêles. Carpophores blanchâtres, ou carnés, ou pourpres.
Nucules petites, rouges. Périsperme huileux, assez épais.
Embryon à cotylédons oblongs, incombants. — L'espèce
suivante constitue à elle seule ce genre.

BROUSSONÉTIA A PAPIER. — *Broussonetia papyrifera* Willd.
— Andr, Bot. Rep. tab. 488. — Duham. ed. nov. vol. 2, tab.
7. — *Morus papyrifera* Linn. — Arbre de 30 à 40 pieds. Racine traçante, produisant beaucoup de rejetons. Tronc droit, assez gros, à écorce grisâtre. Branches éparses, vagues, disposées
en tête ample, touffue, arrondie. Rameaux grêles, flexueux.
Jeunes-pousses cotonneuses ou hispides. Bourgeons petits, ovales. Feuilles longues de 2 à 6 pouces (celles des pousses-gourmandes atteignant jusqu'à 1 pied de long), fermes, scabres et
d'un vert foncé en dessus, cotonneuses-incanes en dessous (les
jeunes cotonneuses aux 2 faces), cordiformes, ou ovales, ou ovales-orbiculaires, ou elliptiques, ou lancéolées-elliptiques, ou
lancéolées-obovales (celles des individus adultes en général indivisées), ou palmées (3-à 7-lobées), équilatérales, ou plus ou
moins inéquilatérales, acuminées, acérées, plus ou moins profondément dentées ou dentelées ; dents obtuses, ou pointues, ou acuminées, mucronées, ou mutiques ; lobes pointus ou acuminés,
inégaux, de forme très-variable. Pétiole long de 1 à 5 pouces,
pubérule, ou cotonneux, subcylindrique, canaliculé en dessus.
Stipules ovales, ou ovales-lancéolées, acuminées, rougeâtres,
pubescentes, longues de ½ pouce à 1 pouce. Inflorescences subfasciculées lorsqu'elles naissent de bourgeons aphylles, mais solitaires aux aisselles et à la base des jeunes-pousses. Épis-mâles
longs de 1 pouce à 2 pouces, denses, courtement pédonculés.

Étamines à peine plus longues que le périanthe. Capitules-femelles cotonneux : les fructifères du volume d'une petite Prune; pédoncules fermes, assez gros, longs de 3 à 6 lignes. Nucules petites, pourpres avant la dessiccation. — Cet arbre, nommé vulgairement *Mûrier à papier*, ou *Papirier*, croît en Chine et au Japon, ainsi que, à ce qu'on assure, dans la plupart des îles de la Polynésie (1). Les Japonais se servent de son écorce pour fabriquer leur papier et des toiles ; les insulaires de la mer du Sud l'emploient à faire les étoffes légères dont ils s'habillent. Chez nous, le Broussonétia se cultive comme arbre d'ornement ; ses fleurs paraissent en mai, en même temps que les jeunes feuilles ; les fruits mûrissent en septembre : la pulpe qui les enveloppe est douceâtre et recherchée par les oiseaux ; l'arbre se multiplie avec une facilité remarquable, tant des nombreux rejetons que produisent ses racines, que de boutures. Malgré la grande affinité que le Broussonétia a avec les Mûriers, ses feuilles ne peuvent servir à la nourriture des vers à soie.

Genre MACLURE. — *Maclura* Nutt.

Fleurs dioïques : les mâles en grappes ; les femelles en capitules globuleux. — *Fleurs-mâles :* Périanthe 4-parti : segments imbriqués en préfloraison, finalement étalés. Étamines 4 ; filets filiformes, indupliqués en préfloraison, se redressant avec élasticité lors de l'anthèse ; anthères didymes, médifixes. — *Fleurs-femelles* accompagnées de bractéoles squamiformes. Périanthe 4-parti : segments cuculliformes-obovales, accrescents : les extérieurs plus grands. Ovaire lenticulaire, point stipité, 1-loculaire, couronné d'un stigmate indivisé ou très-inégalement 2-fide, capillaire, longuement saillant, pubérule; ovule campylotrope, suspendu vers le sommet de la loge; micropyle supère. Nucules recouvertes chacune par son périanthe amplifié et

─────────────────────────────

(1) Il nous paraît assez douteux que le *Broussonetia* de la Polynésie puisse être la même espèce que celle de la Chine et du Japon, laquelle ne souffre aucunement des hivers du nord de la France.

charnu; périanthes de chaque capitule soudés de manière à simuler une baie syncarpienne, mamelonnée, polysperme. — Arbres souvent épineux; bois jaune; suc-propre laiteux, jaune. Rameaux épars, cylindriques; jeunes-pousses irrégulièrement anguleuses. Feuilles indivisées ou lobées, très-entières, ou dentées, pétiolées, bistipulées : celles des jeunes-pousses alternes; celles des rameaux-adultes fasciculées. Stipules caduques. Inflorescences solitaires aux aisselles des jeunes feuilles et à la base des jeunes-pousses, ou raméaires; les femelles plus courtement pédonculées que les mâles.

MACLURE A FRUIT ORANGÉ. — *Maclura aurantiaca* Nutt. Gen. — Lambert, Pin. 2, App. tab. 3. — Arbre haut de 20 à 30 pieds. Branches vagues, nombreuses, formant une tête arrondie, touffue. Écorce grisâtre. Rameaux flexueux, tantôt inermes, tantôt épineux. Épines courtes, axillaires, rectilignes, acérées, horizontales. Feuilles longues de 2 à 4 pouces, non persistantes, subcoriaces, luisantes, d'un vert gai, penniveinées, ovales, ou ovales-elliptiques, ou ovales-lancéolées, ou ovales-oblongues, ou elliptiques-oblongues, ou elliptiques, acuminées, ou acuminées-cuspidées, arrondies ou légèrement cordiformes à la base, glabres en dessus, légèrement pubescentes en dessous (du moins à la côte et aux veines), toujours indivisées et très-entières. — *Fleurs-femelles* en capitules subsessiles, à l'époque de la floraison du volume d'une grosse Cerise. Syncarpe de couleur orange à la maturité (d'abord vert, puis d'un jaune pâle), du volume d'une petite Orange. — Cet arbre, nommé vulgairement *Bois d'arc*, et *Pommier des Osages*, croît au Texas et dans les contrées arrosées par l'Arkanzâ. Son bois est d'une ténacité extrême, et, par cette raison, employé par les aborigènes du pays à faire leurs arcs; il peut aussi, de même que celui de l'espèce suivante, servir à teindre en jaune. Cette espèce est cultivée, en France, depuis une quinzaine d'années; elle ne souffre aucunement des hivers des départements septentrionaux. MM. Audibert, à Tarascon, en possèdent des individus des deux sexes, et ils en ont obtenu des graines fécondes. A Paris et aux environs, nous n'avons encore vu fleurir que des individus femelles, dont le fruit acquiert le volume d'une petite Pomme, mais qui ne contient pas de graines.

MACLURA TINCTORIAL. — *Maclura tinctoria* D. Don, Syst. — *Broussonetia tinctoria* Kunth, in Humb. et Bonpl. II, p. 32. — *Morus tinctoria* Linn. — *Morus xanthoxylon* Jacq. Amer. 2, p. 247. — Grand arbre, à cîme-touffue. Rameaux tantôt inermes, tantôt épineux. Épines subulées, solitaires ou géminées, rectilignes. Feuilles ovales ou ovales-oblongues, acuminées, minces, glabres, fortement dentées, tantôt indivisées, tantôt profondément sinuées-lobées, de grandeur très-variable. Épis mâles pendants, denses, longs de 2 à 3 pouces. Périanthe (suivant Jacquin) à segments ovales, plans, réfléchis au sommet, 1 fois plus courts que les étamines. Fruit douceâtre, d'un jaune verdâtre. — Cette espèce croît dans les forêts des environs de Carthagène; suivant Jacquin, elle serait également commune aux Antilles; mais M. D. Don regarde l'espèce des Antilles comme différente de celle de l'Amérique méridionale, et il lui donne le nom de *Maclura Plumierii;* quoi qu'il en soit, l'une et l'autre fournissent le bois tinctorial connu dans le commerce sous le nom de *bois-jaune* ou *fustet.*

Genre FIGUIER. — *Ficus* Tourn.

Fleurs monoïques ou dioïques, très-petites, très-nombreuses, très-serrées, pédicellées, insérées à la surface interne d'un réceptacle (pyriforme, ou ovoïde, ou globuleux) creux, charnu, clos, ombiliqué au sommet, à orifice fermé par des squamules. — *Fleurs-mâles :* Périanthe membranacé, 3-parti. Étamines 3 : filets capillaires; anthères médifixes, versatiles. — *Fleurs-femelles :* Périanthe 5-fide, tubuleux, point accrescent, continu au pédicelle. Ovaire 1-loculaire, 1-ovulé, porté sur un stipe filiforme, sublatéral. Style filiforme, latéral, terminé par 2 stigmates subulés. Ovule campylotrope, appendant, attaché vers le

sommet de la loge, du côté correspondant au style. Réceptacle-fructifère sec ou pulpeux, amplifié, recouvrant.
Nucules submembranacées, graniformes, 1-spermes, accompagnées des restes du périanthe. Graine suspendue,
périspermée : tégument testacé ; périsperme charnu, copieux. Embryon falciforme ou arqué, central : cotylédons
sublinéaires ; radicule cylindracée, supère. — Arbres ou
arbrisseaux (quelquefois grimpants). Sucs-propres laiteux,
plus ou moins âcres. Feuilles alternes, pétiolées, 1-stipu-
lées, simples, très-entières, ou dentées, ou lobées, le plus
souvent coriaces et persistantes. Stipules herbacées, ou
membranacées, caduques, ou persistantes, inadhérentes,
solitaires, en vernation enroulées (en forme de cornets coniques), acuminées, emboîtées les unes dans les autres et
recouvrant les jeunes feuilles. Bourgeons sans autres téguments que les stipules. Réceptacles pédonculés ou sessiles,
axillaires, ou latéraux, ou moins souvent terminaux, solitaires, ou fasciculés, ou rarement en grappes, ordinairement
colorés à la maturité. — Ce genre comprend environ deux
cents espèces, dont la plupart habitent la zone équatoriale,
et sont très-imparfaitement connues quant à la conformation de la fleur et de la graine ; les caractères génériques
que nous venons d'exposer ne s'appliquent peut-être
strictement qu'au *Ficus Carica*, et à quelques espèces
voisines.

A. *Feuilles non-persistantes, non-coriaces, scabres, palmatilobées (accidentellement indivisées), crénelées. Stipules
submembranacées. Réceptacles axillaires ou latéraux, solitaires. Fruit pulpeux.*

FIGUIER COMMUN. — *Ficus Carica* Linn. — Duham. ed. nov.
vol. 4, tab. 53-59. — Guimp. et Hayn. Fremd. Holz. tab. 108.
— Nees, jun. Gen. (anal.) — Arbre atteignant (dans le midi de
l'Europe et dans les climats plus chauds) 20 à 30 pieds de haut,
et 4 à 6 pieds de circonférence ; dans le nord de la France, il
ne forme qu'un buisson de 5 à 6 pieds. Bois jaunâtre, tendre.

Ecorce grisâtre, assez unie. Branches nombreuses, étalées, disposées en tête arrondie et touffue. Jeunes-pousses verdâtres, cylindriques, pubescentes, scabres. Feuilles larges de 3 à 6 pouces, pubérules, d'un vert foncé en dessus, d'un vert pâle en dessous, en général plus ou moins profondément cordiformes à la base, 3-ou 5-lobées, fortement nervées ; lobes de forme variable, ordinairement obtus et séparés par des sinus étroits, arrondis ; pétiole blanchâtre, subcylindrique, long de 1 pouce à 2 pouces. Réceptacles androgynes ou unisexuels (ceux des variétés cultivées toujours femelles), pyriformes, ou turbinés, ou subglobuleux, rétrécis en court stipe pédonculiforme. Fleurs-mâles occupant, dans les réceptacles androgynes, la partie supérieure de la paroi. Fruits (réceptacles-fructifères) de volume très-divers (suivant les variétés), violets, ou rougeâtres, ou blanchâtres, ou jaunâtres.

Cette espèce, connue vulgairement sous le nom de *Figuier*, sans autre désignation plus spéciale, est, depuis bien des siècles, naturalisée dans l'Europe méridionale, et d'ailleurs cultivée, de temps immémorial, dans toutes les contrées voisines de la Méditerranée ; c'est aussi, parmi ses nombreux congénères, la seule qui se cultive comme arbre fruitier, quoique plusieurs espèces exotiques produisent aussi des fruits mangeables. Le *Caprifiguier* (1) n'est autre chose que le Figuier venant spontanément dans les endroits incultes : ses réceptacles sont ordinairement androgynes ou mâles. Le Figuier se plaît dans les sols pierreux, arides et découverts. Sa croissance est rapide ; aussi son bois est-il tendre et spongieux. Dans les départements

---

(1) Les fleurs du Caprifiguier sont hantées par un insecte hyménoptère, du genre *Cynips*, qui perce les réceptacles et y dépose ses œufs, d'où il résulte qu'en général le fruit tombe avant la maturité. Dans les îles de l'Archipel, on a coutume de faire piquer par cet insecte les jeunes fruits des figuiers domestiques, afin d'en accélérer la maturité (mais non afin de les féconder, ainsi qu'on l'a cru à tort) : cette pratique, connue sous le nom de *caprification*, et dont les auteurs les plus anciens font déjà mention, s'exécute en mettant sur les figuiers domestiques des paniers remplis de jeunes figues sauvages.

du midi de la France, et, à plus forte raison, dans les climats
encore plus chauds, cet arbre, une fois planté, ne réclame presque aucun soin de la part du cultivateur ; on doit même ne pas
le tailler, parce que la pourriture prend facilement à toute blessure faite soit au tronc, soit aux branches ; aussi ne peut-on
guère l'élever en espalier. On le multiplie de graines, de rejetons, de boutures, de marcottes et de greffes. Dans le nord de
la France, le Figuier ne résiste à l'hiver qu'à la faveur d'expositions très-abritées : encore faut-il l'empailler durant les fortes
gelées, ou, ainsi que cela se pratique aux environs de Paris,
coucher les branches en les recouvrant d'un demi-pied de terre.
On possède, dans l'Europe méridionale, une quantité innombrable de variétés de ce fruit, et chaque canton, pour ainsi dire,
en offre quelques-unes qui lui sont propres. Les figues qui occupent le bas des ramules sont plus précoces, et en général plus
grosses : en Provence, on les appelle *figues-fleurs ;* celles qui
naissent vers l'extrémité des ramules mûrissent 2 à 3 mois plus
tard que les autres, et quoique d'ordinaire plus petites, elles sont
beaucoup plus sucrées. — Les figues, bien mûres, sont un aliment sain et agréable ; de même que chez les anciens, ce fruit,
soit frais, soit séché, constitue encore la nourriture habituelle
d'une grande partie de la population de l'Europe australe et de
l'Orient ; les sortes les plus communes servent à nourrir le bétail. D'ailleurs la saveur exquise de certaines variétés de figues
les fait rechercher pour les tables les plus somptueuses. Dans
les îles de l'Archipel, on prépare avec les figues une boisson
vineuse, déjà connue des anciens, sous le nom de *sycites ;* on en
fait aussi de l'eau-de-vie et du vinaigre. Les figues sèches forment
un article de commerce très-important, à cause de la consommation considérable qui s'en fait dans le nord. Les médecins de
l'école de Galien et de Dioscoride attribuaient des vertus mer-
veilleuses, non-seulement aux fruits du Figuier, mais aussi à
l'écorce, aux feuilles, et même aux cendres de l'arbre. Aujour-
d'hui l'usage médical du Figuier se borne aux figues qui en-
trent dans la composition des tisanes pectorales, des gargarismes
adoucissants, et des cataplasmes émollients. Toutefois, le suc lai-

ieux qui découle de l'écorce, lorsqu'on y fait des incisions, étant très-âcre, peut tenir lieu de caustique pour extirper les verrues et autres excroissances de la peau ; d'ailleurs, ce suc, de même que celui de la plupart des espèces congénères, agirait comme poison à l'intérieur.

B. *Feuilles non-persistantes, non-coriaces, indivisées. Réceptacles fasciculés sur des protubérances aphylles, naissant sur le tronc et les grosses branches. Fruit charnu.*

Figuier Sycomore.—*Ficus Sycomorus.* (1) Linn. — Grand arbre, à tronc très-gros. Branches nombreuses, formant une tête très-ample et touffue. Feuilles subcordiformes, glabres, obscurément anguleuses, pétiolées, d'un vert foncé et luisantes en dessus. Fruits semblables à ceux du Figuier commun : chair ferme, transparente, douceâtre, d'un blanc tirant sur le jaune. — Ce Figuier croît en Égypte et en Arabie ; au témoignage de Forskal, il acquiert, avec l'âge, une cime assez ample pour ombrager un espace de 40 pas de diamètre. On présume que les cercueils qui renferment les momies égyptiennes sont faits avec le bois de cet arbre. Le fruit du Figuier Sycomore est mangeable, mais inférieur aux figues communes.

C. *Feuilles coriaces, persistantes, indivisées, très-entières.*

a) *Branches très-longues, émettant de distance en distance des sarments aphylles (ou racines aériennes), descendants, lesquels s'enracinent dans le sol et finissent par former de nouveaux arbres, dont les branches deviennent également sarmentifères.*

Figuier de l'Inde. — *Ficus indica* Linn. — Hort. Malab. 3, tab. 63. — Arbre finalement multicaule, à cime très-ample. Sarments d'abord semblables à des cordes. Branches étalées, très-nombreuses, très-rameuses. Feuilles ovales-lancéolées, pétiolées, lisses et d'un vert foncé en dessus, pubescentes en des-

---

(1) Ce nom, qui signifie *Figuier-mûrier*, fait allusion à la forme des feuilles, semblables à celles du Mûrier noir.

sous, réticulées, à nervures-latérales obliques. Fruits sessiles, géminés, axillaires, petits, douceâtres. — Cet arbre, connu sous les noms de *Figuier multipliant*, et *Figuier des banyans*, est commun dans l'Inde, où on le considère comme un arbre sacré. C'est, en effet, un végétal des plus remarquables, tant par sa longévité et sa singulière manière de croître, que par les dimensions énormes qu'il est susceptible d'acquérir. On a observé, au Bengale, des individus dont la cime, de plus de 1,000 pieds de circonférence, et supportée par une soixantaine de troncs de diverses grosseurs, peut se comparer à la voûte d'un vaste édifice. Le suc-propre de ce Figuier sert à faire de la gomme-laque, et les Hindous le regardent comme un remède anti-odontalgique. L'écorce passe pour tonique.

Figuier des pagodes. — *Ficus religiosa* Linn. — Hort. Malab. 1, tab. 27. — Très-grand arbre. Racines s'étendant horizontalement et presque à fleur de terre à de très-grandes distances. Tronc droit, cylindrique étant jeune, plus tard profondément sillonné dans toute sa longueur, atteignant jusqu'à 20 pieds de circonférence, mais rarement plus de 25 pieds de haut. Écorce assez lisse, d'un gris cendré. Branches très-nombreuses, vagues. Ramules souvent pendants. Feuilles pendantes, cordiformes, longuement cuspidées, ondulées aux bords, très-lisses aux 2 faces, d'un vert foncé en dessus, longues d'environ 6 pouces (y compris la pointe, qui a environ 2 pouces de long); pétiole cylindrique, lisse, très-grêle, mobile (de manière que les feuilles s'agitent au moindre mouvement de l'air, comme les feuilles du *Peuplier Tremble*). Fruits géminés, axillaires, sessiles, déprimés, noirâtres à la maturité, du volume d'une Merise. (*Roxburgh, Flor. Ind.* ed. 2, vol. 3, p. 547.)—Cette espèce est commune dans toute l'Inde, où on la désigne par les noms de *Pippal, Pippul*, etc. On la plante fréquemment autour des temples et habitations, à cause de l'ombrage agréable qu'elle procure, et parce qu'elle est consacrée au dieu Vischnou. Le bois de l'arbre n'est d'aucune valeur. Le fruit n'est recherché que par les oiseaux. Au témoignage de Roxburgh, les feuilles, à défaut de feuilles de Mûrier, sont la meilleure nourriture pour les vers à soie.

Figuier Ampélos. — *Ficus Ampelos* Kœn. in Roxb. Flor. Ind. ed. 2, vol. 3, p. 553. — Tronc extrêmement court, mais fort gros, et quelquefois complétement couvert de petits ramules très-feuillus. Cime très-ample. Branches produisant des racines-aériennes filiformes. Écorce lisse, grisâtre. Feuilles subdistiques, divergentes, courtement pétiolées, obliquement elliptiques, acuminées (à pointe obtuse), légèrement sinuolées, scabres, très-fermes, longues de 3 à 4 pouces; pétiole court, courbé, canaliculé. Fruits dépourvus d'involucre, axillaires, géminés, pédonculés, à la maturité jaunes et du volume d'un Pois. Pédoncules accompagnés de 3 petites bractées. — Cette espèce, remarquable par l'élégance de son port, croît au Bengale. Les feuilles servent à polir les ouvrages d'ivoire.

Figuier élastique. — *Ficus elastica* Roxb. Flor. Ind. ed. 2, vol. 3, p. 341. — Arbre atteignant la taille de l'*Érable Sycomore*. Tronc droit, de 2 pieds de diamètre. Écorce assez lisse, d'un gris cendré. Bois tendre, poreux, d'un brun pâle. Branches nombreuses, vagues, formant une tête ample et touffue. Feuilles persistantes, alternes, pétiolées, elliptiques, ou oblongues, très-entières, pointues, glabres et très-lisses aux 2 faces, d'un vert gai en dessus, d'un vert pâle en dessous, longues de 4 à 12 pouces, larges de 3 à 5 pouces, striées de nombreuses veines parallèlement divergentes; côte pourpre; pétiole long d'environ 1 pouce, cylindrique, très-lisse. Stipules de couleur rose, glabres, subcylindriques, cuspidées, longues de 4 à 8 pouces. Réceptacles axillaires, sessiles, géminés, recouverts chacun, au moment de la chute de la stipule, de deux spathes caduques. Fruit elliptique, d'un jaune verdâtre, du volume d'une Olive. — Cette espèce, que l'élégance de son feuillage fait cultiver fréquemment dans les serres, croît dans les montagnes du nord du Silhet. Son suc-propre abonde en caoutchouc de très-bonne qualité.

b) *Branches ne produisant point de sarments descendants.*

FIGUIER A GRANDES FEUILLES. — *Ficus macrophylla* Roxb. Flor. Ind. ed. 2, vol. 3, p. 556.—Arbre atteignant rarement plus de 20 pieds de haut. Tronc divisé, peu au-dessus de sa base, en plusieurs (ordinairement 3) branches grosses, très-rameuses. Écorce brune, très - scabre. Feuilles alternes, pétiolées, cordiformes - orbiculaires, entières, subobtuses, 3-nervées; lisses et d'un vert foncé en dessus, d'un vert très-pâle et légèrement cotonneuses en dessous, fortement réticulées, longues de 12 à 18 pouces, sur à peu près autant de large; pétiole cylindrique, long de 3 à 6 pouces. Fruits pédonculés, velus, turbinés, cannelés, du volume d'une Figue commune, disposés en grappe (au nombre de 6 à 20) sur des ramules aphylles, naissant sur le tronc et les grosses branches. Involucre triphylle, apprimé. Orifice du fruit fermé par quantité de squamules cordiformes. — Cette espèce, remarquable par la beauté de son feuillage, croît au Népaul, au Silhet et au Chittagong ; le fruit est mangé par les habitants de ces contrées.

FIGUIER TINCTORIAL.—*Ficus tinctoria* Forst. —Tussac, Antill. vol. 2, tab. 14.—Arbre haut de 25 à 30 pieds. Écorce des rameaux d'un brun rougeâtre. Feuilles ovales, obliques, obtuses. Fruits axillaires ou latéraux, turbinés, bractéolés à la base, d'un rouge brun, du volume d'une Cerise. — Cette espèce croît dans les îles de la mer du Sud. Les habitants de Taïti se servent de ses fruits pour teindre en violet.

Genre DORSTÉNIA. — *Dorstenia* Plum.

Réceptacle charnu, discoïde, presque plan, florifère et alvéolé à la surface supérieure, androgyne. Fleurs petites, très-nombreuses, apérianthées, insérées dans les alvéoles du réceptacle. — *Fleurs-mâles :* Étamines 2 ou plus ; filets filiformes ; anthères 2-thèques, globuleuses-didymes.—*Fleurs-femelles :* Ovaire courtement stipité, ovoïde, 1-loculaire, 1-ovulé. Style latéral, filiforme, terminé en stigmate 2-fide.

Ovule appendant, campylotrope, attaché à la paroi de la loge, du côté correspondant au style. Réceptacle-fructifère pulpeux, polycarpe. Fruits membranacés, pyxidiens, 1-spermes, enfoncés dans les alvéoles-réceptaculaires. Graine périspermée, oncinée : tégument crustacé; périsperme charnu. Embryon central, onciné : cotylédons oblongs, incombants; radicule allongée, supère. (*Endlicher, gen. p. 279.*)—Herbes acaules, vivaces. Feuilles palmatifides ou pennatifides, radicales, longuement pétiolées. Hampe nue, terminée par un seul réceptacle; alvéoles des fleurs-mâles moins profondes que celles des fleurs-femelles. Fleurs-femelles solitaires dans chaque alvéole. Le genre est propre à l'Amérique équatoriale.

DORSTÉNIA CONTRAYERVA.—*Dorstenia Contrayerva* Linn.—Blackw. Herb. tab. 579.—Jacq. Ic. Rar. tab. 614.—Racine fusiforme, peu rameuse, de la grosseur du doigt, produisant 3 ou 4 feuilles et 2 ou 3 hampes. Feuilles larges, palmatifides, un peu scabres, à segments lancéolés, irrégulièrement dentés. Hampes hautes de 5 à 6 pouces, cylindriques, pubescentes. Réceptacle irrégulièrement quadrangulaire, large d'environ 1 pouce, inégalement sinueux au bord. Alvéoles à bords (peut-être formés par la soudure des périanthes) membranacés, dentés.—Cette espèce et probablement plusieurs de ses congénères sont connues sous le nom de *Contrayerva* (mot espagnol, signifiant contre-poison). Leur racine est aromatique et un peu âcre; on leur attribue, en Amérique, la vertu de servir d'antidote contre la morsure des serpents et autres animaux venimeux.

Genre BROSIME.—*Brosimum* Swartz.

Fleurs dioïques, apérianthées.—*Fleurs-mâles* agrégées sur des réceptacles globuleux, garnis d'écailles peltées. Étamines solitaires entre les écailles-réceptaculaires; filets courts; anthères terminales, orbiculaires, peltées, s'ouvrant par une fente circulaire.—*Fleurs-femelles* géminées dans des involucres pédonculés, urcéolés, hispides, ou garnis de squamules peltées. Ovaires 1-loculaires, 1-ovulés, soudés entre eux ainsi qu'à l'involucre, couronnés chacun de 2 stigmates terminaux, filiformes, soudés par la base. Ovule pelté, attaché à la paroi de la loge. Péricarpe crustacé, recouvert par l'involucre amplifié et spinelleux ou muriqué. Graine subglobuleuse, apérispermée : tégument membranacé ; hile large, ventral. Embryon antitrope : cotylédons inégaux, gros, charnus ; radicule courte, repliée sur le dos des cotylédons. — Arbres lactescents. Rameaux cylindriques. Feuilles alternes, pétiolées, très-entières, ou dentelées, 1-stipulées. Stipules caduques, inadhérentes, en vernation convolutées et emboîtées les unes dans les autres, recouvrant les jeunes feuilles. Pédoncules solitaires ou géminés, axillaires, simples. — Ce genre appartient à l'Amérique équatoriale.

Brosime Alicastre. — *Brosimum Alicastrum* Swartz, Flor. Ind. Occid. I, tab. 1. — Tussac, Flore des Antill. 1, tab. 9. — Grand arbre, à tronc atteignant une grosseur considérable. Cime ample, très-touffue. Rameaux glabres. Feuilles lancéolées ou ovales-lancéolées, pointues, très-entières, glabres, semblables à celles du Bigaradier. Fruit sphérique, crustacé, du volume d'une petite Châtaigne. — Cet arbre croît en Jamaïque ; l'amande de son fruit, que les créoles anglais appellent *bread nut* (noix à pain), est fort bonne à manger, et comparable aux Châtaignes, quant à la saveur. « Ce qu'il y a de bien important « dans ces arbres, dit M. de Tussac, c'est qu'après que la récolte « des fruits est finie, on coupe les sommités des branches qui « sont très-garnies de feuilles, pour servir de nourriture aux « bestiaux et aux chevaux, sans que cela nuise à la récolte des « fruits pour l'année suivante. Ce fourrage est d'autant plus « précieux que l'arbre croît dans des cantons arides, où les « sécheresses, qui durent plusieurs mois, font périr toute autre « espèce de fourrage. Ce précieux végétal semble pousser avec « d'autant plus de vigueur, qu'il fait plus sec et plus chaud. »

Genre GALACTODENDRE. — *Galactodendron* Humb.

Les fleurs du végétal sur lequel a été fondé ce genre sont inconnues. Le fruit est verdâtre, globuleux, drupacé, à noyau 1-sperme. — Plusieurs auteurs rapportent le *Galactodendron* au genre *Brosimum*.

GALACTODENDRE ARBRE-VACHE. — *Galactodendron utile* Humb. Voyag. 2, p. 106. — Id. in Annal. du Mus. 2, p. 180. — Kunth, in Humb. et Bonpl. Nov. Gen. et Spec. 7, p. 16.— Hook. Bot. Mag. tab. 3723 et 3724.—Boussaing, et Rivéra, in Annal. de Chim. 23, p. 219.—Arbre atteignant une centaine de pieds de haut. Tronc haut d'environ 60 pieds, sur 7 pieds de diamètre. Branches nombreuses, très-rameuses. Cime touffue, très-ample. Feuilles longues de 10 à 16 pouces, larges de 2 à 3 pouces, luisantes et d'un vert foncé en dessus, alternes, pétiolées, subcoriaces, penninervées, non-stipulées. Bois blanc, très-dur, d'un grain serré. Fruit du volume d'une noix. — Cet arbre, fameux sous le nom d'Arbre-vache (*Palo de vaca*, des créoles espagnols), croît dans les montagnes à quelque distance de Caracas. Le suc laiteux qui découle en abondance de son tronc, lorsqu'on y pratique des incisions, loin de participer à l'âcreté qu'offre en général le suc-propre des autres Artocarpées, est potable, douceâtre et légèrement aromatique ; les habitants du pays le regardent comme nutritif et très-sain ; d'après l'analyse de MM. Boussaingault et Rivéra, il contient une quantité notable de caoutchouc.

Genre ANTIAR. — *Antiaris* Lesch.

Fleurs monoïques. — *Fleurs-mâles :* Réceptacle disciforme, multiflore, squamelleux en dessous. Périanthe 3 ou 4-sépale, imbriqué en préfloraison. Anthères 3 ou 4, subsessiles. — *Fleurs-femelles :* Réceptacle turbiné, 1-flore, accrescent, recouvert de squamelles. Périanthe nul. Ovaire 1-ovulé, soudé au réceptacle ; ovule anatrope, suspendu. Style biparti. Fruit drupacé, monosperme ; enveloppe-

charnue formée par le réceptacle amplifié. Graine apérispermée : radicule supère. —Arbres lactescents. Feuilles alternes, très-courtement pétiolées, stipulées, très-entières. Pédoncules axillaires (comme latéraux après la chute des feuilles), subsolitaires, simples et dilatés au sommet en forme de disque ou de cupule florifère, ou bien rameux au sommet, à pédicelles disciformes ou cupuliformes au sommet. (*Blume, Rumphia*, 1, p. 56.) — On connaît 3 espèces de ce genre.

ANTIAR VÉNÉNEUX. — *Antiaris toxicaria* Lesch. in Annal. du Mus. vol 16, p. 476; tab. 22. — Blume, Rumphia, vol. 1, p. 36; tab. 22 et 23.—Bennett, in Horsfield, Plant. Javan. Rar. 1, tab. 13.—*Ipo* Rumph. Amb. 2, tab. 87. (exclus. fig. fructûs.) — Arbre haut de 80 à 100 pieds. Tronc droit, muni à sa base d'exostoses longitudinales très-grosses (de sorte qu'il y acquiert souvent une circonférence de plus de 16 pieds), cylindrique supérieurement; écorce blanchâtre, rimeuse, épaisse de 4 à 6 lignes; bois blanc, léger, poreux, peu dur. Cime ample, touffue : celle des jeunes arbres hémisphérique, plus tard irrégulière. Écorce des branches mince, grisâtre, cicatriqueuse, obscurément annelée. Ramules courts, étalés, rectilignes, ou subflexueux, subcylindriques, sillonnés, feuillus, terminés en bourgeon foliaire : les adultes roussâtres et glabres; les jeunes pubérules, un peu scabres. Bourgeon-foliaire comprimé, ovoïde, obtus, enveloppé dans les stipules. Feuilles des jeunes plantes longues de 6 pouces et plus, larges d'environ 2 pouces, oblongues, pointues, subcordiformes à la base, denticulées, minces, pubérules aux 2 faces et surtout en dessous. Feuilles des individus adultes longues de 3 à 5 pouces, larges de 2 à 3 pouces, coriaces, veineuses, luisantes et légèrement pubérules en dessus, un peu scabres en dessous, elliptiques-oblongues, en général obtuses ou arrondies au sommet, subcordiformes et inéquilatérales à la base, très-entières, ou irrégulièrement sinuolées; pétiole long d'environ 4 lignes, très-finement pubérule, cylindrique, renflé à la base. Stipules semi-ovales, membranacées, pubérules,

caduques. Bourgeons-florifères naissant aux aisselles des feuilles
supérieures, ternés, ou fasciculés en plus grand nombre, petits,
subglobuleux, écailleux, en général stériles à l'exception d'un
seul par aisselle. Pédoncules charnus : ceux des inflorescences-
mâles naissant sur les mêmes ramules que les fleurs-femelles,
mais aux aisselles inférieures, longs de 1 pouce ou plus, étalés,
très-simples. Réceptacle des fleurs-mâles convexe ou hémisphérique, verdâtre, charnu, continu avec le sommet du pédoncule, subsinuolé au bord, velouté, couvert de fleurs en dessus,
concave en dessous et couvert de quantité de squamelles ovales,
imbriquées, pubérules. Fleurs petites, très-serrées, sessiles, ébractéolées. Périanthe 4-ou rarement 3-sépale : sépales bacilliformes,
connivents, membranacés, ciliolés, veloutés aux 2 faces. Étamines insérées à la base des sépales, dressées, libres ; anthères ovales, subanisomètres, échancrées aux 2 bouts, latéralement déhiscentes. Réceptacles-femelles petits, ovoïdes, pubérules, charnus,
rétrécis en pédoncule très-court. Style terminal, profondément
biparti, glabre, longtemps persistant : lanières d'abord divergentes, finalement recourbées en arc. Stigmates simples, pointus.
Péricarpe du volume d'une Prune, d'un pourpre noirâtre, légèrement velouté, lisse, ellipsoïde ; chair épaisse, blanchâtre, lac-
tescente. Graine ovoïde-globuleuse : tégument dur, crustacé,
lisse, brun. Embryon blanc : cotylédons gros ; radicule très-
courte, obtuse. (*Blume*, 1. c.)

Cet arbre, non moins célèbre par ses propriétés délétères
bien avérées, que par les relations fabuleuses publiées jadis
à ce sujet par quelques auteurs trop crédules, n'est pas rare
aux îles de la Sonde et dans les autres archipels de la mer
des Indes. Les habitants de la plupart de ces contrées l'appellent *Ipo, Hipo, Upas* (mots qui, en différents dialectes malais, signifient *poison ;* aussi ces mêmes noms sont-ils communs au *Strychnos Tieute* Lesch. ; autre arbre très-véné-
neux, indigène de Java), ou *Bohon Upas* (c'est-à-dire arbre à
poison) ; à Java, on le désigne par les noms d'*Antjar, Antsjar,*
ou *Antchar.* Leschenault de La Tour, et plus récemment encore
M. Blume, ont donné les premières descriptions scientifiques

de l'*Antiaris toxicaria*, et en même temps les notions les plus
exactes sur le terrible poison qu'il contient. — L'écorce de ce
végétal est remplie d'un suc-propre blanchâtre ou jaunâtre, très-
visqueux, presque insipide, et qui découle copieusement lorsqu'on entaille le tronc ou ses ramifications. Les Malais se servent
d'une préparation de ce suc, de même que de l'*Upas-radja*
(autre substance vénéneuse qui provient du *Strychnos Tieute*
Lesch.), pour empoisonner les flèches, afin de rendre mortelle
la moindre blessure faite par un de ces projectiles ; c'est à l'aide
de ces armes redoutables que les habitants de Java résistèrent
lontemps aux agressions des Hollandais, et aujourd'hui encore,
les peuplades sauvages de Sumatra, de Bornéo, de Célèbes et
de la Nouvelle-Guinée se font craindre par le même moyen. —
Il n'est point vrai que l'*Antiaris toxicaria* soit entouré d'une atmosphère mortelle à tout animal qui s'en approche, ni qu'aucun
autre végétal puisse vivre dans son voisinage ; car, dit M. Blume,
les oiseaux viennent se percher impunément sur les branches, qui
souvent nourrissent des plantes parasites ou prêtent leur appui à des
lianes. Toutefois, l'attouchement prolongé d'une partie quelconque de ce végétal, et même les émanations immédiates du suc-
propre au moment où il s'écoule d'une incision, occasionnent des
pustules, des tumeurs érysipélateuses, et de violentes ophthalmies ;
mais toutes les personnes ne sont pas sujettes à ces accidents.
L'application du suc-propre sur la peau produit des effets plus
graves, surtout lorsqu'il en jaillit dans les yeux. Du reste, le
principe délétère de ce poison est volatil, et il se perd avec le
temps, à moins que le suc ou ses préparations ne soient préservés
de tout contact avec l'air. — Les blessures faites avec des flèches
empoisonnées par l'Antiar sont d'autant plus dangereuses
qu'elles sont moins larges, et surtout si la partie vénéneuse du
projectile n'en a pu être extraite à l'instant ; aussi ces projectiles se
fabriquent-ils en général d'un morceau de bambou à pointe très-
effilée et fragile. Les blessures de lances ou de grandes flèches
sont moins à craindre, parce que le poison peut ne pas séjourner
assez longtemps pour être absorbé. — Le poison de l'Antiar
n'agit pas avec une même vitesse sur tous les animaux ; les

chiens, par exemple, y succombent moins vite que les singes, les chauves-souris, et surtout certains oiseaux, même des plus grands, qui meurent presque au moment où ils sont blessés, tandis que les poules en sont fort peu affectées, ou du moins y résistent plus longtemps que même les plus forts mammifères. Les symptômes qui se manifestent chez les animaux empoisonnés par l'Antiar sont en général des convulsions plus ou moins violentes, accompagnées de vomissements et de déjections alvines; les organes internes des cadavres ne montrent point de traces d'inflammation, mais des congestions dans les poumons et dans tous les gros vaisseaux sanguins. — Administré à l'intérieur, le suc soit pur, soit préparé avec des substances excitantes, est moins délétère que lorsqu'il est introduit dans des blessures ; du reste, il produit à peu près les mêmes symptômes, si ce n'est qu'il provoque des vomissements plus violents, d'où il résulte que le poison est rejeté en tout ou en partie, avant de pouvoir se mêler à la masse du sang. Aussi les meilleurs antidotes contre le poison de l'Antiar sont-ils des vomitifs. (*Extrait de la relation de M. Blume.*)

Genre CÉCROPIA. — *Cecropia* Linn.

Fleurs dioïques, agrégées en épis denses, sessiles, fasciculés. Périanthe tubuleux. — *Fleurs-mâles :* Périanthe bidenté, hiant au sommet par une fente transverse. Étamines 2. — Périanthe à orifice indivisé, contracté. Ovaire ovoïde, 1-loculaire. Style très-court. Stigmate terminal, obliquement pelté. Nucules 1-spermes, recouvertes par leur périanthe. — Arbres lactescents. Rameaux noueux : entre-nœuds fistuleux. Feuilles agrégées vers l'extrémité des rameaux, grandes, discolores, cordiformes, subpeltées, palmatilobées : les jeunes enveloppées par de grandes stipules spathacées. Épis fasciculés au sommet d'un pédoncule-commun ; les mâles beaucoup plus nombreux que les femelles. — Ce genre appartient à l'Amérique équatoriale.

CÉCROPIA PELTÉ. — *Cecropia peltata* Linn. — Lamk. Ill.

tab. 800. — Sloan. Hist. I, tab. 88, fig. 2, et tab. 89. — Pluk. Alm. tab. 243, fig. 5. — Arbre atteignant une trentaine de pieds de haut. Tronc droit, creux, cylindrique, annelé (par les cicatrices des anciennes feuilles), rameux seulement au sommet, atteignant 1 pied de diamètre. Feuilles grandes, longuement pétiolées, vertes et scabres en dessus, cotonneuses-incanes en dessous, 7-à 11-lobées, larges de 1 pied et plus ; lobes ovales-oblongs. Spathes ovales, pointues, caduques. Épis grêles, sessiles au sommet d'un pédoncule commun, cylindriques, fasciculés. Fleurs très-serrées, de couleur herbacée. — Cet arbre, connu sous les noms de *Coulekin*, *Coulequin*, et *Bois-trompette*, croît aux Antilles et dans l'Amérique méridionale ; les habitants de ces contrées font des conduits d'eau avec son tronc, qui est creux naturellement ; le bois, qui est très-tendre et poreux, leur sert à se procurer du feu : à cet effet on pratique un petit trou dans un morceau de ce bois (on prend de préférence le bois de la racine de l'arbre), et l'on y enfonce une cheville d'un bois dur quelconque, qu'on y retourne le plus vite possible ; la chaleur développée par le frottement réciproque des deux sortes de bois suffit pour enflammer le bois du Cécropia. Les baies du Cécropia sont mangeables : les nègres les recherchent, mais les créoles en font peu de cas. On cultive ce Cécropia dans les collections de serre, en raison de l'élégance de son port.

Genre ARTOCARPE. — *Artocarpus* Linn.

Fleurs monoïques, agrégées sur des réceptacles charnus. — *Fleurs-mâles* monandres, très-serrées, mais point cohérentes, ébractéolées, ou bractéolées, disposées en épis (claviformes ou cylindracés) ou en capitules. Périanthe 2-à 4-parti : segments égaux ou inégaux, dressés, ordinairement cunéiformes. Étamine à filet linéaire ou claviforme ; anthère basifixe, didyme. — *Fleurs-femelles* très-serrées, plus ou moins cohérentes, disposées en capitules globuleux ou subglobuleux. Périanthe tubuleux, subclaviforme, prismatique vers le sommet, indivisé, clos, perforé au sommet par le style. Ovaire 1-loculaire, 1-ovulé, inclus, à style latéral, saillant, filiforme, terminé en stigmate bifide ou indivisé. Ovule amphitrope, attaché à la paroi de la loge, du côté stylifère. Chaque capitule-femelle devient un syncarpe (formé par les périanthes entre-greffés, très-amplifiés, finalement plus ou moins pulpeux) gros, charnu, aréolé, ou tuberculeux, renfermant un nombre plus ou moins considérable de noix 1-spermes, subcoriacées. Graine subovale, apérispermée, submédifixe. Embryon à cotylédons gros, charnus, inégaux ; radicule supère, repliée sur le dos des cotylédons. — Arbres, à suc-propre laiteux. Ramules cylindriques, inarticulés. Feuilles grandes, alternes, courtement pétiolées, très-entières, ou pennatifides, enveloppées chacune, avant l'épanouissement, d'une paire de grandes stipules coriaces, convolutées, caduques. Inflorescences axillaires ou latérales (les mâles soit sur d'autres ramules, soit sur les mêmes ramules que les femelles), solitaires, ou fasciculées, pédonculées, ou sessiles, enveloppées chacune, avant la floraison, d'une spathe 2-valve, semblable aux stipules. — Ce genre appartient à l'Asie équatoriale ; on en connaît environ 12 espèces dont plusieurs sont célèbres à titre de végétaux alimentaires.

ARTOCARPE ARBRE A PAIN. — *Artocarpus incisa* Linn. fil. — Rumph. Amb. i, tab. 32 et 33. — Sonner. Voy. à la Nouv. Guin. p. 99, tab. 57 à 60. — Tussac, Flore des Ant. vol. 2, tab. 2 et 3. — Hook. in Bot. Mag. tab. 2869, 2870 et 2871. — *Artocarpus communis* Forst. Gen. tab. 51. — Arbre de 30 à 40 pieds. Tronc atteignant 1 ½ pied de diamètre. Écorce grisâtre. Branches nombreuses, étalées, fragiles, formant une tête ample. Rameaux annelés. Feuilles longues de 1 pied à 3 pieds, larges de 1 à 1 ½ pied, coriaces, ovales, cunéiformes vers leur base, lisses en dessus, scabres en dessous : celles des pousses-gourmandes en général très-entières ; celles des ramules-floraux plus ou moins profondément divisées en 3 à 9 lobes acuminés ou pointus, suboblongs ; pétiole gros. Stipules grandes,

cotonneuses. Pédoncules solitaires, axillaires. Fleurs-mâles en
épis subclaviformes, nutants, longs d'environ 6 pouces. Fleurs-
femelles en capitules globuleux. Stigmates bifides. Fruit ovoïde
ou subglobuleux, de 4 à 10 pouces de diamètre (en général du
volume de la tête d'un enfant), d'un jaune verdâtre à l'extérieur,
blanc en dedans, à surface tantôt aréolée, tantôt couverte de gros
tubercules prismatiques. Graines du volume d'une amande.

Cette espèce, célèbre sous les noms de *Rimier*, *Rima*, ou *Arbre
à pain*, croît spontanément aux Moluques, aux îles de la Sonde,
et dans presque tous les archipels de la Polynésie. La chair de
son fruit, cueilli un peu avant sa parfaite maturité, est blanche
et farineuse, d'une saveur agréable qu'on compare à celle du pain
de froment avec un léger goût d'artichaut : dans cet état on le mange
soit cru, soit cuit au four, soit accommodé de diverses autres
manières, et il constitue la base de l'alimentation chez les habitants des îles de l'océan Pacifique. Les amandes de ce fruit sont
également comestibles : étant torréfiées, elles ont la saveur des
Châtaignes. On assure que quelques Arbres à pain suffisent à la
subsistance d'un homme, durant une grande partie de l'année.—
L'utilité de l'Arbre à pain ne se borne pas à l'usage alimentaire
de son fruit. Le bois du tronc sert aux constructions légères. On
fabrique des étoffes avec les couches internes de l'écorce. Les
feuilles sont assez grandes pour tenir lieu de nattes. Enfin, les
épis-mâles séchés s'emploient comme de l'amadou, et le suc-
laiteux qui abonde dans toutes les parties du végétal donne de la
glu. — On possède plusieurs variétés de l'Arbre à pain. Les plus
généralement cultivées sont celles dont le fruit est dépourvu de
graines, et qui sont originaires de Taïti ; le gouvernement anglais
les fit introduire aux Antilles en 1793, où elles sont aujourd'hui
parfaitement naturalisées.

ARTOCARPE JAQUIER. — *Artocarpus integrifolia* Linn. —
Roxb. Corom. tab. 250.— Tussac, Flor. Ant. 2, tab. 4.—
Hook. in Bot. Mag. tab. 2833 et 2834. — *Artocarpus hetero
phylla* Lamk. Enc. — *Polyphema Jaca* Loureir. Cochinch. —
Silodium cauliflorum Gærtn. Fruct. 1, tab. 71 et 72. —

Rademachia integra Thunb. — *Soccus arboreus* Rumph.
Amb. 1, tab. 31 et 32. — *Tsjaca marum* Hort. Malab. 3,
tab. 26, 27 et 28. — Arbre de 30 à 50 pieds. Tronc gros,
haut de 10 à 12 pieds. Écorce rimeuse, noirâtre. Branches nombreuses, étalées; formant une tête ample et très-touffue. Feuilles
longues de 4 à 6 pouces, coriaces, obovales, ou obovales-oblongues, lisses et d'un vert foncé en dessus, scabres et d'un vert pâle
en dessous : celles des jeunes individus et celles des pousses-
gourmandes ordinairement trifides. Stipules lancéolées, presque
glabres. Inflorescences naissant sur le tronc et sur les grosses
branches : les mâles et les femelles ensemble. Épis-mâles solitaires, cylindracés, dressés, du volume d'un doigt, à spathe semblable aux stipules, courtement pédonculés, densiflores. Périanthe 2-parti : segments cunéiformes, poilus, égaux. Étamine à
filet claviforme, un peu plus long que le périanthe. — Épis-femelles oblongs. Périanthe 4-à 6-gone. Stigmate claviforme, recourbé. Fruit long de 12 à 30 pouces, sur 6 à 12 pouces de
diamètre, oblong, jaunâtre, couvert de tubercules prismatiques.
Graines subréniformes, du volume d'une noix de muscade.
(*Roxburgh, Flor. Ind. ed.* 2, vol. 3, p. 522.)

Cette espèce, appelée vulgairement *Jaquier, Jaque,* ou *Jack*
(de son nom malais *Tjaca*), est indigène de l'Inde, des Moluques, et des îles de la Sonde ; on la cultive fréquemment dans
toutes ces contrées, à cause de l'emploi alimentaire de son fruit.
Ce fruit, qui pèse de dix à quatre-vingts livres, et dont par conséquent le volume est très-variable, contient une chair pulpeuse,
d'une saveur douceâtre, et qui se mange comme celle du fruit de
l'Arbre à pain ; mais en général ce fruit n'est point du goût des
Européens. On en mange aussi les amandes, qu'on fait torréfier,
et qui, ainsi préparées, sont comparables aux Châtaignes. — Le
bois de cet arbre prend la couleur de l'Acajou, après avoir été
exposé quelque temps à l'air ; on l'emploie aux constructions et
à l'ébénisterie. Le suc-propre sert aussi à faire de la glu.

ARTOCARPE VELU. — *Artocarpus hirsuta* Lamk. Encycl. —
Hort. Malab. 3, tab. 32. — *Artocarpus pubescens* Willd. —

Grand arbre. Jeunes-pousses poilues. Feuilles elliptiques-ob-longues, entières, obtuses, pubescentes en dessous (surtout aux veines), longues de 6 à 7 pouces, larges de 4 à 5 pouces ; pé-tiole court, poilu. Stipules lancéolées, poilues en dessous. Inflo-rescences axillaires, ou latérales (aux aisselles des feuilles de l'année précédente), géminées : les mâles en épis grêles, longs, pendants ; les femelles en capitules globuleux, dressés, plus lon-guement pédonculés. Bractées linéaires, obtuses. Périanthe des fleurs-mâles subcylindrique, bifide au sommet. Filet aussi long que le périanthe. Périanthe des fleurs-femelles 1-valve : bords soudés jusqu'au tiers de la longueur, spinelleux à la surface ex-terne. Ovaire ovoïde. Style filiforme, plus long que le périanthe. Stigmate simple, pointu. Fruit ellipsoïde, du volume d'un gros Citron, tuberculeux : tubercules terminés en soie roide. Graines ovoïdes ou ellipsoïdes, du volume d'une Fève de marais. (*Rox-burgh, Flor. Ind. ed. 2, vol. 3, p. 521.*) — Cette espèce croît dans les forêts du Malabar, où on la connaît sous le nom d'*An-sjeli ;* son bois s'emploie à toutes sortes d'usages d'économie domestique ; le fruit est mangeable, mais beaucoup moins es-timé que celui des deux espèces précédentes.

ARTOCARPE TCHAPLACHE. — *Artocarpus Chaplasha* Roxb. Flor. Ind. ed. 2, vol. 3, p. 525. — Grand arbre. Tronc droit ; écorce assez lisse, d'un brun olive. Feuilles courtement pétio-lées : celles des jeunes arbres pennatifides ; celles des arbres adultes elliptiques ou obovales, cunéiformes à la base, légère-ment dentelées ou sinuolées, coriaces, longues de 6 à 12 pouces, larges de 4 à 8 pouces. Stipules spathiformes, caduques. Inflo-rescences longuement pédonculées, subglobuleuses, naissant im-médiatement au-dessous des bourgeons foliaires : les femelles parmi les mâles. Capitules-mâles du volume d'une Muscade, garnis de bractéoles peltées. Périanthe à 2 ou 3 squamules cu-néiformes. Filet un peu plus long que le périanthe. Capitules-femelles semblables aux mâles. Périanthe claviforme, charnu. Style grêle. Stigmate courbé, saillant. Fruit sphérique, pen-dant, du volume d'une grosse Orange, du reste semblable à celui de l'Arbre à pain. Graines nombreuses, oblongues, blanches, du volume d'une Pistache. (*Roxburgh*, l. c.)

Cette espèce croît dans les contrées orientales du Bengale, où on la désigne par le nom de *Tchaplache;* elle fleurit en mars et en avril, époque à laquelle l'arbre est dépouillé de feuilles. Le tronc devient très-gros, et sert à faire des canots, ainsi qu'à beaucoup d'autres usages, parce qu'il est très-durable sous l'eau.

ARTOCARPE LAKOUTCHA. — *Artocarpus Lacoocha* Roxb. Flor. Ind. éd. 2, vol. 3, p. 524. —Arbre de moyenne taille. Tronc court, mais gros. Tête ample, touffue, étalée. Écorce finalement très-scabre. Feuilles subdistiques, courtement pétiolées, elliptiques-oblongues, entières, pointues, glabres en dessus, pubescentes en dessous, parallélivéinées, réticulées, longues de 4 à 12 pouces, larges de 2 à 6 pouces. Stipules petites, cordiformes, caduques. Inflorescences naissant aux aisselles des feuilles de l'année précédente, solitaires, globuleuses : les mâles et les femelles sur les mêmes ramules; les femelles occupant les aisselles supérieures. Capitules-mâles du volume d'une Muscade, multiflores, denses, courtement pédonculés, de couleur rose, accompagnes chacun de deux squamules semblables aux stipules. Périanthe de 2 à 4 folioles cunéiformes. Filet un peu plus long que le périanthe. Capitules-femelles courtement pédonculés. Périanthe comme celui de l'*Artocarpus integrifolia.* Style aussi long que le périanthe. Stigmate subulé. Fruit du volume du poing d'un homme, ou plus gros, jaune à la maturité, assez lisse, subglobuleux. Graines oblongues. —Cette espèce est commune au Bengale; en sanscrit, on la nomme *Lakoutcha.* Ses feuilles tombent en hiver, et il en repousse de nouvelles, en même temps que les fleurs, en mars. Les Hindous mangent le fruit de cet arbre; mais les Européens en trouvent la saveur désagréable. Le spadice mâle est acide et astringent; les Hindous l'emploient comme herbe potagère. Les racines servent à teindre en jaune.

ARTOCARPE À FRUIT SPINELLEUX. —*Artocarpus echinata* Roxb. Flor. Ind. ed. 2, vol. 3, p. 527. — Arbre de moyenne taille. Tronc court; gros. Branches nombreuses, formant une tête touffue, presque sphérique; écorce d'un vert olive. Jeunes-pousses scabres, garnies de poils apprimés. Feuilles courtement pétiolées, oblongues, entières, obtuses, coriaces, luisantes en dessus, d'un vert pâle et scabres en dessous, longues de 6 à 8 pouces, larges de 3 à 6 pouces. Stipules lancéolées, concaves, scabres. Capitules-mâles axillaires, courtement pédonculés, globuleux, jaunes, du volume d'une Groseille à maquereaux, garnis de quelques bractéoles subclaviformes, peltées. Périanthe bifide : segments oblongs, obtus. Filet un peu plus long que le périanthe. Capitules-femelles terminaux, globuleux, plus longuement pédonculés que les mâles. Fruit sphérique, du volume d'une grosse Orange, armé de longues spinelles subulées. Graines nombreuses, elliptiques - oblongues. — Cette espèce croît dans la presqu'île de Malacca et dans les îles voisines; les Malais la nomment *Tampoïne*; son fruit est mangeable.

Genre PLATANE. — *Platanus* Tourn.

Fleurs monoïques, apérianthées, agrégées sur des réceptacles charnus, subglobuleux, unisexuels, point involucrés, garnis de squamules cunéiformes, subglandulaires, persistantes. — *Capitules-mâles :* Étamines nombreuses, très-serrées, caduques, disposées sans ordre apparent, et accompagnées chacune d'une ou de plusieurs squamules. Filets très-courts. Anthères continues au filet, linéaires-cunéiformes, 2-thèques, couronnées d'un appendice glandulaire, pelté, discoïde, sub-bilobé, plus large que le sommet; bourses latérales, profondément 1-sulquées, longitudinalement bivalves; connectif sublinéaire, étroit, charnu. — *Capitules-femelles :* Ovaires nombreux, serrés, obconiques, 1-styles, 1-loculaires, 1-ou 2-ovulés, subfasciculés : chaque fascicule accompagné de plusieurs squamules. Ovules superposés étant géminés, attachés au sommet de la loge étant solitaires, renversés, orthotropes. Style filiforme-subulé, terminal, onciné et pubérule au sommet, accrescent. Capitule-fructifère composé de nucules serrées (finalement caduques), coriaces, claviformes, 1-loculaires, 1-spermes, cuspidées par les restes du style, barbues inférieurement de soies articulées. Graine oblongue, apérispermée, attachée au sommet de la loge; tégument membranacé. Embryon rectiligne : cotylédons linéaires, presque plans; radicule grêle, cylindracée, infère. — Abres à suc-propre aqueux. Rameaux inarticulés, cylindriques. Jeunes-pousses et jeunes-feuilles couvertes d'un duvet étoilé, serré, floconneux, en général non-persistant. Bourgeons gros, écailleux, solitaires, naissant dans la base des pétioles et recouverts par ceux-ci, jusqu'à la chute des feuilles; écaille extérieure grande, solitaire, glabre, recouvrant les écailles intérieures lesquelles sont cotonneuses. Écorce lisse : celle du tronc et des grosses branches se détachant chaque année sous forme de plaques irrégulières. Feuilles alternes, pétiolées, non-persistantes, mais subcoriaces, stipulées, palmati-nervées (excepté les inférieures, qui sont en général penninervées), tantôt palmées, tantôt seulement anguleuses ou légèrement lobées, tantôt point lobées, mais plus ou moins profondément sinuées-dentées; lobes inégaux (le terminal plus grand que les 2 latéraux; les basilaires en général petits) ou rarement presque égaux, ordinairement dentés ; bords révolutés en vernation. Stipules solitaires, inadhérentes, oppositifoliées, tubuleuses et engaînantes inférieurement : celles des ramules-floraux fugaces, scarieuses, tronquées au-sommet ; celles des pousses-gourmandes herbacées ou subherbacées, moins caduques, ou subpersistantes, à gaîne couronnée d'un limbe tantôt cyathiforme et tronqué, tantôt bifide ou biparti à segments très-entiers, ou crénelés, ou sinués, de forme et de grandeur très-variables (1). Floraison vernale, coïncidant avec

(1) M. Endlicher (*Gen. Plant.*) est dans l'erreur en avançant que les feuilles des Platanes sont dépourvues de stipules ; M. Lindley se trompe également en attribuant aux Platanes, comme caractère absolu, des stipules réduites à des gaînes scarieuses.

la pousse des feuilles. Pédoncules-communs solitaires au sommet des jeunes-pousses, longs, pendants, portant un seul capitule terminal, ou plus souvent 2 à 6 capitules dont un seul terminal, les autres latéraux (souvent unilatéraux), tantôt sessiles, tantôt pédonculés. Les capitules-mâles sont beaucoup plus petits que les capitules-femelles, et ils naissent tantôt sur le même pédoncule que les capitules-femelles, tantôt sur d'autres pédoncules. Squamules-réceptaculaires petites, inégales, subcunéiformes : celles des capitules-mâles, à l'époque de la floraison, plus-courtes que les étamines, persistant sur le réceptacle après la chute de celles-ci ; celles des capitules-femelles, à l'époque de la floraison, plus longues que les ovaires, débordées par les styles, persistantes, mais peu ou point accrescentes. Anthères jaunes. Styles rougeâtres. — Ce genre appartient aux contrées extra-tropicales de l'hémisphère septentrional. Linné en admit 2 espèces : le *Platane d'Orient* et le *Platane d'Amérique;* Willdenow en porte le nombre à quatre, dont, suivant cet auteur, trois appartiendraient à l'Orient, et une à l'Amérique septentrionale ; quoique l'une ou l'autre de ces opinions ait été généralement admise jusqu'aujourd'hui, nous avons acquis la conviction, par suite de longues recherches, que les 2 ou 4 prétendues espèces des auteurs doivent être toutes considérées comme variétés de l'espèce suivante :

PLATANE COMMUN. — *Platanus vulgaris* Spach. — Feuilles palmées, ou légèrement lobées, ou anguleuses, en général sinuées-dentées, ou érosées-dentées : les adultes glabres, ou pubérules en dessous aux nervures.

—α : A FEUILLES DE LIQUIDAMBAR. (*liquidambarifolia* Spach.)
—*Platanus orientalis* Linn.—Watson, Dendr. Brit. tab. 101.
—Feuilles (1) cordiformes-orbiculaires ou suborbiculaires,

---

(1) Il est essentiel de faire remarquer que les caractères que nous assignons à ces différentes variétés, ne sont que ceux qui se rencontrent le plus fréquemment sur les mêmes individus, et qu'ils ne s'appliquent

palmées (3-5-ou rarement 7-lobées), tripli-ou quintupli-ner-
vées, à base rétrécie en forme de coin ; lobes sublancéolés, ou
deltoïdes-lancéolés, ou oblongs-lancéolés, acuminés, ou pointus, pauci-dentés, ou très-entiers, en général étroits. — C'est
sous cette forme, qui est rare dans les plantations, que le Platane se rencontre le plus souvent en Orient ; nous ignorons si
elle existe en Amérique. — Les feuilles inférieures des pousses-gourmandes sont ordinairement flabelliformes ou subrhomboïdales, moins souvent ovales, tantôt trilobées au sommet (à lobes souvent presque égaux et obtus), tantôt indivisées,
plus ou moins profondément sinuées-dentées, ou inégalement
érosées-dentées ou denticulées.

— β : A FEUILLES DE VIGNE. (*vitifolia* Spach.)— *Platanus
orientalis* Linn. — Pallas, Flor. Ross. tab. 51. — Duham.
ed. nov. vol. 2, tab. 1.—Feuilles cordiformes-orbiculaires ou
suborbiculaires, palmées (3- ou 5-lobées), triplinervées, à
base rétrécie en forme de coin ; lobes lancéolés-rhomboïdaux,
ou subrhomboïdaux, ou deltoïdes, acuminés, profondément et
inégalement sinués-dentés ou sublaciniés, plus ou moins larges. — Cette variété croît en Orient, dans l'Europe méridionale, et probablement aussi en Amérique ; elle est plus fréquente, dans les plantations (où on la cultive, en général,
comme *Platane d'Orient*), que la variété précédente. Les
feuilles inférieures des pousses-gourmandes varient comme
celles de la variété précédente.

— γ : A FEUILLES FLABELLIFORMES. (*flabellifolia* Spach.)
— *Platanus cuneata* Willd. — Feuilles flabelliformes, ou
subrhomboïdales, ou subovales, triplinervées, courtement 3-
lobées ou subquinqué-lobées, subdenticulées, ou sinuées-den-

---

qu'aux feuilles supérieures des rameaux floraux et des pousses-gourmandes ; les feuilles inférieures sont toujours d'une autre forme, en général
beaucoup plus petites, plus courtement pétiolées, ou subsessiles, moins
profondément lobées, ou seulement sinuées-dentées et pénniveinées. En
outre, presque tout individu de chacune de ces variétés offre aussi plus ou
moins de feuilles ayant la forme caractéristique d'une autre variété voisine.

tées, ou sinuées, à base rétrécie en forme de coin ; lobes égaux ou inégaux, en général obtus. — Cette variété, très-remarquable par ses feuilles, qui sont la plupart conformées comme les feuilles inférieures des pousses-gourmandes des deux variétés précédentes, paraît pourtant n'être qu'une variation accidentelle, due à une végétation languissante ; car nous n'en avons vu que des individus rabougris, et Willdenow déjà fait la remarque que son *Platanus cuneata* n'est qu'un arbuste.

—δ : A FEUILLES D'ÉRABLE. (*acerifolia* Spach.) — *Platanus acerifolia* Willd.—*Platanus occidentalis* Mich. Flor. Bor. Amer.! — Wats. Dendr. tab. 100. — *Platanus cuneata* Tenor.! —*Platanus orientalis*, *Platanus occidentalis*, et *Platanus hispanica*, Hortul. —Feuilles suborbiculaires ou cordiformes-orbiculaires, plus ou moins profondément 3-ou 5-lobées, trinervées ou triplinervées, à base rentrante ou tronquée ; lobes deltoïdes ou ovales, larges, pointus, ou acuminés, pauci-dentés. — Cette variété (qu'on appelle lé plus généralement *Platane d'Amérique*), qui est la plus commune de toutes dans les plantations, croît dans l'Europe méridionale, ainsi qu'en Amérique. Les feuilles inférieures sont ovales, ou rhomboïdales, ou flabelliformes, sinuées-dentées.

—ε : A FEUILLES ANGULEUSES. (*angulosa* Spach.)—*Platanus occidentalis* Linn.—Catesb. Carol. 1, tab. 56, — Mich. fil. Arb. 3, p. 184, cum fig.—Duham. ed. nov. 2, tab. 1. — *Platanus occidentalis macrophylla* Audib. Cat. —Feuilles réniformes-orbiculaires, ou cordiformes-orbiculaires, ou suborbiculaires, acuminées, triplinervées, anguleuses, ou légèrement 3-lobées, ou subquinquélobées, inégalement sinuées-dentées, ou érosées-dentées, ou denticulées, à base tantôt rentrante, tantôt tronquée, tantôt rétrécie en forme de coin. — Feuilles-inférieures variant comme chez la variété précédente. —Cette variété, qui est rare dans les plantations, paraît propre à l'Amérique.

Arbre atteignant, dans les localités favorables, 80 à 100 pieds de haut. Racines longues, traçantes. Tronc droit, souvent très-gros (1) et sans branches jusqu'à 60 pieds ou plus ; quelquefois il y a plusieurs troncs partant d'une même souche. Écorce lisse : la nouvelle d'un vert pâle ou jaunâtre ; l'ancienne (qui se détache par plaques) grisâtre ou brunâtre. Branches nombreuses, divergentes, très-rameuses : les inférieures horizontales ou réclinées. Cime ample, très-touffue, arrondie (lorsque l'arbre croît isolément), ou plus ou moins allongée. Rameaux à épiderme d'un brun de Châtaigne, ou grisâtre, ou verdâtre, parsemés de petites verrues blanchâtres. Bourgeons obtus ou pointus, plus ou moins gros, bruns. Feuilles larges de 3 à 8 pouces (les inférieures souvent seulement de 2 pouces ; celles des pousses-gourmandes souvent larges de près de 1 pied), d'un vert gai et ordinairement luisantes en dessus, d'un vert pâle en dessous : les jeunes couvertes d'un duvet jaunâtre ou blanchâtre ; lobes formant des angles tantôt très-aigus, tantôt plus ou moins ouverts, tantôt très-ouverts ; dents deltoïdes ou moins souvent arrondies, ordinairement mucronées. Pétiole grêle, subcylindrique, point canaliculé, long de quelques lignes à 2 pouces. Stipules plus courtes que le pétiole, tronquées, ou à lobes tantôt falciformes, tantôt semi-lunés, tantôt suborbiculaires, tantôt obliquement ovales ou lancéolés, très-entiers, ou denticulés, ou sinués-dentés. Pédoncules-communs grêles, subcylindriques, ou un peu comprimés, longs de 4 à 8 pouces. Capitules-mâles du volume d'un gros Pois. Capitules-fructifères de 6 à 12 lignes de diamètre.

Le Platane croît dans la Perse, dans l'Asie Mineure, en Syrie, en Grèce et dans l'Archipel, en Sicile, en Calabre, et dans l'Amérique septentrionale, à peu près dans toute l'étendue des États-Unis ; suivant Pline et d'autres auteurs anciens, la Grèce et

---

(1) Pline fait mention d'un Platane qui existait de son temps en Lycie : le tronc de cet arbre, creusé par la vétusté, offrait une grotte de 75 pieds de circonférence. M. A. Michaux cite des Platanes observés par lui en Amérique, et ayant 40 à 45 pieds de circonférence.

l'Italie auraient reçu cet arbre de l'Orient. Il s'accommode parfaitement du climat du nord de la France et de l'Allemagne, quoique dans ces contrées il soit loin d'acquérir les dimensions qui, dans les climats plus chauds, en font un des plus beaux arbres de la zone tempérée. Le Platane ne se refuse à croître dans aucune sorte de terrain : toutefois, il prospère surtout dans les sols meubles et fertiles, et ce n'est qu'aux bords des eaux qu'il se montre dans sa plus grande beauté ; il ne forme point des forêts, ni dans l'ancien continent, ni dans le nouveau, et, en général, il borde les rivières et les ruisseaux. Quoiqu'il soit d'une longévité remarquable, sa croissance n'en est pas moins rapide : dans les localités favorables, il acquiert, au bout d'une vingtaine d'années, 60 à 70 pieds de haut sur 1 à 2 pieds de diamètre. Il se multiplie, aussi facilement que les Saules, de boutures, de branches couchées, et même de tronçons de racines ; une branche couchée, sans être marcottée, donne, dès la première année, une tige droite et vigoureuse, d'une dizaine de pieds de haut, et suffisamment enracinée pour être transplantée en automne : ce mode de multiplication est préférable à celui par boutures, qui ne donne que des arbres moins vigoureux et souvent mal venus. La multiplication par graines n'est pas facile dans le nord de la France, et d'ailleurs les fruits y sont le plus souvent stériles. On a remarqué aussi que le Platane est de tous les arbres le moins propre à servir de sujet pour la greffe de tout autre arbre, quoique plusieurs auteurs anciens eussent avancé qu'on pouvait y greffer toutes sortes d'arbres fruitiers ; les écussons même de Platane sur Platane ne réussissent pas. On dit qu'un écusson de Figuier, posé sur un Platane, le fait périr entièrement l'hiver suivant. — Le Platane, comme l'on sait, se plante fréquemment en avenues, ou au voisinage des habitations : usage auquel il est éminemment propre, parce qu'il supporte fort bien la taille, qu'il donne beaucoup d'ombre, et que ses feuilles ne sont point sujettes au ravage des insectes. C'est aussi l'un des arbres favoris des Orientaux : les Persans lui attribuent une vertu spéciale pour désinfecter l'air, et pour garantir de la peste ou d'autres maladies contagieuses ; cette supposition est probablement due à ce que le feuillage du Platane répand une odeur légèrement balsamique. Le bois de Platane est pesant, tenace, assez dur, marbré d'une infinité de veines réticulées ; en se desséchant, il devient d'un rouge terne ; son grain est fin et serré ; il est susceptible d'un beau poli, plus que celui du Hêtre, avec lequel il a quelque ressemblance ; on en fait rarement usage dans l'ébénisterie, parce qu'il a le défaut d'être trop hygrométrique ; il n'est pas propre aux constructions externes, parce qu'il pourrit promptement, étant exposé aux alternatives de sécheresse et de pluie ; mais lorsqu'il est bien sec, il est excellent comme combustible, et pour la charpente intérieure des bâtiments. Les habitants de l'Amérique septentrionale font des canots avec les gros troncs de Platanes : un seul tronc peut donner un canot de plus de 60 pieds de long, et supportant un chargement de 4,500 kilos. Le bois des racines est d'un beau rouge, et les couches concentriques, ainsi que les rayons médullaires, y sont très-apparents ; ces racines sont recherchées pour les ouvrages de tour, de tabletterie et de marqueterie. La décoction des rameaux du Platane donne une teinture brune.

Genre LIQUIDAMBAR. — *Liquidambar* Linn. (1).

Fleurs monoïques ou polygames-dioïques (2), apérianthées, agrégées en capitules unisexuels, pédonculés, subglobuleux, involucrés. — *Capitules-mâles* : Étamines nombreuses, serrées, entremêlées de squamules disposées sans

---

(1) Ce genre a été classé par M. A.-L. de Jussieu à la suite de ses Amentacées ; par M. A. Richard, dans les Myricées ; par M. Lestiboudois et par M. Dumortier, dans leur famille des Platanées ; par M. Kunth, avec doute, dans les Cunoniacées ; par Poiret, Sprengel, et d'autres, dans les Conifères.

(2) Suivant tous les auteurs, les fleurs des *Liquidambar* seraient constamment monoïques ; mais nous avons souvent examiné plusieurs individus de *Liquidambar imberbe*, plantés au Jardin du Roi, sur lesquels nous n'avons jamais pu découvrir de capitules mâles.

ordre. Filets libres, subulés. Anthères didymes, basifixes, mucronées : bourses juxtaposées, longitudinalement
2-valves, — *Capitules-femelles* : Ovaires nombreux, très-
serrés, 2-styles, 2-loculaires, multi-ovulés, accompagnés
chacun de plusieurs squamules plus ou moins cohérentes,
accrescentes. Ovules nidulants, amphitropes, peltés, attachés à la cloison. Styles subulés, accrescents, persistants,
papilleux antérieurement. Les fruits de chaque capitule-
femelle constituent un strobile composé des squamules-
florales amplifiées ; durcies et entregreffées de manière
à former des fossettes 4-ou 5-latères, dans chacune desquelles est nichée une capsule presque ligneuse, obconique,
demi-saillante, bicuspidée (par les styles), 2-loculaire, polysperme (ou par avortement oligosperme), finalement
2-valve (septicide) entre les styles. Graines oblongues, un
peu comprimées, submédifixes, imbriquées ; tégument
mince, chartacé, prolongé en aile terminale. Périsperme
mince, subcartilagineux. Embryon rectiligne : cotylédons
foliacés ; radicule courte, supère. — Arbres à sucs-propres
balsamiques. Rameaux cylindriques, inarticulés, alternes.
Bourgeons écailleux, axillaires. Feuilles palmées ou indivisées, dentelées, pétiolées, bistipulées ; dentelures glanduleuses au sommet. Stipules linéaires ou subulées, membranacées, latérales, adnées inférieurement au pétiole ;
partie inadhérente caduque. Inflorescences axillaires et
terminales sur les jeunes-pousses. Capitules-mâles disposés en grappe ou en épi vers l'extrémité d'un pédoncule-
commun terminal. Capitules-femelles terminaux, ou axillaires et terminaux, ou bien (lorsque le ramule-floral se
termine par des capitules-mâles) tous axillaires et longuement pédonculés. Capitules accompagnés chacun d'un involucre de 4 ou 5 bractées membranacées, fugaces. — Ce
genre ne comprend que les 3 espèces dont nous allons
traiter.

A. *Feuilles palmées, longuement pétiolées, non-persistantes.*

LIQUIDAMBAR COPALME. — *Liquidambar styraciflua* Linn. — Blackw. Herb. tab. 485. — Catesb. Carol. 2, tab. et p. 65. — Duham. Arb. ed. 1, tab. 179. — Wangenh. Amer. tab. 27, fig. 40. — Duham. ed. nov. vol. 2, tab. 10. — Mich. fil. Arb. vol. 3, p. 194, cum fig. — Feuilles 5-lobées, barbellulées en dessous aux aisselles des nervures; lobes oblongs, ou oblongs-lancéolés, ou ovales-lancéolés, ordinairement indivisés, acuminés. Pédoncules-fructifères pendants. Capitules-fructifères gros; bords des fovéoles fortement crénelés. — Arbre atteignant, dans les terrains fertiles, de 70 à 80 pieds de haut, sur 1 à 4 pieds (quelquefois jusqu'à 5 pieds) de diamètre, mais dans les sols maigres, il ne s'élève pas à plus de 30 pieds, et souvent il n'en atteint que 15 à 20. Tronc tantôt rameux à peu de distance du sol, tantôt (surtout lorsqu'il croît en forêts serrées) indivisé jusqu'à 30 à 40 pieds de haut. Écorce des vieux troncs profondément crevassée. Bois rougeâtre, marbré de quelques veines noires. Cime pyramidale ou arrondie, touffue, très-ample lorsque l'arbre croît isolément dans des localités favorables. Rameaux bruns, souvent garnis d'angles subéreux. Bourgeons bruns, ovales, pointus. Feuilles larges de 3 à 6 pouces, fermes, luisantes, d'un vert foncé en dessus, d'un vert pâle en dessous, cordiformes (ou rarement tronquées) à la base, glabres (excepté en dessous aux aisselles des nervures) : celles des ramules-floraux très-rapprochées, moins grandes que celles des pousses-gourmandes; dentelures petites, subverticales, presque égales, pointues, contiguës; lobes inégaux, en général plus ou moins divariqués; pétiole grêle, subcylindrique, canaliculé en dessus, long de 2 à 4 pouces, comprimé et élargi vers sa base. En automne ces feuilles se colorent d'un rouge terne. Stipules des feuilles-florales linéaires-lancéolées, fugaces, libres presque dès leur base; stipules des feuilles des pousses-gourmandes beaucoup plus petites que celles des feuilles-florales, adhérentes jusque vers leur milieu, subulées. Jeunes-pousses un peu anguleuses, glabres, ou presque glabres. Ramules-floraux courts, solitaires, terminaux, produisant ordinairement un épi terminal, ovale, composé de capitules-mâles très-rapprochés, et un ou deux capitules-femelles axillaires, longuement pédonculés, pendants ; quelquefois le ramule-floral ne produit qu'un épi de capitules-mâles ; ou seulement des capitules-femelles, et, dans ce dernier cas, les capitules-terminaux sont aussi agrégés en épi ovale. Capitules (soit mâles, soit femelles) petits à l'époque de la floraison. Capitules-fructifères de 6 à 15 lignes de diamètre, d'un brun clair : pédoncules longs de 2 à 3 pouces. Capsules par avortement oligospermes. Graines d'un brun noirâtre, longues de 3 lignes.

Cet arbre croît dans presque toute l'étendue des États-Unis, jusque vers le 44ᵉ degré de latitude, ainsi que dans une grande partie du Mexique ; il abonde surtout dans la Louisiane, les Florides, la Géorgie et les Carolines ; c'est dans les localités fertiles et humides, exposées aux inondations des fleuves et des rivières de ces contrées, qu'il végète avec le plus de vigueur ; mais, du reste, on le rencontre aussi dans les forêts de Chênes et de Tulipiers, et même dans des terrains assez secs et graveleux. Les Français de la Louisiane lui donnent le nom de *Copalme* ; les Anglo-Américains l'appellent *Sweet-gum* (*Gomme douce*). On le cultive, en Europe, comme arbre d'ornement : il résiste aux hivers du nord de la France ; toutefois il ne paraît pas que ce climat lui soit favorable, car il n'y forme en général qu'un arbrisseau. — Le bois du *Liquidambar styraciflua* a le grain très-fin, très-serré, et susceptible d'un beau poli ; on s'en sert, aux États-Unis, pour les boiseries des appartements, pour la charpente interne, et pour l'ébénisterie commune ; mais quoiqu'il soit assez fort, on ne peut l'employer à aucun ouvrage exposé aux intempéries de l'atmosphère, ou à l'humidité, parce qu'il se décompose promptement dans ces conditions. — Lorsqu'en été on fait une incision profonde dans l'écorce de cet arbre, il en suinte une matière résineuse, d'une odeur aromatique et agréable ; mais, suivant M. A. Michaux, un arbre d'un pied de diamètre ne peut en fournir qu'environ une once dans l'espace de quinze jours : aussi n'en fait-on aucun usage aux États-Unis ; cependant on prétend que la substance balsamique, autrefois usitée en thérapeutique, sous les noms de *Liquidambar*, ou *Styrax liquide* (substance qu'il ne faut pas confondre avec le vrai *storax* ou *styrax*, qui provient du *Styrax officinale*), et qui, à ce qu'on dit, s'importait du Mexique, est le produit du *Liquidambar styraciflua*; mais, suivant M. Blume, le styrax liquide provient du *Liquidambar Altingia*. Les feuilles et les jeunes-pousses de l'arbre, lorsqu'on les broie, ont aussi une odeur aromatique très-agréable.

LIQUIDAMBAR D'ORIENT. — *Liquidambar orientale* Mill.— *Liquidambar imberbe* Hort. Kew. — Feuilles 5-ou 7-lobées, très-glabres (point barbellulées en dessous); lobes pointus ou obtus : les 3 terminaux trilobés ou subpennatifides. Pédoncules - fructifères ascendants ou dressés. Strobiles de grosseur médiocre; bords des fovéoles peu ou point crénelés. — Arbre à cime pyramidale, très - dense ; branches en général nombreuses, très - rameuses, divergentes : les inférieures étalées ou réclinées. Tronc produisant ordinairement, de la base jusqu'au sommet, une grande quantité de rameaux plus ou moins réclinés. Écorce des rameaux brune, lisse. Jeunes-pousses glabres, plus ou moins anguleuses. Bourgeons bruns, ovales, obtus, visqueux. Feuilles larges de 2 à 5 pouces, fermes, lisses, d'un vert foncé en dessus, d'un vert gai en dessous, souvent luisantes, ordinairement cordiformes à leur base (moins souvent à base tronquée ou arrondie); lobes plus ou moins divariqués, oblongs, ou oblongs-lancéolés, ou sublancéolés, ou subrhomboïdaux, ou deltoïdes, plus ou moins inégaux, plus ou moins divariqués; dentelures obtuses ou pointues, égales ou inégales, contiguës; pétiole grêle, subcylindrique, canaliculé en dessus, élargi et comprimé vers sa base, long de 2 à 4 pouces. Stipules et inflorescence variant comme chez l'espèce précédente. Pédoncules - florifères d'abord cotonneux - ferrugineux, puis glabres. Pédoncules - fructifères longs de 1 pouce à 3 pouces. Strobiles de 6 à 8 lignes de diamètre. Graines oblongues, d'un brun noirâtre, longues d'environ 3 lignes. — Cette espèce, connue sous les noms de *Liquidambar du Levant*, *Liquidambar d'Orient*, et *Liquidambar imberbe*, est originaire de l'Asie Mineure; on la cultive comme arbre d'ornement, et elle s'accommode beaucoup mieux du climat des environs de Páris (1) que le Liquidambar Copalme. On la multiplie facilement, de même que l'espèce précédente, de marcottes des rameaux qu'elle produit abondamment à la base du tronc. Ses feuilles, lorsqu'on les froisse, répandent une odeur forte et peu agréable.

B. *Feuilles indivisées, coriaces, persistantes.*

LIQUIDAMBAR ALTINGIA. — *Liquidambar Altingia* Blum. Bijdr. p. 527 ; id. Flor. Jav. Balsamifluæ, p. 8, tab. 1 et 2. — *Altingia excelsa* Noronh. in Batav. Verhand. V, n. 1. — *Altingia cærulea* Poir. — *Lignum papuanum* Rumph. Amb. II, p. 57. — Arbre haut de 150 à 200 pieds ; tronc droit, très-gros, sillonné vers sa base. Cime ample, diffuse. Écorce lisse ou presque lisse et d'un blanc cendré à la surface, rougeâtre en dedans, d'une saveur âcre et un peu amère. Ramules cylindriques, parsemés de petites verrues. Feuilles longues de 3 à 5 pouces, larges d'environ 2 pouces, ovales, ou ovales-oblongues, acuminées (à pointe subobtuse), arrondies à la base, dentelées, coriaces, très-glabres, luisantes, d'un vert clair et légèrement veineuses en dessus, un peu glauques en dessous ; dentelures inégales, obtuses ; pétiole long de ½ pouce à 1 pouce, grêle, subcylindrique, canaliculé en dessus. Stipules petites, subulées. Grappes nutantes ou dressées, sessiles, longues de 3 à 4 pouces, composées de 6 à 8 capitules mâles, alternes, courtement pédonculés, et de quelques capitules femelles, inférieurs, longuement pédonculés. Strobiles du volume d'une Cerise. (*Blume*, l. c.) — Cette espèce croît dans l'île de Java (où on la nomme *Rassamala*), ainsi que dans la Nouvelle-Guinée (où on l'appelle *Russimala*), la Cochinchine (ou elle porte le nom de *Rosamalla*), et dans les îles de la mer Rouge (où les Arabes l'appellent *Rosemmalla*) ; au témoignage de M. Blume, c'est d'elle que provient la

(1) Quelques individus de cette espèce, plantés au Jardin du Roi, forment des arbres de 30 à 40 pieds de haut, quoiqu'ils se trouvent dans un sol aride et très-maigre.

substance balsamique connue sous le nom de *styrax liquide* ou *storax liquide*, et dont les Orientaux font une grande consommation, tant comme médicament que comme parfum. Le styrax découle abondamment du tronc de l'arbre, lorsqu'on en entaille l'écorce. Le bois de ce Liquidambar est très-compacte, pesant, d'un grain fin et d'une odeur balsamique ; les Javanais le recherchent pour les constructions et pour toutes sortes d'autres ouvrages de longue durée.

CENT QUATRE-VINGT-CINQUIÈME FAMILLE.

LES MONIMIÉES. — *MONIMIEÆ.*

Monimieæ Juss. in Ann. du Mus. vol. XIV, p. 130. — Bartl. Ord. Nat. p. 103. — *Monimieæ* et *Atherospermeæ* R. Br. in Flind. Voy. II, p. 555.—*Monimiaceæ* et *Atherospermaceæ* Lindl. Nat. Syst. ed. 2, p. 188 et 189. — Arnott, in Edinb. Encycl. p. 129 et 130. — Dumort. Fam. — *Monimiaceæ* Endl. Gen. Plant. p. 315. — *Urticeæ-Monimieæ* Reichenb. Consp. p. 84. — *Nytagineæ-Monimieæ* Reichenb. Syst. Nat. p. 174.

Cette famille, qui est placée, par plusieurs auteurs, à côté des Laurinées, manque entièrement dans les régions extra-tropicales de l'hémisphère septentrional ; la plupart des Monimiées sont très-aromatiques.

Caractères de la Famille.

Arbres ou *arbrisseaux*, sans sucs laiteux.

Feuilles opposées (rarement alternes), pétiolées, penninervées, simples (très-entières, ou dentées), point stipulées, souvent ponctuées (de glandules transparentes).

Fleurs monoïques ou dioïques, ou rarement hermaphrodites, disposées en grappes ou en cymes.

Périanthe (1) rotacé, ou subcampanulé, ou urcéoliforme, 4-à 10–fide ; segments 1-ou 2-sériés, herbacés, ou subcolorés.

Étamines (nulles ou squamuliformes dans les fleurs-femelles) en nombre indéfini, insérées soit sur toute la surface interne de la portion indivisée du périanthe, soit à la gorge du périanthe, soit au fond du périanthe.

---

(1) Le périanthe des Monimiées est considéré, par beaucoup d'auteurs, comme un réceptacle multiflore.

Filets (souvent nuls ou très-courts) libres, souvent ap-
pendiculés ou glanduleux à leur base, quelquefois en
partie ananthères et pétaloïdes. Anthères 2-thèques,
continues avec le filet; bourses séparées par un connectif plus ou moins large, déhiscentes chacune soit
par une fente longitudinale, soit par une valvule ascendante.

Pistil : Ovaires en nombre indéfini, disjoints, 1-locu-
laires, 1-ovulés, 1-styles, pariétaux, ou insérés au fond
du périanthe. Ovule anatrope, suspendu au sommet de
la loge, ou bien attaché au fond de la loge et renversé.
Styles terminaux ou latéraux, terminés chacun par un
stigmate indivisé.

Péricarpe composé de drupes ou de nucules 1-sper-
mes, distincts, en général recouverts par le périanthe
amplifié, ou enfoncés dans la chair d'un périanthe dont
le limbe s'est étalé.

Graine suspendue ou renversée, périspermée. Périsperme charnu, souvent huileux. Embryon rectiligne,
inclus, court, ou allongé, central; radicule supère ou
infère, voisine du hile.

Cette famille comprend les genres suivants :

Iʳᵉ TRIBU. **LES AMBORÉES.** — *AMBOREÆ* Bartl.
(*Monimieæ* R. Br. — Endl. — *Monimiaceæ* Lindl.)

*Fleurs diclines. Anthères déhiscentes par des fentes lon-
gitudinales. Ovule suspendu au sommet de la loge.
Fruits drupacés. Périsperme huileux. Embyron axile,
à radicule supère.*

Ambora Juss. (Tambourissa Sonnerat. Mithridatea
Commers.; Schreb.) — *Monimia* Petit-Thou. — *Kibara*
Endl. (Brongniartia Blume, non Kunth.) — *Citrosma*

Ruiz et Pav. — *Hedycarya* Forst. — *Ruizia* Pavon. (non Cavan.) (Boldea Juss. Peumus Pers.)

IIe TRIBU. LES ATHÉROSPERMÉES. — *ATHE-ROSPERMEÆ* R. Br. (*Athérospermaceæ* Lindl.)

Fleurs diclines ou hermaphrodites. Anthères déhiscentes par des valvules ascendantes. Ovule renversé, attaché au fond de la loge. Fruits nuculaires, terminés en queue plumeuse. Périsperme mou, point huileux. Embryon petit, terminal, à radicule infère.

Atherosperma Labill. — *Laurelia* Juss. (Thiga Molin. Pavonia Ruiz, non Cavan.) — *Doryphora* Endl.

LES AMENTACÉES.

AMENTACEÆ Bartl.

CARACTÈRES.

Arbres ou *arbrisseaux*. Rameaux épars, en général inarticulés et point noueux : les jeunes cylindriques ou irrégulièrement anguleux. Bourgeons écailleux, axillaires; les floraux souvent aphylles. Sucs-propres jamais laiteux, rarement résineux.

Feuilles alternes, pétiolées, simples (dentées, ou pennatilobées; rarement très-entières), penninervées, veineuses, 2-stipulées (par exception non-stipulées), le plus souvent non-persistantes. — Chez les *Casuarinées*, les feuilles sont réduites à des gaînes articulaires, membranacées, courtes, denticulées, point stipulées. — Stipules latérales, inadhérentes, caduques, en général membranacées.

Fleurs unisexuelles (le plus souvent monoïques), ou polygames, ou (très-rarement) hermaphrodites, souvent apérianthées. — *Fleurs-mâles* le plus souvent disposées en chatons composés d'écailles imbriquées, lesquelles sont ou peltées et florifères à la surface antérieure, ou basifixes et florifères à leur aisselle. — *Fleurs-femelles* disposées soit en chatons écailleux, soit en épis, soit en fascicules ou en capitules, soit solitairement ou subsolitairement aux aisselles des feuilles, en général accompagnées chacune ou plusieurs ensemble d'un involucre accrescent (cupulaire, ou tubuleux, ou subcampanulé, ou polyphylle). — *Fleurs-hermaphrodites* solitaires, ou subsolitaires, ou fasciculées, ou glomérulées, en général point involucrées.

Périanthe (nul chez beaucoup d'espèces diclines; quelquefois nul dans les fleurs-femelles, mais existant dans les fleurs-mâles; en général adhérent dans les fleurs-femelles) membranacé ou herbacé, marcescent, 4-à 6-fide (ou denté), ou composé d'un nombre indéfini de squamules disposées sans ordre.

Étamines en nombre défini ou en nombre indéfini, insérées aux écailles-florifères (lorsque les fleurs sont apérianthées), ou au fond du périanthe (antéposées lorsqu'elles sont en même nombre que les lobes du périanthe). Filets ordinairement libres, point élastiques. Anthères 2-thèques (par exception 1-thèque) : bourses longitudinalement 2-valves.

Pistil : Ovaire adhérent ou inadhérent, solitaire, 1-à 6-loculaire, couronné de 2 à 6 stigmates filiformes, ou subulés, ou rarement bifurqués, distincts dès la base, ou soudés inférieurement ; loges 1-ou 2-ovulées. Ovules soit orthotropes et attachés au fond des loges, soit anatropes, ou campylotropes, ou amphitropes, suspendus au sommet ou à l'angle interne des loges.

Péricarpe membranacé, ou coriace, ou ligneux, ou drupacé, indéhiscent, en général par avortement 1-loculaire et 1-sperme, d'ordinaire recouvert (en tout ou en partie) soit par les écailles-florifères amplifiées, soit par un involucre cupulaire, ou capsuliforme, ou utriculaire.

Graine soit basifixe et dressée, soit suspendue, apérispermée, ou pourvue seulement d'un périsperme très-mince. Embryon rectiligne, ou moins souvent courbé : radicule supère.

Cette classe, qui correspond (à l'exclusion de quelques genres) à la famille des Amentacées d'A.-L. de Jussieu, se compose des *Ulmacées*, des *Cupulifères* (Cupulifères et Bétulacées Rich.), des *Myricées* et des *Casuarinées.*

CENT QUATRE-VINGT-SIXIÈME FAMILLE.

LES ULMACÉES. — *ULMACEÆ.*

Ulmaceæ Mirb. Élém. p. 905. —Agardh , Aphor. p. 224. — A. Rich. Bot. Méd. p. 191. — Bartl. Ord. Nat. p. 100 (exclusis Chailletiels.) — Lindl. Nat. Syst. p. 178.—*Celtideæ* Rich.—Gaudich. in Freycin. Bot. p. 507. — *Urticaceæ-Celtideæ* et *Ulmideæ* Dumort. Fam. — *Urticacearum* genn. D. Don, in Sweet, Hort. Brit. ed. 2. — *Ulmaceæ* et *Celtideæ* Endl. Gen. p. 275 et 276. — *Urticaceæ-Ulmeæ* Reichenb. Consp. p. 84 ; id., Syst. Nat. p. 172. (excl. genn.) — *Urticaceæ-Celtideæ* et *Urticaceæ-Ulmeæ* Reichb. Flor. Germ. Excurs. p. 179 et 180.

Cette famille, qui paraît avoir beaucoup plus d'affinités avec la classe des Urticinées qu'avec celle des Amentacées, appartient en grande partie aux régions extra-tropicales de l'hémisphère septentrional ; elle renferme un assez grand nombre des arbres les plus importants de ces climats. Ces végétaux sont remarquables par leur longévité, ainsi que par la dureté et la ténacité de leur bois ; leur écorce est en général amère et astringente.

CARACTÈRES DE LA FAMILLE.

Arbres ou arbrisseaux. Rameaux distiques, inarticulés, cylindriques.

Feuilles alternes-distiques, simples, indivisées (quelquefois très-entières), penninervées, ou tripli-nervées, courtement pétiolées, bistipulées, en général inéquilatérales. Stipules inadhérentes, submembranacées, sublinéaires, ordinairement caduques. Pubescence en général scabre.

Fleurs hermaphrodites, ou polygames-monoïques, axillaires, ou latérales, périanthées, solitaires, ou disposées en glomérules, ou en grappes, ou en corymbes, ou en cymes.

Périanthe membranacé ou subpétaloïde, inadhérent, persistant, marcescent, ou caduc, plus ou moins profondément 3-à 9-lobé (le plus souvent 5-lobé); estivation imbricative.

Étamines en même nombre que les lobes du périanthe (accidentellement plus ou moins) et antéposées, insérées au fond du périanthe, ou au bord d'un disque tapissant le fond du périanthe, marcescentes, ou caduques avec le périanthe. Filets filiformes ou subulés, libres, infléchis en préfloraison. Anthères 2-thèques, submédifixes, extrorses ou introrses en préfloraison; bourses ordinairement disjointes aux 2 bouts, longitudinalement bivalves; connectif petit ou inapparent.

Pistil (nul ou abortif dans les fleurs-mâles) : Ovaire inadhérent, 1-loculaire (1), 1-ovulé, couronné de 2 stigmates indivisés ou bifurqués, subulés, ou linéaires-lancéolés, ou filiformes, plus ou moins divergents (lors de l'anthèse), marcescents, ou accrescents, ou caducs après la floraison, papilleux antérieurement. Ovule anatrope ou campylotrope, suspendu au sommet de la loge.

Péricarpe sec ou drupacé, indéhiscent, 1-loculaire, 1-sperme.

Graine inadhérente, suspendue, apérispermée, ou munie d'un périsperme très-mince; tégument membranacé, ou crustacé, ou subcoriace. Embryon rectiligne ou replié; cotylédons ou plano-convexes et charnus, ou minces et convolutés, cordiformes-bilobés à la base, ordinairement échancrés ou bilobés au sommet; radicule dressée ou ascendante, conique, supère, voisine du hile, presque recouverte par les lobes-basilaires des cotylédons.

______

(1) C'est par erreur que beaucoup d'auteurs attribuent aux *Ulmus* un ovaire bi-loculaire et bi-ovulé.

Cette famille comprend les genres suivants :

Ire TRIBU. **LES ULMIDÉES.** — *ULMIDEÆ* Dumort.

*Périanthe persistant (marcescent) de même que les éta-
mines. Ovule anatrope. Stigmates persistants, indivisés.
Péricarpe sec, en général stipité, le plus souvent ailé.
Graine apérispermée. Embryon rectiligne : cotylédons
plano-convexes, charnus ; radicule droite. — Feuilles
toujours penninervées et (le plus souvent) dentées, en
général inéquilatérales ; pétiole subcylindrique, point
canaliculé. Fleurs hermaphrodites ou polygames, souvent glomérulées : les mâles sans disque et sans rudiment de pistil. Pédicelles en général articulés au-dessous du sommet, 1-ou 2-bractéolés à la base, continus
avec le périanthe et le fruit.*

Section I. **ULMÉES.** — *Ulmeæ* Spach.

Fleurs toujours hermaphrodites, naissant de bourgeons
écailleux, aphylles, en général latéraux à l'époque de
la floraison. Disque nul. Stigmates accrescents (avec
l'aile du péricarpe). Péricarpe membranacé ou chartacé, lenticulaire, finement réticulé, équilatéral, courtement stipité, entouré d'une aile plus ou moins
large. — Feuilles inéquilatérales, à base plus ou
moins inégale.

Ulmus Tourn. — *Microptelea* Spach.

Section II. **PLANÉRÉES.** — *Planereæ* Spach.

Fleurs polygames-monoïques, axillaires et latérales (sur
les jeunes-pousses), ou toutes latérales (à la base des
jeunes-pousses) : les unes (plus nombreuses) stériles
(mâles sans rudiment de pistil), jamais solitaires ; les
autres fertiles (tantôt parfaitement hermaphrodites,

tantôt à anthères indéhiscentes), solitaires ou subsolitaires (soit aux aisselles des feuilles supérieures, soit au sommet d'un glomérule mâle). Étamines des fleurs fertiles insérées soit au bord d'un disque adné au fond du périanthe, soit immédiatement au périanthe. Stigmates marcescents. Péricarpe chartacé ou osseux, anfractueux, ou squamuleux, aptère, oblique, peu ou point comprimé. — Feuilles équilatérales ou subéquilatérales.

Planera J. F. Gmel. — *Zelkova* Spach. (Abelicea Pona; Smith.)

IIᵉ TRIBU. LES CELTIDÉES. — *CELTIDEÆ* Dumort.

Périanthe caduc peu après la floraison (de même que les étamines). Ovule campylotrope. Stigmates indivisés ou bifurqués, non-persistants. Péricarpe aptère, drupacé, non-stipité, articulé sur un petit réceptacle disciforme. Graine munie d'un périsperme mince, charnu, adhérent au tégument. Embryon arqué, ou à cotylédons repliés et convolutés. — Feuilles nerveuses (3-ou 5-nervées dès leur base, penninervées au-dessus de leur base), plus ou moins inéquilatérales, souvent pauci-dentées ou très-entières; pétiole semi-cylindrique, canaliculé en dessus. Fleurs solitaires, ou fasciculées, ou cymeuses (jamais glomérulées), toujours polygames-monoïques : les mâles munies d'un disque hypogyne et d'un pistil rudimentaire. Pédicelles inarticulés.

Celtis Tourn. — *Sponia* (Commers.) Decaisne. (Solenostigma Endl.) — *Mertensia* Kunth. (Momisia Dumort.)

Ⅰʳᵉ TRIBU. **LES ULMIDÉES.** — *ULMIDEÆ* Dumort.

Périanthe persistant (marcescent) de même que les éta-
mines. Ovule anatrope. Stigmates persistants, indivisés.
Péricarpe sec, en général stipité, le plus souvent ailé.
Graine apérispermée. Embryon rectiligne ; cotylédons
plano-convexes, charnus ; radicule droite. — Feuilles
penninervées, le plus souvent dentées ou crénelées, en
général inéquilatérales : pétiole subcylindrique, point
canaliculé. Fleurs hermaphrodites , ou polygames-
monoïques : les mâles sans disque et sans rudiment de
pistil. Pédicelles en général articulés au-dessous du
sommet, 1-ou 2-bractéolés à la base, continus avec le
périanthe et le fruit.

Section I. **ULMÉES.** — *Ulmeæ* Spach.

Fleurs toujours hermaphrodites, naissant de bourgeons
écailleux, aphylles, en général latéraux lors de l'anthèse. Disque nul. Stigmates accrescents. Péricarpe
membranacé ou chartacé, lenticulaire, équilatéral,
courtement stipité, finement réticulé, entouré d'une
aile plus ou moins large. Feuilles inéquilatérales, à
base plus ou moins inégale.

Genre ORME. — *Ulmus* Tourn.

Fleurs fasciculées, latérales, pédicellées ; pédicelles 1-ou
2-bractéolés à la base, articulés au-dessous du sommet.
Périanthe campanulé ou turbiné, 3-à 9- (ordinairement
5- ou 8-) lobé. Étamines en même nombre que les lobes
du périanthe ; filets filiformes, saillants ; anthères cordiformes-orbiculaires, didymes, échancrées, subintrorses.
Ovaire ovale, comprimé. Stigmates linéaires-lancéolés,
pointus, comprimés, longuement papilleux au bord anté-

rieur. Samare membranacée, courtement stipitée, à aile
ovale, ou obovale, ou elliptique, grande, presque transparente, scarieuse, réticulée, plus ou moins profondément
2-lobée au sommet. Graine ovale, lenticulaire : tégument
très-mince, membraneux ; cotylédons bifides à la base,
entiers au sommet, obovales, point rugueux ; radicule
courte, conique, obtuse, à peine saillante. — Arbres.
Bourgeons écailleux : les floraux gros, latéraux (sur les
ramules de l'année précédente). Écailles-gemmaires distiques, imbriquées, coriaces, au nombre de 6 ou 7 par
bourgeon. Feuilles courtement pétiolées, non-persistantes,
plus ou moins scabres (du moins en dessus), inégalement
ou doublement dentées, ordinairement acuminées, très-
variables (chez toutes les espèces) de forme et de grandeur.
Stipules submembranacées (également très-variables, chez
toutes les espèces, de forme et de grandeur) : chaque paire
enveloppant une feuille dans le bourgeon, et recouvrant
en même temps toutes les feuilles suivantes du même
bourgeon. Fleurs petites, vernales, beaucoup plus précoces que les feuilles, soit courtement pédicellées et agrégées en fascicules gloméruliformes, soit plus ou moins
longuement pédicellées et disposées en corymbes pendants.
Bractées petites, subscarieuses, caduques, ciliolées. Périanthe verdâtre, ou roussâtre, ou violet, ou panaché, submembranacé, scarieux vers le sommet, continu avec le
pédicelle. Anthères pourprés ou roses avant l'anthèse, puis
noirâtres. Stigmates plus ou moins divariqués lors de l'anthèse, plus tard verticaux et parallèles. Samares très-nombreuses (de forme variable chez toutes les espèces), tombant à la maturité (qui a lieu en général avant le complet
développement des feuilles) avec l'article supérieur du pédicelle ; loge petite (proportionnement à l'aile), remplie
par la graine.

SECTION I. DRYONOPTELEA Spach.

Fleurs 3-à 7-andres (ordinairement 4-ou 5-andres), courtement pédicellées, agrégées en glomérules denses,

subglobuleux, en partie couverts (à l'époque de l'anthèse) par les écailles-gemmaires. Périanthe profondément lobé. Ovaire et samare glabres, ou pubérules
à toute la surface, mais point ciliés. Pédicelles-fructifères plus courts que la samare, nutants.

ORME CHAMPÊTRE. — *Ulmus campestris* Linn. — Feuilles
glabres, pubescentes, en général scabres (du moins en dessus).
Périanthe turbiné, point oblique : lobes obovales, ou obovales-
oblongs, ou elliptiques - oblongs. Samare à aile obovale, ou elliptique, ou suborbiculaire, profondément bilobée : lobes arrondis.

— α : ORME COMMUN (1). — *Ulmus campestris* Willd. —
Guimp. et Hayn. Deutsch. Holz. tab. 27. — Duham. ed. nov.
2, tab. 42. — *Ulmus suberosa* Ehrh. Beytr. — Guimp. et
Hayn. l. c. tab. 28. — Engl. Bot. tab. 2161. — *Ulmus
montana* Engl. Bot. tab. 1887. — *Ulmus corylifolia* Host.
— Feuilles (la plupart longues de 2 à 3 pouces; celles des
pousses-gourmandes longues de 3 à 5 pouces) ovales, ou obovales, ou elliptiques, ou lancéolées - obovales, ou lancéolées-
oblongues, ou subrhomboïdales, rugueuses, scabres, acuminées, pubescentes en dessous (du moins aux nervures), ordinairement luisantes en dessous. — Cette variété est commune
dans les bois; elle forme un arbre de 60 à 100 pieds de haut,
sur 2 à 4 pieds de diamètre, à cime divariquée, plus ou
moins arrondie; le tronc est indivisé jusqu'à la hauteur de
20 à 30 pieds, à écorce plus ou moins rimeuse; les feuilles
sont, en général, assez semblables à celles du Coudrier :
le vieux bois est d'un brun roux, à marbrures plus foncées.

---

(1) Cette variété, de même que la plupart des suivantes, a les rameaux
tantôt lisses, tantôt garnis d'excroissances aliformes et fongueuses. Toutes
les variétés dont les rameaux offrent des excroissances de cette nature
sont appelées vulgairement *Orme à liége*, ou *Orme subéreux*, et désignées
par les botanistes sous le nom d'*Ulmus suberosa*. Le nombre des étamines, par lequel on a cru pouvoir caractériser cet *Ulmus suberosa*, varie
de 5 à 6, indistinctement chez toutes les variétés.

—β : ORME A PETITES FEUILLES.— *Ulmus campestris* Engl.
Bot. tab. 1886. — *Ulmus suberosa parvifolia* Hayn. Arzn.
— *Ulmus sativa* Duroi. — *Ulmus suberosa* Bechst. Forstbot. — *Ulmus modiolina* Hortul. — *Ulmus campestris* et
Ulmus suberosa auctorum. — Cette variété ne diffère de la
précédente qu'en ce que ses feuilles sont petites ou de grandeur médiocre (en général longues de 6 à 18 lignes), ordinairement plus fermes et plus luisantes. Dans les bois dont le
sol est fertile, elle forme un arbre semblable à l'*Orme commun*; mais sa croissance est un peu moins rapide, et son
bois, par contre, plus tenace et d'un rouge plus foncé. Dans
les terrains maigres, cet Orme se rencontre très-fréquemment sous forme d'un buisson de 5 à 20 pieds, à tronc
noueux et plus ou moins tortueux ; dans cet état, on l'appelle
vulgairement *Orme Tortillard*, *Orme à moyeux* (ces deux
noms s'appliquent aussi aux sous-variétés basses de la variété
suivante), *Orme pyramidal* (nom qui n'est point en harmonie avec son port), et *Orme-mâle* ; l'*Orme-nain*, où *Or-
mille*, en est une sous-variété à tiges très-basses, à branches
souvent diffuses, et à feuilles très-petites.

— γ : ORME LISSE. — *Ulmus nitens* Mœnch, Meth. —*Ulmus
carpinifolia* Ehrh. Beytr.— *Ulmus glabra* Mill.—Engl.
Bot. tab. 2248.—*Ulmus montana* β, Smith, Flor. Brit. —
Ulmus nemorosa Borkh.—Bechst. Forstbot. — *Ulmus pumila* Willd.— *Ulmus pumila* : A, Pallas, Flor. Ross. I, pag.
76; tab. 48, fig. D.—*Ulmus campestris* et *Ulmus suberosa* auctorum.—*Ulmus tiliæfolia* Host. (subvar. foliis majo-
ribus).—Feuilles très-fermes, luisantes, presque lisses, glabres
(excepté en dessous aux aisselles des nervures), peu rugueuses, souvent presque également dentées, en général petites ou
de grandeur médiocre (longues de 1/2 pouce à 2 pouces).—Cette
variété est commune dans les bois et les buissons ; elle varie
comme la précédente, quant au port et à la forme des feuilles :
aussi la désigne-t-on également par les noms vulgaires d'*Orme Tortillard* et *Orme à moyeux*. Les vieux troncs ont
l'écorce très-fortement rimeuse et comme subéreuse ; le bois

rst d'un blanc grisâtre, marbré de lignes transversales plus foncées, et il passe pour être plus tenace que celui de toutes les autres variétés de l'espèce ; on le recherche de préférence pour le charronnage.

— δ : ORME ÉLANCÉ. — *Ulmus suberosa pyramidalis* Desfont. Hort. Par. — *Ulmus suberosa fastigiata* Audib. Cat. — Feuilles comme celles de la variété précédente. Tronc garni, dès sa base, de rameaux érigés, très-touffus, disposés en pyramide très-allongée. — Cette variété, nommée vulgairement *Orme pyramidal, Orme fastigié,* et *Orme élancé,* se cultive comme arbre d'ornement, remarquable par son port semblable à celui du Peuplier d'Italie.

— ε : ORME A FEUILLES PLOYÉES. — *Ulmus rugosa* Hortul. — *Ulmus suberosa rugosa,* et *Ulmus suberosa stricta* Audib. Cat. — Feuilles très-fermes, lisses, très-rugueuses, presque plissées, pubescentes en dessous, sublancéolées (longues de 2 à 3 pouces), acuminées, souvent simplement dentées. Tronc garni, dès sa base, de rameaux érigés, très-touffus, disposés en tête pyramidale. — Cette variété, appelée vulgairement *Orme plissé, Orme rugueux,* et *Orme d'Avignon,* se cultive comme arbre d'ornement.

— ξ : ORME A FEUILLES CRÉPUES. — *Ulmus campestris crispa* Desfont. Hort. Par. — *Ulmus crispa* Willd. — *Ulmus urticæfolia* Audib. Cat. — Feuilles grandes (longues de 3 à 6 pouces, larges de 1 pouce à 2 pouces), plissées, très-rugueuses, 1-ou 3-cuspidées au sommet, irrégulièrement pectinées-pennatifides, scabres et opaques en dessus, mollement pubescentes en dessous, ordinairement oblongues ou lancéolées - oblongues. Tronc garni, dès sa base, de rameaux érigés, disposés en pyramide allongée. — Cette variété (ou, pour mieux dire, monstruosité), connue sous le nom vulgaire d'*Orme crépu,* se cultive comme arbre d'ornement.

— η : ORME D'EXÉTER. — *Ulmus campestris oxoniensis* Desfont. Hort. Par. — *Ulmus suberosa oxoniensis* Audib. Cat.

— *Ulmus oxoniensis* Hortul. — Feuilles flabelliformes ou obovales, longuement 1-ou 3-cuspidées et subpennatifides au sommet, grandes (longues de 3 à 5 pouces), scabres et pubérules en dessus, mollement pubescentes en dessous, point luisantes, rugueuses. Tronc garni, dès la base, de rameaux érigés, disposés en pyramide très-allongée. — Cette variété, appelée vulgairement *Orme d'Exéter*, se cultive, comme les trois précédentes, à cause de son port, semblable à celui du Peuplier d'Italie.

— θ : ORME A GRANDES FEUILLES. — *Ulmus campestris macrophylla* Spach. — *Ulmus campestris latifolia* Desfont. Hort. Par. — *Ulmus excelsa* Borkh. — Bechst. Forstbot. — *Ulmus latifolia* Mœnch, Meth. — *Ulmus hollandica* Duroi. — *Ulmus major* Smith, Engl. Bot. tab. 2542. — Feuilles grandes (en général longues de 4 à 6 pouces, sur 3 à 4 pouces de large ; celles des pousses-gourmandes atteignant jusqu'à 9 pouces de long, sur 3 à 5 pouces de large), minces, point luisantes, rugueuses, scabres et pubérules en dessus, mollement pubescentes en dessous, longuement cuspidées au sommet, souvent subsessiles, ordinairement obovales, ou ovales, ou elliptiques-oblongues. — Arbre à tête arrondie, très-touffue. Bois blanchâtre, d'un brun grisâtre au centre, grossièrement fibreux. Rameaux-inférieurs pendants. Bourgeons gros, à écailles intérieures ciliées (de même que les lobes du périanthe) de poils roux crépus, ou quelquefois cotonneux toute la surface externe. Jeunes-pousses presque cotonneuses. — Cette variété, connue sous les noms vulgaires d'*Orme Tilleul*, *Orme de Hollande*, *Orme gras*, *Orme à larges feuilles*, et *Orme à grandes feuilles*, croît dans les bois dont le sol est frais et fertile ; son accroissement est plus rapide que celui des autres variétés de l'espèce ; mais, par contre, son bois est moins dur et d'un grain plus grossier. Cet Orme est très-recherché comme arbre d'agrément, à cause de son feuillage ample et touffu.

Arbre plus ou moins élevé, ou buisson. Racines-secondaires

longues, rampantes, poussant souvent (surtout lorsque l'arbre croît isolément) un grand nombre de rejetons. Écorce d'abord lisse, d'un vert olive, ou brune, ou grisâtre ; celle des vieux troncs plus ou moins fortement rimeuse, noirâtre, ou ferrugineuse, ou grisâtre. Rameaux divariqués, ou pendants, ou moins souvent dressés, lisses, ou garnis d'excroissances subéreuses. Jeunes-pousses glabres, ou pubescentes, ou cotonneuses, ordinairement effilées, plus ou moins flexueuses. Bourgeons ovales ou coniques, pointus, noirâtres, ou d'un brun de Châtaigne : écailles-intérieures plus ou moins fortement ciliées. Feuilles d'un vert foncé en dessus, d'un vert pâle en dessous, en général horizontales ou un peu réclinées, à base plus ou moins inégale (rarement presque égale), tantôt obliquement cordiforme ou arrondie des deux côtés, tantôt obliquement tronquée du côté court et arrondie ou semi-cordiforme de l'autre côté, tantôt obliquement cunéiforme ; dents-primaires plus ou moins grandes, deltoïdes, ou arrondies, souvent acuminées ; dents-secondaires inégales, ordinairement mucronées ; pétiole glabre ou pubescent, long de 1 ligne à 4 lignes. Stipules linéaires-lancéolées, ou oblongues-lancéolées, ou ovales-lancéolées, verdâtres. Périanthe verdâtre, ou rougeâtre, ou panaché de vert et de rouge, long de 1 ligne ou un peu plus. Anthères pourpres avant l'anthèse. Filets blanchâtres. Stigmates à papilles rougeâtres ou blanchâtres. Samares longues de 4 à 12 lignes, d'un jaune verdâtre avant la maturité, finalement à aile d'un brun clair tirant sur le gris, ou couleur de paille, et à loge d'un brun de Châtaigne ou d'un brun roux. Pédicelles-fructifères longs de ½ ligne à 2 lignes.

Cette espèce, qu'on désigne en général sous les noms d'*Orme* ou *Ormeau*, sans autre épithète spéciale, croît dans une grande partie de l'Europe (les régions arctiques exceptées), ainsi que dans l'Asie Mineure, le Caucase, le nord de la Perse et la Boukharie ; il paraît qu'elle manque dans toute la Sibérie. Dans le nord de la France, elle fleurit, en général, vers le milieu de mars, et ses fruits parviennent à maturité au commencement de mai, avant le complet développement des feuilles : tout le monde a pu remarquer la quantité prodigieuse de fruits qui couvrent, à cette époque, les rameaux de l'Orme, et qui sont emportés au loin par les vents. Cet Orme ne constitue point à lui seul·'des forêts ; on le rencontre plus ou moins épars dans les bois de Chênes ou de Hêtres, ainsi que dans les buissons et aux bords des rivières ; aucun arbre, du reste, ne se plante plus fréquemment en avenues et le long des chemins ou des routes. On en fait aussi des palissades vivantes et des charmilles, dans les terrains trop arides pour la culture du Charme.—L'Orme champêtre est, sans contredit, du nombre des arbres les plus utiles de nos climats. Il vient en tout sol et en toute exposition, les localités marécageuses exceptées ; toutefois, c'est dans les terrains frais, fertiles et profonds, qu'il acquiert son plus beau développement. Quoiqu'il puisse vivre environ deux siècles, il atteint toute sa hauteur et une grosseur considérable dans l'espace de 60 à 100 ans : accroissement de beaucoup plus rapide que celui du Charme, du Chêne et autres arbres à bois dur. Le bois de cet Orme sert à de nombreux usages dans les arts et dans l'économie domestique : de tous les bois indigènes, c'est celui qui résiste le mieux aux alternatives de sécheresse et d'humidité, et, sous l'eau, il est presque aussi incorruptible que le Chêne ; en raison de son extrême ténacité, c'est aussi le meilleur et le plus recherché pour le charronnage ou autres ouvrages qui exigent cette qualité ; suivant quelques auteurs, il est inférieur au Chêne pour la charpente ; mais, suivant d'autres, il l'égale parfaitement pour cet emploi ; comme combustible, il est supérieur au Chêne, mais moins estimé que le Charme et le Hêtre ; on en fait de beaux ouvrages de tour et d'ébénisterie, surtout avec celui des nœuds du tronc de l'*Orme Tortillard,* qui offrent des marbrures très-élégantes : mais pour être propre à cet usage, il faut que sa dessiccation soit parfaite, parce que autrement il a le défaut de se tourmenter.—Le tissu fibreux de l'écorce intérieure (ou *liber*) des jeunes branches et des rameaux sert à faire des nattes, ainsi que des cordages grossiers ; mais toutes les variétés ne sont pas également propres à cet usage : le liber de l'*Orme Tortillard* est le plus tenace de tous ; celui de l'*Orme de Hollande* (ou *Orme Tilleul*) l'est beaucoup moins, et celui de l'*Orme lisse* l'est fort peu. Cette écorce intérieure est astringente et très-mucilagineuse; sa décoction fut préconisée naguère comme un spécifique contre les maladies dartreuses; mais ce remède est retombé dans un abandon complet. Toute l'écorce des jeunes troncs contient presque autant de tannin que celle des Chênes, et sa décoction teint les laines en jaune. Les feuilles des Ormes, soit en vert, soit séchées, fournissent un fourrage excellent pour le bétail, les bêtes à laine et les porcs; le principe mucilagineux qu'elles contiennent en abondance les rend plus nutritives que les feuilles de beaucoup d'autres arbres; on prétend néanmoins que sous ce rapport les feuilles d'Acacia, ainsi que celles des Frênes, sont préférables. — La multiplication des Ormes se fait facilement par boutures, par greffes, par marcottes, et par rejetons enracinés; mais on n'a guère recours à ces moyens, si ce n'est pour propager les variétés de culture, car les semis sont plus expéditifs, et fournissent des sujets plus robustes. Les graines d'Ormes ne germent qu'étant semées, dès leur maturité, presque rez terre, ou tout à fait à la surface du sol, et tenues constamment très-humides jusqu'à ce que les plantules nouvelles soient dûment enracinées. Traitées convenablement, ces graines germent au bout de 5 à 8 jours.

Orme rouge. — *Ulmus fulva* Mich. Flor. Bor. Amer. — *Ulmus rubra* Mich. fil. Arb. vol. 3, p. 278, cum fig.—Feuilles pubérules et scabres en dessus, mollement pubescentes (ou quelquefois scabres) en dessous, grandes, longuement acuminées-cuspidées. Bourgeons à écailles-intérieures cotonneuses-ferrugineuses. Samares obovales, finement pubérules, à lobes arrondis. —Arbre de 30 à 60 pieds, sur 15 à 20 pouces de diamètre; écorce brune; vieux bois rougeâtre. Tête touffue, plus ou moins arrondie. Rameaux pendants. Jeunes-pousses pubescentes ou presque cotonneuses, scabres, effilées. Bourgeons ovales, assez gros. Feuilles très-semblables à celles de l'*Orme de Hollande* (*Ulmus campestris macrophylla*), elliptiques-oblongues, ou ovales, ou oblongues, ou obovales, ou obovales-oblongues, profondément et-doublement dentées, rugueuses, minces, ordinai-

rement horizontales ou réclinées, longues de 3 à 6 pouces, larges
de 2 à 4 pouces, d'un vert foncé en dessus, d'un vert pâle en
dessous ; base variant de forme comme chez l'espèce précédente.
Pétiole long de 1 ligne à 4 lignes, pubescent. Fleurs souvent 6-
ou 7-andres. Samare (d'après la figure de M. Michaux) longue
de ¹/₂ pouce, légèrement échancrée. — Cette espèce, qui ne
diffère peut-être pas suffisamment de la précédente (ses feuilles
du moins sont absolument semblables à celles de l'*Ulmus campestris macrophylla*), croît au Canada et aux États-Unis, où on
l'appelle *Orme rouge*, *Orme gras*, et *Orme d'élan* (moose elm);
elle se plaît dans les situations découvertes, dont le sol est substantiel et peu humide ; on ne la rencontre qu'éparse dans les forêts.
Au témoignage de M. A. Michaux, son bois est plus fort que
celui de l'*Ulmus americana* ou Orme blanc, mais inférieur à
celui de l'Orme commun d'Europe ; dans les localités où cet
arbre abonde, on s'en sert pour la charpente, la construction
des bateaux, les palissades, etc. ; mais comme il se fend assez
facilement en long, on l'emploie au charronnage. L'écorce de ses
branches est très-mucilagineuse : sa décoction est usitée, en Amérique, à titre de tisane pectorale et adoucissante. Le feuillage
de cet Orme est ample et touffu comme celui de l'Orme de Hollande, et, à ce titre, il mérite aussi une place dans les plantations d'agrément.

Section II. OREOPTELEA Spach.

Fleurs 6-à 9-andres (ordinairement 8-andres), plus ou moins
longuement pédicellées, disposées en fascicules lâches,
corymbiformes, pendants. Périanthe peu profondément lobé. Ovaire et samare densement ciliés. Pédicelles-
fructifères aussi longs ou plus longs que la samare. Lobes
de l'aile de la samare pointus.

*a) Périanthe obliquement turbiné, à lobes inégaux, glabres. Étamines
anisomètres : les unes saillantes ; les autres incluses.*

ORME BLANC. — *Ulmus americana* Linn. — *Ulmus americana* β et γ Hort. Kew. — Feuilles glabres ou presque glabres.

Pédicelles-florifères 2 à 4 fois plus longs que le périanthe. Corymbes 5-à 8-flores. Périanthe (pourpre) à lobes elliptiques-
oblongs. Samare obovale, échancrée, à peu près aussi longue
que le pédicelle.

— α : PENDANT. — *Ulmus americana* Mich. Flor. Bor. Amer.
— Mich. fil. Arb. vol. 3, p. 269, cum fig. — *Ulmus americana* γ : *pendula* Hort. Kew. — Arbre de 40 à 100 pieds
de haut, sur 1 à 5 pieds de diamètre. Rameaux lisses, aptères, très-effilés, réclinés. Feuilles assez grandes (longues de
2 à 4 pouces), lisses ou peu scabres, lancéolées, ou lancéolées-
elliptiques, ou lancéolées-oblongues, ou ovales-oblongues, ou
oblongues, ou elliptiques, acuminées, à base plus ou moins
inégale. Samare à surface glabre. (Amérique septentrionale,
depuis la Géorgie jusque vers le 48e degré de latitude.)

— β : SCABRE. — *Ulmus americana* β : *alba* Hort. Kew. —
Cette variété, d'après la définition de l'*Hortus Kewensis*,
diffère de la précédente par des rameaux non réclinés, et par
des feuilles scabres.

— γ : AILÉ. — *Ulmus alata* Mich. Flor. Bor. Amer. — Mich.
fil. Arb. vol. 3, p. 276, cum fig. — Arbre de 20 à 30 pieds,
ou rarement plus, sur 9 à 15 pouces de diamètre. Rameaux
point pendants, souvent garnis de 2 excroissances aliformes,
subéreuses, plus ou moins larges. Feuilles plus petites (longues de ½ pouce à 3 pouces), oblongues, ou lancéolées, ou elliptiques-oblongues, pointues, peu ou point acuminées, lisses,
très-courtement pétiolées, à base en général égale ou presque
égale. Samare petite (longue de 3 à 4 lignes), pubérule et ci-
liolée. — Cette variété est propre aux provinces méridionales
des États-Unis, où on la nomme *Wahou;* elle croît de préférence sur les bords des rivières et dans les grands marais;
son bois est plus lourd et plus foncé que celui de l'Orme
blanc commun ; on ne l'emploie qu'à faire des moyeux de
voitures.

Tronc s'élevant, dans les localités favorables, jusqu'à 60 ou
70 pieds, où il se partage en deux ou trois grosses branches peu

divergentes ; à la première bifurcation du tronc, il naît souvent 1 ou 2 petites branches de 4 à 5 pieds, qui se renversent et s'appliquent sur le tronc. D'autres fois le tronc est partagé, dès 8 à 15 pieds de terre, en 7 ou 8 branches qui partent du même point, et s'élèvent en s'inclinant d'une manière si uniforme, que leur sommet offre l'ensemble de la gerbe la plus régulière. Écorce blanche, profondément rimeuse, très-tendre. Bois d'un brun foncé, comme celui de l'Orme champêtre. (A. Michaux.) — Rameaux longs et flexibles chez la variété pendante. Feuilles minces, luisantes, d'un beau vert, glabres, ou mollement pubérules en dessous, tantôt presque également dentées ou dentelées, tantôt doublement dentées ou dentelées ; dents et dentelures acuminées ou pointues ; base rarement subcordiforme, du reste variant de forme comme chez tous les Ormes. Pétiole long de 1 ligne à 2 lignes. Fleurs 5-à 8-andres. Périanthe long d'environ 1 ligne, d'un pourpre foncé de même que les étamines, ou panaché de vert et de pourpre. Stigmates à papilles blanches. Samare longue de 3 à 6 lignes ; loge brune, oblongue, ou obovale-oblongue ; aile verdâtre.

Cette espèce habite les États-Unis et le Canada, où on la désigne partout sous le nom d'*Orme blanc* (à cause de la couleur de l'écorce) ; suivant les observations de M. A. Michaux, c'est surtout entre les 42° et 46° de latitude qu'elle abonde et acquiert la plus grande élévation. Elle se plaît dans les terrains bas, constamment frais ou humides, et très-substantiels ; aussi la trouve-t-on plus particulièrement autour des marais, et surtout dans les vallons fertiles arrosés par les affluents de l'Ohio et du Mississipi, dont elle garnit les bords, conjointement avec le Platane et l'*Acer eriocarpum :* dans ces localités, elle forme, au témoignage de M. Michaux, l'un des arbres les plus majestueux de l'Amérique septentrionale. Le bois de l'Orme blanc est moins dur et se fend plus aisément que celui de l'Orme champêtre, auquel il est par conséquent très-inférieur, surtout pour le charronnage ; on s'en sert néanmoins, dans le nord des États-Unis, pour faire des moyeux de roues de voitures de luxe, parce qu'on ne peut se procurer aussi facilement que plus au sud, du bois de *Nyssa*, reconnu

préférable pour ce sujet; il ne s'emploie ni à la charpente des
maisons, ni aux constructions navales, excepté dans le Maine,
où l'on s'en sert pour la quille des vaisseaux, parce que les dimensions considérables auxquelles parvient le tronc permettent
d'en tirer de longues pièces d'un seul morceau.

En raison de l'élégance de son port, l'Orme blanc mériterait
d'être cultivé de préférence à tous ses congénères, comme arbre
de jardin paysager; mais il est fort peu répandu en France, ce
qui tient probablement à ce qu'il se refuse à croître dans la plupart des terrains.

*b) Périanthe campanulé, point oblique, à lobes égaux ou presque égaux,
ciliés. Étamines isomètres, toutes saillantes.*

ORME PÉDONCULÉ. — *Ulmus pedunculata* Fougeroux, in
Mém. de l'Acad. 1784, tab. 2. — *Ulmus ciliata* Ehrh. Beytr.
— *Ulmus campestris* Reitt. et Abel, tab. 4. — *Ulmus effusa*
Willd. — Guimp. et Hayn. Deutsch. Holz. tab. 29. — *Ulmus
octandra* Schk. Handb. tab. 57, *b.* — *Ulmus racemosa* Borkh.
— Bechst. Forstbot. p. 246. — *Ulmus lævis* Pallas, Flor. Ross.
I, p. 75. — *Ulmus sativa* Duroi? — Feuilles un peu scabres
ou presque lisses en dessus, mollement pubescentes en dessous.
Pédicelles très-menus, beaucoup plus longs que le périanthe. Lobes du périanthe arrondis. Étamines 1 fois plus longues que le
périanthe. Samare ovale ou elliptique, glabre excepté au
bord. — Arbre de la taille de l'Orme commun, à cime touffue;
bois plus blanc, plus dur, sans veinules transversales. Écorce
d'un brun noirâtre, finalement rimeuse. Tronc et branches souvent garnis d'excroissances gibbeuses, disposées par séries longitudinales, et produisant une grande quantité de ramules. Rameaux plus ou moins divariqués, jamais subéreux; écorce brune
ou grisâtre. Feuilles longues de 1 pouce à 6 pouces, larges de 8
lignes à 4 pouces, minces, mais fermes, rugueuses, luisantes,
d'un vert foncé en dessus, d'un vert pâle en dessous, ovales, ou
elliptiques, ou obovales, ou oblongues-obovales, plus ou moins
longuement acuminées-cuspidées, doublement dentées, à base
ordinairement très-inégale (variant de forme comme chez tous

les Ormes). Dents-primaires deltoïdes, acuminées, ordinairement grandes ; dents-secondaires-deltoïdes ou ovales, acuminées, ordinairement petites ; pétiole long de 2 à 4 lignes. Stipules comme celles de l'Orme commun. Bourgeons coniques, obtus, d'un brun noirâtre. Jeunes-pousses pubescentes ou velues. Fleurs 6-à 9-andres (ordinairement 8-andres). Pédicelles presque capillaires, longs de 6 lignes à 1 pouce, glabres. Périanthe large de ½ ligne à 2 lignes, verdâtre, ou panaché de vert et de violet, à lobes en général scarieux au sommet. Samare longue de 4 à 6 lignes, à aile verdâtre même à la maturité.—Cette espèce, qu'on confond vulgairement avec la variété de l'Orme commun, dite *Orme de Hollande* (auquel elle ressemble par le port et le feuillage), croît dans les bois dont le sol est léger et fertile ; elle est rare en France, mais commune en Allemagne et dans toute la Russie : au témoignage de Pallas, c'est la seule espèce d'Orme qu'on rencontre dans la Russie septentrionale. Son bois (suivant Pallas et Bechstein) est plus compacte, plus dur et plus tenace que celui de toutes ses congénères ; il sert aux mêmes usages que le bois de l'Orme commun. Le fibreux de l'écorce est également très-tenace, et, dans le Nord, on s'en sert de préférence pour la confection des nattes et des cordages.

ORME A CORYMBES.—*Ulmus effusa* Borkh. ex Bechst. Forst-bot. p. 247 (non ? Willd.).—*Ulmus scabra* Duroi, Harbk. (ex Bechst.)—Suivant Bechstein, cet Orme (qui nous est inconnu) diffère du précédent en ce que son bois, au lieu d'être plus dur que celui des autres espèces du genre, est, au contraire, presque aussi mou que celui des Tilleuls, et par conséquent de qualité très-inférieure ; en ce que son tronc n'est jamais garni de gibbosités ramulifères, et que son écorce est d'un brun grisâtre ; en ce que ses branches sont droites, peu rameuses, de manière à former une cime vague et point touffue ; en ce que ses feuilles sont très-scabres, et en général plus grandes (souvent longues de 6 pouces, sur 4 pouces de large) ; enfin, en ce que son périanthe n'est ordinairement qu'à 6 lobes, plus grand, et de couleur verte presque jusqu'au sommet. Suivant le même auteur, cet Orme n'est pas rare en Allemagne, mais il ne vient que dans les terrains fertiles et frais ou même humides, aux bords des rivières, et dans les bois des montagnes. Il nous semble probable que ce n'est qu'une variété de l'*Ulmus pedunculata*, due à un sol plus substantiel et plus humide.

Genre MICROPTÉLEA. — *Micropielea* Spach.

Fleurs fasciculées, axillaires (à l'époque de l'anthèse), pédicellées; pédicelles 1-ou 2-bractéolés à la base, articulés au-dessous du sommet. Périanthe campanulé, 4-parti, continu avec le pédicelle. Étamines 4, à peine saillantes; filets filiformes; anthères cordiformes-orbiculaires, échancrées au sommet, extrorses en préfloraison. Pistil comme celui des Ormes. Samare chartacée, à aile ovale, opaque, réticulée, échancrée au sommet, moins large que la loge. — Arbre. Bourgeons petits, écailleux : les floraux aux aisselles des feuilles de l'année précédente. Écailles-gemmaires et stipules comme chez les Ormes. Feuilles coriaces, persistantes, petites, courtement pétiolées, simplement dentelées, finement penniveinées; les jeunes scabres; les adultes lisses. Fleurs courtement pédicellées, rougeâtres, petites. Fascicules 4-à 7-florés, lâches, subcorymbiformes; pédicelles dressés; bractéoles petites, caduques, subscarieuses. Samare petite, courtement stipitée, tombant à la maturité avec l'article supérieur du pédicelle; loge grande proportionnellement à l'aile. (La graine mûre nous est inconnue.) — Ce genre n'est fondé que sur l'espèce suivante :

MICROPTÉLÉA A PETITES FEUILLES. — *Micropielea parvifolia* Spach. — *Ulmus parvifolia* Jacq. Hort. Schœnbr. III, tab. 262. — *Ulmus chinensis* Pers. Ench. — *Planera parvifolia* Sweet, Hort. Brit. — *Ulmus pumila* Hortul. (non Pallas.) — Petit arbre. Écorce lisse, semblable à celle du Platane : les couches extérieures se détachant, chaque année, sous forme de plaques dures, irrégulières. Rameaux étalés. Ramules grêles, flexibles, souvent plus ou moins inclinés. Jeunes-pousses finement

pubérules. Feuilles longues de 4 lignes à 2 pouces, luisantes,
d'un vert foncé et rugueuses en dessus, d'un vert pâle et réticulées en dessous, lancéolées, ou lancéolées-oblongues, ou lancéolées-obovales, ou oblongues, ou elliptiques-oblongues, ou obovales, subobtuses, ou courtement acuminées (à pointe obtuse);
plus ou moins inéquilatérales, à base tantôt presque égale, tantôt plus ou moins fortement inégale, arrondie, ou tronquée, ou
cunéiforme, ou subcordiforme, ou semi-cordiforme; dents égales
ou presque égales, obtuses, contiguës, cartilagineuses aux bords;
pétiole long de 1 ligne à 3 lignes, cylindrique, grêle, finement pubérule de même que les jeunes feuilles. Stipules petites, étroites,
en général linéaires. Bourgeons-floraux subglobuleux, roussâtres, plus courts que le pétiole. Périanthe long à peine de 1 ligne, d'un rose vif : segments oblongs, obtus, ciliolés. Pédicelles-florifères inégaux, filiformes, un peu plus longs que le périanthe. Anthères pourpres. Samare ovale, d'un jaune verdâtre,
un peu scabre, longue de 4 à 5 lignes ; stipe assez grêle, un peu
plus long que le périanthe; aile échancrée en 2 lobes dentiformes, obtus. Pédicelles-fructifères nutants, longs d'environ 2
lignes.—Cette espèce, nommée vulgairement *Orme de Chine*,
et *Thé de l'abbé Gallois* (1), est originaire de Chine, et se cultive comme arbrisseau d'ornement; elle ne résiste pas, en plein
air, aux hivers du nord de la France, mais elle réussit assez
bien dans les départements les plus méridionaux.

SECTION II. **PLANÉRÉES**. — *Planereæ* Spach.

Fleurs polygames-monoïques, axillaires et latérales (sur
les jeunes-pousses), ou toutes latérales (à la base des
jeunes-pousses) : les unes stériles (mâles sans rudiment
de pistil), beaucoup plus nombreuses, jamais solitaires; les autres fertiles (tantôt parfaitement herma-

(1) Ce nom a été donné par ironie, parce qu'un certain abbé Gallois, qui
apporta cet arbrisseau de Chine, sous le règne de Louis XV, l'avait fait
passer pour le Thé.

phrodites, tantôt à anthères indéhiscentes), solitaires, ou subsolitaires. Étamines des fleurs fertiles insérées soit immédiatement au fond du périanthe, soit sur un disque adné au fond du périanthe. Stigmates marcescents. Péricarpe chartacé ou osseux, aptère, anfractueux, ou squamelleux, oblique, peu ou point comprimé, stipité, ou non-stipité. — Feuilles équilatérales ou subéquilatérales.

Genre PLANÉRA. — *Planera* Gmel.

Fleurs glomérulées ; glomérules écailleux, latéraux et aphylles lors de l'anthèse, à rachis s'allongeant après la floraison en ramule 2-ou 3-phylle. Fleurs-fertiles géminées ou ternées (rarement solitaires) au sommet de chaque glomérule, pédicellées ; fleurs-mâles inférieures, subsessiles. Périanthe profondément et inégalement 4-ou 5-lobé, subscarieux, membranacé, campanulé, à base confluente avec le pédicelle. Disque nul. Étamines en même nombre que les lobes du périanthe ; filets capillaires, saillants ; anthères réniformes-didymes, échancrées. Ovaire stipité, obliquement obové, tuberculeux. Stigmates linéaires-lancéolés, comprimés, longuement papilleux au bord antérieur. Péricarpe utriculaire, chartacé, fragile, réticulé, stipité, obliquement obové, caréné d'un côté, uni à la surface interne, irrégulièrement garni d'excroissances squamelliformes, inégales, subcoriaces. Graine ovale, lenticulaire : tégument crustacé ; cotylédons obovales, point rugueux, bifides à la base, entiers au sommet ; radicule courte, conique, obtuse, à peine saillante. — Arbre à bourgeons écailleux : les floraux plus gros, alternes-distiques sur les ramules de l'année précédente. Feuilles courtement pétiolées, non-persistantes, dentelées, ou crénelées, un peu scabres, moins précoces que les fleurs. Stipules petites, subscarieuses, linéaires-lancéolées. Inflorescence semblable à celle de l'Orme commun. Glomérules petits, subglobuleux, 7-à 12-flores, sessiles, lors de l'anthèse en partie couverts par les écailles-gemmaires. Fleurs 1-ou 2-bractéolées, à l'époque de l'anthèse agrégées sur un court rachis qui plus tard devient la base du ramule fructifère ; bractées subcoriaces, scarieuses, imbriquées, non-persistantes, semblables aux écailles-gemmaires. Pédicelles articulés au-dessous du sommet. Périanthe brunâtre. Fleurs-mâles non-persistantes. Ovaire couvert de tubercules-glandulaires, inégaux, accrescents, formant finalement les squamelles dont est garnie la surface externe du périanthe. — Ce genre, propre à l'Amérique septentrionale, ne comprend que l'espèce suivante (1).

PLANÉRA AQUATIQUE. — *Planera aquatica* J. F. Gmel. Syst. (1796), p. 150. — *Planera Gmelini* Mich. Flor. Bor. Amer. — *Planera ulmifolia* Mich. fil. Arb. 3, p. 283, cum fig. (mala quoad fructum). — Duham. ed. nov. vol. 7, p. 65, tab. 21. (mala quoad fruct.) — Arbre haut de 25 à 40 pieds. Rameaux grêles, effilés, flexueux, souvent pendants. Feuilles longues de 1 pouce à 3 pouces, fermes, luisantes, d'un vert gai, un peu scabres aux 2 faces, ovales, ou ovales-oblongues, ou ovales-lancéolées, ou oblongues-lancéolées, pointues, ou subobtuses, presque également dentelées, ou crénelées, ou doublement dentées (surtout celles des pousses-gourmandes), à base tronquée, ou arrondie, ou légèrement cordiforme, égale, ou presque égale : les jeunes finement pubérules ou pulvérulentes ; les adultes glabres ; pétiole long de 2 à 3 lignes, cylindrique, point canaliculé. Stipules à peu près aussi longues que le pétiole, rougeâtres. Écailles-florales elliptiques ou suborbiculaires, brunâtres. Périanthe brunâtre, glabre, lobé jusqu'au milieu ou au delà, long à peine de 1 ligne ; lobes oblongs, ou oblongs-obovales, ou obovales, obtus. Étamines 1 fois plus longues que le périanthe ; an-

----

(1) Les autres *Planera* des auteurs appartiennent aux genres *Micropte-lea* et *Zelkova*.

thères rougeâtres. Fruits au nombre de 2 ou 3 à la base des nouveaux ramules, subopposés, ou alternes - distiques, courtement pédicellés, dressés, ou horizontaux, du volume d'un gros Pois, obtus, d'un brun verdâtre ; stipe roide, épaissi au sommet, long de 1 ligne à 2 lignes ; squamules lâches, plus ou moins recourbées, obtuses, les unes indivisées (subovales, ou subcunéiformes, ou linéaires-spathulées), les autres irrégulièrement 2-ou 3-fides. — Cet arbre croît dans les provinces méridionales des États - Unis, aux bords des marais et des rivières ; suivant M. Michaux, son bois est fort et durable ; mais on ne le recherche pour aucun usage, parce que l'arbre n'est pas assez commun.

Genre ZÉLKOUA. — *Zelkova* Spach.

Fleurs axillaires et latérales (sur les jeunes-pousses) : les mâles géminées ou ternées aux aisselles inférieures (ou latérales par l'avortement des feuilles correspondantes), plus nombreuses, subsessiles ; les fertiles (tantôt parfaitement hermaphrodites, tantôt à étamines plus ou moins imparfaites) solitaires aux aisselles supérieures, sessiles. Périanthe subcampanulé, scarieux, profondément 4-ou 5-lobé : celui des fleurs fertiles à fond tapissé d'un disque scutelliforme charnu. Étamines 4 ou 5 : celles des fleurs fertiles insérées au bord du disque ; filets filiformes, saillants ; anthères elliptiques, échancrées aux 2 bouts, extrorses en préfloraison, planes au dos, convexes et trisulquées antérieurement. Ovaire obliquement ovoïde, non-stipité. Stigmates courts, dentiformes, pointus. Nucule mince, osseuse, anfractueuse, transversalement rugueuse, obliquement ovoïde, obtuse, un peu comprimée ou irrégulièrement trigone, 1-ou 2-carénée, gibbeuse à la base. Graine moulée sur la cavité ; tégument mince, subcoriace, rugueux de même que les cotylédons ; cotylédons bifides à la base, bilobés au sommet ; radicule cylindracée, obtuse, allongée, à peine saillante. — Arbres à bourgeons écailleux : les floraux plus gros. Écailles-gemmaires distiques, imbriquées, coriaces. Feuilles courtement pétiolées, non-persistantes, simplement crénelées, ou sinuées-dentées, lisses, tantôt équilatérales, tantôt inéquilatérales ; vernation comme chez les Ormes. Stipules petites, caduques, scarieuses. Inflorescence de chaque ramule-floral formant un épi interrompu, d'abord aphylle (parce que les boutons sont plus précoces que les feuilles) et semblable à un chaton du Chêne commun ; puis feuillé, excepté vers la base. Ramules-floraux simples, grêles, avant la floraison presque filiformes et nutants, puis horizontaux. Fleurs petites : les inférieures (toujours latérales et mâles) un peu plus précoces que les feuilles ; les suivantes (axillaires, tantôt la plupart mâles, tantôt la plupart fertiles) se développant en même temps que les feuilles, ébractéolées ; chaque fascicule de fleurs-latérales accompagné d'une paire d'écailles caduques, semblables aux stipules. Pédicelles nuls ou très-courts, inarticulés. Périanthe brunâtre. Étamines saillantes ; anthères jaunes, assez grandes en proportion à la fleur. Nucules horizontales ou renversées, petites, beaucoup plus courtes que les feuilles, très-inéquilatérales ; l'une des carènes plus saillante, offrant au-dessous du sommet une échancrure provenant des restes des stigmates, lesquels sont devenus latéraux par l'inégalité de l'accroissement du fruit ; épicarpe mince, coriace, adhérent à l'endocarpe, qui est osseux et plus ou moins anfractueux. — Ce genre ne renferme que les deux espèces dont nous allons parler.

ZÉLKOUA A FEUILLES CRÉNELÉES. — *Zelkova crenata* Spach. — *Rhamnus carpinifolia* Pallas, Flor. Ross. II, p. 24 ; tab. 60. — *Rhamnus ulmoides* Güldenst. Itin. — *Ulmus polygama* Rich. in Mém. de l'Acad. 1781. — *Ulmus crenata* Hort. Par. (olim.) — *Ulmus nemoralis* Hort. Kew. — *Planera Richardi* Micb. Flor. Bor. Amer. (in adnot.) — *Planera crenata* Desfont. Hort. Par. — Michaux fil. Mémoire sur le Zelkoua (1831), cum fig. (mala quoad flores et fruct.) — *Planera carpinifolia*

Watson, Dendrol. Brit. tab. 106. — Arbre atteignant 80 à 100 pieds de haut. Tronc droit, presque columnaire, souvent indivisé jusqu'à la hauteur d'une trentaine de pieds, de 3 à 4 pieds de diamètre, quelquefois profondément sillonné vers sa base. Branches grosses, droites, presque dressées, très-rameuses. Rameaux étalés ou presque étalés, formant une cime arrondie, touffue, très-large (suivant Pallas, s'étendant de tous côtés, souvent jusqu'à vingt pas de distance). Suivant Pallas, il naît souvent plusieurs troncs de la même souche. Écorce mince, unie, très-dure, brunâtre, lisse, semblable à celle du Hêtre ; celle des vieux troncs et des grosses branches se détachant, chaque année, comme l'écorce du Platane, en plaques allongées ; vieux bois rougeâtre, très-tenace, à fibres entre-croisées comme chez les Ormes. Ramules grêles, un peu flexueux, distiques, horizontaux, ou réclinés. Jeunes-pousses pubescentes. Feuilles fermes, luisantes, subréticulées, un peu rugueuses, glabres et d'un vert foncé en dessus, pubescentes en dessous le long de la côte et des nervures (les naissantes pubérules en dessus, presque cotonneuses en dessous), oblongues, ou elliptiques, ou ovales-oblongues, ou ovales, ou ovales-lancéolées, ou oblongues-lancéolées, obtuses, ou pointues, à base arrondie, ou cordiforme, ou tronquée, tantôt égale, tantôt plus ou moins inégale : celles des ramules-floraux longues de $1/2$ pouce à 2 pouces, plus ou moins profondément crénelées, ou largement dentées ; celles des pousses-gourmandes longues de 2 à 4 pouces, plus profondément crénelées ou dentées, souvent sinuées-dentées ou subpennatifides ; dents ou crénelures égales ou presque égales, contiguës, mucronulées, ou acuminulées, un peu cartilagineuses aux bords. Pétiole long de $1/2$ ligne à 3 lignes, pubérule, cylindrique, point canaliculé. Stipules elliptiques ou oblongues, obtuses, brunâtres, plus longues que le pétiole. Périanthe glabre, large d'environ 1 ligne ; lobes arrondis. Étamines après l'anthèse pendantes, 2 fois plus longues que le périanthe. Nucules du volume d'un grain de Poivre, vertes avant la maturité, finalement brunâtres. Graine ovoïde, pointue, violette.

Cet arbre, appelé vulgairement *Orme de Sibérie, Orme*

à feuilles crénelées, Planéra, *Planéra à feuilles créne-*
lées, et *Planéra de la Caspienne*, croît dans les forêts
montueuses du Ghilan et du Mazandéran, au voisinage de
la Caspienne : dans ces contrées, on le désigne par le nom
de *Zélkoua* ou *Tselkwa;* on le retrouve dans la Géorgie
russe, et probablement il habite aussi les régions voisines
du littoral méridional de la mer Noire (1). Il fleurit au printemps; ses graines ne mûrissent qu'en automne. Quoique le
Zélkoua ne vienne pas spontanément, en Orient, au nord du
43ᵉ degré de latitude, il ne souffre aucunement des hivers, même
les plus rigoureux, du nord de la France ; il fleurit, à Paris,
vers la fin d'avril, ou en mai; mais ses fruits ne contiennent jamais de graine, de sorte qu'on a recours, pour sa multiplication, soit aux greffes, qui réussissent très-facilement sur l'Orme
commun, soit au marcottage. Cet arbre était cultivé, en France,
dès la seconde moitié du dernier siècle, sous le nom doublement
impropre d'Orme de Sibérie (qui lui est encore appliqué par
beaucoup de pépiniéristes), et c'est au jardin de Trianon qu'il
fleurit pour la première fois, en 1779. Toutefois, il est encore
loin d'être aussi répandu qu'il le mérite, tant par l'élégance de
son port que par l'utilité de son bois : « Lorsque le bois du
« Zélkoua, dit M. Michaux (*Mémoire sur le Zélkoua*), est tiré
« du cœur ou vrai bois, et qu'il est bien sec, si on le compare
« à celui de l'Orme, on trouvera qu'il est plus pesant et plus
« fort. Dans cet état, il a acquis un tel degré de dureté, que ce
« n'est que difficilement qu'on peut y enfoncer des clous. Encore
« à l'état d'aubier, comparé au Frêne et débité de la même lon-
« gueur et de la même épaisseur, il l'égale en force et en élasti-
« cité. Ce sont ces bonnes qualités, reconnues depuis longtemps
« dans le pays d'où il est originaire, qui le font préférer même à
« celui du Chêne, qui y est aussi abondant, pour en faire la char-

---

(1) On a avancé à tort que le *Zelkova* (*Planera*) *crenata* est également
indigène de l'Amérique septentrionale ; cette assertion est venue de ce
que, par suite d'une autre erreur, l'auteur de l'*Hortus Kewensis* indique
son *Ulmus nemoralis* (qui est la même espèce que le *Zelkova crenata*)
comme indigène de l'Amérique.

« pente des maisons et les planchers des appartements. C'est aussi
« le bois le plus souvent employé pour la fabrication des meubles,
« parce qu'il est d'une couleur assez agréable, qu'il est bien
« veiné, et que le grain en est dur et fin : ce qui le rend sus-
« ceptible d'un beau poli. Employé depuis longtemps, il n'est
« pas sujet à être piqué des vers. Il se conserve en terre et dans
« l'eau, et, exposé à l'air, il résiste bien aux alternatives de la
« sécheresse et de l'humidité. — Je crois donc que la multipli-
« cation de cet arbre en France serait très-profitable. Il pour-
« rait surtout être employé avec beaucoup d'avantage comme
« arbre de ligne. Planté sur les routes et sur les places publi-
« ques, seul ou concurremment avec l'Orme, il sera d'un bon
« effet, et d'un grand produit lorsqu'il sera arrivé à l'âge d'être
« abattu. Les feuilles ne sont pas sujettes, comme celles des Or-
« mes, à être dévorées par les insectes. L'arbre n'est pas non plus,
« comme l'Orme l'est si souvent, sujet à être attaqué d'ulcères
« chancreux, qui diminuent beaucoup sa qualité et sa valeur. »
Le Zélkoua prospère dans les sols les plus ingrats, pourvu qu'ils
ne soient pas trop humides, et sa croissance est de beaucoup
plus rapide que celle des Ormes (1).

ZÉLKOUA DE CANDIE. — *Zelkova cretica* Spach. — *Abelicea cretica* Clus. Hist. II, p. 302. — Pona, Mont. Bald. p.
112. — Smith, in Linn. Trans. IX (1808), p. 126. — *Ulmus
Abelicea* Sibth. et Sm. Prodr. Flor. Græc. — *Quercus Abelicea* Poir. Enc. — *Planera Abelicea* Schult. — Espèce incomplétement connue, qui n'est peut-être qu'une variété de la pré-

____

(1) Un Zélkoua, planté fort jeune, en 1786, au Muséum d'histoire
naturelle, dans un terrain remblayé de plâtras, a aujourd'hui environ 70
pieds de haut, et son tronc, à 5 pieds du sol, a 4 pieds de circonférence.
M. Michaux fait mention d'un autre Zelkoua, existant aux environs de
Nérac, dans une propriété de M. le comte Dijon, et ayant acquis, au
bout de quarante ans de plantation, environ 80 pieds de haut, sur près
de 8 pieds de circonférence ; tandis que les Ormes, plantés dans le même
terrain depuis soixante-dix années, n'ont que quelques pouces de plus
en grosseur.

çédente, dont elle paraît ne différer que par des feuilles pubescentes ou légèrement cotonneuses en dessous. C'est, suivant
Clusius, qui en a donné les premières notions, un grand arbre
très-rameux, à bois rougeâtre, légèrement odorant ; son fruit est
du volume d'un grain de Poivre, d'un vert noirâtre ; les autres
auteurs cités ne donnent pas plus de détails scientifiques à ce sujet,
et personne, à ce qu'il semble, n'a eu l'occasion de l'observer en
fleurs ; les échantillons recueillis par Tournefort, et conservés
dans son herbier, sont dépourvus de fleurs et de fruits. Cet arbre croît dans les hautes montagnes de Candie, où on le nomme
Apélikéa. Il paraît que son bois s'exportait autrefois sous le
nom de *Faux-Santal.*

IIᵉ TRIBU. LES CELTIDÉES. — *CELTIDEÆ* Dumort.

*Périanthe caduc peu après la floraison (de même que les
étamines). Ovule campylotrope. Stigmates indivisés ou
bifurqués, non-persistants. Péricarpe aptère, drupacé,
non-stipité, articulé sur un petit réceptacle disciforme.
Graine munie d'un périsperme mince, charnu, adhérent au tégument. Embryon arqué, ou à cotylédons
repliés et convolutés. — Feuilles nerveuses (3-ou
5-nervées dès leur base, penninervées au-dessus de
leur base), plus ou moins inéquilatérales, souvent
très-entières ou pauci-dentées ; pétiole semi-cylindrique, canaliculé en-dessus. Fleurs solitaires, ou fasciculées, ou cymeuses (jamais glomérulées), toujours
polygames-monoïques : les mâles munies d'un disque
hypogyne, et d'un pistil rudimentaire. Pédicelles inarticulés.*

Genre MICOCOULIER. — *Celtis* Tourn.

Fleurs axillaires et latérales (sur les jeunes-pousses), pédicellées : les mâles nombreuses, plus précoces, infé-

rieures, subternées, caduques; les fertiles (tantôt parfaitement hermaphrodites, tantôt à anthères indéhiscentes)
peu nombreuses (sur chaque ramule), solitaires aux aisselles
supérieures. Périanthe membranacé, subscarieux, rotacé,
4-à 7- (ordinairement 5-ou 6-) parti : segments plus ou
moins inégaux, cuculliformes. Disque (persistant dans les
fleurs fertiles) hypogyne, glandulaire, cupuliforme, 4-à
7-lobé : lobes (en nombre correspondant aux étamines,
antéposés) barbus au sommet. Étamines en même nombre
que les segments du périanthe, insérées sous le disque.
Filets filiformes, un peu saillants lors de l'anthèse; anthères
(celles des fleurs-mâles obtuses, mutiques; celles des fleurs-
fertiles ordinairement mucronées) sagittiformes-ovales ou
sagittiformes-oblongues, supra-basifixes, subtétragones,
4-sulquées, latéralement déhiscentes. Pistil rudimentaire
dans les fleurs-mâles. Ovaire ellipsoïde ou ovoïde, oblique,
rétréci au sommet en col plus ou moins distinct. Stigmates
filiformes, ou linéaires-lancéolés, recourbés, plans, veloutés
en dessus, carénés en dessous, souvent cohérents vers leur
base. Drupe obové ou subglobuleux, obtus, ombiliqué à
la base; noyau subconforme, osseux, obscurément té-
tragone, caréné aux angles, transversalement rugueux
(comme réticulé) à la surface externe, lisse à la surface interne. Graine subglobuleuse, oncinée au sommet (par la
partie saillante de la radicule); tégument membranacé,
lisse; périsperme mince, charnu, adhérent au tégument,
prolongé en lamelles irrégulières remplissant les interstices
des plis de l'embryon. Embryon conforme à la graine :
cotylédons grands, minces, repliés, incombants, convolutés
et irrégulièrement plissés, ovales-elliptiques, 3-nervés et
profondément cordiformes à la base, bilobés au sommet;
radicule courte, conique-cylindracée, obtuse, presque
droite, saillante.

Arbres à bourgeons écailleux. Écailles-gemmaires distiques, imbriquées, coriaces. Ramules alternes-distiques,
obscurément anguleux, plus ou moins flexueux (rare-

ment rectilignes), réclinés, ou pendants : les floraux (quelquefois caducs après la maturité des fruits |) très-simples et effilés de même que les nouvelles pousses-terminales. Feuilles horizontales ou réclinées, assez rapprochées, distiques, non-persistantes, très-entières, ou paucidentées, ou dentées presque dès leur base, pétiolées (en général courtement), acuminées, inéquilatérales (par exception subéquilatérales), de forme et de grandeur très-variables chez toutes les espèces : les jeunes pubérules ou cotonneuses et plus ou moins scabres, les adultes fermes, coriaces, luisantes en dessus, tantôt scabres (1), tantôt lisses, glabres, ou pubescentes ; celles des pousses-gourmandes notablement plus grandes que celles des ramules-floraux (qui sont en général latéraux) ; dents ou crénelures cartilagineuses aux bords, ordinairement simples et terminées par une pointe oncinée ; base plus ou moins inégale et oblique (par exception égale ou presque égale), variant chez toutes les espèces, tantôt cordiforme, tantôt semi-cordiforme, tantôt cunéiforme, tantôt tronquée ou arrondie. Stipules membranacées, subdiaphanes, très-fugaces : celles des ramules-floraux la plupart obovales ou spathulées, plus grandes ; celles des pousses-gourmandes linéaires-lancéolées, ou subulées, ou sétacées. Ramules-floraux latéraux, ou moins souvent latéraux et terminaux, au commencement de la floraison courts, subfiliformes, subaphylles, puis accrescents, plus ou moins allongés, feuillés. Fleurs petites : celles de chaque ramule-floral formant, avant la chute des fleurs-mâles, une grappe plus ou moins dense, aphylle inférieurement. Fleurs-mâles caduques ayant le complet développement des feuilles, de même que le périanthe et les étamines des fleurs-femelles. Pédicelles capillaires à l'époque de la floraison, plus longs que le périanthe : ceux des fleurs-fertiles finalement épaissis, grêles,

---

(1) Les feuilles des pousses-gourmandes et celles des jeunes individus sont en général beaucoup plus scabres.

raides, plus ou moins défléchis, souvent arqués et déclinés ;
les fructifères couronnés d'une petite cupule coriace (provenant du disque et de la base du périanthe), cotonneuse
au bord. Périanthe et anthères d'un jaune verdâtre. Disque
à lobes barbus de courtes soies blanches. Drupe (de volume
variable chez toutes les espèces ; en général de celui d'un
gros Pois) se détachant finalement du réceptacle, sans emporter ni le disque, ni une portion du pédicelle ; épicarpe
lisse, mince, subcoriace ; chair ferme, sucrée, plus ou
moins épaisse ; noyau épais, très-dur, d'un blanc jaunâtre,
adhérent à la chair, subombiliqué à la base, acuminé au
sommet ; carènes tranchantes, confluentes aux 2 bouts du
noyau. Graine inadhérente, remplissant presque la cavité
du noyau ; tégument jaunâtre ; chalaze formant une grande
tache noirâtre, orbiculaire, superficielle, contiguë à la radicule. Embryon huileux. — Les *Micocouliers* ont un port
élégant et très-caractéristique, dû à leur cime ample et
très-touffue, ainsi qu'à la disposition de leurs ramules et
de leurs feuilles. Leur bois est remarquable, comme celui
des Ormes, par une grande ténacité. Les jeunes-pousses et
les feuilles fraîches exhalent, surtout lorsqu'elles commencent à se faner sur un rameau qu'on vient de détacher
de l'arbre, une odeur de Seringat très-prononcée. La chair
du fruit de la plupart des espèces est mangeable, mais
sèche et peu savoureuse. Ce genre appartient aux contrées
extra-tropicales de l'hémisphère septentrional (1), mais il
manque dans les climats froids. Nous allons faire connaître les espèces cultivées dans les plantations d'agrément ;
ces arbres ont une croissance assez rapide, et ils prospèrent dans les sols les plus arides, quoiqu'ils préfèrent les
terrains frais et fertiles ; leur feuillage, élégant et très-
touffu, se conserve dans toute sa fraîcheur jusqu'à la fin
de l'automne, et il n'est attaqué par aucun insecte. Les

---

(1) Les espèces de la zone équatoriale, rapportées par les auteurs aux
Celtis, appartiennent aux genres *Sponia* et *Mertensia*.

fleurs paraissent au printemps, un peu plus tôt que les feuilles ; les fruits n'acquièrent leur maturité qu'à la fin de l'été, et ils ne tombent qu'au printemps suivant.

SECTION I. LOTOPSIS Spach. (*Lotus* Camerar.   Lobel.)

Feuilles (semblables à celles des Jujubiers) plus ou moins réclinées, veineuses, densement réticulées, à nervures plus ou moins convergentes, très-fortes. Drupe à noyau très-rugueux. — Stigmates distinctement soudés vers leur base en forme de stipe.

A. *Feuilles équilatérales ou subéquilatérales : les naissantes pubérules-ferrugineuses, à peine scabres ; les adultes lisses et très-glabres, très-entières au moins de la base jusqu'au milieu (souvent sans aucune dent d'un côté ou même des deux côtés). Noyau finement rugueux, à carènes peu saillantes.*

MICOCOULIER DE CHINE. — *Celtis sinensis* Pers. Enchir. (1) — Bosc, Dict. d'Agr. — Feuilles courtement acuminées (pointe souvent obtuse), inégalement dentelées ou crénelées (en général seulement vers leur sommet ; dents ou crénelures très-courtement mucronulées), d'un vert gai et peu rugueuses en dessus, d'un vert pâle ou glauque en dessous ; base peu ou point cordiforme. Drupe (petit, d'un jaune orange) subglobuleux ou ellipsoïde. — Arbre à rameaux brunâtres, peu ou point flexueux. Feuilles très-fermes, ovales, ou ovales-elliptiques, ou ovales-oblongues, ou ovales-lancéolées, ou elliptiques, ou oblongues, ou oblongues-lancéolées : celles des ramules-floraux longues de 1 pouce à 2 pouces ; celles des pousses-gourmandes longues de 3 à 4 pouces (excepté les inférieures, qui sont ordinairement petites et très-entières) ; dents ou crénelures plus ou moins larges, tantôt contiguës, tantôt plus ou moins distancées ; base le plus souvent arrondie ou très-légèrement cordiforme, variant du reste comme

____

(1) C'est par erreur que plusieurs auteurs ont rapporté cette espèce au *Celtis caucasica* Willd.

chez toutes les autres espèces du genre. Pétiole long de 2 à 6 lignes, blanchâtre de même que la côte et les nervures. Pédicelles un peu plus longs que les pétioles. Stigmates assez larges, linéaires - lancéolés. Drupe du volume d'un Pois ; noyau du volume d'un grain de Poivre.—Cette espèce est originaire de Chine ; elle fleurit et fructifie dans la France méridionale ; mais, aux environs de Paris, elle ne forme plus qu'un arbuste qui gèle souvent jusqu'au pied.

B. *Feuilles inéquilatérales, dentelées presque dès leur base (jamais très - entières ni pauci - dentées) : les naissantes cotonneuses ; les adultes plus ou moins scabres en dessus, mollement pubescentes (du moins le long de la côte et des nervures) en dessous. Noyau très-fortement rugueux, à carènes très-saillantes.*

MICOCOULIER AUSTRAL. — *Celtis australis* Linn. — Duham. Arb. ed. 1, p. 143, tab. 53.—Duham. ed. nov. vol. 2, tab. 8. — Scopol. Del. Ins. 2, tab. 18.— Wats. Dendr. Brit. tab. 105. — Feuilles acuminées - cuspidées, simplement ou doublement dentelées (dents oncinées-cuspidées, en général deltoïdes), d'un vert foncé et rugueuses en dessus, d'un vert glauque en dessous ; base peu ou point cordiforme. Drupe (noirâtre, souvent du volume d'une Merise) subglobuleux. — Arbre de 30 à 50 pieds. Tronc droit, souvent très-gros, branchu à peu de distance de terre. Écorce grisâtre, finalement rimeuse. Branches plus ou moins divergentes, très - rameuses. Rameaux - primaires bruns, longs, étalés, inclinés au sommet. Ramules réclinés ou pendants, grêles, flexueux. Cime ample, arrondie, très-touffue. Jeunes - pousses pubescentes ou cotonneuses, parsemées (ainsi que les ramules) de petites verrues blanches. Feuilles ovales-lancéolées, ou oblongues - lancéolées, ou sublancéolées (moins souvent ovales ou ovales-oblongues), plus ou moins longuement cuspidées (pointe très-acérée, dentelée presque jusqu'au sommet), en général très - obliques, assez profondément dentelées : celles des ramules - floraux longues de 1 pouce à 4 pouces, larges de ½ pouce à 2 pouces, en général doublement dentées ;

celles des pousses-gourmandes souvent longues de ¹/₂ pied, sur 2 ou 3 pouces de large; base cunéiforme, ou tronquée, ou arrondie, ou légèrement cordiforme, ou semi-cordiforme. Pétiole long de 2 à 9 lignes, blanchâtre de même que la côte et les nervures, ordinairement pubescent. Stipules des pousses-gourmandes linéaires-subulées. Bourgeons ovales-coniques, pointus, bruns. Périanthe à segments oblongs ou oblongs-obovales, obtus, pubescents, plus ou moins fimbriolés aux bords. Ovaire ellipsoïde. Stigmates linéaires-lancéolés, subobtus. Pédicelles-fructifères longs de 6 à 12 lignes (2 à 3 fois plus longs que les pétioles), plus ou moins arqués, ou subrectilignes. Drupe à chair douceâtre; noyau du volume d'un Pois.

Cette espèce croît dans toute l'Europe méridionale, ainsi qu'en Orient et dans le nord de l'Afrique; dans le midi de la France, on la désigne par les noms de *Micocoulier, Fabrecoulier, Falabriquier,* et *Fabréguier.* Son bois est d'un brun noirâtre, dur, compacte, pesant, très-tenace, susceptible d'un beau poli; il n'est point sujet à éclater ou à gercer, ni à être attaqué par les vers; on le recherche pour le charronnage et pour la confection de toutes sortes d'ustensiles de mécanique, ou autres ouvrages qui exigent un bois très-pliant; il est excellent pour les ouvrages de tour et de marqueterie; comme il imite assez bien l'ébène, on l'estime pour les instruments à vent; on en fait aussi des branchards de chaise et des cercles très-durables; enfin, il fournit un excellent combustible. Le bois de la racine est moins compacte que celui du tronc; mais il est d'un noir plus foncé. L'écorce est astringente et peut servir au tannage. Scopoli dit avoir retiré des graines une huile comparable à celle d'Amande douce. — Ce Micocoulier fleurit et fructifie sous le climat de Paris; toutefois il est assez délicat dans sa jeunesse; il se plaît dans les sols secs et même arides; de même que tous ses congénères il se prête très-bien à la taille.

Section II. LEIOPYRENA Spach.

Feuilles horizontales, obliquement verticales, peu veineuses, lâchement réticulées, à nervures divergentes.

Noyau presque lisse, à carènes très-saillantes. — Stigmates soudés vers leur base en forme de stipe.

MICOCOULIER DE TOURNEFORT.—*Celtis Tournefortii* Lamk.
Dict. — *Celtis orientalis* Mill. Dict.—Tourn. Voyage II, pag.
45, cum fig. — Ramules divariqués, très-flexueux. Feuilles
obliquement cordiformes ou ovales (rarement ovales-elliptiques
ou ovales-lancéolées), subacuminées, ou obtuses, fortement dentelées ou crénelées (en général presque dès leur base, du côté le
plus long), d'un vert glauque, peu ou point rugueuses : les jeunes pubérules et scabres aux 2 faces; les adultes glabres ou
presque glabres; dents ou crénelures mucronulées. Drupe (d'un
jaune de Citron, du volume d'un gros Pois ou plus) obové.

— α : LISSE. —*Celtis Tournefortii* auctorum. — Feuilles-ramulaires (adultes) lisses ou presque lisses, ordinairement crénelées.

— β : RAPEUX. — *Celtis aspera* Hortul. (non Brongn.)—*Celtis
Tournefortii aspera* Audib. Cat. — Feuilles-adultes très-
scabres et d'un vert moins glauque en dessus, ordinairement
dentelées.

Arbre de 20 à 30 pieds. Tronc droit, peu élevé, branchu;
écorce plus ou moins fendillée, grisâtre; bois très-blanc. Branches dressées, très-rameuses. Rameaux d'un brun rouge, étalés,
plus ou moins divariqués, quelquefois irrégulièrement dichotomes, grêles, flexueux. Cime arrondie, très-touffue. Ramules horizontaux ou peu inclinés, divariqués. Jeunes-pousses pubérules,
ordinairement glabrescentes. Feuilles très-fermes, en général
beaucoup plus courtes que chez les espèces précédentes, très-entières vers leur base (du moins du côté le plus court), jamais
pauci-dentées; celles des ramules-floraux longues de 8 lignes à
2 pouces (ou rarement plus), en général à peu près aussi larges
que longues; celles des pousses-gourmandes longues de 2 à 3
pouces, larges de 1 ¹/₂ à 2 ¹/₂ pouces; dents ou crénelures tantôt
égales, tantôt inégales, ordinairement contiguës; base ordinairement arrondie, ou cordiforme, ou semi-cordiforme, moins souvent tronquée ou cunéiforme, le plus souvent très-inégale. Pé-

tiole long de 2 à 4 lignes, blanchâtre de même que la côte et les nervures. Stipules linéaires-lancéolées, très-étroites. Bourgeons très-petits, ovales, pointus. Fleurs semblables à celles de l'espèce précédente. Ovaire obové. Stigmates linéaires-filiformes. Pédicelles-fructifères de moitié à 1 fois plus longs que les pétioles (longs de 4 à 8 lignes). Drupe à chair douceâtre, stiptique. — Cette espèce croît dans l'Asie Mineure (où elle fut découverte par Tournefort, qui en rapporta des graines en France) et au Caucase. Elle fleurit et fructifie dans le nord de la France. La direction de ses feuilles et de ses rameaux lui donne un port très-différent de celui de toutes ses congénères.

SECTION III. PROTEOPHYLLUM Spach.

Feuilles plus ou moins réclinées, ou pendantes, veineuses, à nervures plus ou moins divergentes. Noyau densement rugueux, à carènes peu saillantes. — Stigmates en général libres presque dès leur base.

A. *Feuilles densement réticulées et très-rugueuses en dessus, dentelées (ou dentées, ou crénelées) presque dès leur base (du moins du côté le plus long), jamais pauci-dentées; dents ou crénelures égales ou presque égales, contiguës.*

MICOCOULIER A FEUILLES ÉPAISSES. — *Celtis crassifolia* Lamk. Dict.—Michx. fil. Arb. vol. 3, p. 228, cum fig. (forma grandifolia) (1). — *Celtis cordata* Desfont. Hort. Par.—Ramules peu ou point flexueux. Feuilles discolores, acuminées-cuspidées (pointe très-acérée, souvent dentelée presque jusqu'au sommet), en général à base cordiforme ou semi-cordiforme : les adultes plus ou moins pubescentes (du moins en dessous), d'un

---

(1) Il nous semble que cette figure est fautive en tant qu'elle a été composée sur une pousse-gourmande, à laquelle on a ajouté d'imagination les fruits; car jamais nous n'avons vu des ramules-fructifères avec d'aussi grandes feuilles, du reste, le drupe n'est pas noir, mais d'un rouge brunâtre, comme chez l'espèce suivante.

vert gai et en général scabres en dessus, d'un vert très-glauque
en dessous. Stigmates linéaires - filiformes. Pédoncules - fructifères un peu plus longs que les pétioles. Drupe obové ou subglobuleux, d'un rouge brunâtre.

— α : A FEUILLES DE TILLEUL. (*tiliæfolia* Spach.)— Feuilles
(des ramules-floraux) la plupart cordiformes-ovales ou cordiformes - suborbiculaires (en général finement dentelées, très-
scabres en dessus, larges de 1 pouce à 2 pouces).

— β : A FEUILLES DE MURIER. (*morifolia* Spach.) — Feuilles
(des ramules – floraux) la plupart cordiformes - elliptiques ou
cordiformes-oblongues, fortement dentelées ou crénelées (longues d'environ 3 pouces, sur 15 à 20 lignes de large, tantôt
scabres en dessus, tantôt presque lisses).

— γ : A FEUILLES D'EUCALYPTE. (*eucalyptifolia* Spach.) —
Feuilles (des ramules-floraux) ovales-lancéolées ou oblongues-
lancéolées (longues de 3 à 4 pouces, larges de 1 pouce à 2
pouces), à base très-inégale, semi-cordiforme, ou tronquée
d'un côté et arrondie de l'autre côté.

Arbre atteignant souvent plus de 80 pieds de haut, mais seulement 18 à 20 pouces de diamètre. Tronc parfaitement droit, dégarni de branches jusqu'à une grande hauteur. (*Michaux, l. c.*)
Écorce grisâtre, garnie d'une sorte de réseau d'excroissances
dures, fongueuses, irrégulières, noirâtres, persistantes. Bois
très-blanc, à grain fin et serré. Branches nombreuses, presque
droites, très-rameuses, formant une cime arrondie, ample, très-
touffue. Rameaux plus ou moins étalés, grêles. Ramules inclinés
ou pendants, effilés, très-rapprochés, bruns, parsemés de petites
verrues blanches : les nouveaux verts, plus ou moins pubescents. Bourgeons petits, ovales, obtus. Feuilles plus ou moins
épaisses, tantôt presque lisses aux 2 faces, tantôt scabres en dessus et lisses en dessous, tantôt scabres aux 2 faces : celles des
pousses-gourmandes longues de 4 à 7 pouces (souvent presque
aussi larges que longues), profondément dentées ou crénelées,
ordinairement scabres aux 2 faces, quelquefois subéquilatérales,
tantôt exactement cordiformes, tantôt ovales-lancéolées et à base

semi-cordiforme, ou tronquée du côté court et arrondie de l'autre côté ; dents ou crénelures en général égales ou presque égales, oncinées-cuspidées, ou mucronées. Pétiole long de 3 à 6 lignes, blanchâtre de même que la côte et les nervures, ordinairement pubescent. Stipules linéaires ou linéaires.-lancéolées,
pointues. Périanthe à segments oblongs ou oblongs-obovales, obtus, fimbriolés au sommet, ciliolés, longs de près de 2 lignes.
Ovaire conique. Stigmates 1 à 2 fois plus longs que l'ovaire. Pédicelles-fructifères longs d'environ 6 lignes. Drupe du volume
d'un gros Pois.

Cette espèce habite les États-Unis ; au témoignage de M. Michaux, elle est rare dans les contrées situées à l'est des monts
Alléghanys, tandis qu'elle abonde dans tous les États de l'ouest,
notamment au Kentucky et au Tennessée ; elle se plaît dans
les bas-fonds qui bordent les rivières, et sa présence est considérée comme un indice certain de la fertilité du sol. « C'est,
« dit M. Michaux, un des beaux arbres qui composent les téné-
« breuses forêts des bords de l'Ohio : il s'y trouve réuni avec
« le Platane, le Tilleul, le Noyer noir, le Noyer cathartique,
« l'Érable noir, l'Orme et le *Gleditschia triacanthos ;* et il m'a
« paru qu'il les égalait toujours en hauteur, mais non en dia-
« mètre. — Le bois de cet arbre, fraîchement débité, est d'une
« grande blancheur, le grain en est fin et serré, sans cependant
« être pesant. Coupé parallèlement ou même obliquement à ses
« couches concentriques, il présente de petites ondulations sem-
« blables à celles qu'on voit dans l'Orme et l'Acacia. Sur les
« bords de l'Ohio, et surtout au Kentucky, où l'on a été à même
« d'apprécier les qualités du bois de cet arbre, il est peu estimé,
« parce qu'il pourrit promptement lorsqu'il est exposé aux in-
« jures du temps ; par la même raison, et peut-être aussi parce
« qu'il n'est pas doué d'une grande force, il n'est propre à au-
« cun genre de charronnage. Sur les bords de l'Ohio, cet arbre
« est fréquemment débité pour faire des barres destinées à la
« clôture des champs : elles se font d'autant plus aisément
« que le corps de l'arbre est droit, sans nœuds, et qu'il se fend
« facilement et de droit fil ; on dit aussi qu'on en tire un bon

« charbon pour les maréchaux. » — Cette espèce mérite la préférence sur toutes ses congénères, à titre d'arbre d'ornement ; elle s'accommode d'ailleurs, aussi facilement que les autres, des terrains arides et maigres, à cela près, qu'elle s'y élève beaucoup moins ; dans les localités fertiles, son accroissement est très-rapide ; elle est parfaitement rustique dans le nord de la France ; toutefois elle ne produit que fort peu de fruits au jardin du Muséum, quoiqu'on en possède des individus de quarante à cinquante pieds de haut.

B. *Feuilles lâchement réticulées en dessus, peu ou point rugueuses, jamais dentées dès leur base : les inférieures (sur chaque ramule ou scion) ordinairement très-entières ; les autres tantôt très-entières du côté court et pauci-dentées de l'autre côté, tantôt pauci-dentées du côté court et pluri-dentées de l'autre côté, tantôt pauci-dentées des 2 côtés ; dents (ou dentelures) plus ou moins inégales, souvent distancées. Stigmates linéaires-lancéolés.*

a) *Feuilles discolores (d'un vert plus ou moins foncé ou un peu glauque en dessus, d'un vert en général très-glauque en dessous), un peu rugueuses, épaisses, la plupart dentées.*

Micocoulier commun d'Amérique. — *Celtis occidentalis* Linn. — Feuilles d'un vert foncé et très-luisantes en dessus, acuminées-cuspidées, souvent cordiformes à la base. Pédoncules-fructifères à peine plus longs que les pétioles. Drupe (d'un rouge brunâtre) obové ou subglobuleux ; noyau petit.

— α : A grandes dents. (*grandidentata* Spach.) (1).—*Celtis occidentalis* Mich. fil. Arb. vol. 3, p. 225, cùm fig. opt. — Duham. ed. nov. vol. 2, tab. 9. — Wats. Dendr. Brit. tab. 147. — Feuilles des ramules-floraux (longues de 2 à 4 pouces) fortement dentées (cordiformes, ou ovales, ou subrhomboïdales, ou ovales-lancéolées, ou ovales-oblongues,

---

(1) La forme des feuilles, chez cette espèce, est si peu constante sur chaque individu, qu'elle ne peut servir à caractériser des variétés.

ou cordiformes-oblongues, ou cordiformes-elliptiques, les supérieures en général oblongues-lancéolées), ordinairement
scabres en dessus, d'un vert pâle et pubescentes en dessous :
le côté le plus long ordinairement pluri-denté.

— β : A FEUILLES DENTELÉES. (*serrulata* Spach.) — Feuilles
des ramules-floraux (variant de forme comme chez la variété
précédente, mais en général plus petites, longues seulement
de 1 à 2 pouces) en général pauci-dentelées, ordinairement
presque lisses, d'un vert glauque et glabres en dessous.

Arbre atteignant, dans les localités les plus favorables, 60 à
70 pieds de haut, et 2 à 4 pieds de diamètre. Tronc branchu
en général à peu de distance du sol. Écorce et bois comme chez
l'espèce précédente. Branches dressées ou subhorizontales,
grosses, très-rameuses. Rameaux étalés ou inclinés. Ramules
grêles, flexueux, inclinés, ou pendants, d'un brun rouge, parsemés de petites verrues blanches. Cime irrégulière ou arrondie.
Jeunes-pousses vertes, pubescentes. Bourgeons petits, ovales,
obtus, bruns. Feuilles d'un vert glauque ou pâle en dessus,
d'un vert plus ou moins foncé en dessous, tantôt courtement acuminées, tantôt plus ou moins longuement acuminées-cuspidées
(pointe jamais dentée); les jeunes plus ou moins pubérules
aux 2 faces, les adultes ordinairement glabres en dessus, tantôt
pubescentes, tantôt très-glabres en dessous : celles des ramules-
fructifères longues de 1 pouce à 3 pouces ; celles des pousses-gourmandes longues de 3 à 6 pouces (les basilaires exceptées, qui
sont petites), larges de 1 ½ pouce à 4 pouces : les inférieures
ovales ou ovales-elliptiques, en général pauci-dentées, à base
ordinairement cordiforme ou semi-cordiforme; les supérieures
ovales-lancéolées, ou oblongues-lancéolées, ou ovales-oblongues,
ordinairement pluri-dentées du côté long, à base tantôt subcordiforme, tantôt semi-cordiforme, tantôt cunéiforme, tantôt tronquée du côté court et arrondie de l'autre côté; dents mucronées.
Pétiole long de 3 à 9 lignes, blanchâtre de même que la côte et
les nervures, ordinairement pubescent. Stipules linéaires-lancéolées, pointues, plus longues que le pétiole. Périanthe sembla-

ble à celui de l'espèce précédente. Ovaire conique, peu ou point
rétréci en col. Stigmates 1 à 2 fois plus longs que l'ovaire.
Drupe du volume d'un Pois, le plus souvent obové. Pédicelles
-fructifères longs de 3 à 6 lignes. — Cette espèce habite toute
l'étendue des États-Unis, ainsi que les parties méridionales du
Canada, mais sans abonder nulle part : on la trouve en général
isolément dans les forêts ou aux bords des rivières ; quoiqu'elle
prospère surtout dans les sols profonds, frais et fertiles, elle ne
se refuse pas à croître dans les terrains maigres et secs. Il paraît
qu'on ne fait aucun usage de son bois, quoiqu'il participe aux
qualités de celui de ses congénères. — Le *Celtis occidentalis* est
plus rustique que les espèces précédentes; il fleurit et fructifie
dans toute la France, ainsi qu'en Angleterre et même dans le
nord de l'Allemagne. Il en existe au jardin du Muséum des individus très-gros, âgés d'environ 150 ans.

MICOCOULIER AUDIBERT. — *Celtis Audibertiana* Spach. —
Celtis occidentalis cordata Audib. Gat. — *Celtis occidentalis*
Guimp. et Hayn. Fremd. Holz. tab. 96. — Feuilles d'un vert
glauque et peu luisantes en dessus, acuminées-cuspidées, souvent
cordiformes à la base. Pédoncules-fructifères 2 à 3 fois plus longs
que les pétioles. Drupe (d'un rouge brunâtre) subglobuleux;
noyau gros.

— α : A FEUILLES OVALES. (*ovata* Spach.) — Feuilles des ramules-floraux ovales ou ovales-lancéolées, à base subcordiforme, ou semi-cordiforme, ou cunéiforme.

— β : A FEUILLES ALLONGÉES. (*oblongata* Spach.) — Feuilles
des ramules-floraux la plupart elliptiques-oblongues, ou
oblongues-lancéolées, en général cordiformes ou semi-cordiformes à la base.

Arbre du même port que l'espèce précédente. Feuilles en
général plus larges et plus rugueuses, inégalement dentées ou
dentelées : les jeunes pubérules aux 2 faces ; les adultes ordinairement glabres et presque lisses en dessus, pubérules en dessous
le long de la côte et des nervures ; celles des ramules-floraux

longues de 2 à 4 pouces, en général pauci-dentées ou très-entières d'un côté, ou très-entières des 2 côtés; celles des pousses-
gourmandes longues de 3 à 5 pouces, larges de 1 ½ pouce à
3 ½ pouces : les inférieures cordiformes, ou ovales-elliptiques;
les supérieures ovales-oblongues, ou ovales-lancéolées, ou oblongues-lancéolées, à base tantôt cunéiforme, tantôt semi-cordiforme,
tantôt obliquement tronquée du côté court et arrondie de l'autre
côté. Stipules, bourgeons et fleurs comme chez l'espèce précédente. Ovaire conique, distinctement rétréci en col. Stigmates
linéaires-lancéolés, 1 à 2 fois plus longs que l'ovaire. Pédicelles-
fructifères longs d'environ 1 pouce. Drupe du volume d'un gros
Pois. — Cette espèce, qui a été confondue jusqu'aujourd'hui avec
les deux précédentes, habite les mêmes contrées que celles-ci, et
n'est pas rare dans les plantations, en Europe; elle est aussi
rustique que la précédente.

b) *Feuilles subconcolores (d'un vert plus ou moins foncé aux 2 faces,
jamais glauques), minces, point rugueuses, la plupart très-entières.*

MICOCOULIER DE LA LOUISIANE. — *Celtis mississipiensis*
Bosc, Dict. d'Agr. — *Celtis occidentalis* β? *tenuifolia* Pers.
Ench. — *Celtis lævigata* Willd. — Feuilles très-entières ou
pauci-dentées, finement réticulées, ovales-lancéolées, ou elliptiques-lancéolées, ou oblongues-lancéolées, acuminées-cuspidées,
la plupart cordiformes ou semi-cordiformes à la base : les jeunes
plus ou moins scabres, pubérules en dessous aux nervures; les
adultes lisses ou presque lisses, glabres. — Arbre à cime très-
touffue. Rameaux étalés, plus ou moins inclinés. Ramules très-
grêles, effilés, flexueux, pendants ou inclinés. Feuilles notablement plus minces que celles des espèces précédentes, d'un beau
vert, très-luisantes en dessus ; les ramulaires longues de 1 pouce
à 3 pouces ; celles des pousses-gourmandes longues de 3 à
6 pouces, larges de 1 ½ à 3 pouces, tantôt très-entières,
tantôt très-entières ou 1-à 3-dentées du côté court, et 3-à
5-dentées de l'autre côté; dents grandes, deltoïdes, égales
ou inégaes, mucronées, contiguës, ou distancées; base cordiforme, ou semi-cordiforme, ou arrondie, ou cunéiforme, ou

tronquée, ou arrondie du côté long et obliquement tronquée de l'autre côté, en général très-inégale. Pétiole long de 2 à 6 lignes, glabre, blanchâtre de même que la côte et les nervures. Stipules linéaires-lancéolées, acuminées. Jeunes-pousses vertes, luisantes, glabres, parsemées (de même que les rameaux) de petites verrues blanches. Fleurs et fruits inconnus. — Cette espèce, très-facile à reconnaître à son feuillage, passe pour originaire de la Louisiane ; elle est beaucoup moins rustique que les 3 précédentes, car elle gèle souvent jusqu'au pied, à Paris, et, par cette raison, elle n'y fleurit jamais.

CENT QUATRE-VINGT-SEPTIÈME FAMILLE.

LES CUPULIFÈRES. — *CUPULIFERÆ.*

Amentacearum pars, Juss. Gen. — *Cupuliferæ* Rich. Anal. du Fruit.
— A. Rich. Élém. p. 562; *id.* Bot. Méd. p. 127. — Bartl. Ord. Nat.
p. 98. — E. Meyer, Preuss. Pflanz. p. 76. — Lindl. Nat. Syst. ed. 2,
p. 170. — Endl. Gen. Plant. p. 275. — Blume, Flor. Jav. fasc. 11 et
12. — *Castaneæ* Adans. Fam. — *Corylaceæ* Mirb. Élém. — *Quercineæ*
Juss. in Dict. des Sc. Nat. II, Suppl. p. 12. — *Balaniferæ* Loisel. Manuel. p. 526. — *Quercineæ* et *Fagineæ* Dumort. Fam. —*Amentacearum*
tribus III: *Fagineæ* et (ex parte) trib. II: *Betuleæ* Reichenb. Syst. Nat.
p. 172.

Cette famille comprend une grande partie des arbres-
forestiers les plus importants des climats tempérés de
l'hémisphère septentrional; on en retrouve des représentants dans les régions montueuses de l'Asie et de
l'Amérique équatoriales, mais elle manque complétement dans la Nouvelle-Hollande, ainsi que dans les régions intertropicales et australes de l'Afrique; la zone
arctique en est également privée. L'écorce des Cupulifères est en général fortement astringente : propriété
due à la présence du tannin. Le bois de la plupart des
espèces est dur et propre à toutes sortes d'usages. Les
fruits (ou, pour mieux dire, les amandes) de ces végétaux, farineux chez toutes les espèces, et très-abondants
en huile grasse chez plusieurs, sont ou doux et mangeables, ou amers et astringents. Aucune espèce n'est
vénéneuse.

CARACTÈRES DE LA FAMILLE.

Arbres, ou (peu d'espèces) *arbrisseaux.* Rameaux et
ramules épars ou distiques, subcylindriques, ou obscurément anguleux, inarticulés. Bourgeons écailleux,

axillaires, solitaires. Sucs-propres ni résineux, ni laiteux.

Feuilles alternes ou distiques, simples (très-entières, ou dentées, ou crénelées, ou incisées, ou sinueuses, ou pennatifides), bistipulées, penninervées, pétiolées (en général courtement), en vernation condupliquées et transversalement plissées. Stipules bilatérales, libres, caduques, recouvrant les feuilles en vernation.

Fleurs monoïques (par exception dioïques, ou hermaphrodites, ou incomplétement hermaphrodites).

Fleurs-mâles sans rudiment de pistil, soit périanthées et disposées en grappes, ou en épis, ou en capitules, ou en fascicules, ou rarement solitaires-axillaires, soit apérianthées et disposées en chatons écailleux, cylindracés.

Périanthe campanulé, ou turbiné, ou rotacé, ou tubuleux, 4-à 9-lobé, à fond tapissé d'un petit disque glandulaire ; estivation imbricative.

Étamines en nombre indéfini (5 à 20), insérées au fond du périanthe, ou (lorsque le périanthe manque) vers la base de la face antérieure des écailles des chatons. Filets rectilignes ou infléchis en préfloraison, indivisés, ou bifurqués (accidentellement trifurqués), libres, ordinairement inégaux. Anthères basifixes ou médifixes, versatiles, 2-thèques (1-thèques chez quelques espèces), souvent barbues au sommet ; bourses longitudinalement 1-ou 2-valves, soit parallèles et réunies moyennant un connectif, soit dépourvues de connectif et disjointes en tout ou à partir du milieu.

Fleurs-femelles (en général sans étamines rudimentaires ; celles-ci, lorsqu'il en existe, sont épigynes) périanthées, insérées chacune ou plusieurs ensemble au fond d'un involucre (cupulaire, ou caliciforme, ou bractéiforme), accrescent après la floraison et persistant au moins jusqu'à la maturité. Involucres pédonculés ou sessiles, solitaires, ou fasciculés, ou glomérulés, ou en grappes, ou en épis. — *Fleurs-hermaphrodites* conformées comme les fleurs-femelles, mais en outre munies d'étamines épigynes.

Périanthe adné à l'ovaire, à limbe supère, petit, persistant (peu ou point accrescent, souvent oblitéré à la maturité du fruit), soit coroniforme et irrégulièrement lobé ou tronqué, soit réduit à un bourrelet subcirculaire.

Pistil : Ovaire (1) adhérent, 2-à 6-loculaire (chez quelques espèces couronné d'étamines rudimentaires ou très-rarement fertilés); ovules solitaires ou collatéraux dans chaque loge, anatropes, suspendus vers le sommet de l'angle interne des loges. Stigmates en même nombre que les loges de l'ovaire, subulés, ou linéaires, finement

---

(1) A l'époque de la floraison, le pistil des Cupulifères (de même que celui des Bétulacées et des Casuarinées) est réduit aux stigmates, qui sont plus ou moins longuement saillants, et semblent partir immédiatement du fond de l'involucre, tandis que l'ovaire est tout à fait imperceptible. Plus tard (quelques mois après la floraison, chez les espèces dont le fruit mûrit dans le courant de la même année, mais seulement au printemps suivant chez les espèces dont le fruit met 18 mois ou plus à mûrir), lorsque les stigmates sont déjà fanés ou tombés, l'ovaire se développe peu à peu, mais pendant quelque temps son intérieur n'offre aucune trace d'ovules, et il est complétement rempli d'un tissu cellulaire charnu, divisé en plusieurs compartiments par des cloisons d'un tissu plus compacte. Enfin l'on découvre les ovules, complétement plongés dans le tissu charnu qui remplit les loges; à mesure que celui des ovules qui formera la graine prend de l'accroissement, il refoule les cloisons, les ovules abortifs, et tout le tissu environnant (dont il paraît absorber une partie), et finit par occuper toute la cavité du fruit. Ce mode de développement du pistil, en grande partie postérieur à la floraison, paraît propre (du moins parmi les dicotylédones) aux familles que nous venons de citer.

papilleux, terminaux, saillants, non-persistants, distincts dès leur base, ou confluents inférieurement en forme de style.

Péricarpe (noix, nucule, gland) ligneux, ou osseux, ou coriace, indéhiscent, évalve, point stipité, luisant, par avortement 1-loculaire et 1-sperme (accidentellement à plusieurs loges 1-spermes), recouvert en tout ou en partie par l'involucre au fond duquel il adhère, avant la maturité, par une sorte de hile basilaire, suborbiculaire, point luisant, d'une autre couleur que la surface.

Graine solitaire, suspendue, inadhérente, inarillée, apérispermée, moulée sur la cavité de la loge. Tégument mince, submembranacé : raphé filiforme, longitudinal ; chalaze basilaire. Embryon rectiligne : cotylédons (hypogés ou épigés en germination) plano-convexes, charnus, le plus souvent soudés, quelquefois rugueux ou plissés ; radicule incluse en tout ou en partie, courte, conique, supère.

Cette famille comprend les genres suivants :

Iʳᵉ TRIBU. **LES CUPULIFÈRES-TYPES.** — *CUPU-LIFERÆ VERÆ* Spach

Fleurs-mâles périanthées, disposées en grappes, ou en épis, ou en capitules, ou en fascicules, ou rarement solitaires. Étamines 1-sériées ; filets indivisés, infléchis en préfloraison ; anthères 2-thèques, imberbes : bourses parallèles, réunies moyennant un connectif. Ovaire 3-à 6-loculaire ; ovules collatéraux dans chaque loge. Involucre-fructifère coriace, en général écailleux ou spinelleux. — Fleurs-mâles naissant en général des mêmes bourgeons que les fleurs-femelles.

SECTION I. **QUERCINÉES**. — *Quercineæ* Spach.

Fleurs-femelles solitaires dans chaque involucre. Involucre-fructifère cupulaire. Péricarpe (gland) osseux
ou coriace, en général plus ou moins saillant. Maturation souvent bisannuelle (1).

Quercus Linn. (Quercus, Ilex, et Suber Tourn.) —
Lithocarpus Blume. — *Castanopsis* Don.

SECTION II. **FAGINÉES**. — *Fagineæ* Spach.

Fleurs-femelles géminées ou fasciculées (rarement solitaires) dans chaque involucre. Involucre-fructifère
caliciforme ou capsuliforme. Péricarpe (noix) coriace, le plus souvent recouvert par l'involucre.
Maturation jamais bisannuelle.

Fagus Tourn. — *Fagaster* Spach. (2). — *Castanea*
Tourn.

IIe TRIBU. **LES CUPULIFÈRES - BÉTULOIDÉES.** — *CUPULIFERÆ-BETULOÏDEÆ* Spach.

*Fleurs-mâles apérianthées, disposées en chatons écail-
leux. Étamines fasciculées, insérées vers la base
des écailles; filets indivisés ou bifurqués, rectilignes
en préfloraison; anthères 1-thèques ou 2-thèques, médifixes, barbues au sommet, dépourvues de connectif:
bourses disjointes complétement ou à partir du milieu.
Ovaire 2-loculaire; ovules solitaires dans chaque*

---

(1) C'est-à-dire que la maturation du fruit dure 18 mois ou plus, à
partir de l'époque de la floraison.

(2) Ce genre comprend le *Fagus Dombeyi*, Mirb., et quelques espèces
voisines, indigènes de l'Amérique australe; ces végétaux diffèrent des
vrais *Fagus*, principalement par leur involucre, qui est partagé en lanières étroites, ne recouvrant point les noix.

loge. Involucre-fructifère membranacé ou foliacé, toujours 1-carpe, jamais écailleux ni spinelleux. — Fleurs-mâles naissant toujours d'autres bourgeons que les fleurs-femelles.

SECTION I. CORYLÉES. — *Coryleæ* Spach.

Fleurs-femelles (la plupart abortives) en glomérules garnis de bractées persistantes. Chatons-mâles à écailles 2-appendiculées. Anthères 1-thèques. Involucres-fructifères glomérulés, ou fasciculés, ou subsolitaires (par avortement). Cotylédons hypogés en germination.

Corylus Tourn.

SECTION II. CARPINÉES. — *Carpineæ* Spach.

Fleurs-femelles (toutes ou la plupart fertiles) en épis lâches, garnis de bractées caduques. Chatons mâles à écailles inappendiculées. Anthères 2-thèques. Involucres-fructifères imbriqués en épi lâche ou en strobile. Cotylédons épigés en germination.

Ostrya Micheli. — *Carpinus* Tourn.

GROUPE VOISIN DES CUPULIFÈRES.

LES BÉTULACÉES (1). — *BETULACEÆ* Rich. (2).

Fleurs monoïques, sessiles, disposées en chatons écailleux, unisexuels; écailles 1-à 3-flores, 2-ou 4-appendicu-

---

(1) La plupart des auteurs considèrent les Bétulacées comme une famille distincte des Cupulifères; mais on peut, à tout aussi juste titre, ne les admettre que comme tribu de ces dernières; car elles ne diffèrent essentiellement des Cupulifères-Bétuloïdées (dont une partie a même déjà été réunie aux Bétulacées, par plusieurs auteurs) qu'en ce que leurs fleurs-mâles sont pourvues d'un périanthe; tandis que leurs fleurs-femelles pa-

lées à la base (antérieurement), onguiculées, ébrac-téolées : celles des fleurs-mâles peltées; celles des fleurs-femelles point peltées, accrescentes. Fleurs-mâles périanthées. Fleurs-femelles dépourvues de périanthe et d'involucre. Ovaire 2-loculaire; loges 1-ovulées; ovules suspendus, anatropes. — Chaque chaton-femelle devient un strobile composé de nucules (chartacées ou membranacées, lenticulaires, petites, ordinairement ailées) par avortement 1-loculaires et 1-spermes, recouvertes (en tout ou en partie) par les écailles-florales amplifiées. — Arbres ou arbrisseaux. Bourgeons écailleux (ceux des chatons-mâles en général aphylles). Feuilles éparses ou fasciculées, simples, penninervées, bistipulées, condupliquées et transversalement plissées en vernation. Stipules caduques. Chatons-mâles semblables à ceux des Cupulifères-Bétuloïdées. Chatons-femelles filiformes ou cylindracés.

Betula Tourn. — *Betulaster* Spach. — *Alnaster* Spach. — *Clethropsis* Spach. — *Alnus* Tourn.

---

raissent apérianthées et dépourvues d'involucre; mais si l'on considère que chez la plupart des Cupulifères-Bétuloïdées le limbe du périanthe des fleurs-femelles se trouve réduit à un bourrelet épigyne peu apparent, on peut dire aussi que les Bétulacées, de même que beaucoup d'Ombellifères, ont un périanthe adné jusqu'au sommet, ou dont le limbe est oblitéré; et, quant à l'involucre, les écailles des strobiles des Bouleaux ont évidemment la plus grande analogie avec les involucres demi-embrassants et bractéiformes des *Carpinus*, et pourraient donc aussi, à la rigueur, passer pour des involucres 4-phylles ou 5-phylles. Quoi qu'il en soit, les Bétulacées sont incontestablement plus voisines, par tous les autres caractères, des Cupulifères-Bétuloïdées, que ne le sont celles-ci des Cupulifères-types.

(2) *Betulaceæ* Rich., ex A. Rich. Élem. de Bot.—*Betulaceæ* A. Rich. Bot. Méd. p. 151.—Loisel. Manuel, p. 512. — Dumort. Anal. — Bartl. Ord. Nat. p. 99.— Endl. Gen. p. 272. — Lindl. Nat. Syst. p. 171. — *Amentaceæ-Betuleæ* (ex parte) Reichb. Syst. Nat. p. 172.—*Betuleæ* E. Meyer, Preuss. Pflanzengatt. p. 75.

Irᵉ TRIBU. **LES CUPULIFÈRES-TYPES.** — *CUPU-LIFERÆ VERÆ* Spach.

Fleurs-mâles (naissant en général des mêmes bourgeons que les fleurs-femelles) périanthées, disposées en grappes, ou en épis, ou en fascicules, ou en capitules, ou rarement solitaires. Étamines 1-sériées. Filets indivisés, infléchis en préfloraison. Anthères imberbes, 2-thèques : bourses parallèles, réunies moyennant un connectif. — Fleurs-femelles solitaires ou fasciculées dans chaque involucre. Ovaire 3-à 6-loculaire; ovules collatéraux dans chaque loge. Involucres-fructifères coriaces, en général spinelleux ou écailleux. Embryon en général point huileux.

Fleurs monoïques (par exception dioïques ou herma-phrodites), axillaires et latérales, ou axillaires et ter-minales, ou toutes terminales; les femelles, chez quel-ques espèces, munies d'étamines épigynes stériles.

Section I. **QUERCINÉES.** — *Quercineæ* Spach.

Involucre-fructifère cupulaire, ligneux, mince, 1-carpe. Péricarpe (gland) lisse, écosté, cylindrique, ou sub-cylindrique, plus ou moins saillant (complétement inclus chez quelques espèces). Maturation souvent bisannuelle. — Feuilles souvent lyrées, ou pennati-fides, ou sinueuses.

Genre CHÊNE. — *Quercus* Tourn.

Fleurs monoïques : les mâles en épis pendants, lâches, filiformes; les femelles subsolitaires, ou en épis droits, ou subfasciculées au sommet d'un pédoncule-commun. — *Fleurs-mâles :* Périanthe 4-à 8-parti, membranacé, subscarieux : segments plus ou moins inégaux, ciliolés. Étamines saillantes, en général en même nombre que les lobes. Filets capillaires. Anthères ovales, ou elliptiques, ou oblongues, ou suborbiculaires, dressées, cordiformes à la base : bourses bivalves. — *Fleurs-femelles :* Périanthe à limbe 6-fide ou irrégulièrement denté, coroniforme, persistant, finalement oblitéré. Ovaire ovoïde ou conique, 3-à 5-loculaire. Style court ou presque nul, gros, conique, couronné de 3 à 5 stigmates arrondis ou sublinéaires, obtus, subcoriaces, charnus, persistants. Cupule squamelleuse ou spinelleuse à la surface externe, en général mince. Gland ombiliqué ou mamelonné au sommet, plus ou moins saillant, coriace. Graine à tégument mince, membranacé. Embryon point huileux : cotylédons très-gros, cohérents, rugueux, plano-convexes, arrondis aux 2 bouts, hypogés en germination; radicule courte, mammiforme, obtuse, recouverte par les cotylédons. — Arbres, ou (quelques espèces seulement) arbrisseaux. Rameaux subcylindriques. Jeunes-pousses plus ou moins anguleuses. Bourgeons écailleux : ceux des fleurs-mâles souvent aphylles ; écailles imbriquées sur plusieurs rangs. Feuilles persistantes ou non-persistantes, alternes, équilatérales, courtement pétiolées, coriaces, ou subcoriaces, très-entières, ou crénelées, ou dentées, ou sinuées, ou plus ou moins profondément pennatifides ; les jeunes le plus souvent pubescentes ou cotonneuses aux 2 faces ; les adultes glabres du moins en dessus. Pétiole semi-cylindrique, plus ou moins distinctement canaliculé en dessus. Stipules subulées, ou linéaires, ou ensiformes, membranacées, subscarieuses, en général très-fugaces. Floraison vernale. Fleurs petites, paraissant à la même époque que les nouvelles feuilles. Epis-mâles plus ou moins interrompus, solitaires ou fasciculés, axillaires et latéraux (ou tous latéraux) sur les jeunes-pousses, ou axillaires sur les ramules de l'année précédente, ou latéraux sur les ramules de l'année précédente ; rachis ébractéolé, simple, filiforme. Périanthe des fleurs-mâles bru-

nâtre ou d'un jaune-verdâtre, petit. Anthères jaunes.
Pédoncules des fleurs-femelles (quelquefois très-courts)
solitaires, axillaires sur les jeunes-pousses, roides, dressés,
1- 2-ou pluri-flores. Stigmates dressés, ou étalés, ou recourbés, rouges, ou jaunes, courts. Maturation annuelle
(c'est-à-dire que le fruit est mûr 5 à 6 mois après la floraison) ou bisannuelle (c'est-à-dire que le fruit met 18 à
24 mois à mûrir, à partir de la floraison). Gland caduc à
la maturité (sans emporter la cupule), luisant, finement
strié, quelquefois peu saillant hors la cupule.

Ce genre comprend environ 100 espèces, dont la plupart
habitent les régions tempérées de l'hémisphère septentrional ; il en existe aussi un nombre assez considérable
sur les hautes montagnes de l'Asie équatoriale, du Mexique
et de la Nouvelle-Espagne ; mais jusqu'aujourd'hui on
n'en a découvert aucune dans l'Afrique équatoriale, ni
dans l'Afrique australe, ni dans l'Australie, ni dans l'Amérique méridionale. Aucun genre, peut-être, n'offre une
réunion aussi nombreuse de végétaux remarquables à la
fois par leur utilité et par leur port majestueux. La plupart
des Chênes sont précieux par la force et la durée de leur
bois, et, sous ce rapport, plusieurs espèces l'emportent sur
tous les autres arbres des climats extra-tropicaux. Le bois
de Chêne, comme l'on sait, est indispensable pour les
constructions navales et pour une quantité d'autres usages
importants. L'écorce des Chênes abonde en tannin : aussi la
préfère-t-on à toute autre écorce, pour le tannage. Les
glands des Chênes qui habitent l'Europe méridionale, ou
les climats encore plus chauds, ont en général une saveur
semblable à celle des Châtaignes, et, comme celles-ci, ils
servent d'aliment à l'homme. — De même que la plupart
des autres arbres à bois dur, les Chênes se multiplient
difficilement par une autre voie que celle des semis ; la
greffe ne réussit qu'en approche. Les glands perdent
promptement leur faculté germinative, et, si l'on ne veut
les confier à la terre dès la maturité, il faut les stratifier

dans du sable jusqu'au printemps suivant, en les tenant
à l'abri des gelées, ainsi que d'une humidité ou d'une sécheresse trop fortes. La déplantation des Chênes exige
beaucoup de précautions, et encore ne réussit-elle d'ordinaire que pour des individus âgés seulement de quelques
années ; il faut avoir soin de ne point blesser les racines,
et surtout de n'en pas couper le pivot, qui est indispensable à la reprise ; exposées à l'air ou au soleil, ces racines
se dessèchent promptement ; aussi préfère-t-on semer les
chênes sur place ou en pots.

Nous ne pouvons traiter que des espèces les plus impor-
tantes soit par leur utilité, soit comme arbres d'ornement.

Section I. ROBUR Tourn.

Feuilles sinueuses, ou pennatifides, ou lyrées, non-persistantes : lobes ou dents mutiques. Maturation annuelle.
Cupule à squamules petites, subovales, apprimées, point
-subulées.

a) *Feuilles jaunissant ou brunissant en automne.*

Chêne commun. — *Quercus Robur* Linn. — Feuilles sinueuses ou plus ou moins profondément pennatifides, ordinairement obtuses : lobes ou segments très-obtus. Cupule courte,
scutelliforme. Gland ellipsoïde, ou oblong, ou ovoïde, mucronulé.

VARIÉTÉS A FEUILLES GLABRES.

— α : Chêne-Rouvre. — *Quercus Robur* Engl. Bot. tab. 1342.
— Guimp. et Hayn. Deutsch. Holz. tab. 139. — Duham.
ed. nov. VII, tab. 52. — *Quercus sessiliflora* Smith, Flor.
Brit. — Feuilles oblongues ou oblongues-obovales, sinueuses ;
lobes arrondis, ou ovales, ou demi-ovales. Fruits sessiles ou
subsessiles, fasciculés, ou subfasciculés (rarement solitaires).
— Cette variété est la plus commune de l'espèce dans l'Europe moyenne (c'est-à-dire du 45e au 55e degré de latitude) ;
dans l'Europe occidentale elle s'avance jusqu'au delà du
60° degré ; mais en Russie on ne la rencontre plus au delà

du 55e degré ; elle se plaît surtout dans les sols fertiles, mêlés de sable et d'argile. Son bois, d'un jaune tirant sur le brun, est en général moins compacte et moins tenace que celui du *Chêne à grappes* : toutefois, on a remarqué que lorsque celui-ci (autre variété du Chêne commun) croît dans un sol très-frais ou trop fertile, son bois est de qualité inférieure à celui du *Rouvre* provenant d'un terrain convenable.

— β : Chêne a grappes. — *Quercus racemosa* Lamk. Dict. — *Quercus pedunculata* Ehrh. Beytr. — Guimp. et Hayn. Deutsch. Holz. tab. 140. — Duham. ed. nov. VII, tab. 54. — *Quercus fœmina* Mill. — Flor. Dan. tab. 1180. — *Quercus Robur* Smith, Flor. Brit. — *Quercus intermedia* Bœnningh. — *Quercus macrocarpa* Lapeyr. — *Quercus fructipendula* Schrank. — *Quercus longæva* Salisb. — Feuilles oblongues ou oblongues-obovales, sinueuses, souvent subsessiles ; lobes arrondis, ou oblongs, ou ovales, très-entiers. Fruits géminés ou ternés (moins souvent quaternés ou solitaires) au sommet de longs pédoncules pendants (1). — Cette variété, connue sous les noms vulgaires de *Chêne blanc*, ou *Gravelin*, est commune dans l'Europe moyenne, ainsi que dans l'Europe méridionale, mais elle s'avance moins vers le Nord que la variété précédente. Elle prospère surtout dans les sols frais, soit purement sablonneux, soit mêlés de sable et d'argile ; on la rencontre aussi dans les sols calcaires ou graveleux, mais dans ces localités elle vit beaucoup moins longtemps et n'acquiert pas une taille considérable. Le bois du *Chêne à grappes* est brunâtre, et, en général (à moins qu'il ne provienne de localités dont le sol est trop humide ou

---

(1) La longueur de ces pédoncules varie de 1 à 2 pouces ; mais il n'est pas rare de rencontrer des sous-variétés tenant le milieu entre le *Chêne-Rouvre* et le *Chêne à grappes*, et dont les pédoncules n'ont que de 6 à 12 lignes de long. On rencontre même assez souvent des arbres dont les fruits sont les uns sessiles ou subsessiles, les autres plus ou moins longuement pédonculés ; cette variation a été désignée par Bechstein sous le nom de *Quercus pedunculata hybrida*.

trop fertile) plus compacte, moins fragile, et cependant plus facile à fendre dans sa longueur que celui du *Chêne-Rouvre*; il supporte aussi mieux que celui-ci les alternatives de sécheresse et d'humidité; on l'emploie de préférence comme bois de construction et de menuiserie, ainsi que pour la fabrication des tonneaux à vin, des cuves, des lattes, échalas, bardeaux, etc.

— γ : DES ABRUZZES. — *Quercus brutia* et *Quercus Thomasii* Tenor. — *Quercus pedunculata rosacea* Bechst. — Feuilles oblongues-obovales, ou cunéiformes-obovales, ou oblongues, semi-pennatifides : segments très-entiers, ou dentés d'un côté, suboblongs, rapprochés, ou distancés, à sinus arrondis ou pointus. Fruits longuement pédonculés. — Cette variété, commune dans l'Europe méridionale, est rare en France et en Allemagne.

— δ : DE DALÉCHAMP. — *Quercus Dalechampii* Tenor. Syll. — Cette variété ne diffère de la précédente qu'en ce que ses fruits sont sessiles ou subsessiles.

— ε : GLAUQUE. — *Quercus Robur nobilis* Tenor. Syll. — Feuilles obovales, courtement pétiolées, légèrement sinuées-lobées, d'un vert glauque; lobes arrondis, subdentés, subondulés. Fruits gros (de 10 à 12 lignes de diamètre), ovoïdes, sessiles, solitaires. — Cette variété est commune dans l'Italie méridionale.

— ζ : A GLANDS DOUX. — *Quercus Esculus* Linn. — *Quercus Robur* β : *Virgiliana* et γ : *conglomerata* Tenor. Syll. — Feuilles plus ou moins profondément sinuées-lobées, oblongues-obovales, ou elliptiques; lobes arrondis ou oblongs, souvent dentés. Fruits gros (atteignant jusqu'à 18 lignes de diamètre), sessiles, subfasciculés, douceâtres, mangeables. — Cette variété est propre à l'Europe méridionale.

— η : A FEUILLES POINTUES. — *Quercus pedunculata acutifolia* Bechst. Forstbot. — Cette variété, qui paraît être rare, ne diffère du Chêne à grappes qu'en ce que ses feuilles sont acuminées et plus profondément lobées.

— θ : CHÊNE PYRAMIDAL. — *Quercus fastigiata* Lamk. Enc.
—Duham. ed. nov. VII, tab. 55. — *Quercus pyramidalis*
Hortul. — Branches nombreuses, érigées, disposées en pyramide allongée (comme chez le Peuplier d'Italie). Feuilles et
fruits comme chez le *Chêne à grappes.* — Cette variété, remarquable par son port, croît éparse dans les vallées des Pyrénées occidentales et des Landes. — M. Ténore l'a aussi
observée en Calabre ; elle atteint jusqu'à 100 pieds de haut.
On la cultive comme arbre d'ornement ; il paraît qu'on ne peut
la reproduire que de greffes et de marcottes.

— ι : A RAMEAUX PENDANTS. — *Quercus pendula* Lodd. —
Variété de culture, ne différant du *Chêne à grappes* que par
des rameaux pendants.

— x : A FEUILLES POURPRES. — *Quercus pedunculata sanguinea* Bechst. Forstb. — *Quercus purpurea* Lodd. Cat. —
Variété de culture, ne différant du *Chêne à grappes* que par
la couleur de ses feuilles, qui est d'un pourpre violet. Bechstein dit en avoir observé un seul individu sauvage, dans un
bois, en Saxe.

— λ : A FEUILLES DE FOUGÈRE. —*Quercus filicifolia* Hortul.
— *Quercus laciniata* Lodd. Cat. — *Quercus salicifolia* et
Quercus Fennesii Hortul. —Feuilles étroites, pennatifides.
Variété de culture.

VARIÉTÉS A FEUILLES PUBESCENTES OU COTONNEUSES EN
DESSOUS.

— μ : TAUZIN. — *Quercus Toza* Bosc, Dict. d'Agr. — *Quer-
cus Tauza* Desfont. Hort. Par. — *Quercus Tauzin* Pers. —
Quercus pyrenaica Willd. —Duham. ed. nov. VII, tab. 56.
— *Quercus humilis* Bosc. — *Quercus nigra* Thore. —*Quer-
cus stolonifera* Lapeyr. — *Quercus œnomamensis* Desport.
— *Quercus pubescens* Brotero. —*Quercus castellana* Bosc.
— *Quercus apennina* Lamk. —*Quercus Farnetto* Tenor.
Syll. —*Quercus Frainetto* Tenor. Prodr. — *Quercus ibe-
rica* Stev. — Feuilles plus ou moins profondément pennati-

fides, pubescentes ou veloutées en dessous : segments suboblongs, obtus. Fruits subsessiles ou plus ou moins longuement pédonculés, en général agrégés. — Cette variété est commune dans toute l'Europe méridionale, ainsi qu'en Orient; elle abonde dans les terrains sablonneux de l'ouest de la France, depuis les Pyrénées jusqu'au Mans et à Nantes : on la connaît, dans les Landes et les Pyrénées, sous les noms de *Chêne noir*, *Tauzin*, *Toza*, ou *Tauza*; à Angers et à Nantes, on l'appelle *Chêne doux*; au Mans : *Chêne brosse*; chez les Basques : *Amenza* ou *Amelça*. Son bois est beaucoup moins estimé, dans les départements occidentaux de la France, que celui du *Chêne Rouvre* et du *Chêne à grappes*; il a beaucoup plus d'aubier, il est noueux, et il résiste fort mal aux alternatives de sécheresse et d'humidité; toutefois, on le préfère comme combustible, et, tant qu'il est jeune, on l'emploie à faire des cercles : usage pour lequel celui des autres Chênes n'est pas assez flexible.

— γ : PUBESCENT. — *Quercus pubescens* Willd. — Guimp. et Hayn. Deutsch. Holz. tab. 141. — *Quercus lanuginosa* Thuil. — *Quercus collina* Schleich. — Feuilles légèrement ou plus ou moins profondément sinuées, pubescentes ou veloutées en dessous : lobes arrondis ou oblongs, en général très-entiers. Fruits sessiles ou courtement pédonculés, en général subagrégés. — Cette variété, qu'on ne rencontre guère que dans les sols arides, est commune dans l'Europe moyenne et dans l'Europe méridionale ; mais elle s'avance beaucoup moins vers le Nord que le *Chêne-Rouvre* et le *Chêne à grappes*; il paraît qu'on ne la rencontre plus au delà du 49ᵉ ou 50ᵉ degré de latitude. Son bois passe pour être d'aussi bonne qualité que celui du *Chêne à grappes*.

Arbre atteignant, dans les conditions les plus favorables, 100 à 130 pieds de haut, sur 5 à 8 pieds de diamètre (1). Racine

---

(1) On cite même des Chênes très-vieux, dont le tronc avait acquis jusqu'à 15 pieds de diamètre.

pivotante, rameuse, très-forte, longue de 5 à 8 pieds, garnie en outre de racines latérales subhorizontales, très-longues. Tronc cylindrique, souvent indivisé jusqu'à la hauteur de 3o à 4o pieds. Branches fortes, très-rameuses, en général étalées. Cime irrégulière ou ovale, ample, touffue. Écorce des jeunes troncs et branches lisse, d'un vert d'Olive, ou d'un gris verdâtre, puis d'un brun roux ou d'un gris brunâtre, finalement épaisse, rimeuse, d'un brun foncé ou d'un gris de cendres. Bois pesant, dur, tenace, d'un grain fin et serré, finalement brunâtre ; aubier blanc ou jaunâtre. Bourgeons obtus ou pointus, ovales, d'un brun clair ou ferrugineux, ordinairement à 16 écailles glabres ou pubescentes. Feuilles oblongues, ou oblongues - obovales, ou cunéiformes-oblongues, ou cunéiformes-obovales, ou elliptiques-oblongues, ou elliptiques, plus ou moins coriaces (quelquefois assez minces), luisantes, d'un vert soit gai, soit foncé (ou rarement glauque) en dessus, d'un vert soit pâle, soit glauque en dessous, ou bien couvertes en dessous d'un duvet velouté et incane ; les ramulaires longues de 3 à 6 pouces ; celles des pousses-gourmandes atteignant jusqu'à 1 pied de long ; lobes ou segments de forme et de grandeur très-variables, tantôt égaux, tantôt inégaux, rapprochés, ou plus ou moins distancés, séparés par des sinus soit pointus, soit arrondis : base égale ou un peu inégale, pointue, ou arrondie, ou subcordiforme. Pétiole long de 2 à 12 lignes, glabre, ou pubescent, canaliculé en dessus. Grappes-mâles longues de 2 à 3 pouces, fasciculées, tantôt latérales à la base des jeunes-pousses, tantôt axillaires et latérales, tantôt naissant de bourgeons aphylles latéraux. Périanthe-mâle 5-à 9-parti. Ovaire conique, couronné de 3 à 5 stigmates courts, arrondis, pourprés. Cupule soyeuse, ou cotonneuse, ou glabre. Squamules ovales, ou oblongues, obtuses, ou pointues. Gland long de 1 pouce à 3 pouces.

Cette espèce, à laquelle s'applique vulgairement le nom de *Chêne* sans autre épithète spéciale, est l'un des arbres-forestiers les plus répandus dans l'Europe (à l'exception des régions boréales); elle abonde surtout dans les plaines et les basses montagnes entre 45° et 55° de lat. ; dans les contrées voisines de la Méditerra-

née, elle vient de préférence sur les montagnes, et est beaucoup
moins commune que plusieurs autres de ses congénères ; elle
habite aussi l'Asie Mineure et le Caucase, tandis qu'elle manque
dans toute la Sibérie. Ce Chêne prospère surtout dans les sols
frais, fertiles et profonds, quoiqu'il ne se refuse à croître dans
aucune espèce de sol, pourvu que les localités ne soient ni trop
humides, ni absolument arides. Il fleurit vers la fin du printemps ; ses fruits mûrissent en automne. — Le Chêne, comme
l'on sait, occupe le premier rang parmi tous les végétaux de
nos climats, tant par son utilité que par les dimensions qu'il est
susceptible d'acquérir, grâce à sa longévité ; car, dans les localités favorables, il ne meurt qu'au bout de 4 à 6 siècles. Son
bois (à moins qu'il ne provienne d'un sol ou trop humide ou trop
fertile) l'emporte en solidité et en durée sur celui de tous les
autres arbres-forestiers indigènes, ainsi que sur celui de tous
les Chênes de l'Amérique septentrionale ; il résiste mieux que
tout autre aux alternatives de sécheresse et d'humidité ; aussi
est-il indispensable pour toutes les constructions de longue durée, et notamment pour les constructions souterraines ou aquatiques, ainsi que pour l'architecture navale. Les charpentes
de bon bois de Chêne durent au moins 600 ans, et deux ou trois
fois plus lorsqu'elles sont constamment submergées. Quoique
très-estimé comme combustible, ce bois le cède néanmoins,
sous ce rapport, au Charme, au Hêtre, à l'Érable-Sycomore et
à l'Orme. L'aubier de Chêne, loin de participer aux qualités du
bois, est très-sujet à la pourriture et au ravage des insectes.
L'écorce de ce Chêne est celle qu'on emploie le plus généralement, en Europe, au tannage ; on choisit ordinairement, pour
les écorces destinées à cet usage, des taillis de 15 à 30 ans,
qu'on dépouille à la séve du printemps. Réduite en poudre,
cette écorce s'administre quelquefois, à l'intérieur, comme fébri-
fuge, et, à l'extérieur, comme détersif. Les glands de cette espèce, excepté chez certaines variétés propres aux contrées les
plus méridionales de l'Europe, sont beaucoup trop astringents
et amers pour servir d'aliment à l'homme, à moins d'être forcé
à y recourir en temps de famine ; mais ils sont excellents pour

engraisser les porcs, et très-recherchés par tous les animaux frugivores. La décoction de glands torréfiés passe pour un remède antiscrofuleux.

b) *Feuilles se colorant en pourpre-violet en automne* (1).

CHÊNE BLANC D'AMÉRIQUE. —*Quercus alba* Linn. — Mich. fil. Arb. vol. 2, p. 13, tab. 1. — Feuilles plus ou moins profondément sinuées-pennatifides : lobes oblongs, obtus, presque égaux, en général très-entiers. Cupule courte, scutelliforme. Gland ovoïde ou ellipsoïde. — Arbre atteignant 70 à 80 pieds de haut, sur 3 à 7 pieds de diamètre. Écorce très-blanche, souvent marbrée de taches noires. Feuilles très-semblables à celles de certaines variétés du *Quercus Robur;* les jeunes couvertes en dessous d'un duvet velouté, blanchâtres; les adultes glabrescentes, lisses et d'un vert tendre en dessus, glauques ou blanchâtres en dessous. Fruits solitaires ou géminés sur des pédoncules longs de 8 à 10 lignes, du reste semblables à ceux du *Quercus Robur.* Gland doux. Cupule grisâtre. — Cette espèce (à peine ou peut-être point distincte du *Quercus Robur*) croît dans l'Amérique septentrionale, depuis la Floride jusque vers le 50ᵉ degré de latitude; mais elle est rare dans le Midi et dans le Nord, tandis qu'elle abonde surtout dans la Virginie, la Pensylvanie et l'Ohio; elle prospère dans tous les sols, pourvu qu'ils ne soient ni trop arides, ni trop humides; on la connaît généralement, aux États-Unis, sous le nom de *white oak* (Chêne blanc). Le bois du Chêne blanc est rougeâtre, et très-semblable à celui du Chêne commun, mais moins pesant et moins compacte; néanmoins c'est le meilleur de tous les Chênes indigènes de l'Amérique septentrionale, où, par cette raison, on l'emploie de préférence à un grand nombre d'usages : on s'en sert principalement pour la charpente des maisons et pour le charronnage, ainsi que pour les constructions navales.

---

(1) Ce caractère, commun à la plupart des Chênes de l'Amérique septentrionale, ne se retrouve chez aucune des espèces de l'ancien continent (excepté chez une variété du Chêne commun).

Parmi ses congénères d'Amérique, le Chêne blanc est presque le seul qui fournisse un bois propre à faire les tonneaux destinés à contenir des liqueurs spiritueuses; il s'en exporte des quantités très-considérables, à cet usage, pour les Antilles, Madère, Ténériffe et la Grande-Bretagne. Le bois des jeunes Chênes blancs est fort élastique, et susceptible d'être divisé en lames minces, dont on fait des paniers, des cercles, des seaux, etc.

Chêne étoilé. — *Quercus stellata* Willd. — *Quercus obtusiloba* Mich. fil. Arb. vol. 2, p. 38, tab. 5. — Feuilles sinueuses, sublyrées, pubescentes en dessous : lobes larges, arrondis, souvent subbilobés. Cupule courte, scutelliforme. Gland oblong. — Arbre haut de 40 à 50 pieds, sur 15 pouces de diamètre. Branches ordinairement tortueuses. Tronc à écorce d'un gris blanc. Feuilles longues de 4 à 5 pouces, d'un vert foncé en dessus, grisâtres en dessous, oblongues - obovales en contour. Fruits solitaires ou géminés sur de courts pédoncules , semblables à ceux du *Quercus Robur*. Cupule grisâtre. Gland doux. — Cette espèce, qui paraît n'être qu'une variété du Chêne blanc, croît aux États - Unis, depuis la Floride jusqu'au New - York, ainsi que de la Louisiane au Kentuckey ; on la nomme en général *post oak* (Chêne à poteaux) et *iron oak* (Chêne de fer); elle prospère dans les terrains arides. Son bois est jaunâtre, d'un grain plus serré et plus fin que celui du Chêne blanc, mais il est moins élastique ; on l'emploie, du reste, aux mêmes usages que le bois du Chêne blanc, et l'on en tire surtout parti dans les constructions maritimes, pour la confection des genoux, à cause des courbures naturelles qu'offrent ses branches.

Chêne lyré. — *Quercus lyrata* Walt. Carol. — Mich. fil. Arb. vol. 2, p. 42, tab. 6. — Feuilles sinueuses, sublyrées, glabres : lobes supérieurs plus larges : le terminal ordinairement pointu, fortement 3-denté. Cupule subglobuleuse, muriquée. Gland subglobuleux, presque recouvert par la cupule.— Arbre atteignant 60 à 80 pieds de haut, sur 2 à 4 pieds de diamètre. Tronc à écorce blanchâtre. Cime dense, ample. Feuilles longues de 3 à 6 pouces, d'un vert clair, subsessiles, oblongues

ou oblongues - obovales en contour; lobes obtus ou pointus; sinus larges, ouverts. Gland de 12 à 18 lignes de diamètre. Cupule grisâtre, hérissée de courtes pointes. — Cette espèce croît
dans les provinces méridionales des États-Unis; les habitants
des Carolines et de la Géorgie la connaissent sous les noms
d'*over cup oak* (Chêne à cupule débordante), de *swamp post
oak* (Chêne à poteaux des marais), et de *water white oak*
(Chêne blanc aquatique); elle ne prospère que dans les grands
marécages qui bordent les rivières, et dont le sol est très-pro-
fond. Son bois, quoique inférieur à celui des deux espèces précédentes, est néanmoins assez estimé pour les constructions, à
cause des dimensions considérables qu'acquiert le tronc de
l'arbre.

CHÊNE PRINUS. — *Quercus Prinus* Linn.—*Quercus Prinus
palustris* Mich. fil. Arb. vol. 2, p. 51, tab. 8.—*Quercus alba*
Guimp. et Hayn. Fremd. Holz. tab. 130. (excl. syn.) — Feuilles oblongues-obovales, légèrement sinuées-pennatilobées, acuminées, ou pointues, courtement pétiolées, légèrement pubescentes en dessous; lobes arrondis ou oblongs, obtus, calleux au
sommet. Cupule subhémisphérique, courte. Gland ellipsoïde ou
oblong. — Arbre atteignant 80 à 90 pieds de haut. Tronc parfaitement droit et cylindrique jusqu'à environ 50 pieds de terre.
Cime ample, touffue. Feuilles d'un vert clair en dessus, d'un
vert glauque en dessous, atteignant jusqu'à 9 pouces de long,
sur 4 à 5 pouces de large. Fruits courtement pédonculés, subsolitaires, semblables à ceux du Chêne commun. — Cette espèce
habite les provinces méridionales des États-Unis, où on la désigne le plus généralement sous le nom de *swamp chesnut
oak*, et *chesnut white oak* (Chêne Châtaignier de marais, Chêne
blanc Châtaignier); elle prospère dans les grands marais qui
bordent les rivières, et dont le sol meuble, profond, et très-
fertile, est toujours maintenu dans un état de fraîcheur, sans
être exposé à de fréquentes inondations; dans ces localités, le
Chêne Prinus forme l'un des plus beaux arbres de l'Amérique
septentrionale. Son bois, inférieur à celui du Chêne blanc, est

cependant fréquemment employé au charronnage et aux constructions ; en Géorgie, c'est l'un des plus estimés pour le chauffage.

— β : BICOLORE. — *Quercus bicolor* Willd. — *Quercus Prinos discolor* Mich. fil. l. c. p. 48, tab. 7. — Variété caractérisée par des feuilles cotonneuses-blanchâtres en dessous, et à lobes plus inégaux ; on la trouve également dans les marais, depuis la Géorgie jusqu'au Canada ; suivant M. A. Michaux, son bois est plus pesant et plus durable que celui du type de l'espèce.

— γ : MONTICOLE. — *Quercus Prinus monticola* Mich. l. c. p. 55, tab. 9. — *Quercus montana* Willd. — Feuilles cotonneuses-blanchâtres en dessous, à lobes presque égaux ; cupule souvent turbinée. Cette variété croît dans les localités rocailleuses des Alléghanys et du haut Canada ; elle n'acquiert que 30 à 50 pieds de haut, sur 2 à 3 pieds de diamètre ; son bois est rougeâtre, et presque aussi estimé que celui du Chêne blanc.

CHÊNE A FEUILLES DE CHATAIGNIER. — *Quercus Castanea* Willd. — *Quercus Prinus acuminata* Mich. fil. Arb. vol. 2, p. 61, tab. 10. — Feuilles oblongues ou oblongues-lancéolées, acuminées, sinuées-dentées, assez longuement pétiolées, cotonneuses-blanchâtres en dessous ; dents deltoïdes, pointues, presque égales, calleuses au sommet. Fruits sessiles, subsolitaires : cupule courte, hémisphérique ; gland ellipsoïde ou oblong. — Arbre atteignant 60 à 80 pieds de haut, sur 2 à 4 pieds de diamètre. Tronc à écorce blanchâtre, peu crevassée, se divisant souvent en feuillets. Feuilles longues de 6 à 8 pouces, d'un vert clair en dessus ; pétiole long de 10 à 15 lignes. Fruit semblable à celui du Chêne commun. — Cette espèce habite les vallons fertiles des Alléghanys ; en Pensylvanie, on la désigne par le nom de *yellow oak* (Chêne jaune). Le bois en est peu employé ; celui des vieux troncs est jaunâtre.

CHÊNE CHINCAPIN. — *Quercus Prinoides* Willd. — *Quercus Prinus Chincapin* Mich. fil. Arb. 2, p. 64, tab. 11. —

Feuilles oblongues ou oblongues-obovales, subobtuses, sinuées-
dentées, glabres, glauques en dessous; dents larges, pointues,
calleuses au sommet, presque égales. Fruits sessiles : cupule
courte, hémisphérique; gland ellipsoïde ou oblong. — Arbuste
de 2 à 4 pieds. Tige grêle. Feuilles longues de 3 à 5 pouces.
Fruits semblables à ceux du Chêne commun. — Ce Chêne, qui
est probablement une variété du *Quercus Castanea*, croît aux
États-Unis, dans les landes stériles.

Section II. CERROIDES Spach.

Feuilles pennatiparties ou lyrées, non-persistantes : lobes
mutiques. Maturation annuelle. Cupule à squamules
supérieures lâches, subulées, beaucoup plus longues
que les inférieures, qui sont petites, imbriquées, apprimées. — Espèces de l'Amérique septentrionale.

CHÊNE A GLAND EN FORME D'OLIVE. — *Quercus olivæformis*
Mich. fil. Arb. vol. 2, p. 32, tab. 3. — Feuilles inégalement si-
nuées-pennatiparties, glabres, glauques en dessous : lobes deltoïdes
ou suboblongs, pointus, souvent incisés-dentés au sommet. Fruits
subsolitaires, courtement pédonculés. Cupule obconique; gland
ovoïde, recouvert jusqu'au delà du milieu. — Arbre atteignant
60 à 70 pieds de haut. Tronc à écorce assez blanche, comme
lamelleuse. Cime ample. Branches-secondaires menues, flexibles,
réclinées. Feuilles longues de 5 à 8 pouces, courtement pétiolées, d'un vert clair en dessus. Gland long d'environ 1 pouce.
— Cette espèce, remarquable par le port particulier que lui
donnent ses branches inclinées, a été découverte par M. A. Michaux, dans l'État de New-York.

CHÊNE A GROS GLAND. — *Quercus macrocarpa* Mich. Flor.
Bor. Amer. — Mich. fil. Arb. vol. 2, p. 34, tab. 4. — Feuilles
sublyrées, cotonneuses ou pubescentes en dessous; lobes très-obtus, ordinairement sinuolés au sommet : les inférieurs oblongs.
Fruit très-gros : cupule subcampanulée; gland ellipsoïde, recouvert jusqu'au delà du milieu. — Arbre s'élevant à 60 pieds et
plus. Jeunes branches à écorce souvent fongueuse. Feuilles lon-

gues de 6 à 15 pouces, courtement pétiolées, d'un vert foncé
en dessus. Fruit long d'environ 2 pouces. — Cette espèce, remarquable par l'élégance de son feuillage et par la grosseur de
ses fruits, croît dans les Alléghanys et dans les contrées situées
à l'ouest de ces montagnes ; son bois est moins estimé, aux États-
Unis, que celui du Chêne blanc.

SECTION III. ERYTHROBALANOS Spach.

Feuilles mucronées ou à lobes mucronés (par exception
mutiques), non-persistantes, se colorant, aux approches
de l'automne, en pourpre violet. Maturation bisannuelle (fruits, par conséquent, latéraux). Cupule à
squamules petites, imbriquées, apprimées, point subulées. — Toutes les espèces de cette section appartiennent
à l'Amérique septentrionale.

A. *Feuilles (des individus adultes) toutes très-entières, suboblongues, très-courtement pétiolées, mucronées.*

CHÊNE SAULE. — *Quercus Phellos* Linn. — Mich. fil. Arb.
vol. 2, p. 74, tab. 14. — Feuilles linéaires-oblongues ou lancéo-
lées-linéaires, glabres, terminées en pointe sétacée. Fruits subsessiles : cupule courte, scutelliforme ; gland subglobuleux.

Arbre atteignant 50 à 60 pieds de haut, sur 20 à 24 pouces
de diamètre ; tronc grêle, à écorce unie ou peu rimeuse, épaisse.
Feuilles longues de 1 à 3 pouces, larges de 3 à 6 lignes, luisantes, finement penniveinées, d'un vert foncé en dessus, d'un vert
pâle en dessous : celles des jeunes individus ordinairement dentées ou lobées. Fruits subsolitaires, du volume d'une petite Cerise. — Cette espèce croît aux États-Unis, depuis la Floride jusqu'au New-York ; elle se plaît dans les terrains très-frais et même
humides ; mais d'ailleurs on la trouve aussi dans les sables secs.
Son bois, rougeâtre et poreux, est peu estimé.

— β : CHÊNE LAURIER. — *Quercus imbricaria* Mich. Flor.
Bor. Amer. — Mich. fil. Arb. vol. 2, p. 77, tab. 13. — Feuil-
les oblongues ou lancéolées-oblongues, pubescentes en dessous.
Cupule subturbinée. — Arbre de 40 à 50 pieds, sur 12 à 15

pouces de diamètre, très-rameux. Feuilles longues de 3 à 4 pouces, larges de 10 à 18 lignes. — Ce Chêne croît dans les montagnes des États-Unis.

— γ : A FEUILLES CENDRÉES. — *Quercus cinerea* Mich. Flor. Bor. Amer. — Mich. fil. Arb. vol. 2, p. 81, tab. 16. — Feuilles oblongues-lancéolées ou lancéolées-oblongues, cotonneuses-incanes en dessous.|— Arbuste branchu, ou petit arbre haut au plus de 20 pieds. Feuilles longues de 2 à 3 pouces, larges de 6 à 10 lignes. — Cette variété croît dans les landes sablonneuses des Carolines et de la Géorgie.

— δ : NAIN. — *Quercus Phellos pumila* Mich. Flor. Bor. Amer. — *Quercus pumila* Walt. — Mich. fil. Arb. vol. 2, p. 84, tab. 17. — *Quercus sericea* Willd. — Feuilles oblongues ou spatulées-oblongues, subsessiles, cotonneuses-incanes en dessous. — Arbuste de 1 à 3 pieds, à racines rampantes, produisant un grand nombre de rejetons. Tiges grêles, effilées. Feuilles longues de 2 à 3 pouces, larges de 4 à 8 lignes. — Cette variété croît dans les mêmes localités que la précédente.

B. *Feuilles tantôt très-entières, tantôt trilobées vers leur sommet, mutiques.*

CHÊNE AQUATIQUE. — *Quercus aquatica* Walt. Carol. — Mich. fil. Arb. vol. 2, p. 89, tab. 19. — Feuilles cunéiformes-obovales, rétuses, glabres, subsessiles, souvent subtrilobées au sommet. Fruits courtement pédonculés : cupule subhémisphérique ; gland subglobuleux.

Arbre haut de 30 à 45 pieds, sur 12 à 18 pouces de diamètre. Feuilles longues de 2 à 3 pouces, luisantes, d'un vert gai, subpersistantes ; celles des jeunes individus et celles des rejetons de formes très-variables, sinuées-dentées, souvent elliptiques ou oblongues. Fruits solitaires ou géminés, du volume d'une petite Cerise. — Cette espèce croît dans les marais et au bord des ruisseaux, dans les provinces méridionales des États-Unis ; son bois, quoique très-coriace, n'est guère employé.

C. *Feuilles (des individus adultes) la plupart obscurément 3-lobées au sommet, point dentées, à nervures prolongées en pointe sétacée.*

CHÊNE NOIR. — *Quercus nigra* Willd. — Mich. Hist. Querc. tab. 22 et 23. — *Quercus ferruginea* Mich. fil. Arb. vol. 2, p. 92, tab. 20. — Feuilles oblongues-flabelliformes, ou cunéiformes-obovales, ou oblongues-obovales, courtement pétiolées, subcordiformes à la base; subcoriaces, pubérules (ferrugineuses). Fruits subsessiles : cupule courte, subturbinée; gland ovoïde.

Arbre de 20 à 35 pieds de haut, et atteignant rarement un pied de diamètre. Écorce dure, rimeuse, noirâtre, épaisse, d'un rouge de brique à l'intérieur. Cime ample. Feuilles longues de 5 à 8 pouces, luisantes et d'un vert gai en dessus, larges de 3 à 5 pouces vers le haut, en général très-rétrécies au-dessous du milieu; celles des jeunes individus plus ou moins profondément trilobées, ou pennatilobées. Pétiole long de 3 à 6 lignes. Fruits longs d'environ 1 pouce, solitaires, ou géminés. — Cette espèce croît dans les landes arides des États-Unis, depuis la Floride jusqu'au Maryland ; son bois est pesant et assez compacte; il est très-recherché comm combustible, mais peu employé à d'autres usages.

D. *Feuilles soit plus ou moins profondément 3 - lobées au sommet, soit sinueuses, soit sinuées-pennatifides.*

CHÊNE DE CATESBY. — *Quercus Catesbæi* Mich. Hist. Querc. tab. 29 et 30. — Mich. fil. Arb. vol. 2, p. 101, tab. 22. — Feuilles subsessiles, glabres, cunéiformes à la base, profondément sinuées-pennatifides : lobes divariqués, inégaux, suboblongs, pointus, mucronés, pauci-dentés. Fruits subsessiles : cupule hémisphérique, courte, stipitée, à écailles marginales infléchies; gland ovoïde.

Arbre de 15 à 36 pieds, atteignant rarement 1 pied de diamètre; tronc tortueux, branchu peu au-dessus du sol. Écorce noirâtre, rimeuse. Feuilles longues d'environ 6 pouces, sur presque autant de large au-dessus de leur base, subcoriaces, d'un vert gai. Fruits solitaires ou géminés ; cupule épaisse, large de près de 1 pouce. — Cette espèce croît dans les provinces méridionales des États-Unis ; on ne la retrouve plus au nord de la Caroline. M. A. Michaux fait remarquer que, de tous les Chênes de l'Amérique septentrionale, c'est celui qui croît dans les terrains les plus maigres et les plus arides. Son bois est un excellent combustible.

CHÊNE DISCOLORE. — *Quercus discolor* Hort. Kew. ed. I (ex parte). — Feuilles plus ou moins longuement pétiolées, cotonneuses-incanes en dessous, tantôt 3-lobées, tantôt sinueuses, tantôt sinuées-pennatifides. Fruits subsessiles : cupule hémisphérique ou turbinée, courte, rétrécie en gros stipe ; gland subglobuleux.

— α : A LOBES FALCIFORMES. — *Quercus falcata* Mich. Hist. Querc. tab. 28. — Mich. fil. Arb. vol. 2, p. 104, tab. 23. — Arbre atteignant jusqu'à 80 pieds de haut, sur 3 à 5 pieds de diamètre. Feuilles en général suboblongues, profondément sinuées-pennatifides, à base arrondie ou légèrement cordiforme ; lobes divariqués, acuminés, subfalciformes, mucronés. — Tronc à écorce noirâtre, rimeuse. Bois rougeâtre, poreux. Feuilles ordinairement longues de 4 à 5 pouces, 5-ou 7-lobées, à pétiole long d'environ 1 pouce ; les jeunes individus ont le plus souvent des feuilles cunéiformes-trilobées. Gland petit, d'un pourpre noirâtre. — Ce Chêne croît aux États-Unis, depuis la Géorgie jusqu'au New-York ; il abonde surtout dans les provinces méridionales ; son bois est recherché comme combustible et pour le charronnage ; mais on ne l'emploie guère aux constructions ; on préfère son écorce à celle des autres Chênes d'Amérique, pour le tannage.

— β : A FEUILLES TRILOBÉES. — *Quercus triloba* Mich. Hist. Querc. tab. 26. — Arbre. Feuilles la plupart cunéiformes-trilobées. — Cette variété croît dans les mêmes localités que la précédente.

— γ : DE BANISTER. — *Quercus Banisteri* Mich. Hist. Querc. tab. 27. — Mich. fil. arb. vol. 2, p. 96, tab. 21. — Arbuste haut de 3 à 10 pieds. Feuilles tantôt cunéiformes-trilobées, tantôt panduriformes-quinquélobées, tantôt cunéiformes-oblongues (ou oblongues) et sinueuses ou sinuées-pennatifides. — Feuilles longues de 2 à 4 pouces, larges de 6 à 30 lignes, à lobes tantôt courts et arrondis, tantôt plus ou moins allongés et oblongs, ou subfalciformes, ou deltoïdes, obtus, ou pointus, égaux, ou inégaux, en général très-entiers, moins souvent uni- ou pauci-dentés (dents mucronées); pétiole long de 3 à 12 lignes. Fruits solitaires ou géminés. — Ce Chêne croît dans les landes arides, depuis la Floride jusqu'au New-York.

CHÊNE QUERCITRON. — *Quercus tinctoria* Linn. — Mich. Hist. Querc. tab. 24. — Mich. fil. Arb. vol. 2, p. 110, tab. 22. — Feuilles sinuées ou sinuées-pennatifides, cotonneuses en dessous aux nervures, en général courtement pétiolées : les jeunes pulvérulentes aux 2 faces. Fruits sessiles : cupule hémisphérique ou turbinée, rétrécie en gros stipe ; gland subglobuleux ou ovale.

Arbre haut de 60 à 90 pieds, sur 3 à 4 pieds de diamètre. Tronc à écorce noirâtre, rimeuse, assez épaisse, jaunâtre en dedans. Feuilles de forme et de grandeur très-variables, fermes, d'un vert foncé en dessus, d'un vert pâle en dessous, tantôt oblongues-obovales ou obovales, à lobes larges, arrondis, très-entiers, mucronés, tantôt sublyrés ou panduriformes, plus ou moins profondément 5-ou 7-lobés : à lobes deltoïdes ou suboblongs, acuminés, ou pointus, souvent sinués-dentés vers leur sommet (dents acuminées, mucronées); feuilles des poussesgourmandes souvent longues de près de 1 pied ; les autres longues de 4 à 8 pouces; pétiole long de 3 lignes à 1 pouce. Fruits subsolitaires ; cupule large d'environ 9 lignes ; gland saillant.

Cet arbre est commun dans presque toute l'étendue des États-Unis, ainsi qu'au Bas-Canada ; les Anglo-Américains la désignent par le nom de *black oak* (Chêne noir); il vient très-bien dans les sols maigres et graveleux, mais on le rencontre rarement dans les bas-fonds. C'est ce Chêne qui fournit l'écorce connue sous le nom de *Quercitron*, et dont il se fait une assez forte consommation pour teindre en jaune les laines et soieries; en Amérique, on se sert beaucoup de cette écorce pour le tannage. La croissance du Chêne Quercitron est assez rapide; le bois de cet arbre est de couleur rougeâtre, poreux, et d'un grain grossier; néanmoins il a plus de force et de durée que celui des autres Chênes de cette section (à fructification bisannuelle), et, à défaut de Chêne blanc, on l'emploie, aux États-Unis, pour la charpente des maisons. M. A. Michaux pense que le Chêne Quercitron mérite d'être cultivé en grand, en Europe, à cause de l'usage tinctorial de l'écorce.

CHÊNE ÉCARLATE. — *Quercus coccinea* Wangenh. — Mich. Hist. Querc., tab. 31 et 32. — Mich. fil. Arb. vol. 2, p. 116, tab. 25. — *Quercus ambigua* Mich. fil. l. c. tab. 26. — Feuilles suboblongues ou cunéiformes – oblongues, plus ou moins profondément sinuées – pennatifides, glabres (excepté en dessous aux aisselles des nervures), en général longuement pétiolées; lobes acuminés, inégaux, inégalement sinués – dentés. Fruits sessiles : cupule turbinée, rétrécie en gros stipe; gland court, ellipsoïde.

Arbre s'élevant à 80 pieds et plus, sur 3 à 4 pieds de diamètre; écorce épaisse. Feuilles longues de 3 à 6 pouces, d'un vert gai, luisantes, 5-à 9-lobées : lobes oblongs ou subfalciformes, plus ou moins divariqués, à dents acuminées, mucronées; sinus larges, arrondis; pétiole long de ½ pouce à 3 pouces. Glands assez gros, en général solitaires, à moitié saillants.

Cette espèce abonde dans presque toute l'étendue des États-Unis, ainsi qu'au Canada; elle aime les sols fertiles. Son bois est rougeâtre, très-poreux et d'une texture grossière; on ne l'estime ni comme combustible, ni comme bois de construction. Au témoignage de M. A. Michaux, le Chêne écarlate est celui de tous les Chênes d'Amérique qui s'avance le plus au nord; on le trouve au Canada, jusque vers le 48e degré de latitude.

— β? CHÊNE ROUGE. — *Quercus rubra* Linn. — Mich. Hist.

Querc. tab. 35 et 36.—Mich. fil. Arb. vol. 2, p. 126, tab. 28. — Fruit plus gros, à cupule courte, scutelliforme, peu ou point stipité. — Ce Chêne, qui ne nous semble pas différer spécifiquement du Chêne écarlate, croît dans les mêmes contrées que celui-ci.

Chêne de marais.—*Quercus palustris* Linn.—Mich. Hist. Querc. tab. 33 et 34. — Mich. fil. Arb. vol. 2, p. 123, tab. 27. —Feuilles longuement pétiolées, glabres, profondément sinuées-pennatifides : lobes suboblongs, acuminés, subtridentés au sommet. Fruits petits, sessiles : cupule courte, scutelliforme, sub-stipitée ; gland subglobuleux.

Arbre atteignant jusqu'à 80 pieds de haut, sur 3 à 4 pieds de diamètre; écorce épaisse, unie (même sur les plus vieux troncs); cime subpyramidale, touffue ; branches-secondaires grêles, très-nombreuses. Feuilles longues de 2 à 5 pouces, larges de 1 pouce à 4 pouces, luisantes, d'un vert gai, pubescentes en dessous aux aisselles des nervures; lobes divariqués, plus étroits que chez le Chêne écarlate ; base ordinairement cunéiforme. Pétiole grêle, long de 4 lignes à 2 pouces. Fruits subsolitaires, du volume d'une petite Cerise. — Cette espèce croît aux États-Unis, depuis la Virginie jusqu'au Canada ; elle se plaît dans les lieux humides, surtout autour des mares qui sont enclavées dans les forêts. Son bois est semblable à celui de l'espèce précédente, et également peu estimé.

Section IV. CERRIS Spach.

Feuilles non-persistantes (ou persistant seulement jusqu'à la fin de l'hiver), se colorant en jaune ou en brun aux approches de leur chute ; lobes ou dents mucronés, ou aristés. Maturation bisannuelle (fruits par conséquent latéraux). Cupule à squamules réfléchies ou étalées, allongées.

A. *Stipules ordinairement marcescentes : celles des feuilles supérieures sétacées de même que les écailles externes des bourgeons.*

a) *Feuilles d'un vert foncé en dessus; souvent pennatifides ou penna-tiparties, peu coriaces; segments et dents mucronulés. Cupule à squa-mules subulées, réfléchies.*

CHÊNE CHEVELU. — *Quercus Cerris* Linn.

— α : A FEUILLES PENNATIFIDES. — *Quercus Cerris pinnati-fida* Spach. — *Quercus Cerris* auctorum. — Duroi, Harbk. I, tab. 5, fig. 1. — Duham. ed. nov. VII, tab. 57. — *Quercus austriaca* Willd. — Guimp. et Hayn. Deutsch. Holz. tab. 142. — *Quercus lanuginosa* Lamk. — *Quercus crinita* Desf. Hort. Par. — Feuilles oblongues ou oblongues - obovales, obtuses, pubescentes en dessous, subsessiles, plus ou moins profondé-ment sinuées - pennatifides : lobes arrondis, ou oblongs, ou subovales, presque égaux, très-entiers, ou pauci-dentelés.

— β : A FEUILLES PENNATIPARTIES. — *Quercus Cerris lacinio-sa* Spach. — *Quercus Tournefortii* Willd. — *Quercus ha-liphleos* Lamk. — *Quercus Cerris* Oliv. Voy. tab. 12. — Feuilles oblongues, presque cotonneuses en dessous : celles des pousses-gourmandes pennatiparties, sublyrées, à segments divariqués, très-distancés : les uns sublancéolés ou deltoïdes, très-entiers ; les autres de forme très-variée, irrégulièrement lobés ou dentés et dilatés vers leur sommet ; feuilles des ra-mules-floraux profondément pennatifides : lobes très - entiers ou pauci-dentés au sommet, ordinairement deltoïdes.

— γ : A FEUILLES SINUEUSES. — *Quercus Cerris sinuata* Spach. — *Quercus Cerris* Wats. Dendr. Brit. tab. 92. — Feuilles oblongues ou oblongues - lancéolées, pointues aux 2 bouts, pubescentes en dessous : celles des ramules-floraux sinuées-dentées : dents deltoïdes, ou subovales, ou arrondies, presque égales, contiguës.

— δ : A FEUILLES DENTÉES. — *Quercus Cerris dentata* Wats. Dendr. Brit. tab. 93. — *Quercus Cerris fulhamensis* Loud. — *Quercus fulhamensis* Hortul. angl. — Feuilles oblongues, ou oblongues - lancéolées, pointues, arrondies à la base, pu-bescentes ou presque cotonneuses en dessous, érosées-dentées : dents subdeltoïdes, pointues, presque égales, contiguës.

Arbre atteignant la taille des variétés les plus élevées du *Quercus Robur*. Écorce épaisse, très-rimeuse, brunâtre. Bois semblable à celui du *Quercus Robur*, et, à ce qu'on assure, même de qualité supérieure. Cime ample, ovale, très-touffue. Branches très-rameuses : les inférieures souvent pendantes, les autres dressées ou presque dressées. Rameaux grisâtres ou brunâtres. Jeunes-pousses cotonneuses ou brunâtres. Feuilles longues de 3 à 6 pouces, d'un vert foncé et glabres (ou rarement pubérules) en dessus, d'un vert pâle ou cotonneuses-incanes en dessous, à base arrondie, ou pointue, ou subcordiforme ; côtes et nervures blanchâtres ou jaunâtres. Stipules roussâtres, longues de 3 à 6 lignes : les inférieures linéaires - spathulées. Pétiole long de 1 à 6 lignes. Fleurs semblables à celles du *Quercus Robur pedunculata*. Pédoncules-fructifères 1-à 4-carpes, courts, gros, ligneux, subhorizontaux. Gland mucroné, plus ou moins saillant, variant de forme et de volume comme celui du Chêne commun. Cupule hémisphérique, comme chevelue par les squamelles : celles-ci sont verdâtres, finalement brunes.

Cette espèce, connue sous les noms de *Chêne chevelu*, et *Chêne de Bourgogne*, est commune dans la Turquie-d'Europe et d'Asie, ainsi qu'au Caucase ; elle se retrouve, mais moins abondamment, dans les provinces méridionales de l'Autriche, ainsi qu'en Italie et en Espagne ; il ne paraît pas qu'elle soit réellement indigène en France, quoiqu'on l'indique dans la Bourgogne, la Franche-Comté, le Poitou et la Provence ; on la cultive comme arbre de plantation. Son bois sert aux mêmes usages que celui du Chêne commun ; c'est celui qu'on emploie le plus fréquemment, à Constantinople, pour les constructions navales. Ses glands (du moins dans les contrées méridionales) sont mangeables comme les Châtaignes.

b) *Feuilles coriaces, d'un vert glauque en dessus, sinuées-dentées (jamais pennatifides); dents aristées. Cupule grande, à squamules épaisses, lancéolées, longues, finalement noirâtres : les extérieures recourbées, les suivantes plus ou moins étalées, les supérieures redressées.*

CHÊNE VÉLANI.—*Quercus Ægilops* Linn.—Mill. Dict. tab. 215.—*Quercus Valani* Oliv. Voy. I; p. 254; tab. 13.—Feuil-

les ovales-oblongues, ou oblongues, ou oblongues-lancéolées,
obtuses, ou pointues, pubérulés-incanes en dessous, ordinairement à base subcordiforme et décurrente. Cupule hémisphérique,
cotonneuse à la surface interne. Gland très-gros, subcylindracé,
saillant, ombiliqué et omboné au sommet.

Arbre atteignant la taille des variétés les plus élevées du
Chêne commun. Tronc à écorce rimeuse, d'un brun grisâtre.
Cime ample, touffue, étalée. Rameaux grisâtres. Jeunes-pousses
cotonneuses. Feuilles longues de 3 à 6 pouces; dents arrondies, ou
subovales, ou deltoïdes, presque égales, larges, séparées par des
sinus tantôt arrondis, tantôt pointus. Pétiole long de 2 à 10 lignes, cotonneux. Stipules cotonneuses, plus longues que le pétiole : les inférieures linéaires - spathulées. Fleurs semblables à
celles du *Quercus Robur pedunculata*. Fruits subsolitaires,
pédonculés. Cupule large de près de 2 pouces : squamules longues de 6 à 9 lignes, sur 1 à 2 lignes de large. Gland long
d'environ 2 pouces, enfoncé environ jusqu'au tiers ou jusqu'à
moitié dans la cupule.

Cette espèce, très-distincte par le volume de son fruit et par
la conformation de sa cupule, croît dans l'Asie Mineure, la
Grèce et les îles de l'Archipel; les Grecs la nomment *Vélani*.
On en récolte les cupules, qu'on appelle *Vélanèdes*, et qu'on
emploie fréquemment, en Italie, en Angleterre, ainsi qu'en
Orient, en place de noix de galle, pour teindre en noir.

c) *Feuilles pennatifides, ou sinuées, ou crénelées : lobes ou dents mucronulés. Cupule à squamules linéaires-lancéolées, roides, étalées,
courtes.*

CHÊNE FAUX-LIÉGE.—*Quercus Pseudo-Suber* Desfont. Flor.
Atlant.—Santi, Viagg. p. 156, tab. 4.—*Quercus hispanica*
Lamk. Enc.—*Quercus crenata* Lamk. Enc.—*Quercus ægi-
lopifolia* Pers.—*Quercus exoniensis* Lodd. Cat.—*Quercus
Lucombeana* Sweet, Hort. Brit.—(Synonyma omnia sec. cl.
Webb, It. Hispan. p. 13.)—Tronc à écorce subéreuse. Ra-
meaux subfastigiés. Feuilles oblongues, ou lancéolées-oblon-
gues, ou oblongues-lancéolées, obtuses, ou pointues, arrondies

ou rétrécies à la base, pubérules et glauques ou cotonneuses-incanes en dessous. Fruits pédonculés ou subsessiles. Cupule turbinée. — Arbre de taille médiocre. Feuilles longues de 2 à 6 pouces, d'un vert tantôt foncé, tantôt gai, tantôt glauque en dessus ;
dents ou lobes égaux ou inégaux, arrondis, ovales, ou oblongs,
ou deltoïdes, obtus, ou pointus ; pétiole long de 2 à 6 lignes.
Fleurs semblables à celles du *Quercus Robur pedunculata.* Pédoncules-fructifères gros, ligneux, presque dressés, 1 à 3-carpes.
Gland variant de forme et de volume comme chez le *Chêne
commun.* — Cette espèce croît en Espagne, en Italie, en Orient
et dans l'Atlas ; on la cultive comme arbre d'ornement.

Section V. GALLIFERA Spach.

Feuilles non-persistantes (ou persistant seulement jusqu'à
la fin de l'hiver), se colorant en jaune ou en brun aux
approches de leur chute; lobes ou dents mucronés. Maturation bisannuelle (fruits par conséquent latéraux).
Cupule à squamules courtes, apprimées.

CHÊNE A GALLES. — *Quercus infectoria* Oliv. Voy. I, pag.
253, tab. 14 et 15. — *Quercus lusitanica* Lamk. Enc. —
Webb, It. Hispan. p. 112. — *Quercus faginea* Lamk. l. c.
— *Quercus valentina* Cavan. Ic. II, tab. 129. — *Quercus
australis* Mnk. — *Quercus hybrida* Brotero. — *Quercus Tur-
neri* et *Quercus canariensis* Willd. Enum. — (Synon. omnia ex
cl. Webb, l. c.) — Feuilles coriaces, ovales, ou ovales-lancéolées, ou obovales, ou ovales-oblongues, ou oblongues, ou lancéolées-oblongues, ou oblongues-obovales, obtuses, ou pointues,
érosées-crénelées, ou érosées-dentées, ou sinuées-dentées, pubescentes ou cotonneuses-incanes en dessous, souvent ondulées.
Fruits subsessiles. Cupule hémisphérique, cotonneuse. Gland
cylindracé ou conique, saillant.

Petit arbre ou buisson. Feuilles longues de 2 à 6 pouces, en
dessus d'un vert tantôt gai, tantôt glauque, tantôt foncé, en dessous d'un vert pâle lorsqu'elles ne sont point cotonneuses ; dents
égales ou inégales, arrondies, ou subovales, ou deltoïdes. Pé-

tiole long de 2 à 6 lignes, ordinairement cotonneux de même que les jeunes-pousses. Stipules roussâtres, plus ou moins cotonneuses, plus longues que le pétiole : celles des feuilles inférieures linéaires-spathulées. Fleurs semblables à celles du *Quercus Robur pedunculata.* Fruit variant de forme et de grandeur comme chez le Chêne commun.

Cette espèce est commune dans toute l'Asie Mineure, ainsi qu'en Syrie, en Grèce, dans les îles de l'Archipel et dans toute la Péninsule hispanique; M. Webb l'a aussi observée aux environs de Tanger. C'est ce Chêne qui fournit les *noix de galle du commerce*; cette production n'est autre chose qu'une excroissance globuleuse, qui naît aux bourgeons des jeunes-pousses, par suite de la piqûre d'un insecte (*Diplolepis gallæ tinctoriæ*, Oliv. Voy. Pl. 15, fig. C. C.). La noix de galle, comme l'on sait, est d'un emploi très-fréquent dans l'art tinctorial, et l'un des ingrédients indispensables pour la composition de l'encre noire; cette substance, éminemment astringente, contient beaucoup de tannin et de l'acide gallique. La décoction des noix de galle sert, en thérapeutique, à faire des lotions et des injections astringentes. On distingue, dans le commerce, plusieurs sortes de galles, dont les plus estimées sont celles d'Alep, de Smyrne, du Karahissar, du Diarbékir, et de la Natolie.

Section VI. SUBER Tourn.

Feuilles très-entières ou dentées, très-coriaces, persistantes; dents mucronées ou aristées. Maturation bisannuelle : fruits finalement latéraux. Cupule à squamules courtes, apprimées.

a) *Feuilles les unes très-entières, les autres dentées.*

Chêne Yeuse. — *Quercus Ilex* Linn.—Blackw. Herb. tab. 186. — Duham. ed. nov. VII, tab. 43 et 44, fig. 2. — Wats. Dendr. Brit. tab. 90. —*Quercus Gramuntia* Linn.—*Quercus Alzina* Lapeyr. — *Quercus castellana* Poir. (var.)—*Quercus heterophylla* Lamk. — *Quercus variifolia* Sweet. — *Quercus expansa* Poir. (var.) —*Quercus calycina* Poir. (var.)—Tronc

à écorce non-subéreuse. Feuilles des individus adultes cotonneuses-incanes en dessous, très-entières, ou denticulées, ou dentelées, ou dentées; dents ou dentelures aristées, piquantes. Cupule subhémisphérique; gland en général longuement saillant.
M. Tenore (*Syllog.* p. 472) en distingue les variétés suivantes :

— α : DE DEHNHARDT.—*Quercus Ilex Dehnhardtii* Ten. l. c.
— Feuilles (longues d'environ 4 pouces, sur 30 lignes de
large) ovales-lancéolées, grossement dentées. Fruits subagrégés, subsessiles. Gland elliptique (long de 16 lignes, sur 10
lignes de diamètre), enfoncé jusqu'au tiers dans une cupule
à bord aminci et ondulé.

— β : DÉNUDÉ.—*Quercus Ilex denudata* Ten. l. c.—Feuilles
(longues d'environ 2 pouces, sur 8 lignes de large) oblongues, ondulées, presque très-entières. Fruits solitaires, courtement pédonculés. Gland (long de 1 pouce, sur 10 lignes de
diamètre) ovoïde; cupule très-courte.

— γ : A FRUIT SPHÉRIQUE,—*Quercus Ilex sphærocarpa* Ten.
l. c.—Feuilles (longues d'environ 30 lignes, sur 12 lignes
de large) très-entières ou pauci-denticulées, oblongues.
Fruits en grappes longuement pédonculées. Gland subglobuleux (de 8 à 10 lignes de diamètre); cupule courte (longue
d'environ 2 lignes).

— δ : A GLAND CONIQUE.—*Quercus Ilex conocarpa* Ten. l. c.
— Feuilles (longues de 18 à 24 lignes, larges de 8 à 12 lignes) ovales-oblongues, très-entières. Fruits pédonculés,
subcapitellés. Gland ovale-conique (long de 16 lignes, sur 6
de diamètre), enfoncé jusqu'au tiers dans la cupule.

— ε : A FEUILLES ONDULÉES.—*Quercus Ilex undulata* Ten. l. c.
— Feuilles (longues de 2 à 3 pouces, larges de 6 à 8 lignes)
lancéolées, ondulées, presque très-entières. Fruits en courtes
grappes pédonculées. Gland cylindracé (long de 15 lignes, sur
5 de diamètre); cupule grande, épaissie au bord.

— ζ : A GLAND CUSPIDÉ.—*Quercus Ilex constricta* Ten. l. c.

— Feuilles (longues d'environ 3o lignes, sur 1 pouce de large) ovales-oblongues, subondulées, presque très-entières. Fruits solitaires, courtement pédonculés. Gland ovale (long de 1 pouce, sur 7 lignes de diamètre), longuement mucroné ; cupule courte (longue d'environ 2 lignes).

— η : POLYCARPE.—*Quercus Ilex polycarpa*Ten. l. c.—Feuilles oblongues-lancéolées, presque planes, denticulées. Fruits pédonculés, subcapitellés. Gland ovale (long de 12 lignes, sur 5 de diamètre), ombiliqué et mamelonné au sommet, recouvert jusqu'à la moitié par la cupule.

— θ : A GLAND OPERCULÉ. —*Quercus Ilex operculata* Ten. l. c. —Feuilles (longues d'environ 18 lignes, sur 8 lignes de large) ovales, acuminées. Fruits en grappes pédonculées. Gland ovale, ventru, operculé au sommet, recouvert jusqu'à la moitié par la cupule.

— ι : A FRUITS GÉMINÉS. —*Quercus Ilex geminiflora* Ten. l. c. —Feuilles (longues d'environ 3o lignes, sur 1 pouce de large) oblongues-lancéolées, érosées-dentées. Pédoncules allongés, 2-carpes. Gland (long d'environ 1 pouce, sur 5 lignes de large) ovale-oblong, mucronulé.

— κ : A FEUILLES D'OLIVIER.—*Quercus Ilex oleæfolia*Ten. l. c. —Feuilles (longues d'environ 18 lignes, sur 1 pouce de large) oblongues-lancéolées, très-entières, un peu ondulées. Pédoncules 1-carpes, aussi longs que les pétioles. Gland (long d'environ 1 pouce, sur 5 lignes de diamètre) ovoïde, rétréci aux 2 bouts, recouvert jusqu'au tiers par la cupule.

— λ : A GRANDES FEUILLES. —*Quercus Ilex macrophylla* Ten. l. c. —Feuilles (longues de 3 pouces, sur 15 lignes de large) elliptiques-oblongues, subsinueuses. Fruits pédonculés, subcapitellés. Gland (long de 13 lignes, sur 7 de diamètre) ovoïde, mucroné, recouvert jusqu'au tiers par la cupule.

— μ : INTERMÉDIAIRE. — *Quercus Ilex intermedia* Ten. l. c. —Feuilles (longues d'environ 18 lignes, sur 6 lignes de large) oblongues, presque très-entières. Fruits subsessiles, agrégés.

Gland ovale (long de 8 lignes, sur 4 de diamètre), recouvert
jusqu'à moitié.

— γ : FIMBRIÉ. — *Quercus Ilex fimbriata* Ten. l. c. — Feuilles
(longues d'environ 1 pouce, sur 8 à 10 lignes de large) ovales-oblongues, acuminées. Fruits solitaires, subsessiles. Gland
cylindracé (long de 16 lignes, sur 5 de large), recouvert jusqu'au tiers; cupule fimbriolée.

— χ : A LONG GLAND. — *Quercus Ilex cylindrocarpa* Ten. l. c.
— Feuilles oblongues, dentées. Fruits solitaires, subsessiles,
aussi longs que les feuilles. Gland cylindracé (long de 20 lignes, sur 6 lignes de large), recouvert jusqu'au quart.

— ο : A GLAND SUBINCLUS. — *Quercus Ilex subocculta* Ten. l. c.
— Feuilles (longues d'environ 2 pouces, sur 6 lignes de large)
lancéolées, presque très-entières. Fruits solitaires, longuement
pédonculés, nutants. Gland (long d'environ 14 lignes, sur 16
lignes de diamètre) ovale-oblong, à peine saillant; cupule
ample.

— π : A GLAND STRANGULÉ. — *Quercus Ilex strangulata* Ten.
l. c. — Feuilles (longues d'environ 2 pouces, sur 6 lignes de
large) lancéolées, acuminées, presque très-entières. Fruits en
grappes pédonculées. Gland ovoïde, étranglé au milieu, ré-
couvert jusqu'au quart.

— ρ : A CUPULE LACÉRÉE. — *Quercus Ilex lacera* Ten. l. c. —
Feuilles (longues d'environ 30 lignes, sur 8 lignes de large)
oblongues-lancéolées, très-entières. Fruits solitaires, subsessiles. Gland (long de 1 pouce, sur 7 lignes de diamètre)
ovoïde, ventru; cupule à bord lacéré.

Arbre atteignant 30 à 50 pieds de haut, très-branchu, en général tortueux. Écorce unie ou finalement fendillée, grisâtre.
Branches fortes, très-rameuses : les inférieures horizontales ou
pendantes, les supérieures dressées. Cime subsphérique, ample,
très-touffue. Jeunes-pousses ordinairement cotonneuses. Feuilles
d'un vert plus ou moins foncé et très-luisantes en-dessus; celles
des jeunes individus en général elliptiques, ou suborbiculaires,

ou ovales - orbiculaires, ou obovales, sinuées-dentées, glabrescentes et d'un vert pâle en dessous, à base souvent cordiforme (1); celles des individus adultes le plus souvent très-entières ou pauci-dentées, à base tantôt pointue, tantôt arrondie, tantôt subcordiforme. Pétiole long de 2 à 6 lignes, ordinairement cotonneux. Stipules linéaires ou sétacées, très-fugaces. Épis-mâles semblables à ceux du Chêne commun, axillaires, ou latéraux, fasciculés, naissant tantôt de bourgeons aphylles, tantôt sur les jeunes-pousses. Fleurs-femelles en épis plus ou moins longuement pédonculés, toujours axillaires sur les jeunes-pousses. Stigmates pourpres, linéaires-spathulés, obtus. Cupule ordinairement cotonneuse.

Cette espèce, connue sous les noms vulgaires de *Yeuse*, *Chêne-Yeuse*, ou *Chêne-vert*, est commune dans l'Europe méridionale, ainsi qu'en Orient et dans le nord de l'Afrique; on la trouve en France jusqu'aux environs de Nantes et d'Angers. Elle se plaît dans les localités arides et découvertes; aussi la rencontre-t-on rarement en forêts. Sa croissance est encore beaucoup plus lente que celle du Chêne commun. Son bois, d'un blanc jaunâtre et d'un grain fin, est pesant, dur, très-compacte, élastique et durable; mais il a le défaut de pourrir promptement sous l'influence alternative de la sécheresse et de l'humidité; on le recherche surtout pour les ouvrages de mécanique destinés à résister à des frottements prolongés; dans le Midi, il est très-estimé comme combustible. L'écorce n'est pas moins utile au tannage que celle du Chêne commun. Les glands sont doux ou amers, indistinctement chez toutes les variétés; on assure même qu'il est des arbres dont les glands sont les uns doux et les autres amers.

CHÊNE BALLOTE. — *Quercus Ballota* Desfont. Mém. de l'Acad. 1790, cum fig. — *Quercus rotundifolia* Lamk. Enc.

---

(1) Ce sont ces feuilles des jeunes arbres qui ressemblent beaucoup à celles du *Houx* (*Ilex Aquifolium*), et auxquelles fait par conséquent allusion le nom spécifique de l'espèce; les feuilles des individus adultes ont de la ressemblance avec celles de l'Alaterne.

(var.) — Ce Chêne n'est très-probablement qu'une variété du précédent, dont on l'a distingué à cause de ses feuilles en général plus arrondies, et de ses glands, qui sont toujours cylindracés et doux; mais ces variations existent aussi chez le *Chêne Yeuse*. Le *Chêne Ballote* croît en Espagne et dans l'Atlas; ses glands, qu'on mange tant crus que torréfiés, sont une grande ressource pour les habitants de ces contrées.

CHÊNE A LIÉGE. — *Quercus Suber* Linn. — Duham. ed. nov. VII, tab. 45. — Wats. Dendr. Brit. tab. 89. — Blackw. Herb. tab. 193. — Duham. Arb. II, tab. 80 et 81.

Le *Chêne à liége* ou *Chêne-liége* croît dans toutes les contrées voisines de la Méditerranée; on assure qu'on ne le rencontre jamais dans les sols calcaires, quoique d'ailleurs il se plaise dans les localités arides. Cet arbre ne diffère du Chêne-Yeuse (auquel on le rapporterait à plus juste titre comme variété) qu'en ce que son tronc est muni d'une écorce crevassée, très-épaisse et spongieuse : c'est cette écorce qui est connue sous le nom de *liége*, et qui, comme l'on sait, sert à faire des bouchons et quantité d'autres objets non moins utiles dans les arts ou l'économie domestique; en Espagne, les paysans s'en servent pour couvrir les maisons; en brûlant le liége dans des vases clos, on en obtient la couleur appelée *noir d'Espagne*. On détache cette écorce des Chênes-liéges tous les 8 à 12 ans, intervalle pendant lequel il se reproduit une nouvelle couche spongieuse à la surface de l'écorce interne, qu'on a soin de ne point entamer dans l'opération; chaque arbre fournit ainsi douze à quinze récoltes de bonne qualité; mais plus tard, le liége qui se reproduit n'offre plus les propriétés requises. Lorsque le liége reste abandonné à lui-même sur les arbres, il finit par se crevasser et par se détacher spontanément, pour céder la place aux nouvelles couches qui se sont développées en dessous. Le bois du Chêne-liége a les mêmes qualités que celui de l'Yeuse; mais de même que celui-ci, il pourrit promptement lorsqu'il reste exposé aux alternatives de sécheresse et d'humidité. Les glands ont une saveur douce et agréable.

Le *Chêne-liége* est plus sensible au froid que l'Yeuse ; on ne le rencontre en France que dans quelques cantons du Languedoc, de la Provence, et des landes voisines des Pyrénées.

b) *Feuilles des individus adultes toujours très-entières.*

CHÊNE VERT D'AMÉRIQUE.—*Quercus virens* Hort. Kew.—Mich. Hist. Querc. tab. 10 et 11.—Mich. fil. Arb. II, p. 67, cum fig.—*Quercus sempervirens* Walt. Carol.—Feuilles oblongues, ou oblongues-lancéolées, ou ovales-oblongues, subobtuses, révolutées aux bords, pubescentes ou cotonneuses en dessous. Fruits pédonculés, subgéminés. Cupule turbinée. Gland subcylindracé, saillant, mucroné. — Arbre atteignant rarement plus de 50 pieds de haut, mais à cime très-ample. Tronc de 5 à 7 pieds de diamètre, ordinairement ramifié dès 8 à 10 pieds du sol. Branches très-grosses, étalées, tortueuses, très-rameuses. Feuilles longues de 2 à 3 pouces, incanes en dessous : pubescence étoilée ; celles des jeunes individus dentées ou anguleuses ; base ordinairement arrondie ; pétiole court. Gland d'un brun noirâtre, du volume de celui du Chêne commun.

Ce Chêne croît sur le littoral des États - Unis, en Louisiane, et depuis la Floride jusqu'à la Virginie ; il prospère surtout dans les lieux exposés aux inondations de la marée-haute. Son bois est jaunâtre, compacte, très-dur, très-pesant et très-durable ; il durcit sous l'eau et même sous l'influence des intempéries de l'atmosphère ; aussi est-il plus estimé que tout autre bois, dans l'Amérique septentrionale, pour les constructions navales, usage auquel les courbes naturelles de ses branches sont en outre très-appropriées ; on le recherche également pour le charronnage et pour les ouvrages de mécanique ; c'est le meilleur combustible parmi tous ceux des États méridionaux de l'Union. L'écorce est excellente pour le tannage.

SECTION VII. COCCIFERA Webb.

Feuilles dentées ou très-entières, très-coriaces, persistantes ; dents aristées, piquantes. Maturation trisannuelle ;

fruits finalement latéraux. Cupule à squamules squarreuses.

Chêne au Kermés. — *Quercus coccifera* Linn. — Duham.
Arb. I, tab. 25. — Duham. ed. nov. VII, tab. 46. — Wats.
Dendr. Brit. tab. 91. — Feuilles elliptiques, ou oblongues, ou
ovales, érosées-dentées, ou denticulées, ondulées, glabres. Fruits
subsolitaires, pédonculés. Gland saillant, mucroné. Cupule hémisphérique : squamules linéaires - lancéolées, raides, les inférieures réfléchies ou recourbées, les supérieures étalées.

Arbrisseau très-touffu, haut de 3 à 10 pieds. Rameaux tortueux, diffus, formant tantôt un buisson irrégulier, tantôt une
tête arrondie. Écorce d'un brun pâle ou grisâtre. Jeunes-pousses pulvérulentes de même que les feuilles naissantes. Feuilles
longues de 6 à 18 lignes, d'un vert gai en dessus, d'un vert
pâle en dessous, réticulées, très-finement nervées, arrondies ou
subacuminées au sommet, à base subcordiforme, ou arrondie,
ou pointue ; dents égales ou inégales, distantes, subdeltoïdes,
terminées en arête jaunâtre ou brunâtre, courte, fine, raide, rectiligne. Pétiole long de ½ ligne à 1 ligne. Stipules linéaires ou
lancéolées, glabres, brunâtres, scarieuses, très-fugaces. Épis-mâles en général latéraux sur les jeunes-pousses, solitaires, ou subfasciculés, longs de ½ pouce à 1 pouce. Fleurs-femelles solitaires ou géminées, pédonculées : pédoncules axillaires sur les
jeunes-pousses. Stigmates linéaires, obtus, jaunâtres. Pédoncules-fructifères assez gros, ligneux, longs de 3 à 15 lignes. Gland
ovale, ou cylindracé, ou conique, ombiliqué et mamelonné au
sommet, long d'environ 9 lignes, recouvert à peu près jusqu'au
tiers. Cupule plus ou moins cotonneuse à la surface externe,
large de 6 à 9 lignes. — Cette espèce est commune dans toutes
les contrées voisines de la Méditerranée ; elle se plaît dans les
lieux pierreux, sablonneux et arides ; c'est sur elle que vit l'insecte appelé vulgairement *Kermés* ou *graine d'écarlate*, et
dont on se sert pour teindre en cramoisi : autrefois cet insecte
faisait l'objet d'un commerce considérable ; mais aujourd'hui on
lui préfère la cochenille.

CHÊNES QUI NE SONT PAS ASSEZ COMPLÉTEMENT CONNUS POUR ÊTRE RAPPORTÉS A UNE SECTION DÉTERMINÉE (1).

a) Espèces d'Orient.

CHÊNE A MANNE. — *Quercus mannifera* Lindl. in Bot. Reg. 1840. Miscell. p. 40. — Arbre ayant le port du Chêne commun. Ramules glabres. Feuilles pétiolées, oblongues, subcordiformes à la base, sinuées-lobées (lobes obtus), plus grandes et plus minces que celles du Chêne commun, glabres en dessus, pubescentes en dessous. Bourgeons des fleurs-femelles ellipsoïdes, sessiles, agrégés, imbriqués, glabres. (*Lindley, l. c.*)

Ce Chêne croît au Kourdistan. Il suinte de ses feuilles, durant l'été, une substance sucrée, analogue à la manne, que les habitants du pays ramassent et qu'ils emploient à divers usages alimentaires.

CHÊNE ROYAL. — *Quercus regia* Lindl. l. c. — Arbre à ramules glabres. Feuilles longues de 9 pouces, sur 3 pouces de large, pétiolées, ovales-lancéolées, cordiformes à la base, grossement incisées-dentées, ondulées, vertes et luisantes aux 2 faces, très-glabres; lobes et dents aristés. (Fleurs et fruits inconnus.) — Cette espèce, remarquable par la beauté du feuillage, croît dans les mêmes contrées que la précédente.

b) Espèces des îles de la Sonde.

CHÊNE BUNKUS. — *Quercus racemosa* Jack, Malay. Plants, in Hook. Comp. Bot. Mag. 1, p. 255. — Feuilles largement lancéolées, très-entières, très-glabres. Fleurs-mâles en épis paniculés. Fruits en épis. Gland ombiliqué; cupule tuberculeuse. (*Jack, l. c.*) — Grand arbre. Écorce brunâtre. Branches lisses. Feuilles longues de 6 à 8 pouces, courtement pétiolées, acuminées, nerveuses, rougeâtres en dessous. Stipules petites, linéaires. Épis-mâles axillaires et terminaux, nombreux, grêles, poilus. Épis-fe-

---

(1) Plusieurs de ces espèces doivent sans doute constituer des sections distinctes, ou peut-être même d'autres genres.

melles d'abord terminaux, plus tard latéraux. — *Fleurs-mâles*
15-à 20-andres. Périanthe 6-parti. — Ovaire 3-à 5-loculaire.
Gland gros, déprimé et mucroné au sommet, recouvert à peu
près jusqu'à moitié. Cupule large d'environ 1 pouce, couverte
de tubercules serrés, élargis à la base, anguleux. (*Jack, l. c.*)

Cette espèce croît à Sumatra, où on l'appelle *Punning Bunkus.*

Снêне а сирисе urcéolaire. — *Quercus urceolaris* Jack,
l. c. p. 256. — Feuilles elliptiques-oblongues, acuminées-cuspidées, très-entières, très-glabres. Fruits en épis. Cupule subhémisphérique, à limbe étalé. (*Jack, l. c.*)

Arbre à écorce scabre. Feuilles longues de 8 à 9 pouces, lisses,
coriaces, longuement acuminées. Épis-fructifères latéraux. Gland
arrondi et déprimé au sommet, ombiliqué, mucroné, recouvert
jusqu'à moitié. Cupule cyathiforme, spinelleuse par séries concentriques, et couronnée d'un limbe étalé, ondulé, presque entier. (*Jack, l. c.*) — Cette espèce est originaire de Sumatra.

c) *Espèces des Péninsules de l'Inde.*

Снêне а gland subinclus. — *Quercus fenestrata* Roxb.
Flor. Ind. ed. 2, vol. 3, p. 633. — Feuilles pétiolées, lancéolées, entières, finement acuminées, coriaces, luisantes. Épis paniculés, terminaux. Fleurs ternées : les mâles dodécandres.
Glands hémisphériques, obtus, à peine saillants hors la cupule.
Cupule subglobuleuse, muriquée. — Grand arbre. Jeunes-pousses glabres, lisses. Feuilles longues de 6 à 8 pouces, larges de
12 à 18 lignes. Épis agrégés, finalement latéraux, la plupart
mâles, tous dressés. Style trifide. (*Roxburgh, l. c.*)

Cette espèce croît dans les montagnes du Silhet ; son bois est
d'assez bonne qualité ; elle fleurit en octobre et en novembre ;
ses fruits mettent près d'une année à mûrir.

Снêне а feuilles lancéolées. — *Quercus lanceæfolia*
Roxb. l. c. p. 634. — Feuilles courtement pétiolées, lancéolées,
entières, acuminées (pointe subobtuse), coriaces, luisantes. Panicules axillaires et terminales. Glands ellipsoïdes. Cupule tan-

tôt complétement recouvrante, tantôt diversement fendue et plus courte que le gland. — Grand arbre. Jeunes - pousses subanguleuses, glabres. Feuilles longues de 5 à 6 pouces, larges de 12 à 18 lignes. Stipules ensiformes, caduques. Bourgeons globuleux, glabres. Panicule composée de quantité d'épis simples, grêles, dressés, à rachis parfois foliifère au sommet. Épis velus : les mâles plus nombreux, situés plus bas que les femelles. *Fleurs-mâles* petites, très-rapprochées, solitaires. Calice 5 - ou 6-parti : segments ovales, cotonneux. Étamines au nombre de 6 à 12, 2 fois plus longues que le calice; anthères suborbiculaires. — Épis - femelles situés au sommet des panicules, peu nombreux, lâches. Fruit du volume de celui du Chêne commun. Cupule mince, pubescente. (*Roxburgh, l. c.*)

Cette espèce habite le Garrow, où on la nomme *Chingra*; elle fleurit en décembre; le fruit n'est mûr qu'en octobre suivant. Le bois de cet arbre est plus dur que celui du Chêne commun, et très-recherché pour les constructions.

Chêne à gland turbiné. — *Quercus turbinata* Roxb. Flor. Ind. ed. 2, vol. 3, p. 636. — Feuilles coriaces, luisantes, lancéolées, très-entières, acuminées, subobtuses. Epis terminaux, en général géminés, féminiflores à la partie inférieure, masculiflores à la partie supérieure. Gland turbiné, lisse ; cupule petite, rugueuse. — Grand arbre. Jeunes-pousses glabres, ponctuées de verrues blanches. Feuilles longues de 5 à 6 pouces, larges de 18 à 24 lignes, courtement pétiolées. Épis raides : les fleurs-mâles très - rapprochées; les femelles fasciculées. Calice des fleurs-mâles 5 - denté, laineux. Étamines au nombre de 10 à 15, beaucoup plus longues que le calice. Anthères elliptiques. — *Fleurs - femelles :* involucre grand, cotonneux, écailleux. Limbe du périanthe court, cotonneux, 6 - denté. Étamines en même nombre que dans les fleurs-mâles, stériles. Gland du volume d'une Châtaigne, d'un brun clair. (*Roxburgh, l. c.*)

Cette espèce croît au Chittagong; on n'emploie son bois que comme combustible.

Chêne acuminé. — *Quercus acuminata* Roxb. l. c. p. 636. —

Feuilles oblongues ou lancéolées-oblongues, très-entières, glabres. Épis axillaires, solitaires, simples. Gland ovoïde, lisse; cupule cyathiforme, spinelleuse. — Grand arbre. Jeunes - pousses pubescentes. Feuilles courtement pétiolées, acuminées, longues de 6 à 12 pouces, larges de 3 à 4 pouces. Épis-femelles axillaires, solitaires, plus courts que les feuilles, velus. Involucre grand, cotonneux, imbriqué. Périanthe petit, 5-denté. Glands bruns, un peu plus longs que ceux du Chêne commun. Cupule 4 fois plus courte que le gland, hérissée de courtes spinules piquantes. (*Roxburgh, l. c.*) — Cette espèce habite les mêmes contrées que la précédente ; elle fournit un excellent bois de construction.

CHÊNE A CUPULE SÉTIFÈRE.—*Quercus lappacea* Roxb. l. c. p. 637. — Feuilles lancéolées, très-entières, longuement acuminées, cotonneuses en dessous. Épis axillaires, solitaires. Glands ovoïdes, velus : cupule petite, cyathiforme, hérissée de soies molles.—Grand arbre. Feuilles courtement pétiolées, presque glabres en dessus, longues de 6 à 8 pouces, larges d'environ 2 pouces. Chatons presque aussi longs que les feuilles, cotonneux, grêles, les uns mâles, les autres androgynes (les fleurs-femelles occupant la partie moyenne du chaton), tous très-denses. *Fleurs - mâles* en général décandres. Périanthe 5 - parti, cotonneux, 2 à 3 fois plus court que les filets. Anthères bilobées. — *Fleurs-femelles :* Involucre hérissé de soies. Périanthe 4-6-denté, cotonneux. Gland du volume d'une grosse Noisette. (*Roxburgh, l. c.*) — Cette espèce habite les montagnes du Silhet ; son bois, excellent pour les constructions, ressemble à celui du Chêne commun, mais il est plus fort et d'un grain plus serré.

CHÊNE SQUAMELLEUX. — *Quercus squamata* Roxb. l. c. p. 638. — Feuilles coriaces, lancéolées - oblongues, très - entières, subacuminées, luisantes. Chatons axillaires et terminaux, souvent rameux, rapprochés en panicule. Cupule dure, écailleuse, cyathiforme, courte. Gland hémisphérique, luisant. — Grand arbre. Jeunes-pousses très-glabres. Feuilles longues de 6 à 7 pouces, sur environ 3 pouces de large, courtement pétiolées, Chatons cotonneux, anisomètres, unisexuels ; fleurs fasciculées ; fascicules plus ou moins rapprochés. Bractées larges, ensiformes. — Fleurs-mâles 12-andres. Périanthe 6-parti, laineux : segments inégaux. Filets 3 fois plus longs que le périanthe. Anthères elliptiques. — Périanthe des fleurs-femelles laineux. Gland d'environ 1 pouce de diamètre à sa base, d'un brun foncé, très-dur. (*Roxburgh, l. c.*)

Cette espèce croît dans les montagnes du Silhet ; elle fleurit en février ; les fruits mûrissent en septembre et en octobre ; son bois est aussi fort que celui du Chêne commun ; sa couleur est plus claire.

CHÊNE A LONGS ÉPIS.—*Quercus spicata* Wall. Plant. Asiat. tab. 46.—Feuilles elliptiques-lancéolées, très-entières, rétrécies à la base, lisses. Chatons grêles, dressés, axillaires et terminaux, solitaires, ou fasciculés. Fruits fasciculés, disposés en épis très-longs. Cupule courte, lamelleuse, velue ; gland subglobuleux, apiculé, lisse, beaucoup plus long que la cupule. — Arbre de première grandeur. Tronc gros. Écorce rimeuse, noirâtre. Ramules cylindriques, glauques. Feuilles rapprochées, longues de 6 à 12 pouces et plus, coriaces, luisantes en dessus, glauques en dessous. Fleurs le plus souvent dioïques : les mâles 10-andres. Fruits disposés en épis longs d'un pied ou plus. Gland du volume d'une Noisette. (*Wallich, l. c.*) — Ce Chêne est l'un des arbres forestiers les plus communs du Népaul, et il atteint une taille gigantesque. Son bois est très-semblable à celui du Chêne-Rouvre.

CHÊNE A CUPULE LAMELLEUSE. — *Quercus lamellosa* Hamilt. in Rees. Cycl.—Wall. Plant. Asiat. tab. 149.—Feuilles elliptiques ou ovales, dentelées, glabres, pointues, longuement pétiolées, obtuses à la base, glauques en dessous ; veines excurrentes ; veinules proéminentes. Cupules solitaires, sessiles, déprimées, cotonneuses, composées de lamelles continues, spiralées, ondulées, lâches. Gland cotonneux, déprimé, plus court que la cupule. — Arbre magnifique, de première grandeur. Ramules gros, cylindriques, glauques. Bourgeons terminaux et fasciculés, ou solitaires et axillaires, ovoïdes, obtus, recouverts d'écailles soyeuses, suborbiculaires. Feuilles coriaces, souvent longues d'un pied et larges de 5 pouces, quelquefois d'un blanc argenté en dessous. Cupule de 2 pouces de diamètre. (*Wallich, l. c.*) — Cette espèce croît dans les montagnes du Népaul.

CHÊNE À GLANDS VELOUTÉS. — *Quercus velutina* Wall. Plant. Asiat. tab. 150. — Feuilles ovales-lancéolées, dentelées, glabres, luisantes, concolores, cunéiformes et très-entières à la base, pétiolées ; veines point excurrentes ; veinules inapparentes. Cupules subsessiles, solitaires, turbinées, déprimées, veloutées, composées de lamelles apprimées, confluentes, spiralées. Gland velouté, hexastyle, déprimé, omboné, un peu plus long que la cupule. — Rameaux grêles, cylindriques, calleux, brunâtres, luisants, glabres. Bourgeons petits, subglobuleux, légèrement velus. Feuilles longues de 4 pouces, chartacées, bordées au-dessus du tiers inférieur de dentelures écartées et obtuses. Pétiole long de ½ pouce. Cupule de 8 lignes de diamètre. — Ce Chêne a été découvert sur les côtes du Ténnassérim.

CHÊNE À FEUILLES DE SÉMÉCARPE. — *Quercus semecarpifolia* Smith, in Rees. Cycl. — Wallich, Plant. Asiat. tab. 174. — Feuilles obovales-oblongues, obtuses, très-entières, ondulées, rétuses à la base, couvertes en dessous d'une pubescence étoilée. Fruits solitaires ou géminés, axillaires et terminaux, subsessiles. Cupule composée d'écailles imbriquées, velues. Gland ovoïde, lisse, deux fois plus long que la cupule. — Arbre de 80 à 100 pieds. Tronc atteignant 14 à 18 pieds de circonférence. Feuilles longues de 2 à 3 pouces, larges d'environ 1 pouce. Chatons-mâles grêles, fasciculés, cotonneux, pendants, longs de 3 à 4 pouces. Fruit assez semblable à celui du Chêne-Rouvre. (*Wallich, l. c.*) — Ce Chêne forme de vastes forêts dans les régions élevées des montagnes du Népaul ; il fournit un excellent bois de construction.

Genre CASTANOPSIS. — *Castanopsis* Don.

Ce genre diffère des Chênes par la cupule, laquelle est globuleuse, close, recouvrant complétement le gland, et garnie d'épines rameuses ; cette enveloppe du fruit est semblable à celle des Châtaigniers, mais elle ne s'ouvre point en valves. — Ce genre appartient à l'Inde ; les espèces les plus notables sont les suivantes :

CASTANOPSIS ARMÉ. — *Castanopsis armata* D. Don. (sub Quercu) Prodr. Nepal. — *Quercus armata* Roxb. Corom. III, tab. 296. — *Quercus tribuloides* Wallich. — Feuilles lancéolées, acuminées, très-entières, glabres, glauques en dessous. Fruits en épis. Cupule cotonneuse, à épines trifurquées, divergentes. Gland ovoïde, mucronulé. (*Don, l. c.*)—Grand arbre ; il croît dans les montagnes du Népaul et du Bengale.

CASTANOPSIS A FRUIT DE CHATAIGNIER. — *Quercus castanicarpa* Roxb. Flor. Ind. ed. 2, vol. 3, p. 640. — Grand arbre. Feuilles longues d'environ 1 pied, larges de 4 à 5 pouces, oblongues, entières, glabres. Gland ovoïde, un peu velu. — Cette espèce croît au Chittagong. (*Roxburgb, l. c.*)

CASTANOPSIS FÉROCE. — *Quercus ferox* Roxb. l. c. p. 639. — Feuilles ovales-lancéolées, ou oblongues-lancéolées, très-entières, luisantes. Fleurs-mâles 12-andres, à périanthe 6-fide. — Grand arbre. Jeunes-pousses glabres, ponctuées. Feuilles longues de 3 à 6 pouces, larges de 1 pouce à 3 pouces, pétiolées, acuminées, fermes. Épis longs, grêles, paniculés, terminaux, unisexuels, les femelles en petit nombre. Fleurs-mâles en fascicules globuleux, rapprochés sur le rachis. Gland du volume d'une Noisette, subovoïde, lisse. (*Roxburgh, l. c.*) — Cette espèce croît dans les montagnes du Chittagong.

SECTION II. FAGINÉES. — *Fagineæ* Spach.

Involucre-fructifère 2-à 7-carpe (rarement 1-carpe), soit capsuliforme (recouvrant complétement les fruits et s'ouvrant finalement soit en 2 à 4 valves, soit d'une manière irrégulière), soit caliciforme (fendu jusqu'à la base en lanières étroites, conniventes, point recouvrantes). Péricarpe (noix) subcylindrique, ou anguleux, ou plano-convexe, ou lenticulaire. — Feuilles jamais profondément incisées ou sinuées (excepté chez certaines variétés de culture).

Genre CHATAIGNIER. — *Castanea* Tourn.

Fleurs monoïques ou polygames : les mâles en épis denses ou interrompus, grêles, dressés; les femelles solitaires ou fasciculées dans des involucres solitaires ou disposés en épis. — *Fleurs-mâles :* Périanthe rotacé, subcoriace, 5-ou 6-parti : segments obtus, plus ou moins inégaux. Étamines au nombre de 8 à 20, saillantes. Filets capillaires. Anthères petites, cordiformes-orbiculaires, submédifixes, didymes; bourses 2-valves. — *Fleurs-femelles* (et *fleurs-hermaphrodites*) : Involucre 2-ou 4-parti, multisquamelleux à la surface externe, clos après la floraison. Périanthe à limbe coroniforme, 5-à-8-fide, subaccrescent, après la floraison connivent, finalement coriace. Étamines (stériles dans les fleurs-femelles, conformes à celles des fleurs-mâles dans les fleurs-hermaphrodites) au nombre de 5 à 12, épigynes. Ovaire 3- à 8-loculaire, ordinairement rétréci en col au sommet, couronné de 3 à 8 stigmates raides, sétiformes, saillants, divergents, marcescents. Involucre-fructifère 1- à 3-carpe, clos, subsphérique, spinelleux, finalement soit 2-ou 4-valve, soit irrégulièrement ruptile; spinelles simples ou rameuses. Noix coriace, écostée, point ombiliquée au sommet, ovale-globuleuse et subcylindrique étant solitaire, plano-convexe ou sublenticulaire lorsque l'involucre est 2-ou 3-carpe, comme 3- à 8-valvée au sommet (par le limbe du périanthe devenu coriace comme le reste de la noix); endocarpe fibreux, soyeux, facilement séparable. Graine à tégument mince, membra-

nacé. Embryon point huileux : cotylédons très-gros, cohérents, rugueux, plissés, plano-convexes, arrondis aux
2 bouts, hypogés en germination, souvent inégaux ; radi-
culé courte, claviforme, recouverte par les cotylédons. —
Arbres ou arbrisseaux. Rameaux subcylindriques. Jeunes-
pousses plus ou moins anguleuses. Feuilles persistantes ou
non-persistantes, coriaces, ou subcoriaces, très-entières, ou
dentelées, courtement pétiolées ; les jeunes glabres ou cotonneuses ; les adultes glabres et luisantes, du moins en
dessus. Pétiole semi-cylindrique, canaliculé en dessus. Stipules petites, caduques : celles des feuilles-inférieures subscarieuses ; les supérieures herbacées. Bourgeons écailleux.
Floraison estivale. Épis unisexuels, ou androgynes, axillaires, ou axillaires et terminaux, sessiles, ou subsessiles.
Fleurs-mâles petites, toujours très-nombreuses sur chaque
épi, agrégées en glomérules sessiles tantôt contigus, tantôt
plus ou moins distancés : chaque glomérule accompagné
d'une petite bractée subscarieuse. Périanthe cotonneux.
Filets divergents, blanchâtres. Anthères d'un jaune pâle.
Fleurs-femelles cotonneuses, beaucoup plus grosses que
les mâles. Involucre-fructifère verdâtre jusqu'à la maturité, soyeux à la surface interne, courtement pédonculé,
persistant ordinairement après la déhiscence. Noix caduque, à aréole-basilaire très-large. — Ce genre comprend
environ seize espèces, dont la plupart appartiennent à l'Asie
équatoriale. Le fruit de toutes les espèces est comestible.
Les plus remarquables sont les suivantes.

SECTION I.

Feuilles subcoriaces, non-persistantes, dentelées, acuminées, plissées en dessus : les adultes (lorsqu'elles sont
glabres) poncticulées en dessous (de gouttelettes résineuses). Fleurs monoïques. Épis axillaires, solitaires ;
les inférieurs (sur chaque ramule-floral) sessiles, mâles ; les supérieurs courtement pédonculés, androgynes,
composés d'un très-grand nombre de glomérules mâles,

et d'un petit nombre de fascicules femelles (souvent
2 ou 1 seul) occupant toujours la base de l'épi. Involucre-fructifère 2-ou 4-valve, hérissé de spinelles très-
rameuses, à ramules subulés, raides, piquants, inégaux,
entrecroisés.

A. *Feuilles adultes glabres ou presque glabres en dessous.
Involucre-fructifère 4-valve, contenant ordinairement soit
2 noix planes à la surface interne, convexes à la surface externe, soit 3 noix, dont les deux latérales plano-
convexes, et l'intermédiaire sublenticulaire. Noix grosse,
acuminée.*

Chataignier commun. — *Castanea vulgaris* Lamk. — Duham. ed. nov. III, tab. 19. — *Castanea vesca* Gærtn. — Guimp.
et Hayn. Deutsch. Holz. tab. 144. — Engl. Bot. tab. 886. —
Castanea sativa Mill. Ic. tab. 84. — Blackw. Herb. tab. 330.
— *Fagus Castanea* Linn. — Feuilles lancéolées, ou oblongues-
lancéolées, ou oblongues, ou lancéolées - oblongues, acuminées-
cuspidées, fortement dentelées, ou érosées-dentées, ou érosées-
crénelées : les jeunes pubérules-blanchâtres en dessous ; les
adultes très-glabres ou pubescentes seulement aux aisselles des
nervures ; dents ou crénelures acuminées-cuspidées ou aristées.
Noix ovales ou suborbiculaires.

— β : Chataignier Marronnier. — Noix subglobuleuses, or-
            dinairement plus grosses.

Arbre atteignant 50 à 70 pieds de haut. Racine pivotante,
longue, rameuse, produisant des jets latéraux rampants. Tronc
droit, susceptible d'acquérir, avec l'âge, une grosseur énorme (1);

---

(1) Le Châtaignier le plus renommé par la grosseur de son tronc est
celui qui existe en Sicile, au pied de l'Etna, et dont on estime l'âge à environ quatre mille ans ; le tronc de ce colosse, creux depuis bien des
siècles, n'a pas moins de cent soixante pieds de circonférence, et il supporte
une cime ample en proportion ; les habitants du pays appellent cet arbre
le Châtaignier des cent chevaux, parce qu'il couvre de son ombrage un espace assez considérable pour abriter une centaine de cavaliers ; dans les

écorce d'abord lisse et d'un brun roux, finalement rimeuse,
grisâtre, ou d'un brun noirâtre. Branches grosses, nombreuses,
très-rameuses, presque dressées. Bois solide, compacte, élastique, tenace, d'un grain fin et serré ; aubier blanc ou jaunâtre ;
vieux bois d'un brun roussâtre plus ou moins foncé. Rameaux
et ramules horizontaux. Cime ample, très-touffue, ovale ou conique. Jeunes-pousses pulvérulentes, bientôt glabres, anguleuses, d'un pourpre violet, ou d'un vert olive, ponctuées de verrues blanches. Feuilles longues de 4 à 8 pouces (celles des
pousses-gourmandes souvent longues de près de 1 pied), larges
de 1 pouce à 3 ½ pouces, d'un vert gai en dessus, d'un vert pâle
en dessous, finement réticulées, à base pointue, ou arrondie, ou
cordiforme, égale, ou inégale ; dents deltoïdes, ou ovales, ou arrondies, plus ou moins fortes, plus ou moins rapprochées, longuement aristées : pointe raide, presque piquante ; côte forte,
plane en dessus, saillante en dessous ; nervures latérales fines,
nombreuses, subrectilignes. Pétiole long de 4 à 12 lignes, pourpre, ou violet, ou jaunâtre. Bourgeons ovales, pointus ou obtus, à 2 écailles externes, brunes, luisantes, glabres, recouvrantes, et à 4 écailles internes, cotonneuses. Épis-mâles à peu près
aussi longs que les feuilles, grêles, cylindracés, en général denses. Périanthe 5-à 8-parti, 5-à 20-andre (ordinairement 12-an-
dre) ; segments suboblongs. Étamines 3 à 4 fois plus longues
que le périanthe ; anthères répandant une forte odeur sperma-
tique. Involucres-femelles solitaires ou au nombre de 2 ou 3 à
la base des épis supérieurs (ou moins souvent à la base de tous
les épis), 2-ou 3-flores, squarreux, accompagnés chacun d'une
collerette d'écailles foliacées, suboblongues, non-persistantes.
Fleurs saillantes. Périanthe à limbe 5-à 8-parti. Stigmates en

environs de ce même Châtaignier, il en existe plusieurs autres, d'une vigueur parfaite, et dont les troncs ont de 58 à 75 pieds de circonférence.
En France, il existe, dans le département du Cher, près de Sancerre, un
Châtaignier de trente pieds de circonférence à hauteur d'homme ; on
estime son âge à environ mille ans ; le tronc de cet arbre est parfaitement
sain, et il rapporte, chaque année, une quantité immense de fruits.

même nombre que les lobes du périanthe, d'un jaune verdâtre. Involucres-fructifères courtement pédonculés, subglobuleux, ou sphériques, densement hérissés, de 1 à 2 pouces de diamètre. Noix plus ou moins distinctement striée, de forme et de volume variables, très-glabre, ou soyeuse vers le sommet.

Cet arbre, qu'on désigne vulgairement par le nom de *Châtaignier*, sans autre épithète spéciale, et dont certaines variétés de culture sont appelées *Marronniers*, croît spontanément en France et dans toutes les contrées plus méridionales de l'Europe, ainsi que dans l'Asie Mineure et les contrées voisines du Caucase. Il prospère dans les sols légers, fertiles et profonds, surtout sur les pentes des côteaux ou des montagnes peu élevées, aux expositions du midi et de l'ouest ; du reste, il ne se refuse à croître que dans les sols calcaires et dans les lieux soit trop humides, soit absolument arides. Dans le nord de la France, le Châtaignier fleurit en juin ou au commencement de juillet, et ses fruits mûrissent en octobre.

Le Châtaignier est l'un des plus précieux de nos arbres indigènes. Sa croissance est beaucoup plus rapide que celle des Chênes, car c'est dans l'espace d'environ 60 ans qu'il parvient à peu près au terme de son élévation, et à un diamètre de 2 pieds ou plus. Le bois du Châtaignier ressemble à celui du Chêne Rouvre, auquel on le substitue souvent pour la charpente des maisons : en vertu de son élasticité, il est aussi fort que ce dernier, quoique moins pesant ; mais il est moins durable lorsqu'il ne se trouve pas à l'abri des intempéries de l'air ; employé tout vert dans l'eau, il y devient presque incorruptible, pourvu qu'il reste constamment submergé : qualité qui le rend précieux pour en faire des conduits d'eau souterrains ; dans beaucoup de pays vignicoles, on le choisit de préférence pour la fabrication des cuves et des tonneaux ; il n'est pas moins utile pour le charronnage, la menuiserie et l'ébénisterie commune ; il s'en fait surtout une très-forte consommation pour cercles, cerceaux, lattes, échalas, etc. ; mais on l'estime peu à titre de combustible, parce qu'il chauffe beaucoup moins que le Chêne et le Hêtre, et qu'il brûle trop vite ; la lessive de ses cendres teint le linge en bleu. Le bois des racines de l'arbre offre de belles marbrures, et, par cette raison, on le recherche pour les ouvrages de tour et de marqueterie. L'écorce peut aussi servir au tannage.

L'usage alimentaire des châtaignes et des marrons est connu ; dans les Cévennes, le Limousin, le Périgord, la Corse et beaucoup d'autres contrées de l'Europe méridionale, les paysans en font leur principale nourriture pendant la plus grande partie de l'année ; on fait sécher les châtaignes sur des claies, au-dessus d'un feu doux, ou au four, et, ainsi préparées, elles se conservent d'une année à l'autre. En Corse, on les réduit en farine, et l'on en fait des galettes qui tiennent lieu de pain. A l'époque de la cherté des denrées coloniales, on avait trouvé le moyen d'extraire des Châtaignes la matière sucrée qu'elles contiennent, sans altérer les principes farineux de ce fruit.

Dans le Midi, on cultive, comme arbres fruitiers, un assez grand nombre de variétés du Châtaignier, parmi lesquelles les *Marronniers* sont les plus renommés chez nous, à cause de la saveur sucrée et de la grosseur du fruit ; parmi les autres variétés cultivées dans la France méridionale, on cite comme étant les meilleures : la *châtaigne Pourtalone*, la *châtaigne verte du Limousin*, la *châtaigne Égalade*, la *châtaigne hâtive noire*, la *châtaigne hâtive rousse*, la *châtaigne Mâtron* et la *châtaigne Corive*. Toutes ces variétés ne se multiplient que de greffes sur sauvageons. Dans le nord de la France, le Châtaignier sauvage ne produit que des fruits petits et peu savoureux.

Le *Châtaignier à feuilles panachées* et le *Châtaignier à feuilles de Cétérac* sont des variétés accidentelles, propagées par la greffe, et qu'on cultive dans les jardins paysagers.

CHATAIGNIER D'AMÉRIQUE. — *Castanea americana* Sweet, Hort. Brit. — *Castanea vesca* var. *americana* Mich. Flor. Bor. Amer. — Mich. fil. Arb. II, p. 156, cum fig.

Ce Châtaignier est probablement identique avec l'espèce d'Europe ; nous n'avons pu trouver aucune différence entre l'un et l'autre, quant aux feuilles et aux fleurs ; nous n'avons pas vu le fruit du Châtaignier d'Amérique, mais, d'après la figure qu'en donne M. Michaux, il serait aussi le même que celui du Châtaignier sauvage d'Europe. Les auteurs qui admettent le Châtaignier d'Amérique soit comme espèce, soit comme variété distincte du Châtaignier d'Europe, caractérisent celui-ci par des feuilles pubescentes en dessous aux aisselles des nervures, et le Châtaignier d'Amérique par des feuilles très-glabres, plus larges; mais le Châtaignier d'Europe se rencontre assez fréquemment à feuilles très-glabres en dessous, et la largeur des feuilles est tout aussi variable chez l'un que chez l'autre.

Ce Châtaignier croît dans les forêts des États-Unis, depuis la Floride jusque vers le 43ᵉ degré; il atteint 60 à 70 pieds de haut, sur 3 à 5 pieds de diamètre; c'est aussi un arbre très-précieux pour ces contrées, en raison des emplois de son bois, qui a les mêmes qualités que celui du Châtaignier d'Europe. Ce bois est recherché surtout pour faire les pieux qui servent à enclore les champs. Le fruit, suivant M. Michaux, est plus petit et plus sucré que celui du Châtaignier des forêts de l'Europe.

B. *Feuilles-adultes glabres en dessus, cotonneuses-incanes en dessous (rarement glabrescentes). Involucre-fructifère 2-valve, 1-carpe. Noix petite, ovale-globuleuse ou ovoïde, point acuminée.*

CHATAIGNIER CHINCAPIN. — *Castanea pumila* Mich. Flor. Bor. Amer. — Mich. fil. Arb. II, p. 166, cum fig. — *Fagus pumila* Walt. Carol. — *Fagus nana* Duroi. — Feuilles oblongues, ou elliptiques-oblongues, ou oblongues-obovales, ou lancéolées-obovales, ou lancéolées-oblongues, ou lancéolées, ou oblongues-lancéolées, obtuses, ou pointues, ou acuminées, érosées-denticulées, ou érosées-dentelées, ou érosées-crénelées, ou sinuées-dentées, ou incisées-dentées, ordinairement cotonneuses en dessous; dents ou crénelures mucronées. Épis-mâles à peu près aussi longs que les feuilles, tantôt denses, tantôt interrompus. — Buisson de 5 à 15 pieds; moins souvent arbre de 30 à 40 pieds de haut, sur 12 à 15 pouces de diamètre. Feuilles longues de 2 à 4 pouces, d'un vert gai en dessus, à dents de forme et de grandeur très - variables ; base pointue, ou arrondie, ou subcordiforme. Pétiole long de 2 à 6 lignes. Épis plus grêles que ceux du Châtaignier commun. Involucre-fructifère courtement ou plus ou moins longuement pédonculé, sphérique, du volume d'une grosse Cerise. Noix obscurément pentagone, du volume d'une Noisette sauvage, soyeuse au sommet.

Cette espèce croît aux États-Unis, depuis la Floride jusqu'au New-York, dans les bois sablonneux ; ce n'est que dans les terrains frais et fertiles des provinces méridionales qu'elle s'élève en arbre. Son bois, lorsqu'on peut l'obtenir assez gros pour en faire des pieux, est plus estimé que celui du Châtaignier commun d'Amérique, parce qu'il est plus dur, et qu'il résiste mieux à l'humidité. Le fruit est très-sucré, et par cette raison assez recherché, malgré son petit volume. — Ce Châtaignier se cultive, chez nous, comme arbuste d'ornement ; mais il résiste avec peine au climat du nord de la France.

SECTION II.

Feuilles (coriaces ?) dentelées. Fleurs polygames. Épis subterminaux, paniculés, filiformes ; les uns mâles, plus nombreux ; les autres androgynes. Cupule irrégulièrement ruptile, 1-à 3-carpe.

CHATAIGNIER DE L'INDE. — *Castanea indica* Roxb. Flor. Ind. ed. 2, vol. 3, p. 643. — Arbre peu élevé. Tronc assez droit. Ramules cotonneux. Feuilles longues de 4 à 8 pouces, larges de 2 à 4 pouces, oblongues, pointues, dentelées, glabres en dessus, cotonneuses en dessous ; dentelures mucronées. Stipules ensiformes. Épis cotonneux. *Fleurs-mâles* fasciculées sur le rachis. Périanthe 6-parti, 12-andre. *Fleurs-hermaphrodites* ordinairement éparses. Périanthe conforme à celui des fleurs-mâles. Étamines 12, alternativement plus longues et plus courtes. Ovaire 3-loculaire. Involucre-fructifère obové ou subglobuleux ; spinelles subulées, fasciculées. Noix ellipsoïde, d'un brun clair (*Roxburgh, l. c.*) — Cette espèce habite le Bengale oriental ; elle fleurit en novembre et en décembre ; son fruit, qui a une saveur de Noisette, mûrit 8 à 10 mois plus tard.

ESPÈCE INCOMPLÉTEMENT CONNUE.

CHATAIGNIER A FEUILLES DORÉES. — *Castanea chrysophylla*
Douglas, mss. ex Hook. Flor. Bor. Amer. II, p. 159. — Arbre
s'élevant à 70 pieds. Feuilles longues de 4 à 5 pouces, persistantes, coriaces, lancéolées, très-entières, acuminées, d'un beau
vert en dessus, couvertes en dessous d'une poussière d'un jaune
doré. Épis solitaires, axillaires, longs seulement de 1. pouce.
(*Hooker, l. c.*) — Cette espèce a été observée par Douglas, dans
la Californie septentrionale.

Genre HÊTRE. — *Fagus* Tourn.

Fleurs monoïques : les mâles en capitules pendants,
longuement pédonculés ; involucres-femelles 2-flores, solitaires, pédonculés. — *Fleurs-mâles* : Périanthe pédicellé,
campanulé, 4-à 6-fide, 8-à 12-andre, membranacé, subscarieux, poilu : lobes presque égaux. Étamines saillantes ;
filets flasques, capillaires ; anthères cordiformes-oblongues,
basifixes, obtuses, subapiculées, latéralement déhiscentes ;
connectif très-étroit, continu avec le filet ; bourses 2-val-
ves. — *Fleurs-femelles* : Périanthe à limbe coroniforme,
irrégulièrement lacinié, chartacé, marcescent. Ovaire trièdre, 3-loculaire, rétréci au sommet en col couronné de
3 stigmates filiformes, pubérules, dressés, saillants, marcescents, finalement oblitérés. Involucre-fructifère ovoïde
ou obové, presque ligneux, épais, clos, spinelleux, cotonneux, finalement 4-valve ; spinules simples, subulées,
squarreuses. Noix coriace, trièdre, ovale-pyramidale,
écostée, ou 3-costée sur chaque face ; angles marginés ; endocarpe crustacé, inséparable. Graine trièdre ; tégument
mince, crustacé. Embryon huileux ; cotylédons assez gros,
cohérents, irrégulièrement plissés, inégaux, épigés en germination ; radicule courte, conique, saillante. — Arbres.
Rameaux et ramules cylindriques, flexueux. Jeunes-
pousses obscurément anguleuses. Feuilles alternes, non-
persistantes, subcoriaces, subsinuolées, ou dentelées, ou

dentées, ou (par variation) pennatifides, plus ou moins
inéquilatérales, courtement pétiolées, plissées en dessus,
ondulées : les jeunes soyeuses aux 2 faces (de même que
les pétioles, les pédoncules, et les jeunes-pousses); les
adultes luisantes, glabres en dessus, plus ou moins ciliées,
pubescentes en dessous (du moins aux aisselles des nervures). Pétiole subcylindrique. Stipules scarieuses, submar-
cescentes : les inférieures (sur chaque ramule) liguliformes ou spathulées ; les supérieures sublinéaires. Feuilles-co-
tylédonaires obréniformes, assez grandes, sessiles, un peu
charnues. Bourgeons de 12 à 22 écailles imbriquées sur
4 rangs ; bourgeons-floraux point aphylles, renfermant les
fleurs des 2 sexes. Floraison vernale, un peu moins précoce
que les feuilles. Capitules-mâles axillaires et latéraux (à la
base des jeunes-pousses), petits, assez denses, sub-20-flores,
subovales, plus nombreux (sur chaque ramule-floral) que
les inflorescences femelles, solitaires à chaque aisselle, sans
autre involucre que 2 à 4 écailles scarieuses (conformes
aux stipules), insérées au-dessus du milieu du pédoncule
et tombant en général avant la floraison ; pédoncules
grêles, subfiliformes. Involucres-femelles solitaires ou au
nombre de 2 (rarement au nombre de 3) sur chaque ramule-floral, terminaux, ou axillaires, ou axillaires et terminaux, moins longuement pédonculés que les capitules-
mâles, à l'époque de la floraison subcampanulés, 4-fides,
velus, hérissés de longues soies accrescentes, accompagnés
d'une collerette d'écailles scarieuses (conformes aux stipules) et caduques ; pédoncules droits ou presque droits,
raides, épaissis au sommet, solitaires. Fleurs-mâles petites,
courtement pédicellées, à périanthe roussâtre, ou panaché
de brun et de violet, ou panaché de vert et de violet. Anthères jaunes, assez grandes en proportion à la fleur. Filets
blanchâtres. Fleurs-femelles assez grandes : ovaire et périanthe velus. Involucre-fructifère continu avec le pédoncule, persistant après la déhiscence, simulant une capsule
ligneuse, 1-loculaire, 4-valve jusqu'au delà du milieu.

Noix brunes, luisantes, à peu près aussi longues que l'involucre, glabres excepté au sommet, tronquées à la base, acuminulées au sommet par les restes du périanthe, se détachant du fond de l'involucre et tombant dès que celui-ci s'ouvre; aréole-basilaire petite, triangulaire. — Nous ne comprenons dans ce genre que les deux espèces dont nous allons traiter.

A. *Feuilles légèrement et inégalement érosées-crénelées ou obscurément érosées-denticulées, subobtuses ou très courtement acuminées, le plus souvent ovales ou ovales-elliptiques. Périanthe-mâle à lobes linéaires-lancéolés, pointus. Involucre-fructifère point rugueux, s'ouvrant seulement jusqu'au delà du milieu; base turbinée, très-épaisse; spinelles molles vers leur sommet. Noix écostée.*

HÊTRE COMMUN. — *Fagus sylvatica* Linn. — Duham. Arb. 1, tab. 98. — Duham. ed. nov. vol. II, tab. 24. — Engl. Bot. tab. 1846. — Guimp. et Hayn. Deutsch. Holz. tab. 143. — *Fagus sylvestris* Gærtn. Fruct. tab. 37, fig. 2.—Feuilles ovales, ou obovales, ou ovales-elliptiques, ou elliptiques, ou subrhomboïdales. Involucre-fructifère obové : spinelles réfléchies, la plupart arquées, sétacées vers leur sommet.

—β : A FEUILLES POURPRES. —*Fagus atro-purpurea, Fagus sanguinea* et *Fagus ferruginea* Hortul. (non *Fagus ferruginea* H. Kew. nec Mich.)—*Fagus atrorubens* Duroi.—*Fagus latifolia* L'hérit. — Feuilles d'un pourpre brunâtre ou violet. — Cette variété, nommée vulgairement *Hêtre pourpre*, se rencontre parfois parmi le Hêtre des bois; Duroi l'a observée, le premier, dans les montagnes de la Thuringe; suivant Pollini, elle n'est pas rare dans les forêts du versant méridional des Alpes. On la multiplie de greffes, et on la plante fréquemment dans les bosquets, où elle est d'un très-bel effet.

—γ : A FEUILLES D'UN VERT CUIVREUX. — *Fagus ænea* et *Fagus cuprea* Hortul. — Cette variété mérite à peine d'être distinguée de la précédente, dont elle ne diffère que par la teinte plus verdâtre des feuilles. — On la cultive de même dans les plantations d'agrément.

— δ : A FEUILLES PANACHÉES. — *Fagus variegata* Hortul. — Feuilles panachées de jaune et de blanc. — Variété de culture.

— ε : A FEUILLES BLANCHES. — *Fagus sylvestris nivea* Bechst. Forstb. — Feuilles d'un blanc pur. — Cette variété se rencontre parmi le Hêtre des bois, mais elle est très-rare et difficile à propager.

— : A FEUILLES DE COMPTONIA. — *Fagus comptoniæfolia* Desfont. Hort. Par. — *Fagus comptoniæfolia, Fagus asplenifolia* et *Fagus heterophylla* Hortul. — *Fagus sylvatica* β : *laciniata* Reichb. Flor. Germ. Excurs. — Feuilles lancéolées, étroites, pointues : les unes très-entières ; les autres incisées-crénelées, ou sinuées-pennatifides, ou crénelées d'un côté et pennatifides de l'autre côté. — Variété de culture, très-remarquable par la forme des feuilles.

— η : A FEUILLES EN FORME DE CRÊTE (vulgairement *Hêtre Crête-de-coq*). — *Fagus cristata* Hortul. — *Fagus comptoniæfolia* β : *cristata* Steud. Nomencl. — Variété de culture.

— θ : A FEUILLES DE CHÊNE. — *Fagus quercifolia* Hortul. — Feuilles sinuées-dentées ou sinuées-pennatifides, de formes semblables à celles du type de l'espèce. — Variété peu répandue dans la culture ; suivant Bechstein, on la rencontre parfois parmi le Hêtre des bois.

— ι : HÊTRE PLEUREUR. — *Fagus pendula* Hortul. — Branches et rameaux pendants. — Variété de culture, recherchée comme arbre d'ornement.

Arbre atteignant, dans les localités favorables, 100 à 120 pieds de haut, sur 2 à 4 pieds de diamètre. Racines longues, fortes, horizontales, peu profondes. Tronc droit, cylindrique, souvent indivisé jusqu'à la hauteur de 50 à 80 pieds. Branches grosses, très-rameuses, dressées ou presque dressées lorsque l'arbre croît

en masses, en général horizontales lorsque l'arbre croît isolément (pendantes chez la variété dite *Hêtre pleureur*). Rameaux
et ramules étalés ou un peu inclinés, d'un brun de Châtaigne,
ou grisâtres. Écorce assez mince, lisse (1), d'un vert grisâtre
sur les jeunes troncs, puis d'un gris de cendres. Bois très-solide,
pesant, compacte, blanc, ou rougeâtre, ou d'un jaune ferrugineux. Bourgeons coniques, ou cylindracés, ou (surtout les floraux) fusiformes, pointus, longs de 4 à 9 lignes, bruns, glabres,
ou pubescents; écailles ovales ou elliptiques, obtuses ou pointues. Feuilles longues ordinairement de 2 à 3 pouces, sur 1 ¹/₂ à
2 pouces de large (celles des pousses-gourmandes atteignant jusqu'à 6 pouces de long), d'un vert foncé en dessus, plus ou
moins densement ciliées (finalement en général glabrescentes aux bords), barbellulées en dessous aux aisselles des nervures et quelquefois, en outre (même les adultes), pubescentes
sur la côte et les nervures. Base légèrement cordiforme, ou arrondie, ou tronquée, ou pointue, ou semi-cordiforme, plus ou
moins inégale; dents ou crénelures inégales, obtuses, mutiques.
Pétiole long de 3 à 6 lignes, assez gros, jaunâtre, ou verdâtre,
ou rougeâtre, toujours velu ou soyeux. Stipules roussâtres, velues, plus longues que les pétioles. Pédoncules des capitules-
mâles longs de 1 pouce à 2 pouces. Périanthe-mâle long d'environ 2 lignes, verdâtre ou jaunâtre vers la base, d'un pourpre
violet ou noirâtre vers le sommet, fortement et longuement velu.
Étamines longues d'environ 4 lignes. Pédoncules-féminiflores
longs de ¹/₂ pouce à 1 pouce (toujours plus courts que les feuilles). Involucre-florifère densement hérissé de longues soies roussâtres. Involucre-fructifère cotonneux-ferrugineux, plus ou
moins densement spinelleux, long de 8 lignes à 1 pouce; valves
ovales ou ovales-lancéolées, pointues, larges de 3 à 4 lignes.
Noix (ordinairement géminées dans chaque involucre, rarement
solitaires ou ternées) longues d'environ 6 lignes, d'un brun de

____

(1) Bechstein signale une variété à écorce épaisse, carrément rimeuse,
observée par lui çà et là dans des forêts de Hêtres reposant sur un sol cal-
caire, à l'exposition du nord.

Châtaigne, lisses ; faces ovales ou elliptiques, larges de 3 à 4 lignes. Graine à tégument lisse, d'un brun violet.

Cette espèce, connue sous les noms vulgaires de *Hêtre, Fau, Fayard,* et *Foyard,* croît dans la plus grande partie de l'Europe, ainsi que dans l'Asie Mineure et le Caucase (1) ; elle forme de vastes forêts dans les plaines et sur les basses montagnes de l'Europe centrale et de l'Europe occidentale (jusque vers le 60ᵉ degré, en Suède et en Norwége ; jusqu'au 50ᵉ degré seulement en Russie) ; dans les contrées plus méridionales, on ne la rencontre que dans les régions montueuses d'une certaine élévation. Le Hêtre se cantonne de préférence sur les versants de l'est ou du nord, et, à la faveur de ces expositions, il devient plus fort que dans celles de l'ouest et du midi, les conditions du sol étant les mêmes ; les sols un peu frais, mêlés de sable et d'argile, sont ceux qui lui conviennent le mieux ; mais, du reste, il s'accommode de toute autre sorte de terrain, et il ne se refuse à croître que dans les lieux marécageux ou trop humides ; il vient même mieux que tout autre arbre indigène, dans les sols crayeux ou pierreux. Les forêts de Hêtres sont en général trop touffues pour permettre à d'autres végétaux ligneux de vivre sous leur ombre ; et il n'y croît même qu'un petit nombre d'espèces herbacées. La croissance du Hêtre est beaucoup plus rapide que celle des Chênes : il atteint le terme de son développement en hauteur, ainsi que la majeure partie de celui en grosseur, dans l'espace de 120 à 160 ans ; mais dans les conditions favorables à son existence, il continue à augmenter en diamètre jusqu'à l'âge de 300 ans, ou plus ; il ne commence à fructifier abondamment qu'à l'âge de 50 à 60 ans. Dans le nord de la France, le Hêtre fleurit en avril ou au commencement de mai ; le fruit mûrit en automne. Chez beaucoup d'individus, les feuilles sèchent sur l'arbre, et persistent ainsi jusqu'au printemps suivant.

---

(1) Plusieurs auteurs admettent à tort que cette espèce croît aussi dans l'Amérique septentrionale ; cette erreur provient de ce que l'espèce d'Amérique avait été confondue avec celle de l'ancien continent.

Le Hêtre ne le cède guère aux Chênes sous le rapport de l'utilité. Aucun de nos arbres indigènes, à l'exception du Charme et de l'Érable - Sycomore, ne fournit un aussi bon combustible, soit comme bois de chauffage, soit comme charbon ; la puissance calorifique du bois de Hêtre, comparativement à celle du bois d'Orme et de Chêne, est à peu près comme 10 à 9. Les cendres de Hêtre contiennent une quantité considérable de potasse, et elles fournissent, par conséquent, une excellente lessive. Le bois de Hêtre est peu approprié à la charpente, parce qu'il manque d'élasticité, et qu'il est sujet à se fendre, ainsi qu'à être attaqué par les insectes ; toutefois, on peut remédier en partie à ces inconvénients en le carbonisant légèrement à la surface, ou en le tenant submergé pendant 4 à 5 mois : ainsi préparé, on l'emploie, en Angleterre, aux constructions navales ; du reste, il est presque incorruptible sous l'eau, et, par cette raison, on s'en sert avec avantage pour les constructions des moulins. Le Hêtre est l'un des bois le plus généralement employés à une quantité d'autres usages : il est excellent pour les ouvrages de menuiserie, de tour, de charronnage, de carrossiers, de layetiers et de beaucoup d'autres métiers ; on le recherche surtout pour la fabrication des rames, des sabots, des instruments de labourage, des pelles, des pressoirs, des vis, des manches à outils, etc. Comme il est susceptible d'un assez beau poli, et qu'il prend facilement toutes les couleurs, on en fait toutes sortes de meubles communs, mais solides. La râpure et les copeaux de bois de Hêtre s'emploient de préférence pour la clarification des vins.

L'écorce du Hêtre peut servir au tannage, mais elle est moins efficace que celle des Chênes ; jadis elle était usitée en thérapeutique, à titre de remède détersif et astringent.

Outre l'utilité si générale de son bois, le Hêtre offre un autre avantage précieux dans ses fruits (qu'on appelle *faînes*), qui abondent en huile-grasse, excellente pour l'usage alimentaire ; cette huile est moins estimée que celle de Noix ; mais elle se conserve une dizaine d'années sans rancir, et dans beaucoup de contrées, on n'en emploie guère d'autre. Les faînes fraîches ont une saveur agréable et semblable à celle des Noisettes ; mais on prétend qu'étant mangées crues et en quantité, elles causent des vertiges et des étourdissements ; tous les animaux frugivores en sont très-friands ; elles font engraisser promptement les porcs et la volaille.

Le Hêtre est un arbre précieux pour la décoration des jardins paysagers, et, à ce titre, l'on donne la préférence aux variétés à feuilles pourpres, ainsi qu'à celle dite Hêtre pleureur ; on en forme aussi des avenues magnifiques ; on le choisit souvent pour faire des haies, parce qu'il se prête à merveille à la taille ; les charmilles de Hêtre deviennent plus hautes et d'un aspect plus agréable que celles du Charme même.

Les Hêtres ne peuvent se multiplier que de greffes par approche, ou de graines ; celles-ci ne conservent leur faculté germinative jusqu'au printemps suivant qu'étant stratifiées, et tenues, pendant l'hiver, à l'abri des gelées. Les jeunes plants ont besoin d'ombre et d'humidité ; on les déplante sans risque tant qu'ils n'ont pas plus de 5 pieds de haut.

B. *Feuilles régulièrement érosées - denticulées, ou érosées dentées, ou sinuées-dentées, pointues ou plus ou moins longuement acuminées, le plus souvent elliptiques-oblongues ou ovales-lancéolées. Périanthe des fleurs-mâles à lobes oblongs, obtus. Involucre-fructifère très-rugueux, déhiscent jusqu'à la base, laquelle est arrondie ; spinelles piquantes. Noix à faces tricostées.*

HÊTRE D'AMÉRIQUE.—*Fagus americana* Sweet, Hort. Brit. —*Fagus sylvestris* Mich.! Flor. Bor. Amer. (non Gærtn.)—*Fagus ferruginea* Hort. Kew. (1)—*Fagus sylvatica* (β : *americana*) et *Fagus ferruginea* Pursh, Flor. Amer.—*Fagus caroliniana*

---

(1) Ce nom fait allusion à la couleur du bois de l'espèce, et point à celle des feuilles ; il est du reste impropre, parce que ce bois est tantôt blanchâtre, tantôt rougeâtre ; aussi croyons nous devoir préférer le nom de *Fagus americana*, d'autant plus que celui de *Fagus ferruginea* est souvent appliqué aux variétés à feuilles pourpres du Hêtre d'Europe.

Bosc. Dict. — Desfont. Hort. Par. — *Fagus castaneæfolia*
Audib. Cat. — *Fagus sylvestris* et *Fagus ferruginea* Mich.
fil. Arb. II, p. 170 et 174, cum fig. (1) — Feuilles ovales, ou
ovales-lancéolées, ou ovales-oblongues, ou ovales-elliptiques, ou
elliptiques - oblongues, ou lancéolées - oblongues, ou lancéolées-
elliptiques, ou sublancéolées, ordinairement acuminées. Involucre-fructifère court, ovoïde : spinelles subulées, les unes arquées, les autres rectilignes ; la plupart réfléchies. — Arbre atteignant 50 à 100 pieds de haut, sur 2 à 4 pieds de diamètre.
Tronc droit, cylindrique, branchu plus ou moins loin de terre ;
écorce blanchâtre ou grisâtre, unie, épaisse. Bois blanc ou rougeâtre, d'un grain fin et serré. Rameaux et ramules étalés ou inclinés, d'un brun de Châtaigne, ou grisâtres. Cime très-ample,
très-touffue. Bourgeons bruns ou jaunâtres, en général longs,
coniques ou cylindracés, pointus, moins souvent courts et
obtus. Feuilles longues de 2 à 5 pouces, d'un vert gai en dessus,
d'un vert pâle en dessous, plus épaisses et en général plus grandes que celles du Hêtre commun, de forme ordinairement très-
variable sur le même arbre, les jeunes plus ou moins densement
ciliées, les adultes ordinairement glabrescentes aux bords, tantôt mollement pubescentes en dessous, tantôt glabres, excepté
aux aisselles des nervures ; dents ou dentelures deltoïdes, pointues ; base égale ou plus ou moins inégale, légèrement cordiforme, ou arrondie, ou pointue, ou semi - cordiforme, ou tronquée. Pétiole long de 2 à 5 lignes, velu. Stipules et capitules-

---

(1) Ces deux planches de l'ouvrage de M. A. Michaux représentent
les deux extrêmes des variations qu'offrent les feuilles de l'espèce quant
à leurs dents ou dentelures : la figure inscrite *Fagus sylvestris*, montre
une forme à feuilles légèrement denticulées ; sur l'autre figure inscrite
Fagus ferruginea, les feuilles sont sinuées-dentées ; mais entre ces deux
formes de feuilles, considérées par M. Michaux et plusieurs auteurs de
Flores de l'Amérique septentrionale, comme caractères distinctifs de
deux espèces, on trouve dans la Nature tant d'intermédiaires, qu'il devient
même impossible de les admettre comme types de variétés. Les caractères que plusieurs autres auteurs ont cru trouver dans la forme des fruits
de ces deux prétendues espèces sont également faux ou inconstants.

mâles semblables à ceux du Hêtre d'Europe. Périanthe-mâle roussâtre, à peine long de plus de 1 ligne. Étamines 1 fois plus longues que le périanthe. Pédoncules-féminiflores longs de 3 à 5 lignes. Involucre-florifère densement hérissé de soies roussâtres ou jaunâtres, velues. Pédoncules-fructifères aussi longs que les pétioles ou jusqu'à 1 fois plus longs. Involucre-fructifère long de $^1/_2$ pouce à 1 pouce, plus ou moins densement spinelleux, cotonneux-ferrugineux; spinelles plus raides et plus fortes que celles du *Fagus sylvatica*, cotonneuses-ferrugineuses, plus ou moins glabrescentes vers leur sommet; valves ovales, pointues, larges d'environ 4 lignes. Noix d'un brun de Châtaigne, ordinairement géminées dans chaque involucre, lisses; faces ovales ou elliptiques, à côtes asez fortes, parallèles, convergentes aux 2 bouts.

Cette espèce croît dans l'Amérique septentrionale, depuis la Géorgie jusqu'au Canada; on la désigne par les noms de *Hêtre rouge* et de *Hêtre blanc*, suivant que son bois est ou blanchâtre, ou rougeâtre; elle forme de vastes forêts dans les États de l'ouest et du nord de l'Union, ainsi que dans le Nouveau-Brunswick, la Nouvelle-Écosse et le Canada; sur le littoral des États du milieu et du midi, on ne la trouve en général qu'éparse parmi les autres arbres forestiers, et de taille moins considérable; elle se plaît dans les sols profonds, fertiles et un peu humides : dans les localités de cette nature, elle devient l'un des plus beaux arbres de l'Amérique septentrionale.

Le bois du Hêtre d'Amérique est inférieur à celui du Hêtre d'Europe; on ne l'emploie guère aux constructions, parce qu'il est sujet au ravage des insectes, ainsi qu'à pourrir promptement lorsqu'il reste exposé aux alternatives de sécheresse et d'humidité; dans le nord, il est assez estimé comme combustible; mais dans les contrées plus méridionales où les Chênes et Noyers abondent, on préfère ceux-ci à cet usage. Au Maine et dans les contrées plus septentrionales, où les Chênes sont rares, on se sert du bois du Hêtre, après l'avoir débarrassé de tout son aubier, pour la charpente inférieure des navires.

Comme arbre d'ornement, le Hêtre d'Amérique mériterait

peut-être la préférence sur celui d'Europe, car son feuillage est encore plus élégant et d'un vert plus gai ; toutefois cet arbre paraît ne pas se plaire dans le climat du nord de la France ; aux plantations de Paris et des environs, il n'en existe que des individus très-chétifs.

IIe TRIBU. LES CUPULIFÈRES-BÉTULOIDÉES.— *CUPULIFERÆ-BETULOIDEÆ* Spach.

Fleurs-mâles (naissant toujours d'autres bourgeons que les fleurs-femelles) apérianthées, disposées en chatons écailleux, ébractéolés, cylindracés, développés dès l'été précédent, pendants lors de l'anthèse ; écailles 1-flores, concaves, onguiculées, point peltées, subcoriaces, ciliées, imbriquées sur plusieurs rangs, plus longues que les étamines. Étamines fasciculées, insérées vers la base des écailles. Filets indivisés ou bifurqués, rectilignes en préfloraison. Anthères médifixes, barbues au sommet, dépourvues de connectif, 1-thèques, ou à 2 bourses disjointes soit complétement, soit à partir du milieu. — Fleurs-femelles toujours solitaires dans chaque involucre. Ovaire 2-loculaire (accidentellement 3-loculaire) ; ovules solitaires dans chaque loge. Involucres-fructifères membranacés ou foliacés. Nucules osseuses. Embryon huileux.

Fleurs toujours monoïques : les femelles sans étamines rudimentaires. Bourgeons des chatons-mâles aphylles, à écailles caduques longtemps avant la floraison (dès l'été précédent, sitôt que les chatons commencent à paraître aux aisselles des feuilles). Bourgeons des inflorescences-femelles à écailles caduques seulement après la floraison. — *Chatons-mâles* (à l'époque de la floraison) latéraux ou terminaux sur les ramules de l'année précédente, fasciculés (rarement solitaires), ou en courtes grappes dans chaque bourgeon, sessiles, denses, dressés avant la floraison. Anthères assez grosses, jaunâtres. Écailles-staminifères brunâtres, souvent scarieuses aux bords. — *Fleurs-femelles* en épis ou en glomérules, d'abord latérales, plus tard terminales (par suite de l'allongement de la partie inférieure du rachis en ramule feuillé). Involucres géminés, articulés au rachis, chaque paire accompagnée d'une bractée membranacée ou herbacée.

SECTION 1. CORYLÉES. — *Coryleæ* Spach.

Fleurs hivernales, beaucoup plus précoces que les feuilles; les femelles en glomérules (sessiles lors de l'anthèse) à bractées persistantes. — Chatons-mâles à écailles bi-appendiculées. Anthères 1-thèques. Involucres-fructifères charnus à la base, campanulés ou tubuleux, multifides, glomérulés, ou fasciculés, ou géminés, ou solitaires, accompagnés d'un nombre plus ou moins considérable d'involucres abortifs. Cotylédons très-gros, soudés, hypogés, point rugueux.

Genre COUDRIER. — *Corylus* Tourn.

Chatons-mâles géminés (rarement solitaires) ou en grappes, latéraux, ou latéraux et terminaux. Fleurs 5- à 8-andres. Écailles-staminifères cunéiformes-obovales, mucronées, à appendices subconformes, débordants, confluents inférieurement avec l'onglet. Filets courts, capillaires, indivisés. Anthères elliptiques. — *Glomérules-femelles* solitaires, lors de l'anthèse dressés et recouverts (à l'exception des stigmates) par les écailles-gemmaires. Bractées imbriquées, foliacées. Stigmates 2, divergents, soudés par la base. Involucres-fructifères sessiles (rarement solitaires) au sommet d'un pédoncule-commun plus ou moins incliné, tantôt un peu plus courts que le fruit, tantôt plus longs. Noix ovale, ou oblongue, ou subglobuleuse, obtuse, subcylindrique, ou obscurément anguleuse, ou plus ou moins comprimée, assez grosse, osseuse, lisse, plus ou moins striée, finalement caduque sans l'involucre; limbe du périanthe réduit à un rebord presque inapparent. —

Arbres, ou arbrisseaux multicaules, très-rameux. Jeunes-
pousses et feuilles-naissantes satinées. Ramules subcylindriques, flexueux. Feuilles distiques, courtement pétiolées,
non-persistantes, assez minces, plissées en dessus, simplement ou doublement dentées (ou crénelées), plus ou moins
fortement anguleuses (par variation pennatifides), acuminées-cuspidées, de forme variable chez toutes les espèces (en
général ovales-orbiculaires, ou ovales-elliptiques, ou elliptiques-orbiculaires, moins souvent obovales, ou obovales-
orbiculaires, ou suborbiculaires, ou elliptiques-oblongues,
ou oblongues), à base tantôt égale, tantôt inégale, en général
cordiforme. Pétiole cylindrique ou obscurément trigone,
point canaliculé, souvent hérissé (de même que les jeunes-
pousses, les pédoncules, et les involucres) de soies glandulifères. Stipules de forme très-variable (chez toutes les espèces) : celles des ramules-floraux la plupart liguliformes,
subscarieuses, très-fugaces ; celles des pousses-gourmandes
moins caduques, subherbacées, ovales, ou ovales-oblongues,
ou ovales-lancéolées, ou oblongues-lancéolées, ou oblongues, obtuses, ou acuminées. Chatons-mâles assez longs,
horizontaux ou déclinés en préfloraison, flasques et pendants à l'époque de la floraison ; écailles panachées de
brun et de jaune. Anthères rougeâtres avant l'anthèse.
Stigmates pourpres. Fruit de forme et de volume variables
(chez toutes les espèces). Graine grosse, conforme à la cavité de la noix ; téguments nerveux ; cotylédons subovales,
arrondis aux 2 bouts ; radicule très-courte, conique, obtuse, complétement recouverte par les cotylédons. — Ce
genre appartient aux régions tempérées de l'hémisphère
septentrional ; le fruit (vulgairement *Noisette*) de toutes les
espèces contient une amande mangeable et huileuse ; les
espèces les plus remarquables sont les suivantes :

SECTION I. AVELLANA Spach.

Involucres-fructifères non-spinelleux, 2-partis (accidentellement 3-partis, ou fendus seulement d'un côté jus-

qu'à la base), subcampaniforme, à segments palmatifides ou profondément incisés-dentés. Noix plus longue ou plus courte que l'involucre.

a) Arbre élancé; écorce (même sur les individus assez jeunes) blanchâtre ou grisâtre, se détachant par plaques dures, plus ou moins épaisses, de forme irrégulière, composées chacune de quantité de lamelles superposées, et facilement séparables. Involucres-fructifères à segments au moins de moitié plus longs que la noix, connivents, toujours plus ou moins profondément palmatifides (à lanières plus ou moins divergentes au sommet).

COUDRIER-COLURNA. — *Corylus Colurna* Linn. — *Corylus byzantina* Desfont. Hort. Par. — Feuilles plus ou moins fortement anguleuses ou incisées-anguleuses, ordinairement cordiformes-orbiculaires, ou cordiformes-elliptiques (rarement cordiformes-ovales ou cordiformes-oblongues), souvent ondulées ou crépues; pétiole le plus souvent garni de soies ou de poils glandulifères. Fruits en général fasciculés ou subcapitellés. Noix plus ou moins comprimée, incluse. Pédoncules-fructifères inclinés ou pendants.

— α : A COURTE NOIX. — *Corylus Colurna brachycarya* Spach. — *Corylus Colurna* Wats. Dendr. Brit. tab. 99. — Involucre (long de 1 ½ à 2 pouces) 3 fois plus long que la noix, pubescent (point sétifère); segments partagés jusqu'au delà du milieu en lanières linéaires-lancéolées ou demi-lancéolées, longuement acuminées, ordinairement très-entières. Noix arrondie.

— β : A INVOLUCRES SÉTIFÈRES. — *Corylus Colurna trichochlamys* Spach. — Involucre (long de 15 à 18 lignes) de moitié à 1 fois plus long que la noix, hispide (plus ou moins densement hérissé de soies glandulifères); segments partagés jusqu'au delà du milieu en lanières linéaires-lancéolées ou subfalciformes, assez larges, acuminées, les unes bi-ou tri-furquées au sommet, les autres très-entières ou dentées. Noix ovale ou ovale-arrondie, grosse.

— γ : A GRANDS INVOLUCRES. — *Corylus Colurna macrochla-
mys* Spach. — Involucre (long de 2 pouces) 2 à 3 fois plus
long que la noix, pubérule (point sétifère) ; segments fendus
jusqu'au tiers en lanières linéaires-lancéolées ou falciformes, pointues, inégales, légèrement dentelées. Noix grosse,
ovale-arrondie.

— δ : FAUSSE-AVELINE. — *Corylus Colurna Avellanoides*
Spach. — Involucre (long d'environ 15 lignes) d'un tiers plus
long que la noix, pubérule-glanduleux (point sétifère); segments fendus jusqu'au tiers en lobes larges, oblongs-lancéolés, pointus, incisés-dentés. Noix grosse, arrondie.

— ε : A PETITS INVOLUCRES. — *Corylus Colurna leptochlamys*
Spach. — Involucre (long d'environ 1 pouce) d'un tiers ou d'un
quart plus long que la noix, cotonneux (point hispide) : segments fendus presque jusqu'à leur base en lanières denticulées,
ou dentées, ou 3-furquées, pointues, la plupart linéaires,
étroites. Noix petite, ovale.

Arbre atteignant 50 à 60 pieds de haut, sur 1 à 2 pieds de
diamètre. Tronc droit, cylindrique, branchu. Branches dressées
ou presque dressées, très-rameuses. Rameaux étalés ou pendants, à écorce brune ou grisâtre, lamelleuse. Cime touffue,
subpyramidale. Chatons-mâles longs de 2 à 3 pouces. Jeunes-
pousses glabres, ou pubescentes, ou velues, ou hispides (poils
ou soies tantôt glandulifères, tantôt sans glandes). Feuilles larges de 2 à 5 pouces (celles des pousses-gourmandes larges de 5
à 10 pouces), d'un vert foncé en dessus, d'un vert pâle en dessous, luisantes, ou non-luisantes, inégalement ou doublement
dentelées ou crénelées, plus ou moins longuement acuminées-
cuspidées, plus ou moins profondément cordiformes à la base,
barbellulées en dessous aux aisselles des nervures, ordinairement pubérules aux 2 faces ou du moins en dessous, moins
souvent glabres (excepté aux aisselles des nervures); dents ou
crénelures mucronées. Pétiole long de 4 à 12 lignes, rarement
glabre. Pédoncules-fructifères longs de ½ pouce à 1 pouce, gla-

bres, ou pubescents, ou velus, ou hispides, glanduleux, ou non-glanduleux, ordinairement gibbeux au sommet. Bractées ovales ou suborbiculaires, incisées-dentées, ou irrégulièrement palma-tifides, ordinairement réfléchies, de grandeur très-variable (mais au moins 2 fois plus courts que l'involucre), pubescentes ou his-pides comme l'involucre. Noix plus ou moins grosse, brune à la maturité.

Cette espèce, connue sous les noms vulgaires de *Coudrier* (ou *Noisetier*) *de Byzance*, *Coudrier du Levant*, *Coudrier en arbre*, et *Coudrier velu*, croît au Bannat (où elle forme des forêts, au témoignage de M. Rochel), ainsi que dans la Turquie d'Europe, et probablement aussi dans l'Asie Mineure. On cultive ce Coudrier comme arbre d'ornement ; son bois, à ce qu'on assure, est assez solide et durable pour servir aux constructions. Ses fruits sont moins estimés que ceux de certaines variétés cultivées du Noisetier commun ; mais comme leur involucre est plus ample et très-élégamment découpé, ils méritent la préférence pour orner les desserts, ou à titre de sujets pittoresques.

b) *Buisson multicaule, haut de 10 à 20 pieds : moins souvent petit ar- bre, à tronc atteignant 6 à 8 pouces de diamètre. Écorce unie, brune. Involucres-fructifères tantôt plus courts que la noix, tantôt aussi longs ou plus longs ; segments finalement plus ou moins étalés vers leur sommet, tantôt palmatifides, tantôt irrégulièrement laciniés.*

COUDRIER COMMUN. — *Corylus Avellana* Linn. — Engl. Bot. tab. 723. — Duham. ed. nov. IV, tab. 5. — Guimp. et Hayn. Deutsch. Holz. tab. 151. — Hook. Flor. Lond. tab. 17. — *Corylus americana* Mich. Flor. Bor. Amer. — *Corylus hete- rophylla* Fisch. — Feuilles plus ou moins fortement anguleuses ou incisées-anguleuses, ordinairement cordiformes-orbiculaires, ou cordiformes-elliptiques, ou cordiformes-obovales (rarement cordiformes-ovales ou cordiformes-oblongues) ; pétiole le plus souvent garni de soies ou de poils glandulifères. Fruits solitai- res, ou géminés, ou ternés (rarement glomérulés). Noix incluse ou saillante, cylindrique, ou comprimée. Pédoncules-fructifères droits ou inclinés.

— α : A NOIX ALLONGÉE.—*Corylus Avellana sylvestris* Willd. —*Corylus sylvestris* C. Bauh. — Duham. l. c. fig. — *Corylus americana* Mich. Flor. Bor. Amer. — *Corylus heterophylla* Fisch. — Noix oblongue, subcylindrique, un peu plus longue ou un peu plus courte que l'involucre. — Cette variété est l'une des plus communes dans les bois ; c'est à elle, ainsi qu'à la suivante, qu'on applique plus spécialement les noms de *Noisetier*, ou *Noisetier sauvage*.

— β : A NOIX OVALE. — *Corylus Avellana ovata* Willd. — Guimp. et Hayn. l. c. fig. —Noix obovée ou ovoïde, ordinairement un peu plus courte que l'involucre.—Cette variété n'est pas moins commune, dans les bois, que la précédente.

— γ : A NOIX BLANCHE. — *Corylus Avellana alba* Hort. Kew. —Noix petite, oblongue, blanchâtre à la maturité.—Variété de culture, connue sous le nom de *Noisetier de Barcelone*.

— δ : A NOIX STRIÉE. — *Corylus Avellana striata* Willd. — Noix subglobuleuse, plus courte que l'involucre, striée de brun et d blanc.—Variété de culture.

— ε : A FRUITS GLOMÉRULÉS. — *Corylus Avellana glomerata* Hort. Kew.—Fruits glomérulés. Noix subglobuleuse, plus courte que l'involucre. Involucre grand, palmatifide, souvent long d'environ 18 lignes, sur à peu près autant de large. — Variété de culture ; du reste, les variétés sauvages se rencontrent aussi à fruits glomérulés, et à involucre profondément palmatifide.

— ξ : A NOIX CONIQUE.—*Corylus Avellana subconica* Audib. Cat.—Variété de culture.

— η : A NOIX ROUGE. — *Corylus Avellana rubra* Audib. Cat.—Variété de culture.

— ι : A FEUILLES LACINIÉES. — *Corylus Avellana urticæfolia* Audib. Cat.—Feuilles sinuées-pennatifides : segments pointus, incisés-dentés. — Cette variété se cultive comme arbuste d'ornement.

— ε : A FEUILLES CRÉPUES. — *Corylus Avellana crispa* Loud. Variété cultivée comme arbuste d'ornement (1).

— λ : AVELINIER. — *Corylus Avellana maxima* Willd. — *Corylus Avellana grandis* Hort. Kew. — Noix obovée, ou subglobuleuse, ou ellipsoïde, très-grosse, un peu plus courte que l'involucre. Involucre subcylindracé, incisé-denté, long de 15 à 18 lignes. — Cette variété, connue sous le nom vulgaire d'*Avelinier*, est celle qu'on cultive le plus fréquemment pour l'usage de la table.

Racines fortes, pivotantes, produisant quantité de branches latérales rampantes. Tiges droites, atteignant 3 à 4 pouces de diamètre, ou rarement plus. Rameaux plus ou moins étalés. Cime irrégulière. Jeunes-pousses pubescentes, ou cotonneuses, ou hispides : poils ou soies souvent glandulifères. Bourgeons ovales, à écailles d'un brun clair, ciliolées, ovales, ou ovales-orbiculaires, ou suborbiculaires, acuminulées. Chatons-mâles longs d'environ 2 pouces. Bourgeons des fleurs-femelles naissant tantôt aux mêmes aisselles que les chatons-mâles, tantôt aux aisselles inférieures des mêmes ramules. Feuilles en général longues de 3 à 5 pouces (celles des pousses-gourmandes souvent longues de 6 à 8 pouces), d'un vert foncé et en général scabres (plus ou moins pubérules) en dessus, mollement pubescentes et d'un vert pâle (quelquefois subincanes) en dessous (ordinairement en outre barbellulées aux aisselles des nervures), inégalement dentelées ou crénelées, plus ou moins rugueuses ; dents et crénelures mucronulées. Pétiole long de 4 à 8 lignes, hispide, ou velu, ou cotonneux, ou rarement glabrescent : poils ou soies le plus souvent glandulifères. Pédoncules-fructifères longs de quelques lignes à 1 pouce, souvent garnis de soies glandulifères. Bractées et involucres de forme et de grandeur très-variables, presque glabres, ou pubérulés, ou cotonneux, ou

---

(1) MM. Audibert (Cat. 1838) font mention de plusieurs variétés qui nous sont inconnues, savoir : *Noiselier de Valbonne, de Piémont, à petits fruits, en corymbe, de la Cadière, nain, des Anglais,* et *de Lambert.*

hispidules et glanduleux. Segments de l'involucre à lanières lancéolées, ou linéaires-lancéolées, ou demi-lancéolées, ou falciformes, ou deltoïdes, ou ovales, acuminées, ou pointues, très-entières, ou dentées, ou pennatifides.

Cette espèce, connue sous les noms vulgaires de *Noisetier*, *Coudrier*, et *Avelinier* (en provençal *Avelano*), est commune dans toute l'Europe (les régions les plus boréales exceptées), dans les buissons, les bois-taillis, et sur la lisière des forêts ; elle fleurit en janvier ou en février ; ses fruits mûrissent en août ou en septembre. Le Noisetier se plaît surtout dans les terrains mélangés de chaux et d'argile, quoiqu'il vienne également dans toute autre sorte de sol, pourvu que les localités ne soient pas trop humides, et il offre l'avantage de prospérer sur les coteaux les plus ingrats. Sa durée n'est que de 3o à 4o ans, quoiqu'il se renouvelle de nouveaux jets qui repoussent de la racine, à mesure que les tiges plus anciennes s'épuisent ; c'est moyennant ces drageons enracinés qu'on multiplie facilement les variétés cultivées du Noisetier.

Le bois du Noisetier est blanc et léger, mais tenace et très-flexible, surtout étant jeune : propriété qui le fait rechercher principalement pour les ouvrages de vannerie et les menus cerceaux, ainsi que pour toutes sortes d'ustensiles ; les tiges d'une certaine grosseur servent à faire des échalas de vigne assez durables ; on prétend qu'il est beaucoup plus durable lorsqu'il a été coupé dès la chute des feuilles ; les fagots de Noisetier sont très-estimés comme combustible. Le bois des racines offre de belles marbrures : on en fait des ouvrages de tour et de marqueterie.

Tout le monde connaît l'emploi alimentaire des Noisettes ; on cultive plus généralement, pour l'usage de la table, la variété connue sous le nom d'*Aveline*, dont l'amande est plus grosse et plus savoureuse que celle des Noisettes sauvages. Les meilleures Avelines viennent de la France méridionale et de l'Espagne. L'amande de la Noisette contient environ la moitié de son poids d'une huile grasse, qui jouit des mêmes propriétés que l'huile d'amandes douces.

● Section II. TUBO-AVELLANA Spach.

Involucres-fructifères non-spinelleux, monophylles (accidentellement fendus plus ou moins profondément d'un
côté), longuement prolongés au delà de la noix en forme
de tube irrégulièrement incisé-denté au sommet, à orifice resserré.

Coudrier tubulé. — *Corylus tubulosa* Willd. — Guimp.
et Hayn. Deutsch. Holz. tab. 152. — *Corylus maxima* Mill.
— Lamk. Ill. tab. 780, fig. 9. — *Corylus rubra* Borkh. —
Noisetier-franc à fruit rouge Poit. et Turp. Arb. fruit. tab. 11.
— Feuilles plus ou moins fortement anguleuses, ordinairement
cordiformes-orbiculaires ou cordiformes-elliptiques (rarement
cordiformes-oblongues ou ovales); pétiole le plus souvent garni
de poils ou de soies glandulifères. Fruits gros, en général géminés ou ternés. Involucres conoïdes, jusqu'à 1 fois plus longs que
la noix. Noix ovale, ou ovale-oblongue, ou oblongue, plus ou
moins comprimée.

— β : a feuilles pourpres. —*Corylus tubulosa purpurea*
Audib. Cat. — *Corylus purpurea* Hortul. — Feuilles (de
même que les involucres et les noix) d'un pourpre violet.

Petit arbre, ou buisson de 10 à 20 pieds, ayant le même port
que le *Corylus Avellana*. Écorce des vieux troncs d'un brun grisâtre, un peu rimeuse. Feuilles et fleurs semblables à celles du
Corylus Avellana. Pédoncules-fructifères longs de 1/2 pouce à
1 pouce, calleux au sommet, cotonneux, ou pubérules, le plus
souvent en outre garnis de soies glandulifères. Involucres-fructifères longs de 1 1/2 pouce à 2 pouces, pubérules, quelquefois à peine plus longs que la noix, le plus souvent en outre
hispidules et glanduleux, plus ou moins profondément laciniés au
sommet; lanières inégales, conniventes, de forme très-variable.
Bractées indivisées ou laciniées, de forme variable, en général
petites. Noix en général longue d'environ 1 pouce, d'un brun
roux, ou violette; amande recouverte d'une pellicule pourpre ou
blanchâtre.

Cette espèce, originaire de l'Europe méridionale, et que les jardiniers désignent par le nom de *Noisetier franc*, se cultive fréquemment comme arbre fruitier ; ses Noisettes sont aussi estimées que les Avelines. La variété à feuilles pourpres est recherchée comme arbuste d'ornement.

COUDRIER ROSTRÉ. — *Corylus rostrata* Hort. Kew. — Willd. Arb. tab. 1, fig. 2. — *Corylus americana* Walt. — *Corylus cornuta* Duroi. — Feuilles le plus souvent oblongues ou oblongues-obovales, doublement dentelées. Involucre-fructifère subglobuleux à la base, prolongé en tube subcylindracé, beaucoup plus long que la noix, ordinairement très-hispide. — Arbuste de 3 à 4 pieds. Feuilles plus petites que celles du *Corylus Avellana*, pubescentes surtout en dessous. Involucre-fructifère à tube long d'environ 18 lignes, bifide jusqu'à moitié : segments laciniés. — Cette espèce croît dans les montagnes de la Caroline.

SECTION III. ACANTHOCHLAMYS Spach.

Involucre-fructifère 2-parti : segments laciniés et spinelleux.

COUDRIER FÉROCE. — *Corylus ferox* Wallich, Plant. Asiat. Rar. tab. 87. — Feuilles oblongues, acuminées. Noix comprimée, 2 fois plus courte que l'involucre. — Arbre d'une vingtaine de pieds ; tronc atteignant 2 pieds de circonférence. Rameaux effilés, lisses, brunâtres. Bourgeons soyeux. Feuilles longues de 3 à 4 pouces ; pubescentes aux 2 faces, velues aux nervures, semblables à celles du Charme. Stipules linéaires-lancéolées. Fruits agrégés en capitules penchés. Involucre velu. Noix à coque très-épaisse et dure. (*Wallich, l. c.*)

Cette espèce croît dans les montagnes du Népaul ; l'amande de son fruit a la même saveur que la Noisette commune.

SECTION II. **CARPINÉES.** — *Carpineæ* Spach.

Fleurs vernales, à peine plus précoces que les feuilles ; les femelles (toutes, ou du moins la plupart, fertiles) en épis lâches, pendants, pédonculés, à bractées non-persistantes, membranacées. Chatons-mâles fasciculés ou subsolitaires, à écailles inappendiculées. Anthères 2-thèques. Involucres-fructifères imbriqués en épis lâches ou en strobiles. Cotylédons épigés.

Genre OSTRYA. — *Ostrya* Micheli.

Chatons-mâles fasciculés ou en court épi au sommet des ramules de l'année précédente. Fleurs 3-à 10-andres. Écailles-staminifères scarieuses aux bords, ovales, acuminées-cuspidées. Filets filiformes, courts, indivisés. Anthères cordiformes-elliptiques, profondément bifides (à bourses cohérentes de la base jusqu'au milieu), latéralement déhiscentes. —*Épis-femelles* solitaires, inclinés, subfiliformes; bractées distiques, squarreuses, submembranacées. Ovaire couronné de 2 stigmates saillants, subulés, soudés par la base. Involucres-fructifères clos, utriculiformes, membranacés, comprimés, oblongs, obtus, mucronés, inonguiculés, beaucoup plus longs que les nucules, imbriqués en strobiles allongés, subcylindracés. Nucule petite, incluse, lenticulaire, légèrement carénée aux bords, finement striée, couronnée, à limbe (du périanthe) subcoriace, petit, marginiforme, ou irrégulièrement denté. Embryon à radicule saillante. — Arbres à écorce extérieure tombant peu à peu sous forme de plaques irrégulières. Ramules obscurément anguleux, flexueux. Bourgeons à écailles subcoriaces, imbriquées sur plusieurs rangs. Feuilles distiques, courtement pétiolées, non-persistantes, fermes, luisantes, équilatérales, ou subéquilatérales (à base peu ou point inégale), plissées, acuminées, tantôt simplement tantôt doublement dentelées, variant de forme plus ou moins allongée (chez chaque espèce). Pétiole subcylindrique, à peine canaliculé en dessus. Stipules caduques : celles des ramules-floraux larges, subscarieuses, caduques; celles des pousses-gourmandes herbacées, de forme très-variable. Chatons-mâles sessiles, cylindracés, beaucoup moins grêles que les épis-femelles (à l'époque de la floraison). Écailles-staminifères panachées de brun et de jaune, pubescentes, beaucoup plus longues que les étamines. Les jeunes-pousses au sommet desquelles naissent les épis-femelles sont très-courtes à l'époque de la floraison, mais plus tard elles forment des ramules plus ou moins allongés. Involucres (à l'époque de la floraison) plus courts que les bractées, un peu charnus, très-grêles, garnis de sétules apprimées. Strobiles plus ou moins longuement pédonculés, pendants, semblables à ceux du Houblon. Involucres-fructifères hispidules à la base (soies apprimées, blanches), pubérules, finement striés, légèrement réticulés, articulés par paires dans des excavations cupuliformes du rachis, finalement caducs avec la nucule. Nucules ovales ou ovales-oblongues, luisantes, minces, presque testacées, en général pubescentes au sommet. Graine conforme à la cavité de la nucule; tégument mince, membranacé. Cotylédons plano-convexes, point chiffonnés, obovales, basifixes, distincts; radicule courte, conique, obtuse. — Ce genre ne comprend que les deux espèces suivantes; l'élégance de leur port les fait cultiver fréquemment dans les plantations d'agrément.

A. *Nucule à limbe minime, marginiforme, tronqué, très-entier; feuilles poncticulées en dessous (de gouttelettes résineuses), jamais (ni les autres parties de la plante) garnies de glandules stipitées.*

Ostrya d'Europe. — *Ostrya italica* Michel. Gen. tab. 104, fig. 1 et 2. — *Ostrya carpinifolia* Scopol. Carn. — *Ostrya vulgaris* Willd. — Wats. Dendr. Brit. tab. 143. — *Carpinus Ostrya* Linn. — Duham. ed. nov. vol. II, tab. 59. — Feuilles incisées-dentées (à dents dentelées ou denticulées) ou doublement dentelées, pointues, ou courtement acuminées. Nucules ovales ou ovales-orbiculaires, en général acuminées. — Arbre atteignant 30 à 40 pieds de haut, sur 1 à 2 pieds de diamètre, sem-

blable au Charme par le port et le feuillage. Écorce d'un
brun grisâtre ou d'un gris noirâtre. Bois brunâtre. Branches
nombreuses, dressées ou étalées, très-rameuses. Rameaux grêles,
étalés, ou inclinés. Cime touffue, subconique. Jeunes-pousses
velues ou presque cotonneuses, grêles. Bourgeons ovales ou coniques, obtus, ou pointus, petits, brunâtres, pubescents. Feuilles
longues de 1 ¹/₂ pouce à 3 pouces (celles des pousses-gourmandes souvent longues de 4 pouces), larges de 6 à 3o lignes, ovales,
ou ovales-oblongues, ou elliptiques-oblongues, ou ovales-elliptiques, ou ovales-lancéolées, ou oblongues, ou oblongues-lancéolées, ou rarement obovales, d'un vert foncé en dessus, d'un vert
pâle en dessous : les jeunes pubescentes aux 2 faces ; les adultes
glabres en dessus ou garnies de poils apprimés et disposés par
séries parallèles aux nervures, pubescentes en dessous soit à
toute la surface, soit seulement sur la côte et les nervures, en
outre barbellulées aux aisselles des nervures ; base cordiforme, ou
arrondie, ou tronquée, ou pointue ; dents et dentelures acuminées ou cuspidées, acérées, subcartilagineuses au sommet, épaissies en dessous aux bords ; pétiole velu, long de 3 à 6 lignes.
Stipules plus ou moins pubescentes ; celles des ramules-floraux
jaunâtres ou rougeâtres, liguliformes, pointues, ou obtuses ;
celles des pousses-gourmandes verdâtres : les inférieures ovales
ou ovales-lancéolées, acuminées ; les supérieures bifurquées ou
cunéiformes-trifides, à segments linéaires-lancéolés, acuminés.
Chatons-mâles longs de 2 à 4 pouces, au nombre de 2 à 5 sur
un court rachis, tantôt fasciculés ou subfasciculés, tantôt en épi
raccourci. Épis-femelles à l'époque de la floraison longs d'environ 1 pouce, flexueux, courtement pédonculés. Bractées ovales-
lancéolées, verdâtres, velues, plus ou moins recourbées. Stigmates rougeâtres, poilus. Strobiles longs de 1 pouce à 2 pouces,
oblongs-cylindracés, ou subellipsoïdes, ou subconiques, courtement pédonculés ; pédoncule grêle, velu, incliné. Involucres-
fructifères longs de 6 à 9 lignes, oblongs, ou elliptiques-oblongs,
velus, ou pubescents, ou presque glabres (excepté à la base),
plus ou moins fortement rugueux, d'un blanc verdâtre avant la
maturité, finalement d'un brun pâle. Nucules longues de 2 à

3 lignes, d'un brun jaunâtre, ou d'un jaune verdâtre, acuminées, ou moins souvent obtuses, barbues au sommet : aréole-basilaire petite, suborbiculaire.

Cette espèce, connue sous les noms vulgaires de *Charme-houblon*, ou *Charme d'Italie*, est commune dans l'Europe australe; il paraît qu'elle ne vient pas spontanément au nord du 45ᵉ degré de lat., mais elles s'accommode parfaitement du climat de tout le nord de la France, où ses graines parviennent ordinairement à maturité. Cet arbre aime les terrains frais, légers et fertiles, quoiqu'il végète assez vigoureusement dans les sols les plus arides ; sa croissance est assez rapide ; son bois, très-tenace, compacte et durable, n'est guère inférieur à celui du Charme, et par conséquent fort estimé dans les localités où il abonde. Les fruits, développés dès le commencement de l'été, donnent à ces arbres un aspect particulier ; ils ne mûrissent qu'en automne.

B. *Nucule à limbe subcampanulé, profondément et inégalement denté. Feuilles point poncticulées, mais souvent garnies aux nervures (de même que les pétioles, les pédoncules, et les jeunes-pousses) de glandules plus ou moins longuement stipitées.*

OSTRYA DE VIRGINIE — *Ostrya virginica* Willd. — Abbot. Ins. II, tab. 75. — *Carpinus virginiana* Mill. Dict. — *Carpinus Ostrya americana* Mich. Flor. Bor. Amer. — *Carpinus Ostrya* Mich. fil. Arb. III, p. 53, cum fig. — *Carpinus triflora* Mœnch, Meth. — Feuilles plus ou moins longuement acuminées, tantôt simplement tantôt doublement dentelées ou dentées. Nucules ovales ou ovales-oblongues, subobtuses.

— α ; GLANDULEUX. — Jeunes-pousses, pédoncules, et pétioles plus ou moins couverts de sétules glandulifères. Feuilles parsemées (du moins aux nervures) de glandules sessiles ou subsessiles.

— β : LISSE. — Point de glandules sur aucune partie.

Arbre de 20 à 30 pieds de haut, sur 8 à 12 pouces de circonférence ; rarement il s'élève jusqu'à 40 pieds. Tronc droit. Branches étalées, très-rameuses, quelquefois inclinées. Rameaux étalés ou inclinés. Écorce grisâtre. Bois très-blanc, pesant, d'un grain fin et serré. Feuilles longues de 2 à 4 pouces (celles des pousses-gourmandes atteignant jusqu'à 6 pouces de long, sur 3 à 4 pouces de large ; les ramulaires-inférieures longues seulement de 6 à 12 lignes), d'un vert foncé en dessus, d'un vert pâle en dessous, variant de forme comme celles de l'espèce précédente, souvent plus ou moins visqueuses : les jeunes pubescentes aux 2 faces ; les adultes glabres en dessus, pubescentes en dessous soit à toute la surface, soit seulement aux nervures et à la côte, en outre le plus souvent barbellulées aux aisselles des nervures ; dents et dentelures tantôt égales, tantôt inégales, plus ou moins profondes, acuminées-cuspidées, ou mucronées, sub-révolutées aux bords, ordinairement deltoïdes ou ovales, rarement arrondies. Pétiole pubescent ou hispidule, long de 2 à 6 lignes. Stipules hispides ou pubescentes, glanduleuses, ou non-glanduleuses, variant de forme comme chez l'espèce précédente. Chatons-mâles et épis-femelles comme ceux de l'espèce précédente. Strobiles longs de 1 à 2 pouces, variant également de forme, de même que les involucres-fructifères, comme ceux de l'*Ostrya vulgaris*. Nucules longues d'environ 3 lignes, à limbe tantôt glabre, tantôt barbellulé, toujours plus ou moins inégalement denté et beaucoup plus grand que celui des nucules de l'*Ostrya vulgaris*.

Cette espèce habite les États-Unis et le Canada ; elle vient en général éparse dans les bois, et seulement dans les sols fertiles et constamment frais. On la désigne par les noms de *Bois de fer*, *Bois dur*, et *Bois à levier*. Sa croissance est très-lente. L'usage de son bois est assez borné.

Genre CHARME. — *Carpinus* Tourn.

Chatons-mâles latéraux sur les ramules de l'année précédente, solitaires. Fleurs 5-à 12-andres. Écailles-staminifères ovales, acuminées-cuspidées, scarieuses aux bords et vers le sommet. Filets filiformes, courts, bifurqués au sommet : chaque branche portant une bourse-anthérale. Anthères à bourses elliptiques, complétement disjointes. — *Épis-femelles* solitaires, inclinés, subfiliformes; bractées distiques, squarreuses, submembranacées. Ovaire couronné de 2 stigmates saillants, subulés, peu divergents, soudés par la base. Involucres-fructifères bractéiformes (trilobés, ou irrégulièrement incisés), imbriqués, beaucoup plus grands que les nucules, demi-embrassants à la base, presque plans vers le haut, onguiculés, foliacés, réticulés, veineux, finalement caducs avec les nucules; onglets de chaque paire cohérents jusqu'à la maturité, appliqués au rachis. Nucule point incluse, insérée au sommet de l'onglet de l'involucre, ovale-lenticulaire, 7-à-11-costée ; limbe (du périanthe) soit coroniforme et inégalement denté, soit réduit à un rebord peu apparent et très-entier. Embryon à radicule recouverte par les cotylédons.

Arbres de taille médiocre. Écorce lisse, unie, point fendillée. Ramules obscurément anguleux, flexueux. Bourgeons à écailles subcoriaces, imbriquées sur plusieurs rangs. Feuilles naissantes et jeunes-pousses comme satinées. Feuilles distiques, courtement pétiolées, point persistantes, fermes, luisantes, plissées, équilatérales, ou subéquilatérales (à base peu ou point inégale), acuminées, simplement ou doublement dentelées (par variation incisées-dentées ou pennatifides), de forme variable chez chaque espèce. Pétiole subcylindrique, à peine canaliculé. Stipules caduques : celles des ramules-floraux subscarieuses, très-fugaces ; celles des pousses-gourmandes subherbacées, moins caduques, les inférieures linéaires ou subulées, les supérieures plus larges, ovales, ou ovales-lancéolées. Chatons-mâles sessiles, cylindracés, beaucoup moins grêles que les épis-femelles (à l'époque de la floraison). Écailles-staminifères panachées de brun et de jaune, pubescentes, beaucoup plus longues que les étamines. Anthères jaunes. Les jeunes-pousses au sommet desquelles naissent les épis-femelles sont très-courtes lors de la floraison, mais plus tard elles forment des ramules feuillés plus ou moins allongés. Stigmates pourpres. Involucres à l'époque de la floraison soyeux, plus courts que les bractées : les fructifères en général glabres, à onglet subtrièdre, articulé au rachis. Épis-fructifères denses, ou plus ou moins lâches, pendants, plus ou moins longuement pédonculés. Nucules luisantes, épaisses, ligneuses ; aréole-basilaire suborbiculaire, assez large ; dents du périanthe finalement conniventes. Graine conforme à la cavité de la nucule ; tégument mince, membranacé. Cotylédons obovales, charnus, plano-convexes, point chiffonnés, distincts. Radicule courte, subcylindracée. — Ce genre ne comprend que les espèces dont nous allons traiter ; malgré la dureté de leur bois, ces arbres se multiplient facilement de greffes et de marcottes.

A. *Involucres-fructifères trilobés. Nucules à limbe coroniforme, profondément denté. Épis-fructifères un peu lâches, plus ou moins allongés.*

Charme commun. — *Carpinus Betulus* Linn. — Duham. Arb. 1, tab. 49. — Duham. ed. nov. vol. 2, tab. 58. — Guimp. et Hayn. Deutsch. Holz. tab. 150. — Engl. Bot. tab. 2032. — Involucre subéquilatéral : lobes très-entiers, ou dentelés, ou crénelés, le terminal suboblong, allongé, les latéraux ovales ou oblongs, tantôt raccourcis, tantôt seulement 2 à 3 fois plus courts que le terminal. Dents du périanthe subovales, pointues, la plupart très-courtes.

— α : A INVOLUCRES DENTELÉS.

— β : A INVOLUCRES POINT DENTELÉS. — *Carpinus edentula* Roch. Bann.

Ces deux variétés sont communes dans les bois.

— γ : A FEUILLES INCISÉES. — *Carpinus Betulus incisa* Hort. Kew. — Feuilles incisées-dentées.

— δ : A FEUILLES DE CHÊNE. — *Carpinus Betulus querci-*

folia Desfont. Hort. Par. — *Carpinus quercifolia* Hortul. — Feuilles pennatifides ou sinuées-pennatifides. — Variété de culture.

— ε : A FEUILLES PANACHÉES. — *Carpinus Betulus variegata* Hortul. — Feuilles panachées de jaune ou de blanc. — Variété de culture.

Arbre de 30 à 45 pieds, ou rarement plus, sur 1 à 2 pieds de diamètre. Racines fortes, longues, obliques, rameuses, sans pivot principal. Tronc droit, plus ou moins sillonné, ordinairement branchu à une dizaine de pieds du sol. Branches presque dressées, très-rameuses. Rameaux étalés, touffus. Cime irrégulière ou ovale. Écorce du tronc et des branches d'un gris noirâtre, quelquefois un peu fendillée à la base des vieux troncs ; celle des rameaux d'un brun foncé ; celle des jeunes ramules souvent pourpre. Bois blanc (brunâtre au centre des vieux troncs), très-tenace, pesant, d'un grain fin et serré. Jeunes-pousses velues ou pubescentes, grêles. Bourgeons ovales-oblongs, ou coniques, obtus, ou pointus, à 10 ou 12 écailles ovales, d'un brun de Châtaigne, ciliolées. Chatons-mâles longs de 1 pouce à 2 pouces. Épis-femelles longs de ½ pouce à 1 pouce. Bractées ovales-lancéolées. Feuilles longues de 1 ½ pouce à 3 pouces (celles des pousses-gourmandes longues de 3 à 5 pouces), d'un vert gai en dessus, d'un vert pâle en dessous, ovales, ou ovales-oblongues, ou elliptiques-oblongues, ou ovales-elliptiques (rarement ovales-lancéolées ou oblongues-lancéolées), plus ou moins longuement acuminées, acérées, doublement dentelées, ou à la fois incisées-dentées et dentelées, moins souvent simplement (mais inégalement) dentelées ou dentées ; base arrondie, ou légèrement cordiforme, ou tronquée, ou pointue ; dents ou dentelures ovales ou deltoïdes (moins souvent arrondies), acuminées-cuspidées, contiguës ; les feuilles adultes glabres en dessus, pubescentes ou velues en dessous sur la côte et les nervures. Pétiole long de 3 à 6 lignes, mince, velu, souvent rouge ou violet. Épis-fructifères longs de ½ pouce à 3 pouces. Involucres longs de 12 à 18 lignes, d'un vert pâle avant la maturité, finalement brunâtres, subcoriaces ; lobes obtus ou pointus, penniveinés ; les latéraux en général plus ou moins divergents. Nucule d'un brun grisâtre, fortement striée, large de 2 à 3 lignes.

Cette espèce, connue sous le nom vulgaire de *Charme*, est assez répandue en Europe, dans toutes les contrées dont le climat n'est pas trop froid pour le Chêne commun ; mais il forme rarement à lui seul des bois de quelque étendue ; on le retrouve au Caucase et dans l'Asie Mineure. Le Charme vient de préférence dans les terrains frais et fertiles, soit calcaires ou basaltiques, soit sablonneux ; du reste, il est susceptible de croître dans tous les autres sols, et il réussit même assez bien dans les lieux arides. Cet arbre acquiert le terme de son développement, du moins en hauteur, dans l'espace de 100 à 150 ans ; sa croissance est assez rapide jusqu'à l'âge d'environ 30 ans, mais plus tard elle devient extrêmement lente. Dans les localités favorables, le Charme dure trois siècles et plus ; lorsque son tronc a été coupé rez terre, sa souche reproduit promptement plusieurs nouvelles tiges vigoureuses, et on peut l'exploiter ainsi à temps indéfini. Les fruits mûrissent en automne, et ils persistent après la chute des feuilles, jusqu'en novembre ou en décembre.

Le bois du Charme, en vertu de sa grande ténacité (1), est l'un

(1) Voici, d'après les expériences de Varenne-Fenille, les degrés comparatifs de la force du bois du Charme, et de plusieurs autres bois indigènes.

Une solive de Charme de deux pouces d'équarrissage, sur sept pieds huit pouces de profondeur, introduite par un bout dans un trou carré d'égal diamètre et de huit pouces de profondeur, pratiqué sur une pierre de taille d'un mur solide, supporte à son extrémité opposée, avant de se rompre, un poids de. . . . . 228 livres.

Le Frêne se casse sous le poids de.	200 —
Le Bouleau sous celui de.	190 —
Le Chêne sous celui de.	185 —
Le Hêtre sous celui de.	162 —
L'Aune sous celui de.	155 —
Le Tremble sous celui de.	152 —
Le Sycomore sous celui de.	127 —
Le Pin sauvage sous celui de.	127 —
Le Peuplier blanc sous celui de.	116 —
Le Peuplier noir sous celui de.	105 —
Le Peuplier d'Italie sous celui de.	104 —

des plus estimés pour le charronnage, les ouvrages de tour et de mécanique, les manches d'outils, ainsi que pour tous les autres instruments qui exigent cette qualité : il doit en partie sa force à l'ondulation de ses couches concentriques, et à la retraite considérable qu'il prend par la dessiccation ; mais il résiste mal à l'humidité : défaut qui le rend impropre aux constructions. A titre de combustible, le Charme l'emporte même sur le Hêtre, et il ne le cède guère à l'Érable-Sycomore, lequel, du reste, est beaucoup moins commun ; il s'enflamme rapidement, et il brûle avec une flamme claire, en répandant une chaleur aussi vive que continue ; sa puissance calorifique, comparativement à celle du Hêtre, est dans la proportion de 1035 à 1000 ; les cendres de bois de Charme contiennent beaucoup de potasse, et fournissent par conséquent une excellente lessive. L'écorce peut servir au tannage, et à teindre les laines en jaune. Le bétail recherche les feuilles et les jeunes-pousses.

Le Charme, en raison de la facilité avec laquelle il se façonne en toutes sortes de formes, lorsqu'il est soumis à une taille réglée, jouait un grand rôle dans la décoration des anciens jardins français ; et quoique la vogue de ce style horticultural soit depuis longtemps passée, le Charme est toujours l'un des arbres les plus recherchés pour la formation des palissades vertes appelées *charmilles* : nom devenu même en quelque sorte général pour désigner toutes sortes d'autres haies vivantes, d'une certaine élévation, et taillées régulièrement. Du reste, le port naturel et le feuillage du Charme sont assez élégants pour faire trouver place à cet arbre dans les jardins paysagers.

CHARME D'AMÉRIQUE. — *Carpinus americana* Mich. Flor. Bor. Amer. — Mich. fil. Arb. II, p. 57, cum fig. — Guimp. et Hayn. Fremd. Holz. tab. 84. — Wats. Dendr. Brit. tab. 157. — Involucre très-inéquilatéral ; le lobe terminal obliquement ovale-lancéolé ou oblong-lancéolé, en général inégalement denté d'un côté (moins souvent soit très-entier, soit denté des deux côtés), allongé ; les lobes latéraux raccourcis, inégaux, entiers, ou paucidentés. Dents du périanthe acuminées, mucronées, la plupart étroites, allongées.

Arbre atteignant 20 à 30 pieds de haut, sur 6 à 8 pouces de diamètre ; le plus souvent il ne forme qu'un arbrisseau de 12 à 15 pieds. Tronc fréquemment sillonné dans sa longueur, comme celui du Charme commun auquel il ressemble aussi par l'écorce et le bois. Feuilles ordinairement glabres, excepté en dessous aux aisselles des nervures, variant de forme et de grandeur comme celles du Charme commun, mais assez souvent simplement dentelées (à dents plus longuement acuminées ; pétiole long de 3 à 6 lignes, pubescent, ou velu, grêle, souvent rougeâtre. Chatons-mâles et épis-femelles semblables à ceux du Charme commun. Épis-fructifères longs de 1 ½ à 3 pouces. Involucre long de ½ pouce à 1 ½ pouce, à dents égales ou plus souvent inégales, mucronées ; lobes subobtus ou pointus, mucronés : les latéraux beaucoup plus courts que le moyen, ordinairement l'un subovale, l'autre suboblong ou sublancéolé. Nucules semblables à celles du Charme commun, à l'exception des dents du périanthe, qui sont plus étroites, plus pointues, piquantes, la plupart plus allongées.

Cette espèce habite l'Amérique septentrionale, depuis les Florides jusqu'au Canada. Au témoignage de M. Michaux, il est peu d'expositions et de terrains qui ne conviennent à cet arbre ; on le rencontre dans tous les endroits qui ne sont pas trop longtemps submergés, ou qui ne sont pas entièrement sablonneux. Le bois de cet arbre a les mêmes qualités que celui du Charme commun ; mais comme il n'acquiert qu'un petit diamètre, on n'en fait aucun usage en Amérique. — Le Charme d'Amérique se cultive aussi comme arbre d'ornement ; mais comme il ne mérite pas la préférence sur le Charme commun, on ne le rencontre que rarement dans les jardins.

B. *Involucres-fructifères plus ou moins fortement dentés, non-trilobés.*

CHARME D'ORIENT. — *Carpinus orientalis* Lamk. Enc. — Wats. Dendr. Brit. tab. 98.—*Carpinus duinensis* Scopol. Carn. tab. 60.—Épis-fructifères courts, denses. Involucres très-inéquilatéraux, obliquement ovales ou ovales-lancéolés, ou subrhomboïdaux, anguleux et inégalement dentés du côté large, très-entiers ou paucidentés du côté étroit. Nuculesfinementstriécs : limbe du périanthe réduit à un court rebord tronqué ou à peine denté. —Buisson de 10 à 12 pieds de haut, ou petit arbre s'élevant au plus à une vingtaine de pieds. Tronc noueux, en général rameux presque dès la base. Écorce brunâtre. Branches étalées, très-rameuses. Cime irrégulière, touffue. Jeunes-pousses pubescentes ou velues. Feuilles plus petites que celles du Charme commun (les ramulaires longues de 1 pouce à 2 pouces ; celles des pousses-gourmandes longues d'environ 3 pouces), ovales, ou ovales-oblongues, ou ovales-lancéolées, ou oblongues, ou oblongues-lancéolées, ou lancéolées-oblongues, ou elliptiques-oblongues, pointues, ou acuminées, doublement dentées ou dentelées, ou inégalement dentées, ou incisées-dentées (à dents dentelées, d'un vert foncé en dessus, d'un vert pâle en dessous) : les adultes ordinairement glabres excepté en dessous aux aisselles des nervures ; base subcordiforme, ou arrondie, ou tronquée, ou pointue ; dents et dentelures ovales, ou deltoïdes, ou arrondies, pointues, ou cuspidées. Pétiole pubescent ou velu, grêle, long de 3 à 6 lignes. Chatons-mâles plus courts que ceux du Charme commun (longs de 6 à 9 lignes), du reste conformés comme chez ce dernier. Bractées des épis-femelles linéaires-lancéolées. Épis-fructifères ovales ou oblongs, longs de 12 à 18 lignes. Involucre-fructifère long d'environ 6 lignes, obtus, ou pointu, mucroné de même que les dents. Nucules ovales ou ovales-orbiculaires ou suborbiculaires, larges de 1 ligne à 2 lignes.

Cette espèce croît dans l'Europe austro-orientale, et dans l'Asie Mineure ; son bois est semblable à celui du Charme commun, et il participe aux mêmes qualités. Le Charme d'Orient est très-propre à former des charmilles, parce qu'il se ramifie beaucoup plus que le Charme commun, et qu'il se soutient sans aucun appui dès sa jeunesse. On le cultive aussi dans les jardins paysagers.

CHARME A RAMEAUX FLEXIBLES. — *Carpinus viminea* Wallich, Plant. Asiat. Rar. tab. 106.—Involucres-fructifères ovales-oblongs, obtus, incisés à la base, entiers vers leur sommet. —Grand arbre. Ramules longs, très-grêles, flexibles, glabres, un peu inclinés. Feuilles longues de 3 à 4 pouces, ovales-lancéolées, longuement acuminées, doublement dentelées, poilues en dessous aux aisselles des nervures. Épis-fructifères longs d'environ 3 pouces. Nucules ovales, costées. (*Wallich*, *l. c.*) — Cette espèce croît dans l'Himalaya. Son bois est employé aux constructions, par les habitants du Népaul.

CHARME A FEUILLES DE HÊTRE. — *Carpinus faginea* Lindl. in Wall. Plant. Asiat. Rar. II, p. 5. — Feuilles ovales-oblongues, pointues, finement dentelées, glabres; pétioles et ramules pubescents. Involucres-fructifères subrhomboïdaux, pointus, largement dentés. — Cette espèce croît dans les mêmes contrées que la précédente; l'une et l'autre ne se cultivent pas encore en Europe.

GROUPE VOISIN DES CUPULIFÈRES.

LES BÉTULACÉES. — *BETULACEÆ* Rich.

Fleurs sessiles, monoïques, disposées en chatons unisexuels, écailleux; les mâles naissant en général d'autres bourgeons que les femelles. Ecailles 1-à 3--flores, 2-ou 4-appendiculées à la base (par exception inappendiculées), onguiculées, ébractéolées : celles des chatons-mâles peltées; celles des chatons-femelles point peltées, accrescentes.—*Fleurs-mâles* munies d'un périanthe soit régulier, soit de plusieurs squamules disjointes et disposées sans ordre régulier. Anthères 2-thèques : bourses le plus souvent disjointes. — *Fleurs-femelles* dépourvues de périanthe et d'involucre. Ovaire 2-loculaire, couronné de 2 stigmates sessiles, subulés, colorés, saillants; loges 1-ovulées; ovules appendants, anatropes, attachés vers le milieu de l'angle interne des loges. Le chaton-femelle devient un strobile formé par les écailles-florales amplifiées, portant chacune à sa base 1, 2 ou 3 nucules chartacées, ou membranacées, lenticulaires, ailées (par exception aptères), par avortement 1-loculaires et 1-spermes. Graine apérispermée : tégument membraneux; embryon rectiligne; cotylédons minces, plano-con-convexes, épigés ; radicule courte, supère, saillante. — Arbres ou arbrisseaux. Bourgeons écailleux. Feuilles alternes, simples, bistipulées, en vernation condupli-quées et transversalement plissées, recouvertes par les stipules. Stipules imbriquées et subconvolutées en ver-nation, bilatérales, fugaces. Floraison le plus souvent vernale. *Chatons-mâles* terminaux ou latéraux, grêles, cylindracés et très-raides avant la floraison, lors de l'an-thèse flasques, pendants et un peu lâches, à écailles discoïdes, verticales, subcoriaces, imbriquées et très-serrées en estivation, garnies antérieurement de 2 ou 4 squamelles basilaires; onglet horizontal. Fleurs insé-rées vers le sommet du stipe de l'écaille. *Chatons-femelles* courts ou allongés, denses, beaucoup plus petits (à l'époque de la floraison) que les chatons-mâles, latéraux, ou axillaires, ou terminant de courts ramules latéraux; écailles imbriquées, serrées.

Genre BOULEAU. — *Betula* Tourn.

Chatons-mâles développés dès l'automne précédent, soli-taires ou géminés (dans leurs bourgeons), terminaux, ou latéraux, sessiles, naissant de bourgeons aphylles ; écailles 1-flores, 2-appendiculées. Fleurs 3-à 6-andres. Périanthe irrégulier, formé de 5 à 8 squamules inégales, disjointes, subfasciculées : 3 plus grandes, supérieures, subcuculli-formes. Étamines insérées chacune au-dessus de la base

d'une squamule du périanthe ; filets courts, bifurqués au
sommet; anthères à bourses oblongues ou elliptiques, basifixes, parfaitement disjointes (portées chacune sur l'une
des branches du filet). — *Chatons-femelles* pendant l'hiver
recouverts par les écailles de leurs bourgeons, grêles, cylindracés, solitaires, latéraux (ou terminant de courts ramules
latéraux), naissant chacun d'un bourgeon 2-à 5-phylle ;
écailles 3-flores (1-flores seulement chez 2 espèces), 2-ap-
pendiculées (par exception inappendiculées). Strobiles
cylindracés, ou ellipsoïdes, ou ovoïdes, à écailles subcoriaces, épaissies à la base, imbriquées de bas en haut, apprimées, 3-lobées (par exception indivisées), tombant à la
maturité en même temps que les nucules. Nucules en général recouvertes par les écailles du strobile, bordées
d'une aile transparente ; chez une seule espèce les nucules
sont aptères, à rebord épais, opaque, subéreux en dedans.
— Arbres ou arbrisseaux. Ramules cylindriques ou obscurément anguleux. Bourgeons sessiles, à écailles (au nombre de 2 à 5) imbriquées, subcoriaces, débordées par les
stipules des feuilles extérieures. Floraison vernale, coïncidant avec la pousse des feuilles. Chatons-mâles naissant
dès l'été précédent aux aisselles des feuilles, de bourgeons
à écailles très-caduques ; écailles-florifères ovales ou suborbiculaires, souvent acuminulées aux 2 bouts : squamules-
appendiculaires suboblongues. Chatons-femelles solitaires
(accidentellement géminés) dans leurs bourgeons, sessiles
ou pédonculés, dressés durant la floraison (et le plus souvent aussi après) ; ils naissent en général sur les mêmes
scions que les chatons-mâles, mais au-dessous de ceux-ci.
Feuilles non-persistantes, dentelées, ou dentées, ou crénelées, ou (par variation) pennatifides, pétiolées, souvent
ponctuées (de vésicules résineuses) : celles des jeunes pousses-terminales et des rejetons souvent anguleuses, plus
grandes et en général point conformes aux florales, éparses ;
les florales (et celles des ramules-latéraux raccourcis) géminées, ou ternées, ou subroselées. Strobiles dressés ou

pendants : rachis et pédoncules grêles. — Ce genre est propre aux contrées extra-tropicales de l'hémisphère septentrional ; nous ne traiterons que des espèces les plus remarquables.

Section I. PTEROCARYON Spach.

Nucules ailées, ternées sous chaque écaille (excepté chez une espèce).

A. *Strobiles dressés, pédonculés, courts : écailles tantôt 3-lobées, tantôt (chez la même espèce) très-entières, toujours débordées latéralement par les nucules. Nucules solitaires sous chaque écaille.*

BOULEAU ROUGE. — *Betula rubra* Michx. fil. Arbr. II, p. 142, cum fig. — *Betula nigra* Hort. Kew. (non Willd. nec Duroi, nec Duham. nov.) — Wats. Dendr. Brit. tab. 153. — *Betula lanulosa* Michx. Flor. Bor. Amer. — *Betula alba* Walt. Carol. — Jeunes-pousses glanduleuses (de même que les pétioles), d'abord cotonneuses (de même que les jeunes feuilles), finalement glabres. Feuilles ponctuées, à base cunéiforme ou tronquée, très-entière : les adultes pubescentes en dessous aux aisselles des nervures ; les florales rhomboïdales, ou oblongues-rhomboïdales, ou lancéolées-rhomboïdales, ou elliptiques-oblongues, ou oblongues, subobtuses, ou pointues, inégalement denticulées ou dentées ; celles des pousses-gourmandes ovales ou rhomboïdales, dentelées, acuminées, anguleuses. Strobiles oblongs-cylindracés : écailles veloutées, tantôt linéaires et très-entières, tantôt cunéiformes, à 3 lobes sublinéaires, subparallèles, presque isomètres.

Arbre atteignant 30 à 70 pieds de haut, sur 1 à 3 pieds de diamètre. Sur les jeunes individus, l'épiderme de l'écorce est de couleur rougeâtre ou cannelle ; chez les arbres dont le tronc a plus de 9 pouces de diamètre, l'écorce devient épaisse, profondément rimeuse, de couleur verdâtre. L'épiderme de cette écorce se divise en feuillets très-minces et transparents, mais dont la surface n'est pas parfaitement unie. Tête ample, mais peu touffue. Branches fort épaisses, terminées en scions longs, flexibles, pendants. (*A. Michaux, l. c.*) — Rameaux bruns ou grisâtres, flexueux. Jeunes-pousses incanes, couvertes de glandules résineuses, qui ne persistent qu'une année. Feuilles semblables à celles de l'*Aune incane*, les naissantes incanes aux 2 faces, puis d'un vert peu foncé en dessus, et incanes en dessous, enfin, lorsque tout le duvet a disparu, un peu scabres, fermes, d'un vert pâle en dessous, et d'un vert plus ou moins foncé en dessus; les plus grandes longues de 3 à 4 pouces, sur 2 pouces de large; celles des ramules-florifères longues de 1 pouce à 2 pouces. Pétiole long de 2 à 4 lignes, assez gros, d'abord velouté ou velu, finalement glabre. Stipules ovales-lancéolées ou oblongues-lancéolées, acuminées, brunâtres, ciliées, plus courtes que les pétioles. Chatons-mâles longs d'environ 1 pouce. Pédoncules-fructifères ordinairement plus longs que les pétioles. Strobiles longs de 5 à 7 lignes; écailles tantôt indivisées, tantôt divisées jusque vers leur milieu en 3 lobes obtus, sublinéaires, divergents ou verticaux, en général presque égaux. Nucules plus courtes, mais plus larges que les écailles (larges de près de 3 lignes, y compris l'aile), largement ailées; au témoignage de M. Michaux, elles mûrissent dès les premiers jours de juin.

Cette espèce est commune dans les provinces du sud et du milieu des États-Unis, et notamment dans le Maryland, la Virginie, ainsi que dans la partie haute des Carolines et de la Géorgie; suivant les observations de M. A. Michaux, on ne la trouve plus au nord du New-Jersey; elle ne croît que sur les bords des rivières, et de préférence dans les fonds graveleux. Dans la Pensylvanie et le New-Jersey, on donne à cet arbre le nom de *red birch* (Bouleau rouge, à cause de la couleur de l'écorce des jeunes arbres), pour le distinguer du Bouleau blanc (*Betula alba populifolia*). Son bois est blanchâtre, assez compacte, traversé longitudinalement d'un grand nombre de vaisseaux rouges qui se croisent en différentes directions; il paraît qu'il n'est pas fort recherché. Les jeunes branches et rameaux s'emploient à faire des cercles à barriques. Les balais dont on se sert à Philadelphie sont faits des scions de cette espèce. Ce Bouleau ne prospère pas dans le nord de la France ; M. A. Michaux dit qu'il mérite d'être naturalisé dans le midi, parce qu'il résiste très-bien aux plus fortes chaleurs.

B. *Strobiles pédonculés, pendants, cylindracés, plus ou moins allongés : écailles trilobées, recouvrant les nucules. Nucules largement ailées, ternées sous chaque écaille.*

BOULEAU BLANC. — *Betula alba* Linn. — Jeunes-pousses plus ou moins glanduleuses. Feuilles ponctuées, d'un vert foncé en dessus, d'un vert pâle en dessous (les jeunes visqueuses), doublement ou inégalement dentelées, ou dentées, acuminées, ou pointues, à base très-entière, arrondie, ou cordiforme, ou tronquée, ou cunéiforme; celles des pousses-gourmandes cordiformes-ovales, anguleuses. Pédoncules-fructifères ordinairement plus courts que les pétioles. Écailles-strobilaires à lobes dissemblables. Nucules obcordiformes-bilobées ou obréniformes, à ailes de moitié à 3 fois plus larges que la loge.

— α : BOULEAU COMMUN. — *Betula alba vulgaris* Spach. — *Betula alba* auctor.—Blackw. Herb. tab. 240.—Duham. ed. nov. vol. 3, tab. 50.—Guimp. et Hayn. Deutsch. Holz. tab. 145.—Engl. Bot. tab. 2032.—*Betula verrucosa* Ehrh. —*Betula pendula* Hoffm. Flor. Germ. (1)—Schk. Handb. tab. 288. — Feuilles-ramulaires rhomboïdales, ou deltoïdes, ou subcordiformes, ou ovales, acuminées, acérées, plus ou moins longuement pétiolées, très-glabres de même que les ramuies. (Les rejetons et leurs feuilles sont souvent plus ou moins poilus ou pubescents.) Pédoncules-fructifères plus courts que les pétioles. — Cette variété, commune en Europe et en Sibérie, surtout dans les terrains sablonneux, offre de nombreuses variations quant au volume des feuilles et des strobiles.

---

(1) Le *Betula pendula* ou *Bouleau-pleureur* n'est autre chose que le *Bouleau commun* arrivé à un certain âge ; c'est alors seulement que ses rameaux deviennent pendants.

— β : BOULEAU A FEUILLES DE PEUPLIER. — *Betula populifo-lia* Willd. — Michx. fil. Arb. 2, p. 139, cum fig. (forma grandifolia) — Watson, Dendr. Brit. tab. 151. — *Betula acuminata* Ehrh. Beitr. — *Betula lenta* Duroi, non Linn. *Betula cuspidata* Schrad. ! ined. — Cette variété, qui croît dans l'Amérique septentrionale, mérite à peine d'être distinguée de la précédente, dont elle ne diffère que par des feuilles en général plus longuement acuminées-cuspidées (du reste, de forme et de volume tout aussi variables que celles du *Bouleau commun*; d'ailleurs il se trouve aussi des individus de ce dernier, dont les feuilles sont absolument semblables à celles du *Bouleau à feuilles de Peuplier*).

— γ : BOULEAU DE DALÉCARLIE. — *Betula alba dalecarlica* Linn. — *Betula hybrida* Blom. in act. Holm. 1786, p. 168, tab. 6, fig. B. — *Betula laciniata* Wahlenb. — Diffère du Bouleau commun par des feuilles plus ou moins profondément pennatifides. Cette variété est originaire de Suède; on la propage de greffes et de marcottes, et on la cultive dans les jardins paysagers.

— δ : BOULEAU PUBESCENT. — *Betula alba pubescens* L. — *Betula pubescens* Ehrh. Beitr. — Guimp. et Hayn. Deutsch. Holz. tab. 146. — *Betula odorata* Bechst. Forstbot, p. 273. — *Betula hybrida* Bechst. l. c. p. 277. — *Betula aurata* Borkh. — *Betula carpathica* Wald. et Kit. — *Betula glutinosa* Wallroth. — *Betula alba* Horn. Flor. Dan. tab. 1467. — *Betula pontica* Desfont. Hort. Par. — Wats. Dendr. Brit. tab. 94. — *Betula intermedia* Thomas. — *Betula torfacea* Schleicher. — *Betula ætnensis* Rafin. — *Betula harcynica* Wenderoth. — *Betula macrostachys* Schrad. ! ined. — *Betula nigra* Murrith. (nec alior.) — Feuilles ovales, ou subcordiformes, ou deltoïdes, ou rhomboïdales, acuminées, plus ou moins longuement pétiolées, pubescentes en dessous; pétiole pubescent, plus court que le pédoncule-fructifère. Jeunes-pousses pubescentes, ou velues, ou moins souvent glabres. — Cette variété croît dans presque toute l'Europe, surtout dans les terrains humides et tourbeux ; mais elle est beaucoup moins fréquente que le Bouleau commun.

— ε : BOULEAU A FEUILLES D'ORTIE.—*Betula alba urticæfolia* Spach. — *Betula urticæfolia* Hortul. — Feuilles-ramulaires deltoïdes ou subrhomboïdales, longuement acuminées-cuspidées, incisées - dentées, pubérules en dessous ; pétiole pubescent de même que les jeunes-pousses, à peu près de moitié plus court que la lame. — Variété de culture, à peine distincte du Bouleau pubescent.

— ζ : BOULEAU A CANOT, ou BOULEAU A PAPIER.—*Betula alba papyrifera* Spach.—*Betula papyracea* Willd.—Mich. fil. Arb. 2, p. 133, cum fig.—Wats. Dendr. Brit. tab. 152. — *Betula papyrifera* Michx. Flor. Bor. Amer.—*Betula nigra* Duham. ed. nov. vol. 2, tab. 51. (exclus. syn.) et *Betula excelsa* id. l. c. tab. 52. (excl. syn.)—*Betula grandis* Schrad.! ined. —Feuilles-ramulaires ovales, ou ovales-oblongues, ou cordiformes, ou subrhomboïdales, acuminées-cuspidées (en général longuement), pubescentes en dessous ou barbellulées aux aisselles des veines ; pétiole glabre, ou velu, ou pubérule, 1 à 6 fois plus court que la lame. Jeunes-pousses en général velues. Pédoncules-fructifères ordinairement aussi longs ou un peu plus longs que les pétioles. Feuilles et strobiles en général plus grands que ceux du *Bouleau commun* ; les feuilles des pousses-gourmandes atteignent souvent 1/2 pied de long, sur 2 à 4 pouces de large ; les strobiles sont longs de 1 1/2 pouce à 2 pouces. — Cette variété habite le Canada et les provinces septentrionales des États-Unis : les Français-Canadiens l'appellent *Bouleau blanc, Bouleau à canot*, et *Bouleau à papier ;* suivant M. A. Michaux, il cesse de croître au sud du 43e degré de latitude. On rencontre, en Europe, des sous-variétés du *Bouleau pubescent*, qui ne diffèrent aucunement de cette variété d'Amérique (1).

____

(1) La plupart des auteurs ont cru trouver dans la forme des écailles-strobilaires des caractères pour distinguer spécifiquement les différentes

Arbre atteignant, dans les localités les plus favorables,
60 à 80 pieds (ou très - rarement jusqu'à 100 pieds) de haut,
sur environ 2 pieds de diamètre. Racines longues, rameuses,
horizontales. Tronc droit, cylindrique, svelte, à écorce finalement rimeuse, couverte d'un épiderme blanc (moins souvent
d'un jaune tirant sur le rouge), lisse, comme satiné, chartacé,
facilement séparable en un grand nombre de feuillets minces ;
sur les jeunes troncs et les jeunes branches, l'épiderme est d'un
brun roux ou jaunâtre, et il se détache spontanément, chaque
année, par plaques plus ou moins grandes. Bois blanc, rougeâtre au centre, dur, tenace, d'un grain lustré. Cime ovale-pyramidale, touffue. Branches nombreuses, alternes, plus ou moins
divergentes, très-rameuses. Rameaux et ramules grêles, flexibles, souvent pendants, à écorce luisante, d'un brun de Châtaigne, ou d'un brun noirâtre, en général parsemée de petites verrues blanchâtres. Bourgeons coniques, pointus, d'un brun roux,
glabres, luisants, plus ou moins visqueux au printemps. Feuilles
fermes, subcoriaces, de forme et de grandeur très-variables :
surface supérieure tantôt luisante, tantôt opaque, d'un vert soit
gai, soit plus ou moins foncé ; surface inférieure d'un vert pâle
ou d'un vert jaunâtre, le plus souvent un peu luisante, plus ou
moins scabre par des glandules ponctiformes (jaunes ou brunâtres) ; les jeunes feuilles sont plus ou moins visqueuses, surtout
chez les variétés glabres ; celles des jeunes individus et celles
des pousses gourmandes sont presque toujours cordiformes chez
toutes les variétés. Pétiole vert ou rougeâtre, grêle, subcylindrique, canaliculé en dessus, 1 à 5 fois plus court que la lame,
ou assez souvent de moitié ou du tiers seulement plus court que la
lame. Stipules glabres ou veloutées, ovales, ou ovales-lancéolées,
ou elliptiques. Chatons-mâles terminaux ou subterminaux, longs
de 2 à 3 pouces (à l'époque de la floraison ; ils sortent de leurs
bourgeons dès le mois de juillet de l'année précédente, et, dans

---

variétés que nous rapportons au Bouleau blanc ; mais la forme de ces écailles n'est pas moins variable que celle des feuilles, et cela indistinctement
chez toutes les variétés.

ce premier état de leur développement, ils sont petits, fermés et verdâtres), solitaires, ou géminés, ou moins souvent ternés. Chatons-femelles très-grêles, verdâtres, longs de 6 à 15 lignes. Strobiles longs de ½ pouce à 2 pouces, plus ou moins gros, bruns à la maturité; écailles ciliolées, tantôt réniformes-trilobées et plus ou moins longuement onguiculées, tantôt cunéiformes-trilobées; lobes-dissemblables : les latéraux tantôt verticaux, tantôt plus ou moins divariqués ou défléchis, suborbiculaires, ou obliquement ovales; le terminal tantôt plus ou moins allongé, tantôt court, ovale, ou ovale-oblong, ou liguliforme, obtus, souvent en partie recouvert par les bords des lobes latéraux. Nucules jaunâtres, à aile d'un brun roussâtre.

Le *Bouleau blanc*, qu'on appelle vulgairement Bouleau, sans autre désignation spéciale, croît dans presque toute l'Europe, ainsi qu'en Sibérie, au Caucase, dans les montagnes de l'Asie Mineure, et dans l'Amérique septentrionale; il forme de vastes forêts dans le Nord, et, de tous les arbres de l'ancien continent c'est celui qui pénètre le plus en avant dans les régions arctiques; de même, dans les Alpes, il dépasse de beaucoup la limite extrême de tous les autres arbres; mais, dans ces tristes climats, il ne forme plus qu'un petit arbre tortueux, ou même seulement un arbuste chétif et rabougri. En Europe, c'est surtout entre le 48e et le 60e degrés de latitude qu'il se montre dans sa plus grande vigueur, tandis que dans les contrées voisines de la Méditerranée, on ne le rencontre que çà et là dans les montagnes. En France, il fleurit en avril, et ses fruits mûrissent en août. Linné a fait remarquer que l'époque à laquelle les feuilles du Bouleau commencent à pousser est aussi celle qui doit être choisie, dans le Nord, pour les semis d'orge. Cet arbre croît de préférence dans les terrains sablonneux ou légèrement argileux; mais il prospère aussi dans toute autre sorte de sol, et dans les localités les plus arides, de même que dans les expositions fraîches ou humides. Sa durée est de 50 à 70 ans.

Le bois du Bouleau blanc n'est guère employé aux constructions, parce qu'il ne résiste pas assez aux alternatives d'humidité et de sécheresse; mais sa ténacité le fait rechercher pour le charronnage, la menuiserie et les ouvrages de tour; dans le Nord, on en confectionne presque tous les ustensiles de ménage; comme combustible, il est presque d'aussi bonne qualité que celui du Hêtre; mais il est essentiel de ne point le laisser séjourner longtemps en plein air, parce qu'il se décompose promptement lorsqu'il reste exposé aux intempéries de l'atmosphère; son charbon est recherché pour les forges; ses cendres fournissent beaucoup de potasse; le noir de fumée qu'on obtient de ce bois passe pour être le meilleur pour la composition de l'encre d'imprimerie. On a remarqué que dans le Nord, le bois de ce Bouleau devient beaucoup plus dur que dans les climats plus tempérés. Les branches et les rameaux des Bouleaux qu'on élève en taillis servent à faire des cerceaux, des cercles, des liens, de la vannerie, etc. L'écorce est imperméable à l'eau, et, par cette raison, presque incorruptible; dans les forêts inexploitées du Canada, on rencontre fréquemment des Bouleaux tombés de vétusté depuis bien des années, dont le tronc paraît sain, et dont cependant l'écorce ne couvre qu'une substance friable et semblable à du terreau; on a même trouvé dans une mine, en Sibérie, un morceau de bois de Bouleau dont toute la substance ligneuse était entièrement convertie en fer limoneux, tandis que l'épiderme existait encore par plaques, en plusieurs endroits, parfaitement bien conservé et sans être coloré par le fer. On fait avec cette écorce des chaussures, des cordes, de la vannerie, des boîtes, des vases et autres ustensiles; dans le Nord, elle sert au tannage; on en extrait une huile empyreumatique, qui sert à la préparation des cuirs de Russie, et à laquelle est due l'odeur aromatique de ces cuirs. Dans le nord de l'Europe et de l'Amérique, les habitants des campagnes mettent des morceaux d'écorce de Bouleau sous les seuils et sous les toits de leurs cabanes, pour se garantir de l'humidité. En temps de disette, les Samoyèdes et les Kamtchadales ont recours à l'écorce de Bouleau, dont ils pilent le tissu cellulaire et le mêlent à leurs aliments. Enfin, un emploi très-important de cette écorce, mais qui paraît n'être en usage qu'au Canada, est celui qu'on en fait pour la construction des pirogues et des canots : emploi qui a valu

à la variété qui sert à cet usage, le nom vulgaire de *Bouleau à canot*. « Pour se procurer les morceaux d'écorce dont sont com-
« posés ces canots, » dit M. A. Michaux (Hist. des Arb. forest.
d'Amér., vol. 2, p. 136), « on choisit les Bouleaux les plus
« gros et les plus unis, et on y fait, au printemps, deux inci-
« sions circulaires, à plusieurs pieds de distance, et une inci-
« sion longitudinale de chaque côté; alors, si on introduit un
« coin de bois entre le tronc et l'écorce, celle-ci se détache ai-
« sément. Ces morceaux ont ordinairement 10 à 12 pieds de
« long, sur 2 pieds 9 pouces de large; pour construire des ca-
« nots, on les joint ensemble, au moyen d'une alène, avec les
« racines fibreuses de l'Épinette blanche (*Abies alba*), qui sont
« de la grosseur d'une plume à écrire : mais avant de se servir de
« ces racines, on a soin de les fendre en deux, de les dépouiller
« de leur écorce, et de les assouplir dans l'eau. Les coutures sont
« ensuite enduites et couvertes avec de la résine d'*Abies balsa-*
« *mifera*. Ces canots, dont les sauvages et les Français-Cana-
« diens font grand usage dans les longs voyages qu'ils entre-
« prennent dans l'intérieur des terres, sont très-légers, et peu-
« vent se transporter sur les épaules, lorsqu'il faut passer
« d'un lac ou d'une rivière dans une autre; c'est ce qu'on ap-
« pelle faire le portage. Un canot calculé pour quatre person-
« nes et leur bagage, pèse de 40 à 50 livres. On en fabrique
« qui sont assez grands pour porter quinze personnes. »

Au printemps, avant la pousse des feuilles, le Bouleau contient une séve limpide, légèrement sucrée, qu'on obtient en
abondance en pratiquant, avec une tarière, un trou de 1 à 2
pouces de profondeur, vers le sommet des vieux troncs, ou à la
base des plus grosses branches; une seule branche peut fournir,
en un jour, plusieurs livres de séve; dans le Nord, cette séve
passe pour un excellent remède antiscorbutique, dépuratif et
diurétique; abandonnée à elle-même, elle passe facilement à la
fermentation acide, et fournit un bon vinaigre; en y ajoutant du
sucre et des épices, on en prépare une boisson vineuse très-
agréable; on en fait aussi de la bière.

Les bourgeons et les jeunes-pousses contiennent une matière

balsamique, gommo-résineuse, à laquelle on a attribué des propriétés vulnéraires. Les jeunes chatons-mâles fournissent, en les faisant bouillir dans l'eau, une substance odorante qui contient de la cire. Les bourgeons s'emploient, dans le nord de l'Europe, à nourrir la volaille durant l'hiver. Les feuilles sont amères et astringentes : elles passent aussi pour dépuratives et diurétiques ; elles servent à teindre les laines en jaune, et l'on en obtient, en ajoutant de la potasse à leur décoction avec de l'alun, un précipité jaune, connu sous le nom de stil de grain. Les feuilles de Bouleau coupées avec les rameaux, en août, et séchées, sont un bon fourrage pour les bestiaux, et surtout pour les moutons.

Le Bouleau, en raison de son port pittoresque, trouve place dans la plupart des jardins paysagers ; on le cultive avec avantage dans les localités les plus arides, où beaucoup d'autres arbres se refuseraient à végéter.

B. *Strobiles dressés ; écailles 3-lobées, recouvrant les nucules. Nucules ternées sous chaque écaille, à ailes soit étroites, soit plus ou moins larges. — Feuilles courtement pétiolées.*

a) *Strobiles pédonculés, cylindracés, allongés, aussi longs ou à peu près que les feuilles florales.*

Bouleau élancé. — *Betula excelsa* Hort. Kew. — Wats. Dendr. Brit. tab. 95. — Jeunes-pousses cotonneuses, point glanduleuses. Feuilles pointues ou courtement acuminées, ovales, presque également dentelées, ou dentées, d'un vert foncé en dessus, d'un vert pâle, ponctuées et pubescentes en dessous, à base arrondie, ou cordiforme, ou tronquée. Pédoncules-fructifères ordinairement plus longs que les pétioles. Écailles des strobiles à lobes obtus, dissemblables : le moyen ordinairement plus long que les latéraux.

Arbre semblable au Bouleau blanc par le port, l'écorce, l'inflorescence et la forme des strobiles. Feuilles fermes : les florales longues de 1 pouce à 2 pouces ; celles des pousses-gourmandes longues de 2 à 3 pouces ; pétiole long de 2 à 4 lignes. Stipules comme celles du Bouleau blanc. Bourgeons coniques, pointus, glabres, d'un brun de Châtaigne. Chatons-mâles plus courts que ceux du Bouleau blanc, ordinairement latéraux. Strobiles longs de 10 à 15 lignes : écailles variant de forme comme celles du Bouleau blanc. Nucules obovales, ou transversalement elliptiques, ou suborbiculaires, rétuses : ailes en général à peu près de moitié moins larges que la loge, qui est elliptique ou oblongue.

Cette espèce croît au Canada (où on la confond, à ce qu'il paraît, avec le *Bouleau à canot*) et dans le nord des États-Unis. On la cultive en Europe, comme arbre de collection. En France on la rencontre en général sous de faux noms chez les pépiniéristes, ainsi que dans les jardins de botanique ou d'amateurs ; p. ex. *Betula pumila, Betula nigra, Betula papyracea, Betula davurica,* etc.

BOULEAU BAS. — *Betula pumila* Linn. — Duroi, Harbk. 1, tab. 3. — Wangenh. Amer. tab. 29, fig. 61. — Jacq. Hort. Vindob. tab. 122. — Wats. Dendr. Brit. tab. 97. — *Betula nana* Kalm. (non alior.) — Rameaux dressés, effilés. Jeunes-pousses cotonneuses, point glanduleuses. Feuilles ovales, ou obovales, ou elliptiques, ou suborbiculaires, crénelées, ou dentelées, point ponctuées, en général très-obtuses, à base cordiforme, ou arrondie, ou cunéiforme ; les jeunes cotonneuses ; les adultes glabrescentes, d'un vert glauque en dessous. Pédoncules-fructifères en général plus longs que les pétioles. Écailles-strobilaires à lobes dissemblables, obtus.

Arbuste haut de 3 à 5 pieds. Écorce d'un brun de Châtaigne. Feuilles fermes, longues de 6 à 18 lignes, d'un vert foncé en dessus ; pétiole grêle, pubescent, long de 1 ligne à 3 lignes. Stipules comme celles du Bouleau blanc. Bourgeons ovales, obtus, bruns, glabres. Chatons-mâles longs de 6 à 10 lignes. Strobiles longs de 6 à 15 lignes ; écailles ciliolées, variant de forme comme celles du Bouleau blanc. Nucules suborbiculaires ou obovales ; ailes à peu près aussi longues et de moitié moins larges que la loge ; celle-ci ovale ou elliptique. — Cette espèce habite le Canada, et les provinces septentrionales des États-Unis. On la cultive comme arbuste de collection. Le bois de sa racine est dur et d'un rouge foncé : on le recherche, en Amérique, pour les ouvrages de marqueterie.

b) *Strobiles oblongs, ou ellipsoïdes, sessiles ou subsessiles, gros, 2 à 4 fois plus courts que les feuilles florales. — Écorce des rameaux et des ramules très-odorante, et d'une saveur douceâtre. Feuilles minces, semblables à celles du Charme, jamais ni deltoïdes, ni rhomboïdales.*

BOULEAU MERISIER. — *Betula lenta* Linn. — Mich. fil. Arb. vol. 2, p. 147, cum fig. — Guimp. et Hayn. Fremd. Holz. tab. 83. — *Betula nigra* Duroi, Harbk. (non alior.) — Wangenh. Amer. tab. 15, fig, 34. — *Betula carpinifolia* Ehrh. Beytr. — Mich. Flor. Bor. Amer. — Jeunes-pousses soyeuses, légèrement verruqueuses, finalement glabres. Feuilles ovales, ou ovales-lancéolées, ou ovales-oblongues, ou elliptiques-oblongues, acuminées, finement et doublement dentelées, arrondies ou cordiformes à la base, très-lisses, poncticulées en dessous : les jeunes soyeuses ; les adultes glabres, ou soyeuses en dessous à la côte et aux nervures. Écailles des strobiles à lobes obtus.

Arbre atteignant 70 pieds de haut, sur 2 à 3 pieds de diamètre. « Chez les individus qui ont moins de 8 pouces de diamè-« tre, le tronc est couvert d'une écorce unie, grisâtre, parfaite-« ment semblable à celle du Merisier ; sur les vieux arbres, « l'épiderme se détache transversalement d'espace en espace, « et présente des lames dures et ligneuses, de 6 à 8 pouces de « large. » (A. Michaux, Hist. des Arb.) Cime pyramidale. Branches divariquées. Rameaux et ramules grêles, flexueux, très-tenaces, à écorce luisante, d'un brun de Châtaigne, ponctuée de petites verrues blanches, ou quelquefois très-lisse. Bourgeons coniques, pointus, glabres, bruns, luisants. Feuilles minces, d'un vert gai en dessus, d'un vert pâle en dessous, ordinairement luisantes aux 2 faces, finement penninervées (à nervures très-rapprochées, plus nombreuses que chez les espèces précédentes, en proportion à la grandeur des feuilles) : celles des ramules-latéraux géminées, longues de 1 ½ pouce à 3 pou-

cès ; celles des pousses-gourmandes longues de 3 à 5 pouces.
Pétiole long de 2 à 6 lignes, grêle, canaliculé en dessus, ordinairement velu, moins souvent glabre. Stipules ovales ou ovales-
lancéolées, herbacées. Chatons-mâles longs de 2 à 4 pouces.
Strobiles longs de 8 à 12 lignes; écailles ciliolées, tantôt cunéiformes, tantôt flabelliformes, tantôt en forme de croix, plus ou
moins profondément trilobées. : lobes tantôt tous presque égaux,
arrondis, ou ovales, ou oblongs, tantôt dissemblables (les latéraux arrondis, plus larges et plus courts que le terminal, lequel
est ovale ou deltoïde). Nucules obcordiformes ou obovales : ailes
élargies vers le haut, en général à peu près aussi larges que la
loge. Le fruit ne mûrit qu'en octobre ou novembre.

Cette espèce, qui est la plus élégante de son genre, appartient
à l'Amérique septentrionale; elle est connue dans toutes les parties des États-Unis où elle croît, sous le nom de *Black birch*
(Bouleau noir) ; en Virginie elle est quelquefois désignée par le
nom de *Mountain mahogany* (Acajou de montagne), et, dans
les États du nord, par ceux de *Sweet birch* (Bouleau sucré),
ou *Cherry birch* (Bouleau Merisier); la dénomination de *Bouleau Merisier* est la seule usitée en Canada. Suivant M. A.
Michaux, cet arbre n'est pas commun dans la Nouvelle-Écosse,
le Maine et le Vermont, tandis qu'il abonde au New-York, au
New-Jersey, et en Pensylvanie ; plus au sud, on ne le voit que sur
le sommet des Alléghanys, jusqu'à leur terminaison en Géorgie,
ainsi que sur les bords escarpés et très-ombragés des rivières de
ces montagnes; il ne se plaît que dans les localités dont le sol
est profond, meuble, et frais : mais à la faveur de ces conditions,
son accroissement est très-rapide; on assure que dans le cours
d'une vingtaine d'années, il peut s'élever à 45 pieds.

Des différentes espèces de Bouleaux qui croissent dans l'Amérique septentrionale, dit M. A. Michaux, le Bouleau Merisier
est, sans aucun doute, la plus intéressante par les bonnes qualités de son bois, et par son feuillage agréable. Ce bois, fraîchement débité, est d'une couleur rosée, dont l'intensité augmente à
mesure qu'il se dessèche et qu'il est exposé à la lumière ; son
grain, très-fin et très-serré, est susceptible d'un beau poli. il

possède d'ailleurs un assez grand degré de force; après le Ceri-
sier de Virginie, c'est celui qu'on emploie le plus souvent dans
l'ébénisterie, dans le New-York, le Massachusset et le Con-
necticut; on en fait des tables et des montants de bois de lit,
qui finissent par ressembler à l'Acajou; il n'est pas moins recherché comme combustible, et il fournit un excellent charbon.
Les jeunes-pousses du Bouleau Merisier, lorsqu'on les froisse ou
qu'on les mâche, répandent une odeur extrêmement suave, et
elles ont une saveur douceâtre; ces propriétés se conservent par
la dessiccation; leur infusion est très-agréable. La séve de l'arbre
est aussi très-sucrée, mais on ne l'exploite guère en Amérique,
parce qu'elle ne fournit qu'un sucre de qualité inférieure à celui
des Érables. — Cette espèce n'est pas commune dans les plantations, en Europe, ce qui tient probablement à ce qu'elle ne
prospère pas dans beaucoup de localités; car elle mériterait d'être
multipliée tant à cause des bonnes qualités de son bois, qu'en
raison de l'élégance de son port et de son feuillage, qui est très-
précoce.

Bouleau jaune. — *Betula lutea* Mich. fil. Arb. vol. 2,
p. 153, cum fig. (exclus. syn. *B. excelsæ* Hort. Kew.)—*Betula lenta* Wats. Dendr. Brit. tab. 144. (exclus. syn.) —
Betula excelsa Hook. Flor. Bor. Amer. (excl. syn.) — Cette
espèce, très-semblable à la précédente par le port et le feuillage,
en diffère par son écorce à épiderme d'un jaune doré, comme
vernissé, se partageant en lanières très-minces; par ses strobiles
plus gros, à écailles pubescentes vers leur base, et à lobes pointus; les nucules sont en général moins largement ailées.

Arbre s'élevant jusqu'à 70 pieds, sur 2 pieds de diamètre.
Tronc cylindrique, parfaitement droit jusqu'à 30 à 40 pieds de
terre. Rameaux grêles, flexibles, à écorce lisse, brune, luisante,
peu ou point ponctuée. Jeunes-pousses et jeunes-feuilles soyeuses. Feuilles adultes longues de 3 à 4 pouces, sur 2 ¹⁄₂ pouces
de large; pétiole velu. Strobiles longs de 10 à 15 lignes, sur 3
à 6 lignes de diamètre; écailles larges de 3 à 5 lignes, plus ou
moins profondément 3-lobées, tantôt cunéiformes, tantôt flabel-

liformes, ciliolées : lobes subconformes, subisomètres, presque parallèles, ou peu divergents, ovales, ou ovales-lancéolés, ou oblongs-lancéolés, pointus, ou acuminés. Nucules larges de 1 à 2 lignes, ovales, ou elliptiques, ou suborbiculaires : ailes de moitié à 2 fois moins larges que la loge, rétrécies vers le sommet, point débordantes ; loge ovale ou elliptique.

Cette espèce, suivant les recherches de M. A. Michaux, abonde dans les forêts de la Nouvelle-Écosse, du Nouveau-Brunswick, et du Maine, où elle est désignée sous le seul nom de *Yellow birch* (Bouleau jaune). Au sud de la rivière Hudson, elle est déjà très-rare ; et, dans le New-Jersey et la Pensylvanie, on n'en rencontre qu'un petit nombre d'individus, et seulement dans les endroits les plus ombragés et les plus humides ; là, elle est confondue par les habitants avec le *Betula lenta*. Cet arbre ne croît que dans les terrains très-frais, où le sol est de bonne qualité. L'écorce de ses ramules a une odeur agréable, et une saveur douce comme celle du *Betula lenta*, mais beaucoup moins sensibles, et se perdant par la dessiccation. Le bois est inférieur en qualité et en beauté à celui du *Betula lenta* ; mais, comme lui, il a de la force, et il prend un beau poli. Dans la Nouvelle-Écosse et au Maine, on le fait entrer dans la charpente inférieure des vaisseaux ; dans ces mêmes contrées, ses jeunes rameaux s'emploient presque exclusivement pour les cercles à barriques. Le Bouleau jaune fournit un très-bon combustible, et on en exporte annuellement, pour cet usage, une assez grande quantité du Maine à Boston. L'écorce est estimée pour le tannage des cuirs. On importe beaucoup de planches de Bouleau jaune en Écosse et en Irlande, où il est fort estimé pour la menuiserie. — Le Bouleau jaune paraît ne pas être cultivé en Europe (à moins qu'il ne soit confondu avec le Bouleau Merisier, dont il est en effet extrêmement voisin) ; du reste, il mérite de fixer l'attention des cultivateurs, aux mêmes titres que l'espèce précédente.

Genre AUNATRE. — *Alnaster* Spach.

Chatons-mâles développés dès l'automne précédent, terminaux, ou latéraux et terminaux, subsessiles, solitaires, ou géminés, naissant de bourgeons aphylles; écailles 1-flores, 4-squamellées : squamules 2-sériées, imbriquées, débordantes. Fleurs sub-12-andres. Périanthe formé d'environ 12 squamules égales, disjointes, subfasciculées. Étamines insérées chacune au-dessus de la base d'une squamule du périanthe; filets filiformes, courts, indivisés; anthères comme bifurquées : bourses oblongues, suprà-basifixes, parfaitement disjointes. — *Chatons-femelles* (pendant l'hiver recouverts par les écailles de leurs bourgeons) courts, pédonculés, cylindracés, disposés en grappes latérales, naissant chacune d'un bourgeon qui produit un court ramule 2-ou 3-phylle; écailles-florales 2-flores, 4-squamellées à la base : squamules 2-sériées, imbriquées, minimes à l'époque de la floraison. Strobiles ovoïdes, obtus, courts, compactes, à écailles ligneuses, cunéiformes, nerveuses, épaissies et légèrement 5-lobées au sommet, horizontales, immédiatement superposées, entregreffées avant la maturité, point imbriquées, s'écartant finalement les unes des autres, mais persistant longtemps après la chute des nucules. Nucules membranacées, lenticulaires, obcordiformes, bordées d'une aile diaphane, complétement recouvertes, avant la maturité, par les écailles du strobile. — Arbrisseau à ramules anguleux. Bourgeons substipités, à écailles (au nombre de 2 ou 3) imbriquées, coriaces. Floraison vernale, coïncidant avec la pousse des feuilles. Chatons-mâles à écailles brunes, glabres, subovales. Étamines plus longues que les squamules du périanthe; anthères jaunes. Chatons-femelles dressés, petits renfermés dans leurs bourgeons, jusqu'à l'époque de la pousse des feuilles; ces bourgeons sont en général disposés, comme chez les Bouleaux, le long des scions de l'année précédente, et dont l'extrémité porte 2 à 4 chatons-mâles. Feuilles pétiolées, doublement dentelées, ponctuées en dessous. Strobiles dressés, pédonculés : pédoncules roides, mais assez grêles. — Ce genre ne comprend que l'espèce suivante :

AUNATRE A FEUILLES VERTES. — *Alnaster viridis* Spach. —
Betula alpina Borkh. — *Betula ovata* Schrank. — Guimp. et
Hayn. Deutsch. Holz. tab. 147. — Wats. Dendr. Brit. tab. 96.
— *Betula Alnobetula* Ehrh. — *Betula viridis* Vill. — *Alnus
viridis* De Cand. — *Betula crispa* Mich. Flor. Bor. Amer. —
Alnus crispa Nutt. Gen. — *Alnus orbiculata* Lapyl. Flore de
Terre-Neuve. (ined.) — Buisson haut de 3 à 5 pieds. Tiges et
branches dressées, à écorce d'un brun foncé. Rameaux plus ou
moins divergents, à épiderme très-mince, rugueux, grisâtre.
Jeunes-pousses glabres, ordinairement d'un brun de Châtaigne,
ponctuées de petites verrues blanches. Bourgeons assez gros,
subclaviformes, visqueux, bruns, glabres, pointus. Feuilles
ovales, ou obovales, ou elliptiques, courtement acuminées, acérées, arrondies ou subcordiformes (ou moins souvent soit tronquées, soit cunéiformes) à leur base, fermes, plus ou moins visqueuses (surtout étant jeunes), d'un vert foncé et glabres en
dessus, d'un vert pâle en dessous et pubérules sur la côte et les
nervures, longues de 1 pouce à 3 pouces ; dentelures acérées ;
pétiole glabre ou pubérule, assez gros, canaliculé en dessus,
long de 3 à 6 lignes. Stipules (des feuilles des pousses-gourmandes) oblongues, obtuses, glabres, subherbacées, plus courtes
que le pétiole. Chatons-mâles longs de ¼ pouce à 2 pouces.
Chatons-femelles au nombre de 3 à 6 par bourgeon, à l'époque
de la floraison longs de 2 à 3 lignes. Pédoncules-fructifères
à peu près aussi longs que les pétioles. Strobiles semblables à
ceux de l'*Aune commun*. Nucules semblables à celles du Bouleau blanc. — Cette espèce croît dans les hautes régions des
Alpes ; on la cultive comme arbre de collection.

Genre AUNE. — *Alnus* Tourn.

Chatons des deux sexes développés dès l'automne précédent, et naissant de bourgeons aphylles. *Chatons-mâles*
en grappe terminale ; écailles-florales 3-flores, 4-squa-
mellées ; squamules 2-sériées, imbriquées, débordantes.
Fleurs 4-andres. Périanthe régulier, rotacé, profondé-

ment 4-lobé. (Accidentellement le périanthe est 5-ou 6-lobé, et 5-ou 6-andre.) Étamines insérées au-dessus de la base des lobes du périanthe; filets filiformes, courts, indivisés; anthères elliptiques, didymes, médifixes : bourses disjointes aux 2 bouts. — *Chatons-femelles* solitaires ou en grappes, courts, cylindracés, latéraux; écailles-florales 2-flores, 4-squamellées à la base : squamules 2-sériées, imbriquées, minimes à l'époque de la floraison. Strobiles ovoïdes ou subglobuleux, courts, obtus, à écailles ligneuses, cunéiformes, nerveuses, horizontales, immédiatement superposées, point imbriquées, épaissies et légèrement 5-lobées au sommet, entregreffées avant la maturité, s'écartant finalement les unes des autres, mais persistant longtemps après la chute des nucules. Nucules obovales ou suborbiculaires, chartacées, lenticulaires, complétement recouvertes par les écailles-strobilaires, bordées d'une aile (plus ou moins large) opaque, ou (chez une seule espèce) d'un bourrelet subéreux. — Arbres ou arbrisseaux. Jeunes rameaux anguleux. Bourgeons stipités, à écailles (au nombre de 2 ou 3) coriaces, imbriquées, longuement débordées par les stipules. Floraison plus précoce que les feuilles. Inflorescence générale de chaque ramule formant une panicule terminale, aphylle à l'époque de la floraison, composée d'une grappe terminale de 2 à 5 chatons-mâles, et soit de 1 à 3 grappes de chatons-femelles, soit de 2 à 5 chatons-femelles solitaires. Chatons-mâles à écailles d'un pourpre violet, ou d'un jaune verdâtre. Étamines ordinairement plus longues que les squamules du périanthe; anthères jaunes. Chatons-femelles dressés ou ascendants, petits, naissant (de même que les chatons-mâles) dès l'été précédent aux aisselles supérieures des jeunes-pousses; ils sont ou solitaires dans chaque bourgeon, ou en grappe dans chaque bourgeon. Stipules-gemmaires grandes, herbacées, subcoriaces. Feuilles dentelées, ou denticulées, ou sinuolées, ou (par variation) pennatifides, pétiolées, souvent ponctuées, toutes éparses : celles des pousses-gourmandes souvent anguleuses, ou sinuées-lobées. Strobiles dressés, pédonculés : pédoncules roides, assez gros. Nucules lisses, luisantes, glabres. — La plupart des Aunes croissent dans les régions extratropicales de l'hémisphère septentrional ; mais on en trouve aussi quelques espèces dans l'Amérique équatoriale, à la faveur des stations élevées que leur offrent les Andes du Pérou, de la Colombie et du Mexique. Nous ne ferons connaître ici que les espèces les plus remarquables.

A. *Bourgeons obovales, obtus : ceux des inflorescences-femelles produisant chacun une grappe de chatons. (Nucules d'un brun roux, ailées.) — Écailles - florales d'un pourpre violet (à l'époque de la floraison) ; celles des chatons-femelles assez minces au sommet. Feuilles souvent anguleuses ou sinuées, en général courtement pétiolées.*

AUNE VISQUEUX. — *Alnus glutinosa* Gærtn. — Guimp. et Hayn. Deutsch. Holz. tab. 180. — Hook. Flor. Lond. tab. 59. — *Betula Alnus* Linn. — Engl. Bot. tab. 1508. — *Betula glutinosa* Hoffm. — *Alnus communis* Duham. ed. nov. vol. 2, tab. 64. — *Alnus vulgaris* Rich. — Feuilles inégalement dentelées, ou denticulées, ou crénelées, plus ou moins visqueuses, d'un vert foncé et luisantes aux 2 faces, ponctículées en dessous, cotonneuses en dessous aux aisselles des nervures (ou moins souvent très-glabres), ordinairement très-obtuses.

— α : AUNE COMMUN. — *Alnus glutinosa vulgaris* Spach. — *Alnus glutinosa* auctor. — *Alnus emarginata* Krock. — *Alnus nigra* Gilib. — *Alnus glutinosa emarginata* Willd. — Feuilles obovales ou elliptiques-obovales, arrondies et plus ou moins profondément échancrées au sommet, à base cunéiforme ou moins souvent arrondie.

— β : A FEUILLES ARRONDIES. — *Alnus glutinosa subrotunda* Spach. — *Alnus subrotunda* Desfont. Hort. Par. — *Alnus denticulata* C. A. Meyer, Enum. Plant. Caucas. — Feuilles obovales ou obovales - orbiculaires, cunéiformes à leur base, arrondies et peu ou point échancrées au sommet.

— γ : A FEUILLES POINTUES. — *Alnus glutinosa acutifolia* Spach. — *Alnus oblongata* Willd. — *Betula oblongata* Hort. Kew. ed. 1. — *Alnus barbata* C. A. Meyer, Enum. Plant. Caucas. — Feuilles obovales, ou elliptiques, ou elliptiques-oblongues, pointues, ou subacuminées, cunéiformes à leur base.

— δ : A FEUILLES PENNATIFIDES. — *Alnus glutinosa laciniata* Willd. — Feuilles oblongues, profondément pennatifides : segments demialancéolés, ou subfalciformes, pointus, très-entiers.

— A FEUILLES DE CHÊNE. — *Alnus glutinosa quercifolia* Willd. — Feuilles oblongues, obtuses, sinuées-lobées : lobes arrondis. (Variété de culture.)

— A FEUILLES D'AUBÉPINE. — *Alnus glutinosa oxyacanthæfolia* Spach. — *Alnus oxyacanthifolia* Lodd. Cat. — Feuilles (ordinairement petites) sublyrées ou sinuées - lobées, oblongues, ou obovales : lobes arrondis ou obovales, crénelés. (Variété de culture.)

Arbre s'élevant à 60 pieds, ou, dans les conditions les plus favorables, jusqu'à 100 pieds. Tronc très - droit, atteignant 1 ½ à 3 pieds de diamètre, souvent rameux dès sa base. Cime pyramidale, touffue. Racines longues, rampantes, très-rameuses. Écorce des vieux troncs d'un brun noirâtre, rimeuse ; celle des jeunes troncs et des branches d'un vert olive foncé. Branches sub-horizontales, très-rameuses. Rameaux et ramules divariqués, à écorce glauque, ou cendrée, ou d'un brun de Châtaigne. Jeunes-pousses glabres ou un peu velues, vertes, ponctuées de verrues blanches. Bois assez dur, pesant, élastique, d'un grain fin, de couleur blanche à l'état frais : il prend sur la blessure, après qu'on l'a coupé, une couleur d'un rouge orange, qui passe bientôt en couleur de chair pâle, et enfin au blanc jaunâtre, qui est la couleur qu'il conserve étant sec. Liber de couleur orange.

Bourgeons gros, glauques. Chatons-mâles, à l'époque de la floraison, longs de 1 1/2 à 2 1/2 pouces. Grappes-femelles dressées ou ascendantes, pédonculées, composées de 3 à 6 chatons courtement pédicellés à l'époque de la floraison ; pédicelles accrescents, ordinairement divariqués après la floraison. Feuilles minces, fermes, ordinairement longues de 3 à 4 pouces, sur presque autant de large, finement réticulées : côte et nervures blanchâtres ou roussâtres à la face inférieure ; pétiole assez fort, canaliculé en dessus, glabre, ou pubescent, long de 8 à 15 lignes. Stipules (des pousses-gourmandes) oblongues ou ovales-oblongues, brunâtres, ou d'un vert jaunâtre, glabres, courtes. Strobiles ovoïdes ou ellipsoïdes, d'un brun verdâtre en automne, finalement noirâtres, du volume d'une Noisette ; pédoncules-fructifères tantôt aussi longs que les strobiles, tantôt plus courts. Nucules obovales ou suborbiculaires, plus larges que leur rebord, longues de 1 1/2 ligne.

Cette espèce, qu'on appelle vulgairement *Aune*, sans autre épithète, est communé dans la plus grande partie de l'Europe (les régions arctiques exceptées), ainsi qu'en Orient et en Sibérie. En France, elle fleurit en février ou en mars, un mois à peu près avant la pousse de ses feuilles ; les fruits mûrissent en automne. C'est un arbre pour ainsi dire aquatique, car il prospère surtout dans les localités marécageuses ou très-humides, pourvu qu'elles ne soient pas constamment submergées, tandis qu'il reste chétif dans les terrains arides ; il se refuse à croître dans les sols glaiseux. Sa croissance est assez rapide, et la durée de sa vie de 80 à 100 ans. Sa multiplication s'opère très-facilement, tant par boutures ou par marcottes de branches, qu'au moyen d'éclats de souches et de brins de racines. Dans les localités humides, ses graines germent spontanément à la surface du sol.

L'Aune se plante fréquemment dans les endroits frais et humides des parcs, ainsi qu'aux bords des étangs et des ruisseaux ; ses racines longues et entrelacées contribuent à fixer le sol des rivages ; la culture de cet arbre est surtout d'un grand avantage dans les terrains trop marécageux pour les Saules et les Peupliers : car, de même que ceux-ci, il repousse avec vigueur après avoir été coupé au niveau du sol. Dans les localités convenables, on le choisit aussi pour en faire des clôtures, parce que le bétail en rebute les feuilles.

Le bois d'Aune ne s'emploie guère aux constructions ordinaires, parce qu'il se décompose promptement étant exposé aux alternatives de sécheresse et d'humidité; mais lorsqu'il est constamment submergé, il devient aussi incorruptible que le bois de Chêne : aussi le choisit-on de préférence pour les pilotis et autres ouvrages destinés à séjourner sous l'eau ; on dit que Venise repose sur des pilotis d'Aune. Ce bois est recherché par les ébénistes, les menuisiers, les tourneurs et les sabotiers : il est susceptible d'un assez beau poli, et il prend facilement la couleur de l'Ébène ou de l'Acajou. Comme combustible, le bois d'Aune est presque d'aussi bonne qualité que le bois de Bouleau, pourvu qu'on n'ait pas tardé de le mettre à l'abri de la pluie ; il brûle avec une flamme vive, et presque sans fumée : qualités qui le rendent précieux pour le chauffage des fours de boulanger, de verrier, etc. Le charbon de bois d'Aune est l'un des meilleurs pour la fabrication de la poudre. Les cendres contiennent beaucoup de potasse : elles en fournissent à peu près la septième partie de leur poids. L'écorce, qui est très-astringente, sert au tannage, ainsi qu'à teindre soit en noir, soit en brun ; sa décoction était autrefois en vogue à titre de remède détersif. Dans plusieurs contrées d'Allemagne, l'Aune fournit les longues perches indispensables pour la culture du Houblon.

AUNE DENTICULÉ. — *Alnus serrulata* Willd. — Mich. fil. Arb. vol. 3, tab. 4, fig. 1. — *Betula serrulata* Ait. Hort. Kew. ed. 1. — Abbot. Ins. 2, tab. 92. — *Betula Alnus serrulata* Mich. Flor. Bor. Amer. — *Betula rugosa* Ehrh. — Feuilles inégalement dentelées ou denticulées, obtuses, ou pointues, ou courtement acuminées, plus ou moins visqueuses, poncticulées et d'un vert pâle en dessous, pubescentes aux nervures.

— α : A FEUILLES ALLONGÉES. — *Alnus serrulata oblongata* Spach. — *Alnus serrulata* auctorum. — *Alnus carpinifolia* Desfont. Hort. Par. (olim.) — Feuilles lancéolées-elliptiques,

ou elliptiques-oblongues, ou oblongues-obovales, ou lancéolées-obovales, ou obovales, cunéiformes à leur base, souvent
obtuses.

— β : A LARGES FEUILLES.—*Alnus serrulata latifolia* Spach.
— *Alnus macrophylla* et *Alnus rubra* Desfont. Hort. Par.
(olim.) —*Alnus latifolia* Desfont. Cat. Hort. Par. ed. 3. —
Feuilles elliptiques ou ovales-elliptiques, arrondies ou subcordiformes à leur base, ordinairement acuminées.

Arbrisseau atteignant 8 à 12 pieds de haut. Jeunes-pousses
vertes, floconneuses, plus ou moins verruqueuses. Bourgeons
d'abord floconneux, finalement glabres, visqueux, bruns. Feuilles longues de 2 à 6 pouces, fermes, d'un vert foncé en dessus,
souvent anguleuses ou légèrement sinuées ; dentelures acérées ;
côtes et nervures couvertes en dessous d'une pubescence roussâtre ; pétiole assez gros, canaliculé en dessus, long de 4 à 8
lignes. Stipules (des pousses-gourmandes) ovales ou elliptiques,
cotonneuses, plus courtes que le pétiole. Fleurs et fruits semblables à ceux de l'Aune commun ; pédoncules-fructifères plus
ou moins divariqués, tantôt aussi longs que les strobiles, tantôt
plus courts.—Cette espèce habite les États-Unis ; on la cultive
comme arbuste de collection.

AUNE GRISATRE.—*Alnus incana* Willd. —Guimp. et Hayn.
Deutsch. Holz. tab. 137.—*Betula incana* Linn. Suppl. —
Betula Alnus β : Linn. Spec.—*Alnus alpina* Borkh.—*Alnus
lanuginosa* Gilib.—Feuilles inégalement ou doublement dentelées, point visqueuses ni ponctuées, non-luisantes en dessus,
d'un vert glauque ou pubescentes-incanes en dessous, ordinairement acuminées ou pointues.

— α : COMMUN. — *Alnus incana vulgaris* Spach.—*Alnus incana* auctorum. —*Alnus glauca* Mich. fil. A●.—*Alnus undulata* Pursh ; Nuttall. (non *Betula crispa* Mich.)—Feuilles
ovales, ou elliptiques, ou elliptiques-oblongues, ou rarement
obovales, plus ou moins fortement pubescentes (ou presque cotonneuses) en dessous, ordinairement acuminées ou pointues ;

base arrondie, ou tronquée, ou pointue, ou rarement subcordiforme.

β : GLABRESCENT. — *Alnus incana glabrescens* Spach. — *Alnus incana*, β : *angulata* Hort. Kew. ed. 2. — *Alnus pubescens* Tausch, in Flora, 1834, p. 520. — Feuilles adultes glabres ou presque glabres en dessous (excepté aux aisselles des nervures), variant de forme comme chez le type de l'espèce.

— γ : A FEUILLES PENNATIFIDES. — *Alnus pinnata* Lundm. — *Betula pinnata* Swartz, Act. Holm. 1790.

— δ : A FEUILLES COTONNEUSES. — *Alnus hirsuta* Turcz. — Feuilles elliptiques ou suborbiculaires, cotonneuses-incanes aux 2 faces, ordinairement obtuses.

— ε : DE SIBÉRIE. — *Alnus sibirica* Fischer. — Feuilles elliptiques ou elliptiques-orbiculaires, larges, glabrescentes, subcordiformes à la base, ordinairement arrondies au sommet.

Arbre de la taille et du port de l'Aune visqueux ; dans les localités peu favorables à son développement, ou lorsqu'il a été coupé du pied, il ne forme qu'un buisson de 10 à 20 pieds. Écorce d'un gris luisant sur les troncs qui ont moins d'un pied de diamètre ; plus tard elle devient longitudinalement rimeuse, mélangée de noir et de gris ; liber fongueux, d'un rouge orange. Rameaux d'un gris brunâtre. Jeunes-pousses cotonneuses. Bourgeons d'abord floconneux, finalement glabres, luisants, bruns, visqueux. Chatons comme ceux de l'Aune visqueux : les femelles ordinairement subsessiles à l'époque de la floraison ; les mâles longs de 2 à 3 pouces. Feuilles minces, d'un vert foncé et peu ou point luisantes en dessus, ordinairement longues de 3 à 4 pouces ; dentelures pointues. Pétiole canaliculé en dessus, glabre, ou pubescent, tantôt rouge, tantôt blanc (de même que la côte et les nervures, lorsque les feuilles ne sont pas recouvertes de duvet), long de 6 à 12 lignes. Stipules (des pousses-gourmandes) oblongues, cotonneuses, brunâtres, plus courtes que le pétiole. Strobiles en général courtement pédonculés, du reste semblables (de même que les nucules) à ceux de l'Aune visqueux.

Cette espèce, très-commune en Suède, en Laponie, en Russie et en Prusse, est beaucoup moins répandue que l'Aune visqueux, dans les contrées plus méridionales de l'Europe ; elle se retrouve néanmoins en abondance dans les Alpes et au voisinage du Rhin. Son bois est plus blanc, plus dur, plus tenace, et d'un grain plus fin que le bois de l'Aune visqueux, quoique la croissance de l'arbre soit plus rapide ; comme combustible, il égale le bois du Bouleau blanc ; et, dans le nord, on lui donne la préférence pour tous les ouvrages auxquels on emploie l'Aune visqueux.

B. *Bourgeons ovales, pointus : ceux des inflorescences-femelles ne produisant chacun qu'un seul chaton.—Écailles-florales vertes à l'époque de la floraison ; celles des chatons-femelles très-épaisses. Feuilles subcoriaces, luisantes, d'un vert gai, jamais ni anguleuses, ni sinuées, en général longuement pétiolées.*

a) *Nucules d'un brun grisâtre, ailées.*

AUNE A FEUILLES CORDIFORMES. — *Alnus cordifolia* Tenor. Prodr. ; ejusd. Flor. Napol. tab. 99.—*Betula cordata* Loisel. Not. — *Alnus subcordata* C. A. Meyer. —Feuilles un peu visqueuses, poncticulées en dessous, glabres (excepté aux aisselles des nervures), acuminées, presque également dentelées, en général exactement cordiformes, quelquefois ovales ou elliptiques, à base légèrement cordiforme ou arrondie. — Arbre ayant le port et la taille de l'Aune visqueux. Écorce du tronc lisse, grisâtre. Branches étalées, très-rameuses. Rameaux et ramules divariqués, à écorce brune, ou grisâtre, ou d'un vert d'Olive, luisante. Jeunes-pousses glabres, un peu visqueuses, vertes, ponctuées de verrues blanches. Bourgeons assez gros, bruns, visqueux, glabres. Chatons-mâles longs de 3 à 4 pouces, moins grêles que ceux des espèces précédentes. Chatons-femelles seulement au nombre de 2 ou 3 sur chaque ramule-florifère, assez gros, longs de 3 lignes, verts, portés sur des pédoncules simples, gros, ascendants, arqués, longs de 5 à 6 lignes, garnis de quelques squamules non-persistantes. Feuilles longues de 2 à 4 pouces, fermes, subcoriaces, d'un vert foncé en dessus : dentelures sub-cartilagineuses aux bords, calleuses au sommet ; pétiole long de 1 pouce à 2 pouces, grêle, tantôt rouge, tantôt jaune (de même que la côte et les nervures, lesquelles sont floconneuses, en dessous, aux aisselles). Pédoncules-fructifères gros, longs d'environ 1 pouce. Strobiles ovoïdes ou ellipsoïdes, gros, longs de 8 à 15 lignes, d'un brun verdâtre à la maturité, finalement noirâtres. Nucules longues de 2 ½ à 3 lignes, suborbiculaires, ou obovales, ou ovales, ou elliptiques ; rebord moins large que la graine.

Cette espèce, remarquable par l'élégance de son feuillage, croît dans les montagnes de la Corse, de la Sardaigne, et de l'Italie méridionale, ainsi qu'au Caucase ; on la cultive, depuis une vingtaine d'années, comme arbre d'ornement, et, sous ce rapport, elle mérite sans contredit la préférence sur toutes ses congénères. Malgré son origine méridionale, elle résiste aux hivers les plus rudes du nord de la France, où elle fleurit et fructifie comme dans son climat natal ; elle vient très-bien dans les terrains arides. Aux environs de Paris, sa floraison est d'environ un mois plus tardive que celle de l'Aune visqueux.

b) Nucules d'un brun jaunâtre, aptères, épaissies au bord.

AUNE D'ORIENT. — *Alnus orientalis* Decaisne, *Florula sinaica.* — Feuilles elliptiques, ou oblongues, ou ovales-oblongues, ou lancéolées-oblongues, obtuses, ou acuminées, sinuolées, ou érosées-denticulées, ou sinuolées-dentelées, ou crénelées, un peu visqueuses, poncticulées en dessous et barbellulées aux aisselles des nervures. Nucules obovales ou suborbiculaires, à rebord épais, subéreux en dedans, aussi large que la graine. — Arbre. Feuilles longues de 2 à 4 pouces, à base arrondie, ou tronquée, ou cunéiforme, ou subcordiforme. Strobiles ellipsoïdes ou subglobuleux, assez gros, résineux ; écailles assez profondément 4-lobées : les 2 lobes latéraux plus larges, arrondis, divariqués ; les deux intermédiaires suboblongs, verticaux. Nucules longues d'environ 2 lignes. — Cette espèce croît au Liban.

CENT QUATRE-VINGT-HUITIÈME FAMILLE.

LES MYRICÉES. — *MYRICEÆ.*

Amentacearum gen. Juss. — *Myriceæ* Rich. Anal. du fruit. — Bartl.
Ord. Nat. p. 98. — Blum. Flor. Jav. fasc. 17. — Endl. Gen. Plant.
p. 271. — *Myricaceæ* Lindl. Nat. Syst. ed. II, p. 179. — *Taxeæ-Myriceæ*
Reichb. Consp. p. 79. — *Myricaceæ*, trib. II : *Myriceæ* Reichb. Syst.
Nat. p. 171.

Cette famille ne diffère essentiellement des Cupulifères qu'en ce que l'ovaire est toujours uniloculaire,
contenant un ovule solitaire, basifixe et orthotrope. On
n'en connaît qu'une trentaine d'espèces, dont la plupart
habitent la zone équatoriale; une seule est indigène.
Les feuilles, les fruits et l'écorce des Myricées sont aromatiques. Quelques espèces produisent des fruits drupacés, dont la partie charnue est mangeable et d'une
saveur acidule. Chez la plupart des autres espèces, le
fruit est couvert de tubercules composés d'une matière
résineuse, très-analogue à la cire.

CARACTÈRES DE LA FAMILLE.

Arbres ou *arbrisseaux*. Rameaux cylindriques, inarticulés, épars, ou rarement subverticillés.

Feuilles éparses, simples, penninervées, plus ou moins
veineuses, courtement pétiolées, très-entières, ou dentées, ou pennatifides, non-stipulées, ou rarement 2-sti-
pulées, ponctuées (de gouttelettes résineuses); vernation
convolutive.

Fleurs unisexuelles, apérianthées, sessiles, disposées
en chatons monoïques, ou dioïques, ou androgynes,
écailleux. Écailles onguiculées ou inonguiculées, lâches,

ou imbriquées, subcoriaces, concaves, point peltées.
Chatons axillaires, ou latéraux, ou terminaux, dressés,
sessiles : les mâles cylindracés ou subcylindracés, courts,
à l'époque de la floraison beaucoup plus gros que les
chatons-femelles; ceux-ci ovoïdes ou subcylindracés.

Fleurs-mâles : Écailles du chaton 3-à 12-andres, inappendiculées, ou rarement bi-appendiculées à la base.
Étamines insérées à la base des écailles ou sur leur
onglet. Filets courts, filiformes, ordinairement monadelphes, le plus souvent inégaux; androphore stipitiforme ou irrégulièrement rameux. Anthères basifixes
ou submédifixes, dressées, 4-sulquées, extrorses en
préfloraison; bourses longitudinalement bivalves, souvent disjointes excepté au point d'attache.

Fleurs-femelles solitaires aux aisselles des écailles du
chaton; écailles inonguiculées. *Pistil :* Ovaire (très-pétit
à l'époque de la floraison) 1-loculaire, 1-ovulé, accompagné de 2 à 4 bractéoles hypogynes (persistantes ou
caduques), couronné de 2 stigmates filiformes, ou subulés, ou lancéolés, plus ou moins divergents, finement
papilleux, marcescents, soudés vers leur base en style
court. Ovule orthotrope, dressé, attaché au fond de la
loge.

Péricarpe drupacé ou nucamentacé, 1-loculaire,
1-sperme, évalve, quelquefois soit recouvert par les
bractéoles-hypogynes amplifiées, soit adné à ces bractéoles. Les drupes ou nucules de chaque chaton-femelle
sont disposés soit en glomérule, soit en fascicule, soit
en épi très-dense, soit en épi plus ou moins lâche; jamais
ils ne sont soudés entre eux.

Graine solitaire, dressée, inadhérente, attachée au
fond de la loge. Tégument mince, membranacé. Périsperme nul. Embryon rectiligne, antitrope, conforme à

la graine; cotylédons plano-convexes, point plissés, charnus, distincts; radicule subcylindracée, supère, saillante.

Cette famille comprend les genres suivants :

Gale Tourn. — *Myrica* Linn. (ex parte). — *Clarisia* Ruiz et Pav. — *Comptonia* Banks.

Genre GALÉ. — *Gale* Tourn.

Chatons dioïques, latéraux (sur les ramules de l'année précédente), courts, denses, simples, naissant de bourgeons aphylles : les mâles cylindracés, obtus; les femelles sub-ovoïdes; les fructifères ovales ou oblongs, cylindriques, denses. —*Fleurs-mâles :* Écailles du chaton 3-à 6-andres (ordinairement 4-andres), inappendiculées, courtement onguiculées, ovales-rhomboïdales, acuminées, imbriquées, plus longues que les étamines; onglet staminifère à la base. Filets monadelphes : androphore court, stipitiforme. Anthères réniformes-didymes, médifixes : bourses disjointes excepté à leur point d'attache. —*Fleurs-femelles :* Écailles du chaton imbriquées, conformes à celles des chatons-mâles (mais inonguiculées), persistantes. Ovaire recouvert de deux bractéoles latérales, persistantes, accrescentes, charnues, subovales, un peu concaves, pointúes, carénées au dos, d'abord inadhérentes, finalement adnées. Stigmates linéaires-subulés, aplatis, longuement saillants. Péricarpe petit, nuculaire, mince, subcoriace, ponctué, point tuberculeux, subovale, subcylindrique, adné des deux côtés aux bractéoles amplifiées et devenues fongueuses; chaque nucule avec ces deux appendices (qui sembleraient faire partie du péricarpe même) simule un fruit obovale-lenticulaire, caréné au dos, trilobé au sommet. Rachis-fructifère conique, assez gros, ligneux, fovéolé. — Arbrisseau bas, touffu, très-rameux. Bourgeons écailleux; les floraux aphylles. Feuilles petites, subcoriaces, non-persistantes, subsessiles, finement penninervées, dentelées vers leur sommet (accidentellement très-entières), non-stipulées. Fleurs vernales, notablement plus précoces que les feuilles. Chatons solitaires dans chaque bourgeon, rapprochés en épis ramulaires (terminaux à l'époque de la floraison, plus tard latéraux par suite du développement de nouvelles pousses) : les mâles naissant dès l'été précédent ; les femelles ne paraissant que peu avant la floraison. Anthères jaunes. Stigmates rougeâtres, plus longs que les écailles. Nucules horizontalement superposées, caduques dès leur maturité.—L'espèce suivante constitue à elle seule le genre.

GALÉ DES MARAIS. — *Gale uliginosa* Spach. — *Myrica Gale* Linn. — Flor. Dan. tab. 327. — Engl. Bot. tab. 562. — Duham. nov. II, tab. 57. — Guimp. et Hayn. Deutsch. Holz. tab. 200. — Mirb. in Mém. du Mus. XIV, tab. 28. (var.) — Arbrisseau de 2 à 4 pieds. Racine rampante, multicaule. Tiges grêles, dressées, brunes, irrégulièrement rameuses. Rameaux et ramules dressés, d'un brun de Châtaigne. Jeunes-pousses pubescentes ou cotonneuses, anguleuses. Bourgeons à écailles coriaces, subovales, pointues, imbriquées sur 4 rangs : les foliaires petits, ovoïdes ; ceux des chatons-femelles plus gros, subglobuleux ; ceux des chatons-mâles bientôt débordés par les écailles-staminifères. Feuilles longues de 6 lignes à 2 pouces, d'un vert glauque en dessus, pubescentes-incanes ou subincanes en dessous, lancéolées-spathulées, ou sublancéolées, ou oblongues-spathulées, ou oblongues-obovales, ou lancéolées-oblongues, ou lancéolées-obovales (les inférieures quelquefois obovales, ou cunéiformes-obovales), acuminulées au sommet, ou moins souvent arrondies et mucronées au sommet, pointues à la base, pauci- ou pluri-dentées vers leur sommet (moins souvent très-entières), parsemées aux 2 faces d'une grande quantité de gouttelettes d'une résine jaunâtre et odorante ; dents pointues, tantôt petites, tantôt plus ou moins grandes, contiguës, ou plus ou moins distancées, en général deltoïdes ; côte assez forte, saillante en dessous ; nervures et veines fines, peu apparentes en dessus. Pétiole long de ½ ligne à 1 ligne, semi-cylindrique, canaliculé en

dessus. Chatons-mâles longs de 4 à 8 lignes, obtus, assez rapprochés et au nombre de 7 à 15 sur chaque ramule-floral.
Chatons-femelles très-courts à l'époque de la floraison. Écailles-
florales brunes, subscarieuses aux bords, ciliées vers la base.
Chatons-fructifères longs de 3 à 5 lignes, sur 2 lignes de diamètre, obtus, tantôt très-rapprochés, tantôt plus ou moins distancés,
au nombre de 7 à 25 sur chaque ramule-floral, disposés en épis
aphylles (longs de 1 pouce à 3 pouces). Nucules longues d'environ
1 ligne, d'un brun plus ou moins foncé, plus longues que les
écailles-florales, ponctuées de gouttelettes beaucoup plus grosses
que celles des feuilles; lobes-latéraux (sommets des bractéoles)
d'abord pointus, finalement en général obtus, tantôt débordants,
tantôt plus courts que le lobe moyen (sommet de la nucule),
lequel est en général apiculé. Feuilles-séminales ovales.

Cet arbrisseau, nommé vulgairement *Piment royal*, et *Galé*,
croît dans le nord et dans l'ouest de la France, dans le nord de
l'Allemagne, ainsi que dans toutes les contrées plus septentrionales de l'Europe; il habite également le Canada et les provinces
septentrionales des États-Unis; il fleurit en avril; ses fruits mûrissent en automne. Ses feuilles exhalent une odeur aromatique
très-forte, qui, à ce qu'on assure, porte à la tête; leur saveur est
amère et astringente; dans le nord de l'Europe on les substitue
quelquefois au Houblon, dans la préparation de la bière : mais
cette falsification a l'inconvénient de rendre la bière enivrante et
d'une amertume désagréable. Les chatons-mâles peuvent servir
à teindre en jaune. L'odeur du Galé chasse les teignes, à ce
qu'on assure. Cet arbrisseau se multipliant rapidement au moyen
de ses longues racines traçantes, il contribue à solidifier le terrain des tourbières. On le cultive dans les collections d'arbustes
de terre de bruyère.

Genre MYRICA. — *Myrica* (Linn.) Gærtn.

Chatons dioïques, latéraux (sur les ramules de l'année
précédente; ou axillaires lorsque les feuilles de l'année précédente persistent jusqu'au printemps suivant), courts,

denses, simples, tous cylindracés, naissant de bourgeons
aphylles; les fructifères réduits (par avortement) à des glomérules 2-à 5-carpes, ou quelquefois à un seul fruit. —
Fleurs-mâles : Écailles du chaton 3-à 5-andres (ordinairement 4-andres), inappendiculées, courtement onguiculées, obovales-rhomboïdales, subobtuses, un peu plus
courtes que les étamines, lâches ; onglet staminifère à la
base. Filets monadelphes jusqu'au delà du milieu : androphore stipitiforme, comme palmatifide. Anthères cordiformes-elliptiques, échancrées, didymes, submédifixes :
bourses disjointes excepté à leur point d'attache. — *Fleurs-*
femelles : Écailles du chaton imbriquées, appliquées,
ovales, pointues, caduques après la floraison (du moins
celles des fleurs qui n'avortent pas). Ovaire recouvert de
2 bractéoles caduques ou marcescentes (point accrescentes),
ovales, concaves, minimes, inadhérentes. Stigmates subulés, longuement saillants. Péricarpe nuculaire, globuleux,
épais, osseux, couvert d'une couche de tubercules serrés,
subglobuleux, d'abord charnus, mais dont tout le tissu
finit par se remplir d'une matière blanchâtre, analogue à
la cire. Rachis-fructifère court, grêle, pédonculiforme. —
Arbrisseaux à ramules cylindriques, subverticillés ; bourgeons écailleux : les floraux aphylles, axillaires, solitaires ;
les foliaires terminaux, subfasciculés. Feuilles coriaces,
subpersistantes (persistant en général jusqu'au printemps
suivant), non-stipulées, courtement pétiolées, tantôt très-
entières, tantôt crénelées ou dentées vers leur sommet, de
forme et de grandeur très-variables, finement ponctuées
aux 2 faces, très-rapprochées, finement penninervées, peu
veineuses. Fleurs vernales, à peine plus précoces que les
feuilles. Chatons solitaires dans chaque bourgeon, plus ou
moins rapprochés, disposés en épis ramulaires (terminaux
à l'époque de la floraison, plus tard surmontés d'un verticille de nouveaux ramules), aphylles ; les chatons-mâles
assez gros, naissant dès l'été précédent ; les femelles ne paraissant qu'au printemps suivant, subfiliformes à l'époque

de la floraison. Anthères jaunes, assez grosses. Stigmates rougeâtres, presque capillaires. Fruits solitaires ou fasciculés sur chaque rachis, ébractéolés, ou beaucoup plus grands que les bractéoles, d'abord verts, puis noirâtres, enfin blanchâtres (par les efflorescences de la cire), persistant longtemps après la maturité (jusqu'à la fin du printemps suivant); noyau globuleux, très-dur, lisse, très-épais en proportion à son volume.

Les caractères génériques que nous venons d'exposer ne s'appliquent strictement qu'aux deux espèces dont nous allons traiter; mais la plupart des autres espèces qu'on a coutume de comprendre dans le genre *Myrica*, pourraient sans doute fournir matière à l'établissement de quelques nouveaux genres.

MYRICA DE PENSYLVANIE. — *Myrica pensylvanica* Lamk. Enc. — Duham. Nov. II, tab. 55. — *Myrica cerifera media* Mich. Flor. Bor. Amer.—*Myrica carolinensis* Mill,—Pursh, Flor. Amer. Sept. (var.) — Gatesb. Carol. I, tab. 13.

— α : A FEUILLES OBLONGUES. — Feuilles la plupart cunéiformes-oblongues ou oblongues-spathulées, crénelées ou dentées vers leur sommet.

— β : A FEUILLES ELLIPTIQUES, — Feuilles la plupart elliptiques ou elliptiques-oblongues, en général très-entières.

— γ : A GRANDES FEUILLES — Feuilles (longues de 3 à 4 pouces) grandes, très-coriaces, profondément dentées ou crénelees vers leur sommet, oblongues, ou elliptiques-oblongues, ou obovales.

— δ : A FEUILLES LANCÉOLÉES. — Feuilles la plupart lancéolées, en général très-entières.

Arbrisseau touffu, multicaule, haut de 2 à 8 pieds. Racines rampantes. Tiges dressées, très-rameuses, atteignant jusqu'à 2 pouces de diamètre. Écorce unie, finalement grisâtre. Ramules plus ou moins divergents, bruns, souvent subfastigiés. Jeunes-pousses pubescentes ou cotonneuses, feuillues. Bourgeons sub-globuleux. Feuilles d'un vert gai, luisantes, obtuses, ou subob-

tuses, mucronées, ou mutiques, pointues à la base, glabres
en dessus, légèrement pubescentes en dessous, longues de
1 pouce à 4 pouces; dents ou crénelures peu nombreuses
(1 à 4 de chaque côté), mucronées, en général très-larges.
Pétiole subcylindrique, canaliculé en dessus, long de 1 ligne à
3 lignes. Chatons-mâles longs de 3 à 4 lignes, obtus. Chatons-
femelles longs de 2 à 3 lignes. Nucules du volume d'un grain
de poivre, au nombre de 1 à 5 sur chaque rachis.

Cette espèce est indigène des États-Unis; quoiqu'elle croisse de
préférence dans les sols tourbeux ou marécageux, on la rencontre
aussi dans des terres sèches ou même arides; elle fleurit en avril
ou en mai; ses fruits mûrissent en automne. L'odeur agréablement
aromatique de ses feuilles, qui sont en outre très-élégantes, la
fait cultiver en Europe comme arbuste d'agrément; elle fleurit
et fructifie en plein air dans le nord de la France; on la désigne
par les noms vulgaires de *Cirier*, *Cirier de Pensylvanie*, ou
Galé de Pensylvanie. La propriété remarquable de sécréter de
la cire à la surface de ses fruits, lui appartient comme à l'espèce
suivante et à plusieurs autres Myricées exotiques.

MYRICA CIRIER. — *Myrica cerifera* Lamk. Enc. — Plnk.
Alm. tab. 48, fig. 9. — Catesb. Carol. 1, tab. 69. — *Myrica
cerifera arborescens* Mich. Flor. Bor. Am. — Cette espèce ne
paraît différer essentiellement de la précédente qu'en ce qu'elle
forme un arbrisseau régulier, haut de 10 à 20 pieds, et que
ses feuilles sont étroites (larges de 3 à 6 lignes), pointues, légèrement dentelées, la plupart lancéolées ou lancéolées-spathulées
(longues de 1 $^1/_2$ pouce à 3 pouces), les adultes glabres ou à
peine pubérules en dessous.

Ce *Myrica*, appelé vulgairement *Cirier*, *Cirier de la Louisiane*, *Galé Cirier*, *Arbre à cire*, et *Cirier de la Caroline*
(noms dont quelques-uns s'appliquent aussi au *Myrica pensylvanica*), croît dans les provinces méridionales des États-Unis;
de même que le précédent, on le rencontre dans presque tous les
sols, quoiqu'il préfère les localités humides ou marécageuses; il
est beaucoup moins rustique que le *Myrica pensylvanica*, et ne
résiste pas aux hivers du nord de la France.

En faisant bouillir dans de l'eau les fruits de cette espèce ou de la précédente, la matière onctueuse qui en recouvre le noyau se fond, surnage, et se fige par le refroidissement en une substance qui tient à la fois de la nature du suif et de la cire ; on emploie cette substance, aux États-Unis, à faire du savon et des bougies, et ces préparations participent à l'odeur aromatique propre aux feuilles ainsi qu'aux fruits des *Myrica*. Au témoignage de M. Bosc, l'extraction de la cire des *Myrica* est peu lucrative et par conséquent assez négligée, quoique ces fruits en fournissent à peu près le quart de leur poids. Les racines du *Myrica cerifera* sont très-astringentes ; plusieurs médecins anglo-américains en ont recommandé la décoction comme un excellent antidyssentérique.

Genre COMPTONIA. — *Comptonia* Banks.

Chatons monoïques, unisexuels, latéraux (sur les ramules de l'année précédente), courts, denses, simples, naissant de bourgeons aphylles : les mâles cylindracés, obtus ; les femelles gloméruliformes ; les fructifères agrégés en capitule densement hérissé de longues pointes molles (appartenant aux bractéoles). — *Fleurs-mâles* : Écailles du chaton 2-à 4-andres, inappendiculées, courtement onguiculées, subrhomboïdales, acuminées-cuspidées, imbriquées, plus longues que les étamines ; onglet staminifère. Androphore stipitiforme, court. Anthères médifixes : bourses elliptiques, disjointes excepté à leur point d'attache. — *Fleurs-femelles* : Écailles du chaton non-persistantes, imbriquées, appliquées, ovales, acuminées. Ovaire accompagné de deux bractéoles latérales, herbacées, conniventes, presque aussi longues que les stigmates, accrescentes, d'abord linéaires et indivisées, plus tard multifides et formant un involucre recouvrant le fruit. Stigmates subulés, saillants. Péricarpe nuculaire, osseux, lisse, luisant, inadhérent, ovale-oblong, obtus, un peu comprimé, couvert (avant la maturité) d'un involucre de 2 écailles distinctes, subcunéiformes, coriaces, fendues profondément en un grand nombre de lanières herbacées, subulées. — Arbrisseau bas, touffu, très-rameux. Bourgeons écailleux : les floraux aphylles. Feuilles 2-stipulées, longues, étroites, non-persistantes, pennatiparties, ou profondément pennatifides, finement ponctuées, à nervures subrectilignes et presque horizontales; pétiole cylindrique, point canaliculé, fortement renflé à sa base. Stipules inéquilatérales, semi-sagittiformes, subulées au sommet, foliacées, point caduques (excepté celles des feuilles supérieures, qui sont subscarieuses et linéaires-subulées). Fleurs vernales, à peu près aussi précoces que les feuilles. Chatons solitaires dans chaque bourgeon, rapprochés en épis ramulaires (terminaux à l'époque de la floraison, plus tard latéraux par suite du développement de nouvelles pousses) : les mâles plus nombreux, inférieurs, naissant dès l'été précédent; les femelles ne paraissant qu'au printemps, très-rapprochés. Anthères jaunes. Stigmates rouges. Nucules caduques dès la maturité; involucres persistants. — L'espèce suivante constitue à elle seule le genre.

COMPTONIA A FEUILLES DE CÉTÉRACH. — *Comptonia aspleniifolia* Banks, in Gærtn. Fruct. I, p. 58; tab. 90, fig. 7. — L'Hérit. Stirp. II, tab. 58. — Schmidt, Baumz. II, tab. 61. — Duham. nov. II, tab. 11. — Wats. Dendr. Brit. tab. 166. — *Liquidambar peregrinum* et *Liquidambar aspleniifolium* Linn. — Racines rampantes, multicaules. Tiges hautes de 2 à 4 pieds, dressées; écorce brune. Rameaux grêles, flexueux et hispides de même que les jeunes-pousses. Feuilles longues de 2 à 6 pouces, larges de 3 à 6 lignes, fermes, luisantes, d'un vert foncé et glabres (moins souvent pubescentes) en dessus, d'un vert pâle et pubescentes (ou cotonneuses-subincanes) en dessous, linéaires-lancéolées, ou liguliformes-oblongues, ou sublancéolées, obtuses, ou pointues, à segments arrondis, ou deltoïdes, ou semirhomboïdaux, très-entiers, submucronulés, tantôt imbriqués par les bords, tantôt séparés par des sinus ouverts ou fermés. Pétiole long de 2 à 6 lignes, très-velu, souvent rougeâtre. Stipules plus courtes que le pétiole, la plupart de même couleur que les feuilles. Chatons-mâles longs de 3 à 6 lignes ; écailles d'un brun roux, pubérules, longuement ciliées. Capitules-fructifères longs de ¹/₂ pouce à 1 pouce. Écailles-involucrales longues de 3 à 4 lignes, velues. Nucules un peu moins longues que les écailles-involucrales, luisantes, brunâtres, obscurément striées, ombiliquées à la base.

Cet arbrisseau croît aux États-Unis, depuis la Géorgie jusqu'au New-York. Son feuillage aromatique et élégant le fait rechercher comme arbuste d'ornement, qu'on appelle vulgairement *Liquidambar à feuilles de Cétérach*, ou *Compton* ; il ne prospère qu'en terre de bruyère. Le *Comptonia* jouit de propriétés astringentes et toniques assez prononcées ; les médecins anglo-américains l'emploient souvent en thérapeutique.

CENT QUATRE-VINGT-NEUVIEME FAMILLE.

LES CASUARINÉES. — *CASUARINEÆ.*

Casuarineæ Mirb. in Ann. du Mus. XVI, p. 451. — R. Br. in Flind. Voy. II, p. 571. — Bartl. Ord. Nat. p. 97. — Endl. Gen. p. 270. — *Taxeæ-Casuarineæ* Reichb. Consp. p. 70. — *Myricaceæ,* tribus I : *Casuarineæ,* Reichb. Syst. Nat. p. 171. — *Casuaraceæ* Lindl. Nat. Syst. p. 181.

Les *Casuarinées* se font remarquer par un port tout à fait particulier, dû à ce que leurs innombrables rameaux et ramules, grêles ou presque filiformes, sont striés, articulés, noueux, et, au lieu de porter des feuilles, garnis à chaque articulation d'une courte gaîne couronnée d'un certain nombre de petites écailles persistantes; cette conformation est semblable à celles des *Ephedra* et des Équisétacées.

Ce groupe, qui ne comprend que le genre *Casuarina,* forme l'un des traits caractéristiques de la Flore australienne, à laquelle il appartient presque exclusivement; quelques espèces sont disséminées sur la Polynésie, les Moluques, les îles de la Sonde, l'Inde, et la côte de Mozambique, mais la famille paraît être étrangère à toutes les autres régions du globe. Le bois des *Casuarina* est en général très-dur, et, par cette raison, employé aux constructions dans les contrées où il abonde; du reste, ces végétaux n'ont été signalés pour aucune autre propriété.

CARACTÈRES DE LA FAMILLE.

Arbres ou *arbrisseaux.* Rameaux et ramules verticillés, noueux, articulés, striés, aphylles, mais garnis à chaque articulation d'une gaîne courte, et couronnée d'un certain nombre (égal aux stries) de squamules (coriaces ou membranacées, dentiformes) persistantes. Ramules très-grêles ou filiformes, naissant en dedans des gaînes des rameaux, en général pendants, verdâtres de même que les jeunes rameaux. Bourgeons petits, globuleux, recouverts par un ou plusieurs verticilles de squamules semblables à celles des gaînes-raméaires. Squamules-vaginales brunâtres ou noirâtres, roides, pointues, 1-nervées : nervure formée par le prolongement de la strie correspondante.

Feuilles nulles (à moins qu'on ne veuille considérer comme telles les squamules-vaginales).

Fleurs dioïques ou monoïques, apérianthées, sessiles, bractéolées, disposées en chatons écailleux. — *Chatons-mâles* grêles ou filiformes, cylindriques, obtus, droits, interruptiflores, solitaires au sommet des jeunes ramules ; rachis articulé : chaque articulation munie d'une gaîne (semblable aux gaînes-ramulaires, mais beaucoup plus grande) cylindracée ou campanulée, striée, aussi longue que l'entre-nœud (de sorte que le chaton se compose d'un nombre plus ou moins considérable de gaînes disposées en chapelet), couronnée d'un certain nombre (égal à celui des stries) de squamules dentiformes (1-sériées). — *Chatons-femelles* ovoïdes ou oblongs, cylindriques, très-denses, plus courts, mais beaucoup plus gros que les chatons-mâles, latéraux et sessiles (sur les rameaux adultes), ou terminant de courts ramules latéraux, solitaires, droits ; rachis charnu, inarticulé, couvert d'écailles verticillées, distinctes, imbriquées, appliquées, charnues, persistantes, accrescentes.

Fleurs-mâles monandres, verticillées au fond des gaînes du chaton (en même nombre, dans chaque verticille, que les dents de la gaîne), 4-bractéolées. Bractéoles membranacées, roides, 2-sériées : les deux extérieures latérales, plus grandes, libres, conniventes en préfloraison ; les 2 intérieures (l'une postérieure, l'autre antérieure) cohérant au sommet, et recouvrant en préfloraison l'étamine qui plus tard les entraîne sous forme d'une coiffe.

Étamine centrale relativement aux bractéoles, saillante lors de l'anthèse, plus tard pendante. Filet capillaire, rectiligne en préfloraison. Anthère basifixe, dressée, dithèque, oblongue, 4-sulquée, bi-apiculée au sommet, latéralement déhiscente : bourses contiguës, longitudinalement 1-valves ; connectif inapparent.

Fleurs-femelles 2-bractéolées, solitaires à l'aisselle de chaque écaille du chaton. Bractéoles charnues, naviculaires, latérales (relativement à l'écaille-florale), persistantes, accrescentes, distinctes et étalées lors de l'anthèse, puis conniventes, soudées par les bords, et formant un involucre qui recouvre le fruit.

Pistil : Ovaire (minime à l'époque de la floraison) sublenticulaire, 1-loculaire, 1-ovulé, couronné de 2 stigmates longs, saillants, subulés, colorés, marcescents (finalement caducs), soudés vers leur base en un style court. Ovule dressé, orthotrope, attaché au fond de la loge.

Chaton-fructifère : Strobile subglobuleux, ou ovoïde, ou ovale, ou cylindracé, obtus, tuberculeux, ou muriqué, composé, 1" : d'un réceptacle (rachis) ligneux, gros, profondément alvéolé ; 2° : des écailles-florales peu amplifiées, appliquées, très-distancées, coriaces ; et 3° : des bractéoles très-amplifiées, devenues coriaces et formant des involucres monocarpes, d'abord clos, enfin bivalves à la maturité. Les fovéoles du réceptacle sont cyathiformes, à bords rhomboïdaux : chacune est remplie par un seul fruit nuculaire, recouvert de son involucre qui simule une capsule 1-sperme, et dont la partie supérieure est plus ou moins saillante. Les écailles, toujours débordées par les valves-involucrales, terminent les angles des fovéoles réceptaculaires, et elles sont continues avec les parois de ces fovéoles, quoique d'une consistance beaucoup moins ferme que ces parois. Les écailles, de même que les valves-involucrales, persistent après la chute des nucules.

Nucules petites, sessiles, coriaces, lisses, luisantes, ovales, subcylindriques, 1-loculaires, 1-spermes, caduques à la maturité, prolongées au sommet en aile membranacée, diaphane, obtuse, apiculée par les restes du style. Entre l'épiderme membranacé et la substance coriace de la nucule, se trouve une couche très-mince de cellules spiralées, qui se déroulent brusquement dès qu'on les humecte.

Graine inadhérente, basifixe, dressée, ovoïde, pointue, apérispermée : tégument très-mince, membranacé. Embryon antitrope, rectiligne : cotylédons plano-convexes, minces, charnus ; radicule supère, petite.

Les Casuarinées ne diffèrent guère des Myricées quant à la structure des fleurs-femelles, du fruit, et de la graine ; mais elles s'éloignent beaucoup de cette famille par le port, ainsi que par la conformation des fleurs-mâles.

Genre CASUARINA. — *Casuarina* (Rumph.) Linn.

Chatons monoïques ou dioïques : les mâles très-grêles ou filiformes, composés de gaînes disposées en chapelet sur un rachis articulé ; les femelles ovoïdes ou cylindracés, gros, courts, à rachis charnu, couvert d'écailles charnues, distinctes, verticillées, imbriquées. — *Fleurs-mâles* monandres, 4-bractéolées, verticillées au fond des gaînes du chaton. Bractéoles 2-sériées : les 2 intérieures cohérant en forme de coiffe. Étamines saillantes : filet capillaire ; anthère oblongue, 4-sulquée, basifixe, dressée, 2-thèque, latéralement déhiscente. — *Fleurs femelles* solitaires aux aisselles des écailles du chaton, 2-bractéolées. Bractéoles persistantes, accrescentes, après la floraison soudées par les bords et connivantes de manière à recouvrir le fruit. Ovaire 1-loculaire, 1-ovulé, 2-style. Strobile à réceptacle gros, ligneux, creusé d'alvéoles profondes dont chacune contient une nucule ailée, 1-sperme, recouverte avant la maturité d'un involucre coriace, plus ou moins saillant (qui finit par s'ouvrir en deux valves divergentes, de manière à simuler une capsule) ; écailles-florales peu amplifiées, coriaces, indivisées, ou trilobées, terminant les angles des fovéoles réceptaculaires. Graine basifixe, dressée, apérispermée : embryon antitrope.

Arbres, ou arbrisseaux. Rameaux et ramules très-nombreux, verticillés, striés, noueux, articulés, aphylles, garnis à chaque articulation d'une petite gaîne subcoriace, profondément dentée. Ramules grêles ou filiformes, verdâtres, souvent pendants. Chatons-mâles solitaires au sommet des ramules, droits, à gaînes semblables aux ramulaires, mais beaucoup plus grandes et recouvrant complétement les entre-nœuds. Bractéoles plus courtes que les gaînes. Étamines pendantes après l'anthèse ; anthères jaunes. Stigmates rougeâtres, finement papilleux. Chatons-femelles solitaires, latéraux sur les anciens rameaux, ou terminant de courts ramules latéraux, dressés, ou horizontaux. Strobiles ovoïdes, ou subglobuleux, ou ovales, ou cylindracés, obtus, tuberculeux ou muriqués par la partie saillante des involucres-fructifères : ceux-ci sont en général coniques. — On connaît une quinzaine d'espèces de ce genre ; plusieurs se cultivent dans les collections d'orangerie, en raison de la singularité de leur port, qui d'ailleurs est fort triste. Les espèces les plus notables sont les suivantes :

A. *Rameaux et ramules roides, dressés.*

CASUARINA A RAMULES DROITS. — *Casuarina stricta* Hort.
Kew. — Andr. Bot. Rep. tab. 346. — Ramules assez gros, profondément sillonnés : stries contiguës, très-saillantes; gaînes
glabres, 6-fides : dents ovales, pointues, mucronées. Fleurs
dioïques. Gaînes des chatons-mâles subcylindracées. Chatons-
femelles oblongs-cylindracés. Strobiles cylindracés, glabres,
inermes. — Arbre de la Nouvelle-Hollande.

B. *Ramules inclinés ou pendants, flasques.*

CASUARINA A FEUILLES DE PRÊLE. — *Casuarina equisetifolia* Linn. — *Casuarina littorea* Rumph. Amb. 3, tab. 57. —
Ramules subfiliformes, tétraèdres, à peine striés : gaînes 4-den-
tées, glabres. Fleurs monoïques. Strobiles velus, inermes. —
Cette espèce, qu'on appelle vulgairement *Filao* ou *Filao de
l'Inde*, croît dans l'Inde, les Moluques, et les archipels de la
Polynésie. Elle est rare dans les collections; mais le nom de
Casuarina equisetifolia s'applique, par erreur, à la plupart
des autres espèces de ce genre.

CASUARINA MURIQUÉ. — *Casuarina muricata* Roxb. Flor.
Ind. ed. 2, vol. 3, p. 519. — Ramules filiformes, légèrement
sillonnés : gaînes 6-à 8-fides. Fleurs dioïques. Strobiles ellipsoïdes, spinelleux par les pointes des involucres-fructifères. —
Arbre atteignant 100 pieds de haut, sur 3 pieds de diamètre.
Écorce brune, rimeuse. Branches éparses. Bois rougeâtre. Rameaux souvent réclinés. Strobiles du volume d'une Noix de muscade. (*Roxburgh, l. c.*) — Cette espèce croît au Chittagong.

CASUARINA TORULEUX. — *Casuarina torulosa* Willd. — Ramules subfiliformes, cylindriques, ésulqués, très-finement striés :
stries distancées, pubérules; gaînes 4-dentées. Fleurs dioïques.
Chatons-mâles subfiliformes, à gaînes turbinées, un peu plus
courtes que les entre-nœuds. Involucres-fructifères tuberculeux.
— Arbre de la Nouvelle-Hollande; écorce subéreuse.

CASUARINA QUADRIVALVE. — *Casuarina quadrivalvis* (1)
Labill. Nov. Holl. II, tab. 218.—Ramules grêles, très-longs,
sillonnés, subcylindriques, pubérules : stries assez saillantes,
fines, presque contiguës ; gaînes sub-12-fides : dents linéaires-
lancéolées, pointues, ciliolées. Fleurs dioïques. Chatons-mâles
à gaînes subcampanulées. Strobiles ovales, courts ; écailles 3-lo-
bées, cotonneuses, à lobe-terminal allongé, dentiforme, cuspidé,
et à lobes latéraux arrondis ; involucres-fructifères très-saillants, coniques, pointus, cotonneux à la surface externe.—Arbre de la Nouvelle-Hollande.

-----

(1) Ce nom faisant allusion aux 4 bractéoles de la fleur-mâle, est par
conséquent impropre, parce que tous les *Casuarina* offrent ce même
caractère.

QUARANTE-DEUXIÈME CLASSE.

LES CONIFÈRES.

CONIFERÆ Bartl.

CARACTÈRES.

Arbres, ou *arbrisseaux,* la plupart résineux. Tige rameuse (excepté chez les Cycadées), cylindrique. Rameaux épars, ou opposés, ou verticillés, le plus souvent inarticulés. Bois dépourvu de trachées, composé de tubes ayant une ou plusieurs séries de ponctuations disciformes.

Feuilles (le plus souvent persistantes) éparses, ou opposées, ou verticillées, non-stipulées, simples (pennatiparties chez les Cycadées; très-entières chez la plupart des autres), le plus souvent aciculaires ou squamuliformes, en général sans veines ni nervures.

Fleurs monoïques ou dioïques, apérianthées.

Fleurs-mâles disposées en chatons à rachis soit immédiatement staminifère, soit garni d'écailles imbriquées, excentriquement peltées, stipitées (par exception sessiles et point peltées), anthérifères antérieurement ou au sommet du stipe, ébractéolées.

Étamines soit réduites aux bourses-anthérales, soit à filets en général très-courts, rectilignes en préfloraison. Anthères extrorses ou introrses, 1-à 20-thèques : bourses libres ou cohérentes, déhiscentes en général par une fente longitudinale; connectif nul ou continu avec le filet.

Fleurs-femelles (chez la plupart des espèces) insérées

en nombre soit défini, soit indéfini, sur des écailles (1)
(charnues, ou coriaces, ou subfoliacées) 1-bractéolées
extérieurement, ou ébractéolées, agrégées en chatons,
ou moins souvent soit solitaires, soit subsolitaires. —
Chez un certain nombre d'espèces (les Taxinées), les
fleurs-femelles, au lieu d'être insérées immédiatement

(1) Les écailles-pistillifères des Abiétinées (groupe dans lequel nous
comprenons, à l'exemple de MM. Bennet et R. Brown, les *Podocarpus*
et les *Dacrydium*) et des Cupressinées ont été considérées, suivant
les diverses manières de voir des auteurs, comme des bractées, comme
des pédoncules dilatés, comme des réceptacles, comme des calices,
comme des ovaires, comme des stigmates, comme des styles, et comme
des pistils. Mais il nous paraît évident que la cupule de la fleur-
femelle du *Taxus*, du *Ginkgo*, du *Torreya*, et du *Phyllocladus*, l'involucelle tubulaire des *Ephedra*, ainsi que les écailles-pistillifères des
Cupressinées et des Abiétinées, ne sont que des modifications d'un or-
gane de même nature, qui se retrouve chez les Amentacées avec des modifications à peu près semblables : ainsi, l'involucre péricarpoïde des
Châtaigniers et des Hêtres correspond exactement au strobile du *Callitris*
et des *Frenela*, qui s'ouvre de la même manière en 4 ou 6 valves. Un
gland de Chêne porté sur une cupule charnue ne différerait aucunement
d'un fruit d'If ou de Ginkgo. L'involucelle utriculiforme des *Ostrya*
peut se comparer à l'involucelle tubulaire des *Ephedra*. Enfin, il existe
une analogie incontestable entre les écailles-strobilaires des Aunes et
celles des Pins, de même qu'entre celles des Bouleaux et celles des Sapins ; on pourrait objecter que cette analogie n'est pas réelle parce que
les écailles-strobilaires des Bétulées ne portent pas immédiatement les
fruits, comme celles des Pins et des Sapins ; mais l'insertion des nucules
est assez ambiguë chez plusieurs Cupressinées, où on pourrait l'attribuer
à tout aussi juste titre au rachis-strobilaire qu'à l'écaille même, et, d'un
autre côté, parmi les Cupulifères le genre *Carpinus* offre des écailles
fructifères rétrécies en stipe au sommet duquel est insérée la nucule, et
ces écailles finissent par se détacher du rachis à la maturité, en empor-
tant avec elles les nucules, ainsi que cela se voit chez les Sapins. Or,
comme il est prouvé, par l'analogie avec les genres voisins, que l'écaille
fructifère des Carpinus et des Bétulées n'est autre chose qu'un involucre
imparfait, la même interprétation doit aussi sembler la plus naturelle
pour ce qui concerne les écailles-pistillifères des Abiétinées et des Cupressinées.

sur des écailles, naissent soit aux aisselles ou aux articulations de chatons écailleux, soit solitaires ou subsolitaires, et portées chacune sur une cupule qui s'accroît et devient pulpeuse après la floraison, ou enfin accompagnées, soit chacune, soit plusieurs ensemble, d'un involucre écailleux.

Pistil : Ovaire soit dressé et inadhérent, soit renversé (et, dans ce cas, ordinairement adné à l'écaille-florale), 1-loculaire, 1-ovulé, liant au sommet à l'époque de la floraison, à orifice soit tronqué et sans aucune apparence de stigmate, soit découpé en plusieurs dents ou lanières qu'on peut considérer comme des stigmates imparfaits; chez le *Ginkgo* (d'après l'analyse de C. L. Richard), le col de l'ovaire est couronné d'un stigmate disciforme, perforé au centre. Ovule orthotrope, attaché au fond de la loge (par conséquent renversé ou dressé, suivant la direction de l'ovaire), souvent adhérent à l'ovaire, en général réduit à un nucelle dépourvu de téguments, moins souvent recouvert d'un tégument (qui, chez certaines espèces, fait saillie au delà de l'orifice de l'ovaire, sous forme d'un tube très-grêle), ou de deux téguments.

Péricarpe nuculaire ou rarement drupacé, évalve, indéhiscent, 1-loculaire, 1-spermé, quelquefois recouvert d'une cupule charnue. — Chez les espèces dont les fleurs-femelles sont portées sur des écailles agrégées en chatons, ces écailles, en général plus ou moins entregreffées après la floraison, forment des strobiles (cônes) subglobuleux ou plus ou moins allongés.

Graine périspermée, souvent adhérente; tégument membranacé, mince, souvent confondu avec l'endocarpe. Périsperme charnu (souvent huileux), contenant dans l'origine un nombre plus ou moins considérable d'embryons rudimentaires, dont un seul se développe jusqu'à perfection. Embryon antitrope, rectiligne, axile, intraire, presque aussi long que le périsperme, ou plus court, 2-à 15-cotylédoné. Cotylédons opposés ou verticillés, plano-convexes, en germination hypogés ou foliacés. Radicule supère (lorsque le péricarpe est dressé), ou infère (lorsque le péricarpe est renversé), à sommet adhérent plus ou moins au périsperme environnant.

Cette classe, dans l'extension que lui donne M. Bartling, comprend les Conifères d'A. L. de Jussieu, démembrées en trois familles (les *Taxinées*, les *Cupressinées*, et les *Abiétinées*), et, en outre, les Cycadées. Plus récemment, M. Lindley a reproduit, sous le nom de *Gymnospermes*, l'association établie par M. Bartling, à cela près qu'il y ajoute encore les Équisétacées. M. Endlicher n'admet dans sa classe des Conifères que les trois familles fondées sur les Conifères de Jussieu.

Les Conifères constituent sans contredit un des groupes les plus remarquables du règne végétal; dire que tous les arbres qu'on désigne vulgairement par le nom collectif d'*arbres-verts* (savoir les Pins, les Sapins, les Cèdres, les Cyprès, les Genévriers, l'If, etc.), ainsi que les Mélèzes, et les Cyprès-chauves en font partie, c'est assez pour indiquer qu'il joue un des rôles les plus importants dans la Flore de l'hémisphère septentrional, et surtout dans les régions subalpines ou boréales, où la sévérité du climat se refuse à la production de la plupart des grands arbres appartenant à d'autres familles. Du reste, l'hémisphère austral possède aussi un certain nombre de Conifères qui ne le cèdent en rien aux plus gigantesques de celles de nos climats.

L'écorce et le bois de la plupart des Conifères abondent en matières résineuses soit balsamiques, soit âcres : les térébenthines, la colophane, le galipot, la poix, sont des substances de cette nature, provenant d'espèces indigènes. La thérapeutique en emploie plusieurs à titre de remèdes stimulants et surtout diurétiques; il en est même dont l'énergie est telle, qu'on ne peut les administrer qu'avec de grandes précautions. D'ailleurs, à l'exception de l'If, dont les feuilles paraissent avoir des propriétés narcotiques assez prononcées, aucune Conifère n'est réputée vénéneuse. On mange l'amande du fruit de plusieurs espèces d'Abiétinées, ainsi que la partie charnue du fruit de quelques autres Conifères. C'est à tort qu'on a avancé que les Cycadées produisent du Sagou.

CENT QUATRE-VINGT-DIXIEME FAMILLE.

LES TAXINÉES. — *TAXINEÆ.*

Taxineæ (Coniferarum tribus) L. C. Rich. Conif. p. 124. — Bartl. Ord. Nat. p. 95. — Reichb. Syst. Nat. p. 166. — Endl. Gen. p. 264. — *Taxineæ* et *Ephedraceæ* Dumort. Fam. — *Taxeæ-Ephedreæ* et *Taxeæ-Taxineæ* Reichb. Consp. — *Taxaceæ* et *Gnetaceæ* Lindl. Nat. Syst. ed. 2, p. 516 et 541.

Les *Taxinées* ne diffèrent essentiellement des Cupréssinées et des Abiétinées qu'en ce qu'elles ne sont en général point résineuses, et que leurs fleurs-femelles (le plus souvent accompagnées soit d'un involucre écailleux, soit d'une cupule) ne naissent jamais immédiatement sur des écailles. Du reste, les Taxinées, suivant les genres dont elles font partie, offrent peu d'harmonie quant à leur port : le *Taxus* ressemble à un Sapin ; les *Gnetum* rappellent les Chloranthées ; les *Ephedra* ont le port des Casuarinées ; tandis que le *Ginkgo* et le *Phyllocladus* ont un feuillage tout particulier ; il en est de même des propriétés de ces végétaux.

Caractères de la Famille.

Arbres, ou *arbrisseaux*, ou *sous-arbrisseaux*. Tige et rameaux (sarmenteux chez certaines espèces) articulés ou inarticulés. Rameaux et ramules opposés, ou épars, ou verticillés. Bourgeons nus ou écailleux.

Feuilles opposées, ou verticillées, ou éparses, ou fasciculées, ou subdistiques, très-entières (par exception lobées), innervées, ou 1-nervées, ou penninervées, ou (rarement) flabellinervées, point veineuses, persistantes (par exception non-persistantes), sessiles, ou subsessiles (par exception longuement pétiolées). — Chez la plupart des *Ephedra*, les feuilles sont réduites à des squamules scarieuses, opposées : chaque paire confluente vers sa base en gaîne courte.

Fleurs monoïques ou dioïques, jamais insérées sur des écailles.

Fleurs-mâles 1-à 8-andres, disposées en chatons solitaires ou subsolitaires, simples, à rachis nu ou écailleux, immédiatement staminifère.

Étamines libres, ou (lorsque les fleurs ne sont pas 1-andres) monadelphes, nues, ou accompagnées (soit chacune, soit chaque androphore) d'un involucelle tubuleux. Filets courts ou allongés. Anthères basifixes, ou suspendues au sommet du filet, 2-thèques, ou moins souvent soit 1-thèques, soit poly-thèques : bourses cohérentes ou disjointes, déhiscentes chacune soit par un pore apicilaire, soit par une fente longitudinale, soit par un opercule valvuliforme.

Fleurs-femelles nues, ou plus souvent accompagnées (soit chacune, soit plusieurs ensemble) d'un involucre écailleux, ou d'une cupule, solitaires, ou géminées, ou ternées, ou verticillées (en chatons interruptiflores), ou fasciculées.

Pistil : Ovaire dressé, inadhérent, à orifice très-entier et en général sans trace de stigmate. Ovule soit réduit au nucelle, soit muni d'un tégument qui fait saillie (sous forme d'un tube très-grêle) au delà de l'orifice de l'ovaire ; quelquefois il y a en outre un second tégument (externe), court, engaînant la base de l'autre tégument.

Péricarpe aptère, 1-loculaire, 1-sperme, soit nu et drupacé, soit nuculaire (osseux, ou coriace, ou ligneux) et recouvert en tout ou en partie d'une enveloppe charnue ou pulpeuse. Chez la plupart des *Ephedra*

l'enveloppe charnue (provenant de l'involucelle-
floral) recouvre 2 fruits, de manière à simuler une
baie 2-sperme ; chez toutes les autres espèces, chaque
fruit est distinct. La maturation s'accomplit toujours
dans le cours de l'année de la floraison.

Graine adnée inférieurement au péricarpe. Périsperme
en général point huileux. Embryon 2-cotylédoné, en
général subcylindracé : cotylédons courts ou allongés,
foliacés en germination. Radicule supère, ordinairement
cylindracée, allongée, pointue.

Cette famille comprend les genres suivants :

Iʳᵉ TRIBU. **LES ÉPHÉDRÉES.** — *EPHEDREÆ*
Reichb. (1)

Chatons-mâles à rachis articulé, garni à chaque articu-
lation soit d'une gaîne cupuliforme, soit d'une paire
d'écailles connées par la base. Fleurs-mâles 1-à 8-an-
dres, accompagnées chacune d'un involucelle mem-
branacé, tubuleux, bifide, ou transversalement fendu
au sommet, engaînant le filet ou l'androphore. Filets
monadelphes (lorsque les fleurs ne sont pas 1-andres).
Anthères basifixes, 1-à 4-thèques : bourses déhiscentes
chacune par un pore apicilaire. Fleurs-femelles soit
nues et verticillées (en chatons articulés, inter-
ruptiflores), soit géminées ou solitaires dans des invo-
lucres écailleux. Ovule muni d'un tégument saillant
sous forme d'un tube grêle, perforé au sommet. Fruit
dépourvu de cupule. Tiges, rameaux et ramules arti-
culés, noueux. Feuilles opposées-croisées (souvent ré-

---

(1) *Ephedraceæ* Dumort. Fam. — *Taxeæ-Ephedreæ* Reichb. Consp.
(excl. gen.) — *Ephedrineæ* Nees, jun. Gen. — *Gneteæ* Blum. Nov. Fam.
— *Gnetaceæ* Lindl. Nat. Syst. — *Taxineæ-Ephedreæ* Reichb. Syst. Nat.

*duites à des squamules membraneuses), ou par excep-
tion verticillées-ternées.*

Gnetum Linn. (Ula Hort. Malab. Gnemon Rumph.
Thoa Aubl. Abutua Loureir.) — *Ephedra* Linn.

IIᵉ TRIBU. **LES TAXINÉES-TYPES.** — *TAXINEÆ-VERÆ* (1).

*Chatons-mâles à axe nu, inarticulé, garni d'étamines dé-
pourvues d'involucelle (2). Anthères 2-thèques (rarement 3-à 8-thèques) : bourses déhiscentes par une fente
longitudinale ou par une valvule. Fleurs-femelles
solitaires ou subpaniculées (par exception en chatons
très-courts), accompagnées chacune d'une cupule charnue (en général accrescente et recouvrant finalement
le péricarpe en tout ou en partie). Ovule inclus, réduit
au nucelle. — Tige, rameaux et ramules jamais arti-*

---

(1) *Taxineæ* Rich. (excl. genn.) — *Taxeæ-Taxineæ* Reichb. Consp.
(excl. genn.) — *Taxaceæ* Lindl. — *Taxineæ-Taxeæ* et (ex parte) *Taxineæ-Podocarpeæ* Reichb. Syst. Nat. — *Taxineæ-Phyllocladeæ* Dumort.
Fam.

(2) C'est à cause de l'analogie avec les chatons-mâles des Éphédrées
et des Cupréssinées qu'on doit admettre que chacune de ces étamines
constitue une fleur monandre, car autrement on envisagerait, à aussi juste
titre, ainsi que le font beaucoup d'auteurs, chaque chaton-mâle comme
une fleur nue et offrant un nombre plus ou moins considérable d'étamines monadelphes. Suivant l'interprétation de L. C. Richard, chaque
étamine des Taxinées serait au contraire à considérer comme une fleur
composée de deux ou de plusieurs étamines à la fois monadelphes et
syngénèses : cette interprétation pourrait à la rigueur s'appliquer aux
étamines du Taxus, mais elle nous paraît inadmissible pour les autres
genres. Quant aux écailles qui accompagnent la base des chatons-mâles
ainsi que celle des fleurs-femelles de plusieurs Taxinées, elles ne sont
autre chose que les écailles des bourgeons-floraux, et par conséquent
elles ne peuvent être assimilées ni à l'involucelle des *Ephedra*, ni aux
écailles-pistillifères des Abiétinées et des Cupréssinées.

culés. Feuilles toutes éparses, ou éparses sur les pous-
ses-gourmandes, et roselées sur les ramules.

Taxus Tourn. — *Torreya* Arnott. (non Spreng.) —
Ginkgo Thunb. (Salisburya Smith.)—*Phyllocladus* Rich.
(Thalamia Spreng. Brownetera Rich.)

Iʳᵉ TRIBU. LES ÉPHÉDRÉES.—*EPHEDREÆ* Reichb.

Chatons-mâles à rachis articulé, garni à chaque articu-
lation soit d'une gaîne cupuliforme, soit d'une paire
d'écailles connées par la base. Fleurs-mâles 1-à 8-an-
dres, accompagnées chacune d'un involucelle mem-
branacé, tubuleux, bifide ou transversalement fendu
au sommet, engaînant le filet ou l'androphore. Fi-
lets monadelphes (lorsque les fleurs ne sont pas
1-andres). Anthères basifixes, 1-à 4-thèques : bourses
cohérentes, déhiscentes chacune par un pore apici-
laire. Fleurs-femelles soit nues et verticillées (en cha-
tons articulés, interruptiflores), soit géminées ou
solitaires dans des involucres écailleux. Ovule muni
d'un tégument saillant sous forme d'un tube grêle,
perforé au sommet. — Tiges, rameaux et ramules ar-
ticulés, noueux. Feuilles (souvent réduites à des squa-
mules membranacées) opposées-croisées, ou (chez une
seule espèce) verticillées-ternées.

Genre GNÉTUM. — *Gnetum* Linn.

Chatons unisexuels (soit dioïques, soit monoïques) ou
androgynes, grêles, interrompus, multiflores, axillaires et
terminaux, pédonculés; articulations du rachis garnies
chacune d'une gaîne cupuliforme; fleurs verticillées aux
articulations du rachis, entourées de paillettes fimbriolées.

—*Fleurs-mâles* monandres. Involucelles claviformes, ou cylindracés, ou prismatiques, tronqués, finalement bifides ou irrégulièrement lacérés au sommet. Étamine à filet subclaviforme, allongé, finalement saillant, quelquefois bifide au sommet. Anthère 2-thèque, dressée : bourses cylindracées ou subglobuleuses, obtuses, cohérentes, ou disjointes ; connectif nul. — *Fleurs-femelles* sessiles ou subsessiles, nues. Ovaire ovoïde ou ellipsoïde, urcéolé au sommet, à orifice poriforme, sans trace de stigmate. Ovule à tégument double : l'extérieur court, inclus ; l'intérieur longuement saillant. Fruits drupacés, distincts : noyau testacé, fragile, couvert de soies piquantes ; mésocarpe légèrement pulpeux ; épicarpe mince. (*Blume, Nov. Fam.* p. 26.) —Arbrisseaux sarmenteux, ou arbres. Écorce filandreuse, point résineuse. Bourgeons nus. Rameaux et ramules opposés-croisés, noueux. Feuilles grandes, opposées-croisées, penninervées, réticulées, très-entières, pétiolées, coriaces, persistantes, glabres. Fleurs petites. — Les recherches de M. Blume ont porté le nombre des espèces de ce genre à 5, dont voici les plus notables :

a) *Tronc arborescent, droit.*

GNÉTUM GNÉMON. — *Gnetum Gnemon* Linn. — *Gnemon domestica* Rumph. Amb. I, p. 181 ; tab. 71 et 72. —Feuilles elliptiques-oblongues, rétrécies aux 2 bouts. Chatons solitaires ou fasciculés, monoïques. Drupes sessiles, ellipsoïdes, pointus. (*Blume, Nov. Fam.* p. 30 ; *id. in Ann. des Sc. Nat.*)

—β : A FEUILLES ELLIPTIQUES. — *Gnetum Gnemon* var. *ovalifolia* Bl. 1. c. — *Gnemon sylvestris* Rumph. Amb. I, p. 183, tab. 73.—*Gnemon ovalifolium* Poir. Enc.—Feuilles plus petites, subobtuses. Drupes subobtus.

Arbre de hauteur moyenne ; tronc droit, noueux ; écorce grisâtre, unie sur les jeunes arbres, fendillée sur les vieux. Cime touffue. Feuilles longues de 5 à 8 pouces, larges de 2 à 3 pouces. Chatons-mâles longs d'environ 2 pouces. Chatons-femelles longs de 3 à 4 pouces. Fruit de la forme et du volume d'une grosse Olive, d'abord d'un brun verdâtre, puis jaune, enfin rouge; chair mince, rougeâtre; noyau oblong, longitudinalement strié, mince, fragile. Amande blanche, douceâtre, recouverte d'une pellicule grisâtre.

Cet arbre croît aux îles de la Sonde, ainsi qu'aux Moluques et dans les autres archipels malais. Le nom de *Gnemon* est celui que lui donnent les habitants de Ternate; à Java, on l'appelle *Tankil* et *Meningjo*. Les naturels de ces îles le cultivent partout au voisinage des habitations, en raison de l'usage quotidien qu'ils font de ses feuilles, comme herbe potagère; la saveur de ces feuilles est douceâtre et ne plaît guère au goût des Européens. Rumphius dit qu'on a coutume d'étêter de temps en temps les vieux troncs, afin de faire repousser de jeunes branches vigoureuses. La partie filandreuse de l'écorce sert à faire des cordages et des filets. Le bois est blanc et solide; celui du centre des vieux troncs finit par devenir noirâtre. L'amande, après avoir été grillée ou rôtie, et débarrassée du noyau, est assez bonne à manger; mais la chair du fruit ne devient comestible qu'après avoir été cuite à l'eau, et débarrassée avec soin des soies piquantes qui adhèrent à sa surface interne.

b) Arbrisseaux à branches sarmenteuses.

GNÉTUM PIQUANT. — *Gnetum urens* Blum. Nov. Fam. p. 32. — *Thoa urens* Aubl. Guian. II, p. 874, tab. 336. — Lamk. Enc. tab. 784. — Feuilles elliptiques-oblongues, acuminées. Chatons androgynes, féminiflores à la base. Drupes sessiles, ellipsoïdes, pointus. (*Blume, l. c.*) — Tige noueuse, d'une grosseur médiocre. Branches flexibles. Rameaux dichotomes au sommet. Feuilles longues d'environ 3 pouces, sur 2 pouces de large, courtement pétiolées. Chatons à rachis fortement renflé aux articulations : l'article inférieur portant 2 fleurs femelles opposées; les autres articles garnis d'un grand nombre de fleurs mâles. Anthères subglobuleuses. Fruit de la forme d'une Olive, mais 2 fois plus gros. Graine oblongue, à tégument roussâtre. (*Aublet, l. c.*)

Cette espèce croît dans les forêts de la Guiane; les naturels du pays l'appellent *Thoa*. Lorsqu'on en entame l'écorce ou les branches, dit Aublet, il en suinte une liqueur claire et visqueuse qui, en se desséchant, forme une gomme transparente. Lorsqu'on coupe le tronc et les grosses branches, il en découle abondamment une liqueur aqueuse, insipide, claire et transparente, que l'on peut boire, sans inconvénient, à défaut d'eau. Au-dessous de la première écorce du fruit se trouve une substance sèche, composée de poils raides, couchés, qui se détachent facilement les uns des autres, et qui, lorsqu'il en tombe sur la peau, causent de fortes démangeaisons. L'amande du fruit, rôtie ou bouillie, est bonne à manger.

GNÉTUM A FRUIT COMESTIBLE.—*Gnetum edule* Blum. Nov. Fam. p. 31. — *Thoa edulis* Willd. — *Ula* Hort. Malab. VII, p. 41, tab. 22. — *Funis gnemiformis* Rumph. Amb. V, p. 11, tab. 7. — Feuilles elliptiques-oblongues, subcuspidées, arrondies ou pointues à la base. Chatons solitaires ou fasciculés, dioïques. Drupes courtement pédicellés, ellipsoïdes, obtus. (*Blume, l. c.*) — Tige volubile, de la grosseur de la jambe d'un homme; écorce verdâtre. Feuilles longues de 6 à 9 pouces, larges de 2 à 2 ¹/₂ pouces, luisantes, d'un vert foncé, distancées. Fruit du volume d'un gros Gland : chair mince, verdâtre ; noyau dur, sillonné. (*Rumph. l. c.*) — Cette espèce croît dans l'Inde, ainsi qu'aux Moluques et à Java ; ses amandes sont mangeables.

GNÉTUM FUNICULAIRE. — *Gnetum funiculare* Blum. l. c. p. 32. — *Gnemon funicularis* Rumph. Amb. V, p. 12, tab. 8. — Feuilles oblongues, rétrécies aux 2 bouts. Chatons dioïques, disposés en grappes. Drupes pédicellés, ellipsoïdes, pointus. (*Blume, l. c.*) — Tige volubile, très-rameuse, atteignant le volume du bras d'un homme. Feuilles longues de 5 à 6 pouces, larges de 2 à 2 ¹/₂ pouces. Fruit du volume d'un Gland, d'abord vert, puis orange, enfin d'un rouge de brique. (*Rumph. l. c.*) — Cette espèce croît aux Moluques et à Java ; ses amandes sont également mangeables.

Genre ÉPHÉDRA. — *Ephedra* Tourn.

Fleurs dioïques ou monoïques. — *Chatons - mâles* solitaires, ou géminés, ou ternés, sessiles, ou pédonculés, terminaux, ou axillaires, subovales, pauciflores, petits, écailleux : écailles membranacées, opposées-croisées, très-rapprochées, connées par la base, imbriquées sur quatre rangs ; fleurs 1-à 8-andres, solitaires aux aisselles des écailles. Involucelles comprimés, obovales, fendus transversalement au sommet. Étamines soit solitaires dans chaque involucelle, soit monadelphes presque jusqu'au sommet, saillantes ; filet ou androphore columnaire ou filiforme. Anthères (sessiles ou subsessiles au sommet de l'androphore) elliptiques ou subglobuleuses, 1-à 4-thèques (ordinairement 2-thèques), dressées : bourses cohérentes ; connectif nul. — *Fleurs-femelles* géminées (ou rarement solitaires) dans des involucres (disposés comme les chatons-mâles) ovales ou oblongs, composés de 4 ou 5 paires d'écailles très - rapprochées, connées vers leur base, imbriquées sur 4 rangs (ou quelquefois connées jusque vers leur sommet, de manière à former des gaînes cyathiformes emboîtées), accrescentes, finalement entregreffées et charnues. Ovaire ovale ou oblong, urcéolé au sommet : orifice petit. Ovule à tégument simple, longuement saillant. Fruit bacciforme, composé de 1 ou 2 nucules coriaces, recouvertes par les écailles-involucrales entregreffées et devenues charnues. Graine inadhérente, ou adhérente seulement vers sa base.

Arbustes très-rameux, dressés, ou sarmenteux, point résineux. Rameaux et ramules tantôt opposés, tantôt verticillés, tantôt fasciculés. Ramules cylindriques ou anguleux, grêles, finement striés. Écorce des jeunes - pousses filandreuse, très-tenace. Bourgeons minimes, incomplets, d'abord recouverts d'une gaîne membraneuse persistante. Feuilles opposées - croisées ou rarement verticillées - ternées, sessiles, connées par la base (en courte gaîne mem-

braneuse), innervées, le plus souvent réduites à des squamules membraneuses (excepté les séminales et celles de la
première tige, qui sont toujours parfaitement formées,
vertes, linéaires; il en est de même des feuilles ramulaires des espèces où elles ne sont pas toutes réduites à des
squamules). Fleurs petites. Embryon claviforme, aussi
long que le périsperme; cotylédons oblongs, plus courts
que la radicule; radicule columnaire.

— Les *Ephedra* sont remarquables par un aspect particulier, dû à la quantité innombrable de leurs ramules, qui
ressemblent à ceux des Prêles et des *Casuarina*. Les jeunes-pousses de ces végétaux sont ordinairement amères et
astringentes; les écailles charnues de leur fruit sont acidules et mangeables. Ce genre comprend 6 ou 7 espèces,
dont plusieurs sont indigènes d'Europe; en voici les plus
notables.

A. *Arbustes multicaules, très-touffus. Tiges, rameaux et ramules roides, dressés, comme aphylles. Gaînes-articulaires bidentées. Fleurs-mâles 2-à 8-andres : anthères ordinairement 2-thèques. Involucres-femelles toujours biflores. Fausse-baie composée de 2 nucules plano-convexes,
appliquées face à face.*

ÉPHÈDRA COMMUN. — *Ephedra vulgaris* Rich. Conifer.
p. 26, tab. 4, fig. 1.—*Ephedra distachya* Linn.—Lamk. Ill.
tab. 130.—Schk. Handb. tab. 339.—Ramules cylindriques :
les floraux en général courts et opposés, terminés par 1 à 3 chatons ou involucres. Gaînes petites, à dents courtes, subobtuses.
Fleurs dioïques. Anthères elliptiques.

Arbuste haut de 1 à 4 pieds. Racines rampantes, noueuses,
produisant des rejetons nombreux. Tiges branchues peu au-dessus
de la base; écorce brune ou grisâtre, fendillée. Ramules jonci-
formes, d'un vert gai, un peu scabres, bisannuels, ordinairement
fasciculés; les floraux très-grêles, longs de 1 ligne à 1 pouce, simples, pédonculiformes. Gaînes blanchâtres, ou jaunâtres, ou roussâtres, campanulées, ou cyathiformes, longues de ½ ligne à 2 li-

gnes. Quelquefois les chatons-mâles et les involucres-femelles sont presque sessiles aux articulations des ramules. Chatons-mâles longs de 2 à 3 lignes, jaunâtres, tantôt solitaires, tantôt géminés, tantôt ternés; écailles suborbiculaires, concaves, quelquefois apiculées. Androphores peu saillants, tantôt indivisés, tantôt bifurqués au sommet, 2-à 8-anthérifères. Anthères jaunes. Involucres-femelles à peu près de même volume que les chatons-mâles, et, de même que ceux-ci, au nombre de 1 à 3 au sommet de ramules pédonculiformes de longueur variable ou très-courts; écailles verdâtres, subovales, obtuses, concaves, les 2 inférieures petites, les suivantes graduellement plus grandes. Ovaires un peu saillants à l'époque de la floraison. Fruit subglobuleux, écarlate, du volume d'un gros Pois; chair assez épaisse, pulpeuse. Nucules minces, subobtuses, subovales, d'un brun noirâtre, planes antérieurement, convexes au dos.

Cette espèce, qu'on appelle vulgairement *Uvette*, ou *Raisin de mer*, croît sur le littoral de la Méditerranée. On la plante parfois dans les jardins paysagers. Ses jeunes-pousses sont amères et détersives; le suc de ses fruits s'employait jadis comme remède antiseptique.

ÉPHÉDRA A ÉPILLETS SOLITAIRES. — *Ephedra monostachya* Linn. — Gmel. Sibir. I, p. 171, fig. 1. — Pallas, Flor. Ross. tab. 83. — Wats. Dendr. Brit. tab. 142. — *Ephedra polygonoides* Pallas. — Ramules cylindriques : les floraux en général épars, plus ou moins allongés, terminés par un seul chaton ou involucre; gaînes assez grandes, profondément bidentées. Fleurs dioïques. Anthères à bourses subglobuleuses. — Arbuste semblable à l'espèce précédente par le port, mais en général plus bas. Gaînes longues de 2 à 3 lignes, ordinairement brunâtres. Chatons-mâles longs d'environ 3 lignes : écailles subovales, obtuses, panachées de vert et de brun. Anthères verdâtres. Fruit semblable à celui de l'espèce précédente.

Cette espèce croît dans la Hongrie, la Russie méridionale et la Sibérie; elle se plaît aussi dans les sols imprégnés de sel.

B. *Arbuste sarmenteux. Gaînes-articulaires la plupart 2-ou
3-phylles (surtout sur les jeunes sarments). Fleurs-mâles
1-andres : anthère 2-ou 4-thèque. Involucres-femelles
toujours uniflores : écailles soudées en gaînes cyathiformes. Fausse-baie à nucule solitaire, cylindrique-ob-
longue.*

Éphédra élancé.—*Ephedra altissima* Desfont. Atlant. II,
p. 371, tab. 253.—Duham. nov. 3, tab. 6.—Rich. Conif.
tab. 4, n° 2.—Rameaux et ramules géniculés, divariqués, paniculés, plus ou moins anguleux, très-fragiles aux articulations. Feuilles linéaires, pointues, souvent verticillées-ternées.
Chatons-mâles très-petits, ordinairement ternés sur des ramules
paniculés. Involucres-femelles solitaires au sommet de ramules
simples ou bifurqués, plus ou moins recourbés, ordinairement
verticillés. — Tige grêle, flexueuse, atteignant 15 à 20 pieds
de haut, grimpante, ou diffuse; écorce grisâtre. Rameaux très-
nombreux, opposés, ou verticillés, ou fasciculés. Feuilles longues de 2 lignes à 1 pouce. Chatons-mâles jaunâtres, à peine
longs de 2 lignes. Involucres-femelles longs d'environ 3 lignes.
Ovaire peu saillant. Fruit rouge, ovale. — Cette espèce croît
dans l'Atlas et en Égypte; elle fleurit en automne; ses fruits,
qui mûrissent au printemps, ont une saveur sucrée et assez
agréable.

IIe TRIBU. LES TAXINÉES-TYPES. — *TAXINEÆ VERÆ*.

*Chatons-mâles à axe nu, inarticulé, garni d'étamines dé-
pourvues d'involucelle. Anthères 2-thèques (rarement
3-à 8-thèques) : bourses déhiscentes par une fente
longitudinale ou par une valvule. Fleurs-femelles solitaires ou subpaniculées (par exception en chatons
très-courts), insérées chacune sur une cupule charnue
(en général accrescente et recouvrant finalement le*

*péricarpe en tout ou en partie). Ovule inclus, réduit
au nucelle. — Tige, rameaux et ramules jamais articulés. Feuilles soit toutes éparses, soit éparses sur les
pousses-terminales, et, roselées sur des ramules latéraux.*

Genre IF. — *Taxus* Tourn.

Fleurs dioïques, naissant de bourgeons écailleux, aphylles, axillaires, solitaires (accidentellement géminés).—*Chatons-mâles* solitaires (dans leurs bourgeons), subglobuleux, 6-à 15-andres : rachis court, filiforme, accompagné
d'un involucelle de 4 écailles membranacées, subscarieuses, opposées-croisées. Étamines serrées : filets très-courts,
subhorizontaux. Anthères 3-à 8-thèques, peltées, avant
l'anthèse obovées-globuleuses, ombiliquées au sommet;
connectif inapparent; bourses verticillées, cohérentes
avant l'anthèse, puis se séparant les unes des autres de la
base jusqu'au delà du milieu, et se détachant en même
temps du filet, sous forme de valvules horizontales, de
sorte que l'anthère ouverte figure un disque membraneux,
suborbiculaire, pelté, à autant de crénelures marginales
qu'il y avait de bourses.—*Fleurs-femelles* solitaires au
sommet du rachis des bourgeons. Cupule, à l'époque de
la floraison, annulaire et très-courte. Ovaire ovoïde, à
peine saillant au delà des écailles-gemmaires. Nucule osseuse, luisante, subovale, acuminulée, ombiliquée à la
base, débordée par la cupule amplifiée ; cupule tantôt
turbinée, tantôt subcampanulée, pulpeuse, ouverte au
sommet, engaînée à la base par les écailles-gemmaires
(qui forment une sorte de cupule externe), finalement caduque avec la nucule. Gaîne inadhérente; périsperme
huileux. Embryon subclaviforme, moins long que le périsperme ; cotylédons courts.

Arbres à rameaux et ramules tantôt épars, tantôt opposés, tantôt subverticillés. Ramules feuillus, anguleux par

la décurrence des feuilles. Bourgeons écailleux, courtement stipités : les foliaires tantôt ternés au sommet des dernières pousses, tantôt axillaires et terminaux sur ces mêmes pousses, plus petits que les bourgeons-floraux : ceux-ci naissant sur les jeunes-pousses et sur les ramules de l'année précédente. Écailles-gemmaires opposées-croisées, coriaces, imbriquées : les extérieures très-petites ; les autres graduellement plus grandes ; les 4 supérieures des bourgeons-floraux membranacées, subscarieuses ; celles des bourgeons - féminiflores persistantes, mais point accrescentes. Feuilles coriaces, persistantes, courtement pétiolées, 1-nervées, point veinées, mucronées, sublinéaires, planes, très-entières, très-rapprochées, toutes éparses, subdistiques. Floraison vernale. Chatons-mâles petits, dressés, beaucoup plus courts que les feuilles, assez nombreux le long des ramules-floraux, disposés en épis feuillés ; écailles-gemmaires d'un brun jaunâtre. Anthères petites, jaunes. Bourgeons-féminiflores disposés comme les chatons-mâles, verdâtres. Fruit nutant : cupule écarlate, mince. — Les deux espèces suivantes sont les seules qui se rapportent avec certitude au genre.

IF COMMUN. — *Taxus baccata* Linn. — Gærtn. Fruct. tab. 91, fig. 6. — Rich. Conif. tab. 2. — Blackw. Herb. tab. 572. — Duham. Arb. II, tab. 86. — Duham. nov. I, tab. 19. — Engl. Bot. tab. 746. — Guimp. et Hayn. Deutsch. Holz. tab. 208. — *Taxus hibernica* Sweet, Hort. Brit. — Arbre de 20 à 40 pieds (rarement de 50) de haut, sur 1 à 2 pieds de diamètre, à cime pyramidale ou conique, très-touffue. Racines horizontales, longues. Tronc droit, souvent branchu à peu de distance du sol. Écorce unie, roussâtre, point résineuse ; celle des vieux troncs se détache par plaques arrondies. Rameaux très-nombreux, étalés, souvent inclinés, d'un jaune verdâtre. Ramules inclinés, ou ascendants, ou horizontaux, grêles, effilés. Bois très-dur, tenace, pesant, d'un brun roux, ou d'un blanc jaunâtre ; aubier très-blanc. Feuilles

longues de 6 à 15 lignes, larges de $\frac{1}{2}$ ligne à 1 $\frac{1}{2}$ ligne,
luisantes et d'un vert très-foncé en dessus, d'un vert pâle
ou d'un vert glauque et non-luisantes en dessous, verticales, ou
horizontales, rectilignes, ou un peu arquées, révolutées aux
bords, pointues ou acuminées aux deux bouts, mucronées au
sommet; pétiole jaunâtre (de même que le mucron), marginé
par la décurrence du limbe, long de $\frac{1}{2}$ ligne à 1 ligne. Bourgeons-floraux subglobuleux avant l'anthèse; bourgeons-foliaires
ovoïdes. Écailles-gemmaires concaves, obtuses, ovales, ou elliptiques, ou suborbiculaires : les supérieures obovales, blanchâtres.
Cupule-fructifère ellipsoïde, ou subglobuleuse, ou oblongue, du
volume d'un gros Pois; pulpe visqueuse. Nucule longue de 2 à
3 lignes, ovale, ou obovale, ou oblongue, ou subglobuleuse,
quelquefois un peu comprimée et légèrement carénée aux bords,
d'un brun tantôt noirâtre, tantôt violet, tantôt roussâtre. Graine
conforme au péricarpe : tégument très-mince, brunâtre; périsperme blanchâtre, très-huileux.

— β : If du Canada, — *Taxus canadensis* Willd. — *Taxus
baccata minor* Michx. Flor. Bor. Amer. — Arbrisseau très-
touffu, haut de 2 à 5 pieds, du reste aucunement différent
du type de l'espèce. — Cette variété croît au Canada, à Terre-
Neuve, et dans les provinces septentrionales des États-Unis.

— γ : If a feuilles panachées. — *Taxus variegata* Hortul.
— Feuilles panachées de blanc ou de jaune. — Variété de
culture.

L'If habite presque toute l'Europe, depuis les contrées les
plus méridionales jusque vers le 55e (en Suède et en Norwége
même jusqu'au delà du 60e) degré de latitude; il est également
indigène des régions caucasiennes, de l'Himalaya, et de l'Amérique boréale (1); toutefois ce n'est point un arbre commun, car
il croît toujours épars dans les bois et les forêts, et, en France,

(1) Suivant Thunberg, le *Taxus baccata* habiterait aussi le Japon; mais
il serait fort possible que ce botaniste eût confondu une autre espèce avec
celle d'Europe.

en Allemagne, de même que dans les pays plus méridionaux, on ne le rencontre que sur les montagnes. Il se plaît dans les sols frais et fertiles, quoiqu'il vienne très-bien aussi dans les lieux arides ou pierreux, sur les rochers, et dans toute espèce de sol. — L'If peut vivre cinq siècles, et plus ; aussi son accroissement est-il très-lent. Dans le nord de la France, cet arbre fleurit dès le commencement du printemps ; mais la maturation est loin d'être simultanée pour les fruits d'un même individu : les plus précoces sont mûrs dès le commencement d'août, tandis que les autres se succèdent graduellement jusqu'à la fin de l'automne.

De tout temps l'If a été mal famé en raison de ses propriétés vénéneuses, niées par Théophraste et d'autres auteurs, mais reconnues par Pline, par Galien, par Dioscoride, et, parmi les modernes, surtout par Jean Bauhin et Rai. Il est certain que les feuilles et l'écorce de cet arbre, soit fraîches, soit sèches, sont un dangereux narcotique ; aucun animal ne les mange ; et, étant jetées en quantité dans une eau dormante, les poissons en sont frappés d'étourdissement ou même de mort ; mais on a sans doute exagéré les qualités malfaisantes de l'If, en assurant qu'on ne pouvait sans danger séjourner ou s'endormir à son ombre. Toutefois, l'enveloppe pulpeuse du fruit, quoi qu'on ait dit sur ses prétendues propriétés délétères, peut être mangée sans aucun inconvénient, si ce n'est qu'elle devient laxative comme beaucoup d'autres fruits pulpeux, lorsqu'on en prend en trop grande quantité ; cette pulpe est douceâtre, et tous les oiseaux frugivores en sont très-friands. La coque du fruit est extrêmement amère avant la parfaite maturité ; mais l'amande a une saveur de Noisette assez agréable, du moins tant que l'huile qu'elle contient n'a pas ranci : du reste, la petitesse de ce fruit et la dureté de sa coque s'opposent à ce qu'on en tire parti, soit comme comestible, soit pour en extraire de l'huile ; il ne peut servir qu'à engraisser la volaille. Les râpures de bois d'If ont été vantées, à tort ou à raison, comme un spécifique contre l'hydrophobie.

L'If se plante fréquemment dans les bosquets d'arbres-verts, où il se fait remarquer par son port touffu, et par la verdure sombre de son feuillage, qui ressemble beaucoup à celui du *Sapin commun*. En Angleterre et en Écosse, c'est l'arbre qu'on choisit de préférence pour ombrager les tombeaux : attribution à laquelle il était déjà consacré, conjointement avec le Cyprès, chez les anciens Grecs et Romains, et qu'il doit à son aspect sévère, de même qu'à sa longévité. De tous les arbres-verts l'If étant le plus docile à la taille, cette propriété l'avait rendu presque indispensable pour la décoration des jardins symétriques, où on le façonnait, suivant la mode de l'époque, en boules, en pyramides, en obélisques, et en maintes autres formes soit régulières, soit fantastiques. Du reste, nul arbre ou arbuste rustique n'est plus propre à former des palissades et des haies toujours-vertes ; il prospère tant à l'ombre que dans les expositions découvertes, et dans les terrains même les plus ingrats. L'If peut se multiplier de boutures et de marcottes, mais pour obtenir des arbres d'une belle venue, il est nécessaire de recourir à la voie des semis ; les graines doivent être semées dès la maturité, avec leur coque et la pulpe qui l'entoure, dans une exposition fraîche et ombragée ; si l'on attend le printemps pour les confier à la terre, elles ne germent qu'au bout d'une année ou deux. Lorsqu'un If est coupé rez terre, il repousse de sa souche, sous forme de buisson.

Si ce n'était sa rareté, le bois d'If serait le plus précieux de tous les bois indigènes : car la dureté, la solidité, l'élasticité, et la propriété de résister à temps indéfini aux intempéries de l'air ou à l'humidité du sol, s'y trouvent réunies à un degré bien rare ; après le Buis, c'est le plus pesant des bois de l'Europe ; un pied cube de ce bois, parfaitement sec, pèse un peu plus de trente kilos. On a compté jusqu'à 280 couches annuelles dans une tranche de 20 pouces de diamètre. On l'estime presque autant que l'Acajou, parce qu'il est élégamment veiné et marbré, d'un grain très-fin, et susceptible du plus parfait poli ; les insectes ne l'attaquent jamais ; la couleur rousse qui lui est propre devient plus intense avec le temps, par l'effet de l'air et de la lumière ; lorsqu'on le scie en planches, étant vert, et qu'on tient ces planches submergées pendant quelque temps, il prend une teinte violette assez foncée ; du reste on lui donne facilement des couleurs factices ; et, quand il est teint en noir, il ressemble beaucoup à l'Ébène. On fait avec le bois d'If des meubles magnifiques, ainsi que toutes sortes d'ouvrages de sculpture, de tour, de marqueterie, de tabletterie, et de mécanique ; mais sa rareté ne permet guère de l'employer à des usages communs. Les arcs dont on se servait avant l'invention des armes à feu étaient en général faits de bois d'If : usage auquel ce bois est éminemment propre, en vertu de sa force et de son élasticité. Les jeunes branches donnent d'excellents cerceaux, et des échalas très-durables : en Géorgie et en Colchide, au témoignage de Pallas, on préfère les échalas d'If à ceux de tout autre bois, pour la culture de la Vigne.

If nucifère. — *Taxus nucifera* Thunb. Flor. Japon. — Kæmpf. Amœn. tab. 815. — Gærtn. Fruct. tab. 91, fig. 6. — Rich. Conif. tab. 3, fig. 3. — Wallich, Tent. Flor. Nepal. tab. 44. — Grand arbre, très-rameux. Ramules feuillus, distiques. Écorce jaunâtre, remplie d'un suc gras, odorant, amer. Feuilles plus courtes que celles de l'If d'Europe, distiques, planes, étalées, coriaces, sublinéaires, pointues, luisantes et d'un vert foncé en dessus, glauques en dessous. Fleurs dioïques. Fleurs-femelles peu nombreuses vers l'extrémité des ramules, solitaires-axillaires, caliculées par des écailles imbriquées, d'abord recouvrantes. Noix de la forme et du volume d'un gland de Chêne, mince, testacée, fragile, recouverte d'une pulpe verdâtre, fibreuse, d'une saveur astringente et balsamique. Amande blanche, charnue, huileuse. (*Kæmpfer, l. c.*) — Cet arbre croît au Népaul, ainsi qu'en Chine, et au Japon ; on en mange les noix, et l'on en retire une huile qui sert à l'usage alimentaire.

Il ne faut pas confondre ce *Taxus nucifera* avec un arbrisseau qu'on cultive dans quelques jardins, et auquel on a donné à tort ce même nom, mais qui est un *Taxodium.*

Espèce rapportée avec doute à ce genre.

If à feuilles verticillées. — *Taxus verticillata* Thunb.

Flor. Japon. — *Ken-sin* Kæmpf. Amœn. p. 780. — Arbre peu
élevé, très-rameux, à cime conique ou pyramidale, touffue, semblable à celle du Cyprès. Rameaux cylindriques, grisâtres. Feuilles sessiles, verticillées 8 à 8, linéaires-falciformes, obtuses,
horizontales, de la longueur du doigt. (*Kæmpfer, l. c.*) —
Cette espèce croît au Japon. Son bois, qui exhale une odeur
désagréable, est léger, mais durable; on en fait des boîtes et autres ouvrages.

Genre TORRÉYA. — *Torreya* Arnott.

Fleurs dioïques, naissant de bourgeons écailleux, aphylles, axillaires, solitaires. — *Chatons-mâles* solitaires (dans
chaque bourgeon), sessiles, polyandres, d'abord subglobuleux, finalement oblongs-cylindracés : rachis filiforme,
accompagné d'un involucelle de 4 écailles membranacées,
subscarieuses, opposées-croisées. Étamines serrées, horizontales : filets allongés, dilatés au sommet en connectif
excentriquement pelté, subrhomboïdal. Anthères 4-thè-
ques : bourses oblongues, disjointes, pendantes, divergentes, attachées au bord antérieur du connectif, déhiscentes chacune par une fente longitudinale. — *Fleurs-femelles* solitaires au sommet du rachis des bourgeons. Cupule
(dès la floraison) débordante, ovoïde, ouverte au sommet.
Ovaire ovoïde, inclus, rétréci en col au sommet; orifice
sans trace de stigmate. Noix ovoïde, acuminulée, dure,
crustacée, adhérant à la cupule; cupule recouvrante, coriace, fibreuse en dedans, à base engaînée par les écailles-
gemmaires (qui forment une sorte de cupule externe).
Périsperme anfractueux. Embryon subcylindrique, beaucoup plus court que le périsperme.

Arbre résineux, ayant le port de l'If commun. Ramules
feuillus, subternés. Bourgeons écailleux, courtement stipités : les foliaires ordinairement ternés au sommet des
derniers ramules, plus petits que les bourgeons-floraux.
Ecailles-gemmaires coriaces, imbriquées sur 4 rangs : les
extérieures très-petites; les suivantes graduellement plus

grandes. Feuilles coriaces, persistantes, très-entières, 1-ner-
vées, point veinées, mucronées, linéaires, subsessiles, toutes
éparses, distiques. Inflorescence semblable à celle de l'If
commun. Écailles - gemmaires des fleurs - femelles persistantes. —Ce genre n'est fondé que sur l'espèce suivante.

TORRÉYA A FEUILLES D'IF.—*Torreya taxifolia* Arnott, in Ann.
of Nat. Hist. 1, p. 130.—Hook. Ic. tab. 232 et 233.—*Taxus
montana* Nutt. in Journ. Acad. Sc. Philad. VII. (non Willd.)
— Arbre haut de 20 à 40 pieds, sur 6 à 18 pouces de diamètre.
Branches nombreuses, étalées. Bois dense, pesant, rougeâtre au
centre. Écorce suintant une résine d'un rouge foncé. Feuilles
longues de 10 à 15 lignes, semblables à celles de l'If, d'un vert
foncé en dessus, d'un vert glauque en dessous. Chatons-mâles
semblables à ceux de l'If : rachis d'abord recouvert par les
écailles du bourgeon, finalement saillant ; écailles-gemmaires
convexes, subcarénées, serrées : les inférieures ovales-rhomboïdales, subobtuses ; les autres ovales, pointues, graduellement
plus larges. Noix du volume d'une muscade. Périsperme blanc,
transversalement rimeux jusqu'au quart de son diamètre. Tégument mince, brun, inadhérent, plissé conformément aux enfonce-
ments du périsperme. Cotylédons très-courts, sublinéaires en
germination. (*Torrey, l. c.*) — Cet arbre croît dans la Floride.
Son bois répand une odeur forte et désagréable, surtout lorsqu'on le broie ou qu'on le brûle.

Genre GINKGO. — *Ginkgo* Linn.

Inflorescences infra-axillaires sur des ramules très-raccourcis. Fleurs dioïques. —*Chatons - mâles* polyandres,
spiciformes, grêles, un peu lâches, inclinés : rachis filiforme. Étamines subhorizontales, tantôt éparses, tantôt
subverticillées ; filets courts, filiformes, dilatés au sommet
en connectif squamuliforme ; anthères dithèques (cordifor-
mes-didymes avant l'anthèse) : bourses disjointes, pendantes, attachées au bord du connectif, elliptiques, parallèles
avant l'anthèse, puis divariquées, déhiscentes chacune au

bord intérieur par une fente longitudinale. — *Fleurs-femelles* portées sur des pédoncules simples ou subpaniculés au sommet. Cupule courte, point accrescente, engaînant la base de l'ovaire. Ovaire ovoïde, rétréci au sommet
en col dilaté en stigmate disciforme, submembranacé, perforé au centre. Péricarpe ovoïde ou subglobuleux, drupacé, caliculé par la cupule; mésocarpe pulpeux; noyau
ligneux, fragile, lisse, sublenticulaire, ou obscurément
trigone. Graine adnée jusque vers le milieu; périsperme
farineux, non huileux. Embryon subcylindracé, presque
aussi long que le périsperme : cotylédons longs, linéaires.

Arbre non-résineux, à cime pyramidale. Branches subverticillées. Rameaux épars ou subverticillés, effilés,
flexueux. Ramules alternes, distancés, très-courts (d'a-
bord tuberculiformes), gros, produisant chaque année une
rosette de 3 à 5 feuilles verticillées à la base d'un bourgeon terminal; les cicatrices des verticilles des anciennes
feuilles forment à la surface de ces ramules des cercles
très-saillants, crénelés, immédiatement superposés. Bourgeons écailleux, solitaires : ceux des jeunes scions axillaires et terminaux; les ramulaires terminaux, gros, coniques; écailles imbriquées sur 4 ou 5 rangs, subcoriaces,
scarieuses, ciliolées, charnues à la base, les inférieures plus
courtes. Feuilles roselées sur les ramules, éparses sur les
jeunes scions, condupliquées et laineuses en vernation,
plus tard glabres, planes, longuement pétiolées, non-persistantes, fermes, un peu charnues, subflabelliformes, 2-ou
4-lobées et irrégulièrement crénelées au sommet (quelquefois partagées presque jusqu'à la base en 2 segments
subflabelliformes, divergents, 2-ou 4-lobés), très-entières
aux bords latéraux, finement poncticulées en dessous, dépourvues de nervure médiane, mais striées d'un très-
grand nombre de nervules filiformes, saillantes aux 2 sur-
faces, subparallèles, très-rapprochées, plusieurs fois bifurquées. Les chatons-mâles, de même que les pédoncules-féminiflores, ne naissent que sur les vieux ramules

latéraux, immédiatement au-dessous des feuilles, et sans
autres bractées que les écailles du bourgeon-commun. Chatons-mâles plus courts que les feuilles, ordinairement au
nombre de 2 ou de 3 sur chaque ramule, moins souvent
solitaires, ou au nombre de 4 ou 5. Anthères jaunâtres.
Pédoncules-femelles au nombre de 1 à 3 sur chaque ramule - floral, tantôt indivisés et immédiatement terminés
par 1 à 3 fleurs, tantôt subpaniculés et 3-à 7 - flores. Floraison vernale, aussi précoce que les feuilles. — L'espèce
suivante constitue à elle seule ce genre.

Ginkgo a feuilles bilobées. — *Ginkgo biloba* Linn. —
Kæmpf. Amœn. tab. 813. — *Salisburia adianthifolia* Smith,
in Trans. Linn. Soc. III, p. 330. — Wats. Dendr. Brit.
tab. 168. — *Salisburia Ginkgo* Rich. Conif. tab. 3, et 3 bis.

Arbre atteignant 60 à 70 pieds (et probablement plus) de
haut. Racine pivotante. Tronc droit, conique-cylindracé, élancé,
ordinairement terminé en flèche; il peut acquérir (du moins dans
son climat natal) jusqu'à 40 pieds de circonférence; les arbres
de 50 à 60 pieds de haut ont en général un tronc de 2 à 6 pieds
de diamètre. Écorce grisâtre, longtemps unie, finalement fendillée ou rimeuse. Branches longues, horizontales, plus ou moins
inclinées. Rameaux grêles, étalés, plus ou moins inclinés, en
général indivisés : écorce brunâtre ou grisâtre. Cime pyramidale,
ample, dense (lâche et grêle chez les individus obtenus de boutures). Feuilles d'un vert gai et un peu luisantes en dessus, d'un
vert glauque en dessous, flabelliformes, ou cunéiformes, ou cu-
néiformes-rhomboïdales, ou subréniformes, ou semi-orbiculaires, ou transversalement elliptiques, larges de 2 à 6 pouces
(sur 1 ½ à 3 pouces de long, le pétiole non-compris), tantôt
légèrement lobées, tantôt bilobées jusqu'au milieu ou plus profondément; base toujours pointue, confluente avec le pétiole,
tantôt rétrécie peu à peu, tantôt brusquement acuminée en
forme de coin; lobes cunéiformes, ou arrondis, plus ou moins
profondément crénelés au sommet, très-entiers aux bords; pétiole long de 1 pouce à 3 pouces, vert, semi cylindrique, plan en

dessus, grêle, renflé à la base. Bourgeons coniques : écailles roussâtres, non-persistantes : les extérieures subovales ; les 2 ou 4 intérieures cuculliformes, grandes. Chatons-mâles longs de 6 à 18 lignes, à rachis non-staminifère vers sa base. Étamines serrées avant l'anthèse ; anthères petites. Pédoncules femelles longs de 1 pouce à 2 pouces, grêles, épaissis au sommet, pendants, ou inclinés. Drupe rouge, du volume d'une Prune de Damas ; noyau (suivant M. Delile) blanchâtre, séparable au sommet en 2 ou 3 valves.

Cet arbre curieux (connu aussi sous le nom vulgaire d'*Arbre aux quarante écus*), aujourd'hui assez commun dans les plantations d'agrément, a été introduit du Japon en Angleterre, vers le milieu du dernier siècle ; mais, au témoignage de M. de Siebold, les Japonais assurent que le Ginkgo ne vient point spontanément dans leur pays, et qu'il est originaire de la Chine ; en effet, M. A. de Bunge en a vu de très-beaux aux environs de Pékin.

En Europe, le Ginkgo n'est connu jusqu'aujourd'hui que comme arbre d'ornement, et, à ce titre, il se fait remarquer par sa cime pyramidale et élancée, de même que par la singulière conformation de ses feuilles : conformation peut-être unique parmi les végétaux phanérogames, mais dont on retrouve l'analogue chez beaucoup de Fougères (notamment chez l'*Adianthum Capillus Veneris*, connu sous le nom vulgaire de *Capillaire*). Il est en outre du petit nombre des Conifères qui se dépouillent des feuilles aux approches de l'hiver. Mais ce n'est point seulement à cause de ces particularités que le Ginkgo mérite de fixer notre attention. Au Japon et en Chine on le cultive fréquemment comme arbre fruitier : c'est l'amande de la graine qui est la partie comestible de son fruit. « Les amandes « du Ginkgo, dit Kæmpfer, sont saines et excellentes ; les Japo- « nais les mangent au dessert, et ils les mêlent à presque tous « les mets. » Thunberg et M. de Siebold en parlent également avec beaucoup d'éloges ; il paraît pourtant que ces amandes ne deviennent bonnes à manger qu'après avoir été cuites ou grillées, et qu'elles sont assez âpres avant d'avoir subi cette préparation. Il n'est pas probable, du reste, que ce fruit, jusqu'aujourd'hui à peu près inconnu en Europe (1), puisse jamais rivaliser avec les Châtaignes ou les Noix.

Kæmpfer dit que le bois du Ginkgo est mou ; mais M. Delile (2) assure que ce reproche n'est pas fondé, et que le grain de ce bois est fin et serré, semblable à celui de l'Érable. Pourtant le développement de l'arbre est assez rapide, du moins dans sa jeunesse.

Le Ginkgo résiste parfaitement aux hivers les plus rigoureux du nord de la France ; il y fleurit en avril ou au commencement de mai. On le multiplie facilement de marcottes, ou de boutures faites en février et mars, avec des rameaux de l'année précédente, ayant un talon du bois de 2 ans ; mais ces moyens de propagation ont en général l'inconvénient, chez le Ginkgo comme chez toutes les autres Conifères, de ne donner que des tiges grêles et à cime mal garnie, parce que la bouture ou la marcotte végètent toujours comme ferait une simple branche ; les sujets obtenus de drageons enracinés forment des arbres mieux venus. Les Chinois, au rapport de M. A. de Bunge, ont coutume de réunir et d'entregreffer plusieurs jeunes troncs, pour en obtenir de monstrueux, et probablement aussi dans le but de rendre les arbres plus féconds, par la réunion des deux sexes. Le Ginkgo se plaît surtout dans les sols frais et profonds, et dans les expositions un peu ombragées, mais d'ailleurs il s'accommode aussi des terrains maigres et secs.

---

(1) Les individus femelles sont encore fort rares en Europe, et tous ceux qu'on en possède aujourd'hui proviennent de greffes ou boutures d'un seul individu de ce sexe, qui existe dans une campagne près de Genève, et qui y fructifie depuis une vingtaine d'années. M. Delile a fait enter, en 1852, des bourgeons de cet individu femelle, sur les branches d'un grand individu mâle planté au jardin botanique de Montpellier ; ces greffes ont prospéré, et au bout de 5 ans elles ont produit des fruits féconds. MM. Audibert sont également parvenus, depuis quelques années, à multiplier le Ginkgo femelle dans leur célèbre établissement de Tonnelle, près Tarascon. Il est donc probable qu'avec le temps, les individus femelles de Ginkgo deviendront aussi communs que les mâles, et qu'on aura l'avantage de pouvoir multiplier cet arbre de graines.

(2) *Mémoire sur le Gingko*, dans le Bulletin de la Société d'Agriculture de l'Hérault, 1855.

LES CUPRÉSSINÉES. — *CUPRESSINEÆ.*

Cupressineæ (Coniferarum tribus) Rich. Conif. p. 157. — Lindl. Nat. Syst. ed. 2, p. 116. — Reichb. Syst. Nat. p. 168. — *Cupressinæ* Bartl. Ord. Nat. p. 95. — *Strobilaceæ-Cupressinæ* Reichb. Consp. p. 80. — *Cupressineæ* Endl. Gen. p. 258. — *Coniferæ-Cupressineæ* et *Coniferæ-Junipereæ* Dumort. Fam.

La plupart des Cupréssinées habitent les régions extra-tropicales des deux hémisphères ; mais il n'en existe que quelques espèces qui résistent aux froids des contrées arctiques. Les caractères les plus essentiels qui séparent les Cupréssinées des Abiétinées consistent en ce que chez les premières les fleurs sont inadhérentes et dressées, tandis que chez les Abiétinées elles sont adnées aux écailles et renversées ; mais la forme des strobiles, qui est subglobuleuse chez la plupart des Cupréssinées, et en général plus ou moins allongée chez les Abiétinées, ne peut cependant pas être envisagée comme un caractère absolu, parce qu'il y a plusieurs Abiétinées à strobiles presque sphériques, et des Cupréssinées à strobiles ovales ou oblongs.

CARACTÈRES DE LA FAMILLE.

Arbres ou *arbrisseaux* résineux. Rameaux et ramules articulés ou inarticulés, cylindriques, ou comprimés, ou anguleux, en général épars. Bourgeons en général nus.

Feuilles opposées, ou verticillées, ou éparses, coriaces, ou charnues, persistantes (par exception non-persistantes et minces), très-entières, sessiles, le plus souvent très-petites et imbriquées sur plusieurs rangs, innervées, ou 1-nervées, ou 3-nervées, point veineuses.

Fleurs monoïques ou dioïques, sessiles sur des écailles ébractéolées et disposées en chatons unisexuels (ordinairement très-petits et composés d'un petit nombre d'écailles).

Chatons-mâles axillaires, ou terminaux, ou latéraux, solitaires, ou par exception agrégés en épis. Écailles imbriquées en préfloraison, onguiculées, excentriquement peltées, subcoriacés, ou membranacées, scarieuses (ordinairement colorées), subverticales, 3-à 6-andres ; onglet court, horizontal, charnu. Par exception les écailles-staminifères sont inonguiculées, basifixes, point peltées.

Étamines réduites à des anthères monothèques, insérées immédiatement soit au sommet de l'onglet des écailles du chaton, soit au bord inférieur ou vers la base de la surface antérieure de ces écailles, submédifixes, ou pendantes, ou adnées, distinctes (par exception soudées), ordinairement rangées en demi-cercle, juxtaposées, subglobuleuses, ou ellipsoïdes, inappendiculées, déhiscentes (en dessous ou au bord intérieur) par une fente longitudinale. Pollen globuleux.

Chatons-femelles axillaires ou terminaux, solitaires ou géminés : rachis très-court. Écailles soit basifixes et inonguiculées, soit courtement onguiculées et peltées, imbriquées, ou valvaires (quelquefois en nombre défini), 1- 2- ou pluri-flores, charnues, persistantes, accrescentes : les fructifères coriaces, ou ligneuses, ou pulpeuses, apprimées, ou cohérentes, formant des *strobiles* subglobuleux (rarement oblongs, ou ovoïdes). Fleurs inadhérentes, dressées, insérées soit vers la base de la surface antérieure des écailles, soit sur l'onglet des écailles.

Pistil : Ovaire ovoïde, rétréci en col à orifice tronqué ou denticulé, sans autre trace de stigmates. Ovule réduit à un nucelle dressé, adné au fond de la loge, en général inadhérent.

Écailles-strobilaires 1- 2- ou poly-carpes, s'écartant les unes des autres à la maturité (excepté chez les espèces où elles sont charnues et soudées de manière à simuler une baie), et persistant en général après la chute des nucules.

Péricarpe coriace, ou osseux, nuculaire, 1-loculaire, 1-sperme, ailé, ou aptère, complétement caché entre les écailles-strobilaires, finalement caduc chez les espèces où ces écailles s'écartent les unes des autres à la maturité.

Graine inadhérente, ou adnée inférieurement au péricarpe, dressée, basifixe, conforme à la cavité du péricarpe. Tégument membraneux. Périsperme mince, charnu, huileux. Embryon aussi long que le périsperme, ordinairement 2-cotylédoné (rarement 3-à 6-cotylédoné) : cotylédons linéaires, ou elliptiques, ou oblongs, plano-convexes, plus courts que la radicule, foliacés en germination ; radicule subcolumnaire, supère.

Voici les genres compris dans cette famille :

Juniperus Linn. (Juniperus et Cedrus Tourn.) — *Cupressus* Tourn. — *Chamæcyparis* Spach. — *Platycladus* Spach. — *Thuya* Tourn. — *Callitris* Vent. — *Frenela* Mirb. (excl. sp.) — *Pachylepis* Ad. Brongn. — *Schubertia* Mirb. (non Martius. Taxodium Rich.) — *Cryptomeria* Don.

Genre GENÉVRIER. — *Juniperus* Linn.

Fleurs dioïques, ou rarement monoïques (sur des ramules différents). Chatons axillaires ou terminaux, solitaires, caliculés, ou écaliculés.—*Chatons-mâles* petits, denses, subsessiles, subovales, obtus ; écailles (au nombre de

6 à 15 par chaton) opposées-croisées ou verticillées-ternées, suborbiculaires, mutiques, ou mucronées au sommet, 3-à 6-andres. — *Chatons-femelles* ovoïdes ou subglobuleux, sessiles (à l'époque de la floraison beaucoup plus petits que les chatons-mâles, et presque couverts par les écailles-caliculaires ou par les feuilles); écailles (au nombre de 6, de 8, de 9, rarement de 3, par chaton) mucronulées au-dessous du sommet, conniventes, verticillées (ternées ou quaternées), 2-sériées (rarement 1-ou 3-sériées), entregreffées soit seulement vers leur base, soit presque jusqu'au sommet : les extérieures plus courtes, apprimées, non-florifères, le plus souvent abortives ou peu accrescentes; les intérieures 1-ou 2-flores; toutes finalement entregreffées. Ovaires rétrécis en col à orifice tronqué. Strobile subglobuleux, ou ovoïde, ou ellipsoïde, coloré, uni, ou aréolé, obtus, 1-à 8-carpe, bacciforme, charnu, indéhiscent. Nucules osseuses, aptères, le plus souvent anguleuses, ordinairement creusées de fossettes résinifères.

Arbres ou arbrisseaux, très-rameux. Écorce adulte longitudinalement rimeuse : les couches externes se séparant peu à peu en bandes minces. Rameaux épars ou opposés : les jeunes anguleux et comme articulés; les adultes cylindriques et inarticulés. Ramules opposés ou épars, cylindriques ou anguleux; ordinairement paniculés. Bourgeons nus ou écailleux. Feuilles aciculaires ou squamuliformes, coriaces, ou un peu charnues, sessiles, persistantes (souvent marcescentes), opposées, ou verticillées (rarement éparses), 1-ou 3-nervées en dessus, 1-nervées ou canaliculées ou innervées en dessous, souvent imbriquées, soit non-décurrentes et à bases distinctes, soit décurrentes et plus ou moins connées; les aciculaires apprimées ou plus ou moins étalées, toujours mucronées ou aristées au sommet, ordinairement églanduleuses; les squamuliformes (ordinairement très-petites et apprimées) mutiques, ou mucronées, ordinairement 1-glanduleuses au dos. Chatons-mâles jamais nutants. Chatons-femelles dressés ou nutants. Maturation bisannuelle ou annuelle. Strobiles (de forme et de volume variables chez toutes les espèces) caducs à la maturité, souvent couverts d'une poussière glauque, ordinairement subombiliqués aux 2 bouts, tantôt bosselés (par des épaississements des écailles-florales), tantôt non-bosselés (1). Nucules (de forme et de volume très-variables chez toutes les espèces, le *Juniperus drupacea* excepté) tantôt subglobuleuses, tantôt subovales ou oblongues, tantôt plus ou moins déformées par la compression mutuelle, lenticulaires, ou plano-convexes, ou trigones, ou trièdres, ou irrégulièrement anguleuses, sillonnées, ou ésulquées, obtuses, ou pointues, plus ou moins épaisses. Graine inadhérente, subovale; tégument roussâtre ou jaunâtre. Embryon 2-ou 3-cotylédoné, presque aussi long que le périsperme; cotylédons plano-convexes, subelliptiques, courts. — A l'exception d'une espèce qui habite les régions antarctiques de l'Amérique, ce genre appartient à l'hémisphère septentrional. Nous ne ferons mention que des espèces les plus remarquables.

, SECTION I. OXYCEDRUS Spach. (*Juniperus* Tourn.)

Ramules et jeunes rameaux trièdres : angles marginés par un canal-résinifère nerviforme. Ramules opposés ou épars, indivisés, ou paniculés : ramilles ordinairement courtes et simples. Feuilles ni décurrentes, ni marcescentes, ni connées par la base, tantôt étalées, tantôt im-

____

(1) La présence ou l'absence de ces bosses n'est d'aucune valeur spécifique, car toutes les espèces varient à cet égard; il en est de même du nombre et de la grandeur de ces excroissances (ou tubercules, comme les appellent beaucoup d'auteurs) : elles se développent tantôt sur toutes les écailles-florales, tantôt seulement sur les écailles internes, tantôt seulement sur les écailles externes, tantôt seulement sur une ou deux des écailles internes ou externes ; par conséquent elles sont tantôt toutes terminales (au nombre de 1 à 4), tantôt à la fois terminales et latérales, tantôt seulement latérales.

briquées, subconformes (toutes ou la plupart aciculaires, rarement subovales et petites), toutes verticillées-
ternées ; très-raides, piquantes (terminées en pointe
subulée), non-glanduleuses, 3-nervées en dessus (à
nervures-latérales marginantes), trièdres (plus ou moins
concaves en dessus, convexes et fortement carénées en
dessous), discolores (la face supérieure avec une large
bande glauque de chaque côté de la nervure médiane;
le reste de la feuille d'un vert luisant), à base calleuse
en dessus, articulée. Chatons axillaires (sur les ramules
de l'année précédente), dressés, caliculés par les écailles-
gemmaires, qui sont petites, coriaces, aristées, imbriquées, verticillées-ternées de même que les écailles-florales ; ces squamules-caliculaires sont nombreuses, et
elles recouvrent un petit rachis stipitiforme. Écailles-
staminifères coriaces, mucronées. Écailles-pistillifères
dès l'origine soudées jusqu'au delà du milieu. Maturation bisannuelle.

A. *Strobile* 1-à 8- (*le plus souvent* 3-*ou* 4-) *carpe, aréolé tantôt seulement vers le sommet, tantôt (si les écailles externes du chaton ont pris de l'accroissement) à la base
et au sommet. Nucules* 1-*loculaires, de forme variable, en
général anguleuses.*

GENÉVRIER COMMUN. — *Juniperus communis* Linn. —
Feuilles étalées ou imbriquées. Strobiles (subglobuleux, ou
ovales, ou obovés, ou déprimés-globuleux) finalement d'un bleu
noirâtre, couverts d'une poussière d'un glauque bleuâtre.

— α : ORDINAIRE. — *Juniperus communis vulgaris* Willd. —
Juniperus communis auctorum plerr. — Blackw. Herb.
tab. 187. — Flor. Dan. tab. 1119. — Engl. Bot. tab. 1100.
— Duham. nov. VI, tab. 15, fig. 1. — Guimp. et Hayn.
Deutsch. Holz. tab. 206. — *Juniperus oblonga* Bieberst.
Flor. Taur. Cauc. — *Juniperus Cracovia* et *Juniperus hy-
bernica* Lodd. Cat. — Arbrisseau touffu (haut de 2 à 10 pieds) :

tige droite; branches étalées, ou déclinées, ou diffuses.
Feuilles étalées, plus ou moins rapprochées, la plupart linéaires-lancéolées (longues d'environ 6 lignes). Strobiles petits,
débordés par les feuilles, ordinairement globuleux, 2-à 6-car-
pes. — Cette variété est commune dans toute l'Europe (mais
dans le Midi elle se tient de préférence sur les montagnes),
ainsi qu'en Orient, et dans l'Amérique septentrionale. Elle
devient aussi arborescente, lorsque, étant cultivée dans un sol
fertile, on prend soin d'en élaguer les branches inférieures.

— β : DE SUÈDE. — *Juniperus communis* β : *suecica* Willd.
(non Hort. Par.) — *Juniperus suecica* Mill. — Arbre de
20 à 40 pieds; tronc droit, atteignant 1 pied de diamètre;
branches ascendantes, ou inclinées, ou étalées. Feuilles étalées, plus ou moins rapprochées, la plupart linéaires-lancéolées, plus allongées que chez la variété précédente (longues
de 8 à 12 lignes). Strobiles petits, débordés par les feuilles,
2-à 6-carpes, ordinairement globuleux. — Cette variétés
qu'on cultive fréquemment dans les plantations d'agrément,
croît spontanément dans le nord de l'Europe.

— γ : DES MONTAGNES. — *Juniperus communis* γ : *montana*
Hort. Kew. — *Juniperus communis* var. *saxatilis* Pallas,
Flor. Ross. tab. 54, fig. A. — *Juniperus nana* Willd. —
Juniperus sibirica Burgsd. — *Juniperus communis alpina*
Wahlenb. — *Juniperus communis suecica* Hort. Par. (non
Willd.) — Arbuste touffu, haut de 2 à 4 pieds; rameaux
inférieurs décombants. Feuilles très-rapprochées, résupi-
nées, courbées, presque imbriquées, oblongues, ou linéaires-
lancéolées, longues de 3 à 4 lignes. Strobiles petits, à peine
débordés par les feuilles, 1-à 3-carpes, ordinairement subovales. — Cette variété, nommée vulgairement *Genévrier des
Alpes*, et *Genévrier de Sibérie*, est commune dans les régions
alpines de l'Europe, de la Sibérie et de l'Himalaya, ainsi que
dans l'Amérique boréale.

— δ : DES ALPES. — *Juniperus communis alpina* Gaudin,
Flor. Helvet. — *Juniperus alpina* Hortul. — Arbuste pro-

combant. Feuilles ovales, ou elliptiques, ou oblongues, très-
rapprochées, imbriquées, presque apprimées, petites (longues
de 1 à 3 lignes), courbées, en général débordées par les strobiles. Strobiles petits, subglobuleux, 1-à 3-carpes. — Cette
variété, qu'on confond en général avec la précédente, mais qui
est très-caractérisée par son port et par la petitesse de ses
feuilles, croît dans les régions les plus élevées des Alpes.

— ε : A GROS FRUITS. — *Juniperus communis macrocarpa*
Spach. — *Juniperus macrocarpa* Sibth. et Smith, Prodr.
Flor. Græc. — Tenore, Flor. Nap. tab. 199, fig. 2. —
Arbre ou arbrisseau. Feuilles étalées, plus ou moins distancées, linéaires-lancéolées (longues de $^1/_2$ pouce à 1 pouce),
souvent plus courtes que le fruit. Strobiles plus ou moins
gros (variant du volume d'un gros Pois à celui d'une Cerise),
2-à 5-carpes, subglobuleux, ou obovés, ou ovales, souvent
rétrécis à la base. — Cette variété est propre aux régions
voisines de la Méditerranée; M. Webb l'a aussi observée à
Ténériffe.

Arbre ou arbrisseau pyramidal, ou arbuste plus ou moins
diffus. Racines rampantes, à écorce noirâtre ou d'un brun roux,
et à bois jaunâtre, très-tenace. Écorce du tronc et des rameaux
d'un brun roux, finalement grisâtre. Ramules inclinés, ou étalés,
ou ascendants, ou dressés, grêles, plus ou moins feuillus.
Feuilles larges de $^1/_2$ ligne à 2 lignes, de longueur très-variable
(les ramulaires inférieures ordinairement petites chez toutes les
variétés), linéaires-lancéolées, ou sublinéaires, ou oblongues, ou
elliptiques, ou ovales, brusquement acuminées en arête courte
et jaunâtre. Chatons-mâles ovales ou subglobuleux, longs de $^1/_2$
ligne à 2 lignes (toujours beaucoup plus courts que les feuilles);
écailles-staminifères panachées de brun et de jaune. Fruit à chair
sèche, aromatique. Nucules brunes.

Cette espèce, connue sous le nom vulgaire de *Genièvre*, est
commune dans les landes et les bois arides, ainsi que dans les
localités rocailleuses et découvertes des montagnes; elle préfère les sols sablonneux ou calcaires. Sa durée est d'environ

60 ans, ou plus. Dans le nord de la France, ce Genévrier fleurit en avril; les fruits, de même que chez la plupart de ses congénères, ne sont mûrs qu'en automne de l'année suivante, et ils persistent même jusqu'au printemps de la troisième année.

Le bois de ce Genévrier est rougeâtre ou jaunâtre, élégamment veiné, très-tenace, élastique, d'un grain fin, et susceptible d'un beau poli; il est presque incorruptible et nullement sujet aux attaques des insectes; de même que toutes les autres parties du végétal, il a une odeur aromatique assez agréable; on le recherche pour les ouvrages de tour et de marqueterie; lorsqu'on peut s'en procurer de volume suffisant, il est excellent pour faire des seaux, des conduits souterrains, des échalas, des poteaux, etc.

Les baies de Genièvre ont une saveur fortement aromatique et un peu sucrée; les oiseaux frugivores, surtout les merles et les grives, en sont très-friands. On emploie ce fruit en thérapeutique, à titre de tonique, de sudorifique, de diurétique, et d'antiscorbutique; chez les habitants du Nord, il remplace souvent les épices pour l'assaisonnement des mets. La liqueur alcoolique appelée eau-de-vie de genièvre (*gin* des Écossais), se prépare avec de l'eau-de-vie de grains et des baies de Genièvre : cette liqueur passe pour un antiscorbutique excellent, et les marins en font une consommation habituelle. On fait aussi avec ces baies, en les laissant fermenter dans de l'eau, une sorte de boisson connue sous le nom de genévrette.

Le Genévrier commun se cultive dans les plantations d'agrément; dans les terrains légers et fertiles, il devient un magnifique buisson, très-touffu et d'une forme pyramidale; on l'élève facilement en arbre, en ayant soin d'élaguer les branches inférieures; il est aussi très-utile et très-approprié à faire des palissades toujours-vertes, et des haies de clôture impénétrables.

GENÉVRIER OXYCÈDRE. — *Juniperus Oxycedrus* Linn. — Duham. Arb. tab. 128.—Rich. Conif. tab. 5. — Duham. nov. vol. 6, tab. 15, fig. 2. — Feuilles étalées, la plupart linéaires-lancéolées. Strobiles plus ou moins gros (variant du volume d'un gros Pois à celui d'une Cerise), globuleux (moins souvent déprimés ou ovales), 1-à 8-carpes, finalement rouges, couverts d'une poussière glauque. — Buisson, ou petit arbre atteignant rarement plus de 20 pieds de haut, très-semblable au Genévrier commun (ordinaire) par le port et le feuillage. Feuilles la plupart longues d'environ 9 lignes, sur 1 ligne de large ; les ramulaires-inférieures ordinairement courtes, ovales, ou oblongues. Fruit tantôt débordé par les feuilles, tantôt débordant.

Ce Genévrier, qui n'est peut-être qu'une variété du Genévrier commun (dont il ne paraît pas différer autrement que par la couleur du fruit), abonde dans toute la région méditerranéenne. Dans la France méridionale, on l'appelle vulgairement *Cade* ou *Genévrier Cade.* Son bois a une odeur plus forte que celle du Genévrier commun ; on en extrait une huile empyreumatique, ayant une odeur analogue à celle du goudron, et une saveur presque caustique : cette huile est employée, dans l'art vétérinaire, comme remède détersif ; en Provence, le peuple en fait aussi usage, en frictions, comme vermifuge.

B. *Strobile gros, monocarpe, aréolé à toute la surface : aréoles au nombre de 9 (rarement de 6), 3-sériées, subovales, plus ou moins gibbeuses vers le sommet, à bords très-saillants. Nucule grosse, très-épaisse, subglobuleuse, point anguleuse, à 3 loges 1-spermes (1).*

Genévrier drupacé. —*Juniperus drupacea* Labill. Decad. Plant. Syr. II, p. 14, tab. 8. — Feuilles étalées ou presque étalées, linéaires-lancéolées. Strobiles ovales ou ellipsoïdes, finalement bleuâtres, couverts d'une poussière glauque. — Arbre atteignant la taille d'un Cyprès. Feuilles longues d'environ 6 lignes, larges de 1 ligne à 2 lignes. Strobiles du volume d'une petite Noix ; noyau très-dur, à parois de 2 à 3 lignes d'épaisseur. — Cette espèce croît au Liban ; la chair de son fruit est mangeable.

---

(1) Les fleurs-femelles de l'espèce n'ayant point été examinées, il reste douteux si le fruit devient triloculaire par suite de la soudure de 5 ovaires, ou bien si dès l'origine il n'y a qu'un seul ovaire à 5 loges.

SECTION II. SABINA Spâch. (*Cedrus* Tourn.)

Rameaux jeunes 4-ou 6-gones. Ramules paniculés, tantôt
cylindriques, tantôt 4-ou 6-gones, épars. Ramilles éparses, souvent subfiliformes et comme pennées ou bipennées,
tantôt subcylindriques, tantôt 4-ou 6-gones. Feuilles opposées, ou verticillées (ternées ou rarement quaternées),
ou éparses, marcescentes, décurrentes, connées par la
base (du moins les ramulaires et les ramillaires), ni articulées, ni gibbeuses à la base, innervées ou obscurément 1-nervées en dessus, carénées ou canaliculées au
dos, ou ni carénées ni canaliculées, hétéromorphes (tantôt sur des ramules différents, tantôt sur les mêmes ramules) : les unes petites ou très-petites, squamuliformes, imbriquées (du moins sur les ramules et les ramilles) sur 4 ou 6 rangs, et souvent apprimées, le plus
souvent 1-glanduleuses au dos, mutiques, ou mucronées ; les autres (en général beaucoup plus grandes) aciculaires, mucronées, en général non-glanduleuses, imbriquées, ou plus ou moins étalées ; glandule (ou, pour
mieux dire, vésicule-résinifère) tantôt elliptique, tantôt
oblongue, tantôt linéaire, basilaire ou supra-basilaire,
un peu enfoncée, quelquefois presque oblitérée (1).
Bourgeons nus, incomplets. Chatons écaliculés, terminaux (sur des ramilles latérales tantôt très-courtes, tantôt plus ou moins allongées, toujours couvertes de petites feuilles imbriquées) : les mâles (ordinairement
point nutants) à écailles-staminifères submembranacées, mutiques ; les femelles nutants ; écailles-pistillifères soudées seulement par la base (lors de la floraison).
Maturation annuelle ou bisannuelle.

---

(1) La forme, la grandeur et la situation de cette glandule varient
de la même manière chez toutes les espèces, et par conséquent elles ne
peuvent fournir des caractères distinctifs.

a) *Feuilles toutes pointues ou acuminées, piquantes : les aciculaires en général glandulifères ; feuilles-raméaires tantôt opposées, tantôt ternées ; feuilles-ramulaires et feuilles-ramillaires toujours opposées.*

GENÉVRIER PROCOMBANT.—*Juniperus prostrata* Pers. Ench. — Hort. Par. — *Juniperus repens* Nutt. Gen.—Tiges et rameaux procombants ou diffus, redressés au sommet. Ramules et ramilles étalés ou ascendants, très-rapprochés, squamulifères seulement vers leur base. Feuilles-squamuliformes apprimées. Feuilles-aciculaires nombreuses, imbriquées, lâchement appliquées, concaves en dessus. Fleurs dioïques. Strobiles petits, subglobuleux, 1-à 3-carpes, finalement d'un bleu noirâtre et couverts d'une poussière glauque. (Maturation annuelle?) — Arbuste rampant, à branches ordinairement grêles, atteignant plusieurs pieds de long. Ramilles tantôt courtes, tantôt plus ou moins allongées, jamais aussi grêles que chez les variétés ordinaires du *Juniperus fœtida*, rapprochées en panicules denses. Feuilles d'un vert glauque, ordinairement très-concaves en dessus, et carénées au dos : les squamuliformes ovales, ou ovales-lancéolées, ou subrhomboïdales, pointues, ou acuminées, longues de ¹/₂ ligne à 1 ¹/₂ ligne ; les aciculaires sublinéaires ou linéaires-lancéolées, acuminées, longues de 1 ligne à 3 lignes. Les jeunes rameaux et les ramules sont le plus souvent garnis de feuilles squamuliformes. Fruit du volume de celui du Genièvre.

Cette espèce croît au Canada et à Terre-Neuve ; on la cultive comme arbuste d'agrément.

b) *Feuilles-squamuliformes tantôt mutiques, tantôt mucronées ; feuilles-aciculaires églanduleuses. Feuilles-raméaires ternées (accidentellement opposées), ou quaternées, ou éparses ; feuilles-ramulaires tantôt opposées, tantôt ternées ; feuilles-ramillaires presque toujours opposées.*

GENÉVRIER FÉTIDE. — *Juniperus fœtida* Spach. —*Juniperus thurifera, Juniperus Sabina,* et *Juniperus virginiana* Linn. — Feuilles opposées ou ternées : les aciculaires étalées ou presque étalées. Fleurs ordinairement dioïques. Strobiles 1-à 6-carpes, finalement d'un violet noirâtre, et couverts de poussière glauque. Maturation annuelle.—Arbre ou arbrisseau pyramidal. Tronc droit, crevassé autour des vieilles branches, effilé dans sa partie supérieure; il en suinte souvent, dans les climats chauds, une résine jaunâtre, d'une odeur pénétrante. Par variation ce Genévrier forme un arbrisseau diffus ou procombant. Écorce grisâtre ou d'un brun de Châtaigne. Bois rougeâtre. Feuilles extrêmement variables : les squamuliformes un peu charnues, d'un vert gai étant jeunes, puis d'un vert glauque plus ou moins foncé, tantôt mutiques, tantôt mucronées; longues de ¹/₄ de ligne à ¹/₂ ligne; les aciculaires longues de 1 à 4 lignes, larges de ¹/₄ de ligne à ¹/₂ ligne, linéaires-lancéolées, ou linéaires-subulées, tantôt carénées, tantôt canaliculées, tantôt ni canaliculées ni carénées : les jeunes glauques en dessus et d'un vert gai en dessous, les adultes d'un vert glauque ou très-foncé aux 2 faces. Ramilles-amentifères (toujours couvertes de petites feuilles imbriquées) tantôt très-courtes, tantôt plus ou moins allongées. Chatons-mâles ovales ou ovalesglobuleux; longs de 1 ligne à 2 lignes. Strobiles tantôt gibbeux et aréolés, tantôt unis ou presque unis, subglobuleux, ou ovales, ou obovales, ou ellipsoïdes. Nucules brunes ou jaunâtres, de volume très-variable.

Cette espèce, qui croît dans une grande partie de l'Europe, ainsi que dans toute l'Asie tempérée et dans la plus grande partie de l'Amérique septentrionale, offre un grand nombre de variétés, dont les plus notables sont les suivantes :

—α : COMMUN. (Vulgairement *Sabine* ou *Sabinier*, *Sabine mâle, Sabine commune, Sabine à feuilles de Cyprès.*) — *Juniperus fœtida Sabina* Spach.—*Juniperus Sabina* Linn. —Blackw. Herb. tab. 214.—*Juniperus Sabina cupressifolia* Hort. Kew. — Willd. — *Juniperus lusitanica* Mill. — *Juniperus chinensis* Hortul.—Buisson touffu, pyramidal, haut de 5 à 12 pieds; tronc dressé, rameux dès la base; branches divariquées : les inférieures déclinées; les supérieures ascendantes ou étalées; rameaux, ramules et ramilles étalés, souvent nutants ou réclinés, ordinairement homophylles (sans feuilles aciculaires). Ramilles comme pennées, en général très-rapprochées et assez grêles. Squamules (feuilles) - ra-

millaires ovales ou subrhomboïdales, la plupart (ou toutes)
obtuses et mutiques, apprimées. Strobiles (en général du volume d'un gros Pois) ellipsoïdes, ou ovoïdes, ou obovés, ou
subglobuleux, 1-à 3-carpes, souvent gibbeux. — Les individus adultes ne produisent en général que peu ou point de ramules à feuilles aciculaires.

La *Sabine* croît dans les endroits découverts et arides, de
même que dans les bois, tant en plaine que sur les montagnes, dans l'Europe moyenne et dans l'Europe australe, le
Caucase, et l'Asie Mineure. Les feuilles et l'écorce de ce végétal (ainsi que celles des autres variétés de l'espèce) ont une
saveur âcre et amère, et une odeur pénétrante assez désagréable ; elles ont des propriétés emménagogues très-énergiques ; mais, à dose un peu élevée, elles agissent en violent dras-
tique, et, par cette raison, on ne doit les administrer qu'avec
toutes les précautions nécessaires ; on les emploie aussi, dans
l'art vétérinaire, à titre de remède vermifuge, ainsi que
comme détersif. L'odeur de la Sabine préserve les draps et
étoffes de l'attaque des teignes. — La Sabine, comme l'on
sait, est d'un bel effet dans les jardins paysagers ; son port
touffu la rend aussi très-propre à faire des rideaux de verdure. Le bois de cet arbrisseau est solide et très-durable,
mais peu employé, parce qu'on en trouve rarement des troncs
d'une épaisseur notable, car la croissance de tous les Genévriers est extrêmement lente.

— β : A FEUILLES DE TAMARISC. (Vulgairement *Sabine femelle, Genévrier* (ou *Sabine*) *à feuilles de Tamarisc.*) —
Juniperus fœtida tamariscifolia Spach. — *Juniperus Sabina* Mill. — Bull. Herb. tab. 139. — *Juniperus Sabina
tamariscifolia* Hort. Kew. — Willd. — *Juniperus lycia*
Pallas, Flor. Ross. tab. 56, fig. 1, A et B. (non *Juniperus
lycia* Linn.) — Cette variété diffère de la précédente en ce
qu'elle forme un arbuste plus bas et en général diffus ; que
ses ramules et ramilles sont plus grêles (souvent presque filiformes) et couverts de squamules très-petites, pointues ou

acuminées, et mucronées, le plus souvent lancéolées-rhomboïdales.

Cette variété croît dans les mêmes contrées que la précédente, ainsi que dans l'Altaï et les montagnes de la Daourie. On la recherche comme arbuste d'ornement, et, à ce titre, on en estime surtout une sous-variété dont les pennules sont panachées de jaune ou de blanc.

— γ : MULTICAULE. — *Juniperus fœtida multicaulis* Spach. — *Juniperus Sabina* Pallas, Flor. Ross. tab. 56, fig. 2. — Mich. Flor. Bor. Amer. — *Juniperus horizontalis* Mœnch ? — *Juniperus prostrata* Torr. — *Juniperus Sabina humilis* Hook. Flor. Bor. Amer. (excl. syn.) — Cette variété ne diffère de la *Sabine commune*, qu'en ce qu'elle forme un arbuste bas et diffus ; elle croît dans les hautes régions des montagnes de l'Europe moyenne et de l'Europe australe, dans les steppes de la Russie méridionale, dans la Sibérie altaïque, dans la Daourie, et dans l'Amérique septentrionale.

— δ : DE DAOURIE. — *Juniperus fœtida davurica* Spach. — *Juniperus davurica* Pallas, Flor. Ross. tab. 55. — Andr. Bot. Rep. tab. 534. — Cette variété, qui a été observée par Pallas dans les régions alpines des montagnes de la Daourie (mais qu'on trouvera probablement aussi dans les autres contrées qui produisent le *Juniperus fœtida*), mérite à peine d'être distinguée de la *Sabine à feuilles de Tamarisc*, dont elle ne diffère qu'en ce que ses ramules sont la plupart hétérophylles, c'est-à-dire plus ou moins abondamment garnis de feuilles aciculaires.

— ε : ÉLANCÉ. (Vulgairement *Genévrier en arbre*, *Sabine en arbre*, *Genévrier élevé*.)—*Juniperus fœtida excelsa* Spach. — *Juniperus excelsa* Bieberst. Flor. Taur. Cauc. — *Juniperus Hermanni* Pers. Ench. — *Juniperus occidentalis* Hook. Flor. Bor. Amer. — Arbre de 40 à 60 pieds. Branches inférieures déclinées ou pendantes. Ramules et ramilles en général très-rapprochés, tantôt homophylles, tantôt hétérophylles. Squamules-ramillaires ovales ou subrhom-

boïdales, obtuses, ou pointues, apprimées, petites, ordinairement mutiques. Strobiles 3-à 5-carpes, ordinairement subglobuleux et du volume d'un gros Pois. — Il y a des individus
de cette variété tout à fait dépourvus de feuilles aciculaires,
tandis que sur d'autres les feuilles de cette nature sont plus
ou moins abondantes.

Cette variété croît dans la Crimée, l'Orient, l'Arabie Pétrée,
l'Himalaya, et l'Amérique septentrionale ; on la cultive comme
arbre d'ornement.

— ζ : DE VIRGINIE. (Vulgairement *Cèdre rouge*, *Cèdre de Virginie*, *Genévrier de Virginie*). — *Juniperus fœtida virginiana* Spach. — *Juniperus virginiana* Linn. — Mich. fil.
Arb. III, p. 42, cum fig. — J. Saint-Hil. Flor. et Pom. tab.
608. — *Juniperus virginiana* et *Juniperus barbadensis*
Mich. Flor. Bor. Amer. — *Juniperus arborescens* Mœnch,
Meth. — *Juniperus virginiana* et *Juniperus caroliniana*
Hortul. — Arbre de 20 à 50 pieds ; moins souvent arbrisseau
formant un buisson touffu. Branches inférieures décombantes, ou déclinées, ou pendantes. Ramilles homophylles ou
hétérophylles, souvent très-grêles. Squamules-ramillaires
lancéolées-rhomboïdales, ou ovales-lancéolées, ou oblongues-
lancéolées, ou ovales, souvent acuminées ou pointues et mucronées. Strobiles (ordinairement petits, longs de 2 à 3 lignes) ovoïdes ou subovales (moins souvent subglobuleux ou
obovés), 1-à 3-carpes. — Le port du *Genévrier de Virginie*
diffère beaucoup suivant les localités. Dans les sols arides et
sablonneux ou rocailleux, il ne forme qu'un buisson, et,
dans cet état, il ressemble à la *Sabine commune* ; lorsqu'il
croît en masses ou entouré d'autres arbres, son tronc devient
grêle, et il finit par se couronner d'une cime pyramidale,
semblable à celle du Pin de nos forêts, parce qu'il perd peu
à peu ses branches inférieures ; enfin, lorsqu'il vient isolément dans un terrain favorable à son accroissement, il acquiert
jusqu'à 3 pieds de diamètre, il conserve toutes ses branches,
dont les inférieures deviennent très-longues et traînantes, de

sorte qu'il forme une large pyramide, dont la base repose sur le sol. — Les branches supérieures sont tantôt horizontales, redressées ou inclinées au sommet, tantôt ascendantes. La direction des rameaux varie comme celle des branches. Les ramules et les ramilles sont tantôt très-rapprochés, tantôt plus ou moins distancés, plus ou moins grêles, quelquefois presque filiformes, tantôt pendants, tantôt inclinés, tantôt étalés, tantôt ascendants. La présence de ramules et de ramilles garnis en tout ou en partie de feuilles aciculaires n'est rien moins que constante, quoiqu'elle soit assez fréquente; il y a aussi des individus qui ne produisent que des feuillés squamuliformes et apprimées : c'est cette variété qui a été désignée par les jardiniers sous le nom de *Juniperus caroliniana*, et aussi sous celui de *Juniperus barbadensis*. Les feuilles-squamuliformes ressemblent en général à celles de la Sabine à feuilles de Tamarisc, mais souvent aussi elles ne diffèrent pas de celles de la Sabine commune, c'est-à-dire qu'elles sont obtuses et mutiques.

Cette variété croît dans toute l'Amérique septentrionale, depuis le golfe du Mexique, jusque vers le 5o^e degré de latitude ; toutefois, elle reste chétive dans le nord, et c'est dans les régions les plus méridionales qu'elle acquiert les dimensions les plus considérables ; on la trouve dans tous les sols, mais elle se plaît surtout dans les sables ; elle prospère même dans les lagunes du littoral, et dans d'autres localités fortement imprégnées de sel marin ; aussi est-ce l'un des arbres les plus communs sur les côtes des États-Unis, depuis la Floride jusqu'à la Virginie. Le bois du Genévrier de Virginie est odorant, d'un rouge foncé, d'un grain serré, et, quoique fort léger, il a assez de force et la propriété précieuse d'être l'un des plus durables de tous les bois que produit l'Amérique septentrionale ; aussi est-il très-recherché, aux États-Unis, pour la charpente supérieure des constructions navales, et, par suite de cet usage, c'est devenu chose difficile de s'en procurer des pièces de dimension nécessaire, puisque la croissance de l'arbre est extrêmement lente (1). Ce bois est

____

(1) Kalm a compté 188 couches annuelles dans un tronc dont le dia-

aussi l'un des plus estimés pour les pieux, les poteaux, les conduits d'eau souterrains, et autres ouvrages de cette nature; dans
les provinces méridionales des États-Unis, on l'emploie presque
spécialement pour faire les cercueils; il s'en consomme aussi une
quantité considérable pour des ouvrages de tour et de marqueterie ; enfin on l'exporte pour l'Europe, où l'on en confectionne
les enveloppes des crayons. On assure que la qualité du bois de
Genévrier de Virginie est d'autant meilleure, que l'arbre croît
dans des climats plus chauds, et dans des localités plus imprégnées
de sel marin. Le Genévrier de Virginie se cultive depuis longtemps comme arbre d'ornement, et, de même que la Sabine, il
est aussi fort propre à former des palissades toujours vertes, qui
se recommandent par leur densité et leur élévation. Du reste,
cet arbre est peut-être l'un de ceux dont la propagation en grand
offrirait le plus d'avantages, en raison de sa faculté de prospérer
dans les terrains les plus arides, de même que dans les dunes
sablonneuses, et dans les marais salins.

— η : THURIFÈRE. (Vulgairement *Cèdre d'Espagne, Genévrier
d'Espagne, Genévrier thurifère, Genévrier à encens* (1).—
Juniperus fœtida Tournefortiana Spach. — *Juniperus thurifera* Linn. — *Juniperus hispanica* Lamk. — *Juniperus
mexicana* Schlechtend. et Chamiss. in Linnæa, V, p. 77.—
Arbre d'une trentaine de pieds de haut. Ramules et ramilles
ordinairement homophylles. Squamules-ramillaires pointues
ou acuminées, apprimées, en général mucronées. Strobiles
subglobuleux, du volume d'une Cerise, souvent gibbeux. —
Cette variété, qui a été observée en Espagne et au Mexique,
ne diffère essentiellement des deux précédentes que par le
volume du fruit.

— θ : A RAMULES FLASQUES. — *Juniperus fœtida flaccida*
Spach. — *Juniperus flaccida* Schlechtend. in Linnæa, XII,

---

mètre n'était que de 15 pouces, et 250 couches sur un autre tronc qui
avait 18 pouces de diamètre.

(1) On croyait autrefois à tort que ce Genévrier produit la résine
connue sous le nom d'*encens* ou *olibanum*.

p. 495. — Arbre; rameaux, ramules et ramilles pendants. Squamules-ramillaires ovales-lancéolées ou oblongues-lancéolées, pointues, mucronées, apprimées. Strobiles subglobuleux, gibbeux, du volume d'une Cerise.

Cette variété, qui croît dans les Andes du Mexique, est extrêmement voisine des deux précédentes : elle ne diffère de la première que par la grosseur du fruit, et de la seconde par des ramules plus grêles, et des folioles plus petites.

— θ : SQUARREUX. — *Juniperus fœtida squarrulosa* Spach.— *Juniperus fœtidissima* Willd. — *Juniperus thurifera* Hort. Par. (non Linn.) — Arbre. Rameaux et ramules étalés ou réclinés. Squamules-ramillaires assez grandes (longues de 1 1/2 à 2 lignes), acuminées, mucronées, fortement carénées, la plupart lâchement appliquées ou presque étalées. — Cette variété a été observée par Tournefort en Arménie.

GENÉVRIER DES BERMUDES. — *Juniperus bermudiana* Linn. — *Juniperus oppositifolia* Mœnch, Meth. — Feuilles-raméaires et feuilles-ramulaires ternées, ou quaternées, ou éparses; feuilles-aciculaires imbriquées, plus ou moins appliquées. Fleurs ordinairement dioïques. Strobiles pisiformes, rouges. (Maturation annuelle?) — Arbre atteignant 40 à 50 pieds de haut, ou arbrisseau, variant de port comme le Genévrier de Virginie. Ramules et ramilles étalés, ou réclinés, ou nutants, ou pendants, plus ou moins serrés, tantôt homophylles, tantôt hétérophylles. Ramilles-squamulifères ordinairement moins grêles que celles de l'espèce précédente. Feuilles tantôt carénées, tantôt canaliculées, tantôt ni carénées ni canaliculées au dos; les aciculaires longues de 2 à 4 lignes, linéaires-subulées, les adultes d'un vert plus ou moins glauque, les jeunes glauques en dessus, d'un vert gai en dessous; feuilles-squamuliformes longues de 1 ligne à 2 lignes, un peu charnues, d'un vert glauque, ovales, ou ovales-lancéolées, ou rhomboïdales, ou lancéolées-rhomboïdales, obtuses, ou pointues, ou acuminées, mutiques, ou mucronées; glandule linéaire, ou oblongue, ou elliptique, plus ou

moins allongée, en général supra-basilaire. Ramilles-amentifères tantôt courtes, tantôt plus ou moins allongées. Chatons
semblables à ceux de l'espèce précédente. Fruit du volume
d'un Pois.

Cette espèce, nommée vulgairement *Cèdre des Bermudes*,
croît aux Bermudes, aux Antilles, et probablement aussi dans
la Floride; on la cultive dans les collections d'Orangerie; ses
feuilles et son écorce ont une odeur semblable à celle de la Sabine. Le bois est odorant : il sert, comme celui du Genévrier de
Virginie, à faire les enveloppes des crayons.

GENÉVRIER DE PHÉNICIE. — *Juniperus phœnicea* Linn. (non
Pallas.) — Duham. nov. VI, tab. 15, fig. 2. — Jaume Saint-Hil.
Flore et Pom. VII, tab. 609. — *Juniperus tetragona* Mœnch.
— Schlechtend. in Linnæa, XII, p. 495. — Feuilles-raméaires et
feuilles-ramulaires ternées. Feuilles-aciculaires étalées ou presque étalées. Fleurs souvent monoïques. Strobiles plus ou moins
fortement bosselés et aréolés, luisants (dépourvus de poussière
glauque), finalement rouges ou orangés, 4-à 10-carpes. Maturation bisannuelle.

— β : DE LYCIE. — *Juniperus lycia* Linn. (non Pallas.) — Strobiles atteignant le volume d'une Cerise.

Arbrisseau touffu, pyramidal, haut de 5 à 15 pieds, assez
semblable à la Sabine commune. Tronc grêle, dressé, branchu
dès la base. Branches, rameaux et ramules ascendants ou redressés. Ramilles ascendantes ou divariquées, plus ou moins grêles;
en général plus ou moins distancées. Feuilles-aciculaires semblables à celles du *Juniperus fœtida*, abondantes sur les jeunes
individus, en général nulles ou rares sur les individus adultes;
mais on trouve aussi des individus adultes offrant beaucoup de
ramules garnis, soit en tout, soit en partie, de feuilles acicalai-
res. Feuilles-squamuliformes ovales, ou ovales-oblongues, ou
ovales-lancéolées, ou subrhomboïdales, un peu charnues, d'un
vert glauque très-foncé; longues de ½ ligne à 2 lignes, en général apprimées : les raméaires et les ramulaires ordinairement

acuminées ou pointues, mucronées ; les ramillaires ordinairement obtuses et mutiques ; glandule elliptique ou oblongue, plus ou moins apparente, quelquefois oblitérée. Chatons semblables à ceux du *Juniperus fœtida* : les mâles portés sur des ramilles tantôt courtes, tantôt plus ou moins allongées ; les femelles en général sur des ramilles très-courtes. Strobiles ombiliqués à la base, globuleux, ou déprimés-subglobuleux, ou rarement ovales, ordinairement à 6 aréoles très-convexes. Ramilles-fructifères horizontales, ou dressées, ou nutantes, ou recourbées. Nucules brunâtres, très-résineuses, de forme et de volume très-variables.

Cette espèce, appelée vulgairement *Morven*, *Cèdre lycien*, et *Genévrier lycien*, est commune dans toutes les contrées voisines de la Méditerranée ; elle se retrouve au Mexique. On la cultive comme arbrisseau d'ornement ; du reste, elle participe à toutes les propriétés de la Sabine.

Genre CYPRÈS. — *Cupressus* Tourn.

Fleurs monoïques : chatons solitaires au sommet des ramilles, sessiles, écaliculés. — *Chatons-mâles* ellipsoïdes ou oblongs, subcylindriques, obtus, denses, petits, très-nombreux, point nutants ; écailles (au nombre de 8 à 24 par chaton) opposées-croisées, subcoriaces, ovales-orbiculaires, acuminulées, imbriquées sur 4 rangs, 2 à 4-andres. — *Chatons-femelles* plus petits et beaucoup moins nombreux que les chatons-mâles, nutants, subglobuleux, ou ovoïdes ; écailles (au nombre de 6 à 12 par chaton) opposées-croisées, subonguiculées, multiflores, presque étalées lors de l'anthèse, plus tard conniventes, valvaires, entregreffées par les bords. Ovaires lagéniformes, à orifice tronqué. Strobile subglobuleux ou ovoïde, bosselé, ou subspinelleux, aréolé, composé de 6 à 12 écailles opposées-croisées (les 4 inférieures souvent presque verticillées), épaisses, ligneuses, onguiculées, peltées (les inférieures plus ou moins excentriquement, les autres régulièrement), disciformes, ou subpyramidales, ombonées, ou cuspidées (soit au centre, soit au-dessous), su-

perposées en 3 à 6 rangs, s'écartant finalement les unes
des autres; onglets courts, épais, confluents en un gros
axe plus ou moins allongé : les 2 ou 4 onglets-basilaires
déclinés; les 2 terminaux verticaux; les autres horizontaux. Nucules insérées sur les onglets des écailles, nombreuses, nidulantes, petites, minces, osseuses, plus ou
moins comprimées, bordées d'une aile chartacée.

Arbres très-rameux. Écorce adulte rimeuse, à couches
externes se détachant peu à peu par plaques minces. Rameaux épars et paniculés de même que les ramules : les
jeunes feuillus, plus ou moins distinctement anguleux,
subarticulés. Ramilles comme pennées ou bipennées, éparses, plus ou moins rapprochées (quelquefois serrées), subherbacées, persistantes, très-grêles, ou subfiliformes, tantôt aplaties, tantôt subcylindriques, tantôt plus ou moins
distinctement tétragones (1), toujours formées de très-petites feuilles imbriquées. Boürgeons nus, à peine apparents. Feuilles petites, squamuliformes, connées par la
base, opposées-croisées, plus ou moins apprimées, 1-glan-
duleuses au dos (2), tantôt aplaties, tantôt concaves antérieurement et plus ou moins convexes au dos, tantôt carénées, tantôt non-carénées, tantôt mutiques, tantôt mucronées; les jeunes charnues; les vieilles coriaces; les raméaires plus ou moins distancées (plus courtes que les entre-
nœuds); les ramulaires et les ramillaires imbriquées sur 4
rangs; celles des jeunes plantes plus ou moins étalées, aciculaires (sublinéaires), églanduleuses, planes, mucronées; les
caulinaires verticillées-ternées ou quaternées; les autres opposées-croisées; toutes sessiles, décurrentes, persistantes,
marcescentes. Maturation bisannuelle (du moins chez les
espèces extra-tropicales). Ramilles-masculiflores nombreuses, paniculées, grêles, plus ou moins allongées, nais-

____

(1) Selon que les feuilles-squamuliformes sont ou aplaties, ou convexes, ou carénées.

(2) Quelquefois cette glandule est peu apparente ou même nulle.

sant sur des ramules plus anciens que ceux qui portent les ramilles-féminiflores; celles-ci courtes, simples, subsolitaires à la base des ramules de l'année précédente. Ramilles-strobilifères ligneuses, assez grosses, courtes, tantôt nutantes, tantôt horizontales, tantôt dressées. Strobiles de volume varié; écailles-basilaires souvent plus ou moins connées, ordinairement plus petites que les autres. Nucules de forme très-variable (ovales, ou obovales, ou elliptiques, ou suborbiculaires, ou oblongues, ou diversement déformées, souvent irrégulièrement anguleuses par la compression mutuelle), obtuses : aile brunâtre ou noirâtre, opaque, tantôt plus large que la loge, tantôt moins large, souvent large d'un côté et étroite de l'autre. Graine ovale ou subcylindracée, inadhérente; tégument brunâtre. Embryon 2-ou 3-cotylédoné, presque aussi long que le périsperme; cotylédons plano-convexes, courts, oblongs. — Nous ne ferons mention que des espèces les plus notables de ce genre.

Cyprès commun. — *Cupressus sempervirens* Linn. — Pallas, Flor. Ross. tab. 53.—Blackw. Herb. tab. 127.—Duham. nov. vol. 3, tab. 1. — Wats. Dendr. Brit. tab. 155. — Rich. Conif. tab. 9. (anal.) — Branches et rameaux étalés, ou érigés, ou pendants. Feuilles-ramillaires obtuses ou pointues, ordinairement mutiques : les jeunes d'un vert gai; les adultes d'un vert très-foncé. Strobiles gros, luisants, dépourvus de poussière glauque, composés de 8 à 12 écailles mutiques ou courtement mucronées.

— α : pyramidal. (Vulgairement *Cyprès-femelle* (1) ou *Cyprès pyramidal.*) — *Cupressus sempervirens* : α Linn. — *Cupressus sempervirens stricta* Hort. Kew. — *Cupressus*

---

(1) Les noms de *Cyprès-mâle,* et *Cyprès-femelle,* par lesquels on désigne les deux variétés les plus notables du Cyprès commun, sont impropres, parce que l'une et l'autre sont monoïques comme toutes les espèces du genre.

sempervirens fastigiata et *Cupressus sempervirens pyramidalis* Hortul. — *Cupressus fastigiata* De Cand. — *Cupressus sempervirens* Mill. — Reichb. — *Cupressus pyramidalis* Targion. — Branches et rameaux érigés, droits, disposés en pyramide svelte et effilée. — Chez cette variété ainsi
que chez la suivante, les feuilles-ramillaires sont tantôt obtuses,
tantôt pointues, ordinairement mutiques, moins souvent mucronulées ; les feuilles-raméaires pointues ou acuminées, ordinairement mucronées.

— β : ÉTALÉ. (Vulgairement *Cyprès-mâle*, *Cyprès étalé*.) —
Cupressus horizontalis Mill. — *Cupressus sempervirens* :
β *horizontalis* Hort. Kew. — *Cupressus expansa* Targion.
— Branches et rameaux plus ou moins étalés, disposés en
tête ovale ou hémisphérique.

— γ : PENDANT. — *Cupressus horizontalis pendula* Audib.
Cat. — Branches et rameaux pendants ou réclinés.

Arbre haut de 30 à 40 pieds, et souvent plus, dans les climats chauds. Tronc droit. Écorce brune. Bois dur, compacte,
rougeâtre, odorant. Cime très-touffue. Ramules et ramilles ascendants, ou étalés, ou inclinés. Ramilles plus ou moins grêles,
tantôt subcylindriques, tantôt tétragones, tantôt aplaties (les
jeunes ordinairement aplaties), à pennules courtes ou plus ou
moins allongées, ordinairement divariquées, tantôt très-rapprochées, tantôt plus ou moins distancées. Feuilles tantôt presque
planes, tantôt convexes au dos, tantôt naviculaires, carénées, ou
non-carénées : les ramillaires longues d'environ ½ ligne, ovales,
ou ovales-lancéolées, ou ovales-oblongues, ou rhomboïdales, apprimées ; les ramulaires et les raméaires tantôt apprimées, tantôt plus ou moins étalées, longues de 1 ligne à 1 ½ ligne, quelquefois sublinéaires, le plus souvent ovales-acuminées ou deltoïdes, souvent mucronulées ; glandule ovale, ou arrondie, ou
oblongue, ou linéaire, saillante, ou enfoncée, souvent minime ou
oblitérée. Feuilles-primordiales longues de 2 à 4 lignes, linéaires, 3-nervées. Chatons-mâles ellipsoïdes ou oblongs, jaunâtres,
longs de 1 ½ ligne à 2 lignes. Chatons-femelles verdâtres, subglo-

buleux, longs de 1 ligne à 2 lignes. Strobiles finalement du volume
d'une Noix, dressés, ou nutants, ou horizontaux, subglobuleux,
ou ovales-globuleux, ou ovoïdes, ombiliqués à la base, plus ou
moins fortement bosselés (selon que la surface des écailles est
plus ou moins convexe), d'un vert gai durant la première année,
puis d'un brun grisâtre, enfin d'un brun roux ; les 4 écailles-
basilaires ordinairement subsemi-orbiculaires, plus ou moins
convexes ; les autres écailles 4-ou 5-latères, ou suborbiculaires,
tantôt presque planes, tantôt subpyramidales , tantôt mamelon-
nées ; mucron subobtus et court, ou oblitéré ; onglets tétragones
ou pentagones. Ramilles-strobilifères longues de 3 à 6 lignes. Nucules longues d'environ 2 lignes, d'un brun roux.

Cet arbre croît dans l'Asie-Mineure, la Syrie, la Perse, et, au
témoignage de Roxburgh, aussi dans l'Himalaya et la Chine ;
quoiqu'il soit depuis bien des siècles naturalisé dans l'Europe
australe et dans le nord de l'Afrique, il ne paraît pas être réellement indigène de ces contrées ; dans le nord de la France, il ne
résiste pas toujours aux hivers très-rigoureux ; le jeune plant surtout a besoin d'être garanti des fortes gelées. Le Cyprès se plaît
dans les sols secs et légers, mais il prospère aussi dans les localités arides et pierreuses ; il croît avec une lenteur excessive ;
aussi est-il doué d'une longévité peu commune ; on ne peut le
multiplier que de graines ; il ne se reproduit jamais de la souche,
lorsque son tronc a été coupé ; la floraison a lieu au printemps : le
fruit atteint à peu près le terme de son volume dans le cours de
la même année, mais il ne mûrit que vers la fin de l'année suivante, ou même seulement au printemps de la troisième année.
Les feuilles et la jeune écorce ont une odeur désagréable, analogue à celle de la Sabine. Les écailles du fruit, ayant leur ligni-
fication, sont d'une astringence extrême, et elles passent pour
avoir des propriétés fébrifuges.

Le bois de Cyprès est l'un des plus durables que l'on connaisse ; son principe âcre et résineux le préserve de l'attaque
des insectes, et le rend susceptible de résister très-longtemps à
l'humidité ; lorsqu'il reste constamment plongé sous l'eau, il est
à peu près incorruptible : comme preuve de cette qualité, l'on

peut citer le navire, dit *de Tibère*, qu'on retira du fond du lac de Némi, après plus de quatorze siècles d'intervalle ; les planches de Cyprès qui formaient la charpente de ce bâtiment, étaient encore dans un état de conservation parfaite. Les anciens employaient ce bois à la confection des coffres destinés à garantir des injures du temps les manuscrits et autres objets précieux. Les poteaux et échalas de bois de Cyprès durent au moins dix fois plus longtemps que ceux de Chêne.

En raison de son feuillage très-sombre et toujours vert, le Cyprès fut, dès la plus haute antiquité, le symbole de la douleur et de la mort ; les bûchers funéraires étaient formés du bois de cet arbre ; une branche de Cyprès aux portes des habitations était un signe de deuil. Aujourd'hui encore, le Cyprès se plante de préférence autour des monuments funèbres, tant en Orient que dans toutes les contrées de l'Europe dont le climat n'est pas trop rigoureux pour la culture de cet arbre. Du reste le Cyprès pyramidal, qui ressemble au Peuplier d'Italie par le port, est d'un fort bel effet dans les jardins psysagers et dans les avenues.

Cyprès glauque. — *Cupressus glauca* Lamk. Enc. — *Cupressus lusitanica* Mill. — Lamb. Pin. ed. 2, vol. 2, tab. 49. — *Cupressus pendula* L'Hérit. Stirp. tab. 8. — Duham. nov. vol. 3, tab. 3. — Branchés et rameaux étalés, ou réclinés. Feuilles glauques : les ramillaires obtuses ou pointues, ordinairement mucronulées. Strobiles assez petits, couverts d'une poussière glauque, composés de 6 ou 8 écailles corniculées.

Arbre s'élevant à une cinquantaine de pieds, et quelquefois plus. Rameaux en général longs, effilés, flexueux. Ramules et ramilles inclinés ou pendants, plus ou moins rapprochés. Ramilles grêles, plus ou moins allongées, ordinairement tétragones. Feuilles ovales, ou ovales-lancéolées, ou oblongues-lancéolées, ou rhomboïdales, tantôt planes au dos, tantôt naviculaires, carénées, ou écarénées, ordinairement glanduleuses : les ramillaires longues d'environ ½ ligne, apprimées, obtuses, ou pointues ; les ramulaires un peu plus grandes, ordinairement acuminées de même que les raméaires ; celles-ci appliquées ou plus ou moins étalées ; longues de 1 ligne à 2 lignes ; glandule de forme et de grandeur variables (comme chez le Cyprès commun). Chatons semblables à ceux du Cyprès commun : les mâles atteignant jusqu'à 3 lignes de long. Strobiles ovales ou suglobuleux, du volume d'une Merise ; écailles variant de forme comme celles du Cyprès commun, mais très-ordinairement munies d'une pointe corniculiforme, obtuse, longue de 2 à 3 lignes. Nucules semblables à celles du Cyprès commun, mais plus petites. — Cette espèce, nommée vulgairement *Cèdre de Goa*, *Cyprès glauque*, et *Cyprès pendant*, est indigène de l'Inde ; elle est comme naturalisée dans plusieurs localités, au Portugal, et elle prospère aussi, en plein air, dans la France méridionale ; à Paris on ne peut la cultiver que comme arbrisseau d'orangerie.

CYPRÈS PENDANT. — *Cupressus pendula* Thunb. Jap. (non? L'Hérit.) — Lamb. Pin. ed. 2, vol. 2, p. 111 ; tab. 50. — *Cupressus patula* Pers. Ench. — Rameaux longs, pendants de même que les ramules ; ramilles courtes, ancipitées, étalées. Feuilles subtrièdres, carénées. Chatons-mâles à peine longs de plus de 1 ligne. Strobiles du volume d'une Merise, d'un brun roux, composés de 8 écailles corniculées. (*Lambert, l. c.*) — Cette espèce, qui paraît extrêmement voisine de la précédente, croît au Japon ; on la cultive dans les collections d'Orangerie.

CYPRÈS TORULEUX. — *Cupressus torulosa* Lamb. Pin. — Don, Prodr. Flor. Nepal. — « Feuilles ovales, obtuses, imbri-« quées sur 4 rangs. Strobiles globuleux ; écailles ombonées. « Ramules cylindriques, toruleux, divariqués, très-rapprochés, « étalés. » (*Don, l. c.*) — Cette espèce croît dans l'Himalaya.

Genre CHAMÉCYPARIS. — *Chamæcyparis* Spach.

Fleurs monoïques : chatons petits, du reste conformés et disposés comme ceux des Cyprès. — *Chatons-mâles* à écailles 2-andres. — *Chatons-femelles* à écailles 2-flores. Ovaires ovoïdes, à orifice bidenticulé. Strobile petit, subglobuleux, anguleux, aréolé, composé de 6 à 8 écailles minces, coriaces, colorées (par une poussière d'un glauque bleuâtre), mucronées, superposées en deux verticilles très-rapprochés, valvaires, d'abord entregreffées, finalement s'écartant les unes des autres, persistantes ; quatre de ces écailles sont basilaires, inonguiculées, point peltées ; les 2 à 4 autres sont terminales, disciformes, peltées, onguiculées ; onglets courts, confluents en axe raccourci. Nucules géminées, ou par avortement solitaires, insérées sur l'onglet ou à la base des écailles, lenticulaires, petites, entourées d'une aile opaque. — Arbres pyramidaux ; écorce finalement épaisse, à couches externes se séparant, comme chez la Vigne, en bandes longitudinales filamentiformes. Rameaux épars et paniculés de même que les ramules, subarticulés : les jeunes anguleux, feuillus. Ramilles comme pennées ou bipennées, comprimées, ou subtétragones, persistantes, subherbacées, grêles, submoniliformes, toujours formées de petites feuilles squamuliformes et imbriquées. Bourgeons nus, minimes. Feuilles persistantes, marcescentes, sessiles, décurrentes, opposées-croisées (excepté celles des très-jeunes plantes, ou elles sont verticillées-ternées ou quaternées). Feuilles-ramillaires subconnées par la base, très-petites, squamuliformes, apprimées, imbriquées sur 4 rangs : les latérales naviculaires, embrassantes, églanduleuses, carénées, non-rhomboïdales ; les autres aplaties ou planoconvexes, peu ou point carénées, rhomboïdales, munies d'une glandule (placée en général vers le milieu ou au-dessus du milieu) ponctiforme ou allongée, convexe, plus ou moins saillante. Feuilles-ramulaires point connées, moins petites que les ramillaires, tantôt distancées, tantôt imbriquées, squamuliformes, en général toutes glandulifères. Feuilles-raméaires point connées, plus ou moins distancées, en général beaucoup plus grandes que les autres, tantôt squamuliformes, tantôt aciculaires, appliquées, ou étalées, glanduleuses, ou églanduleuses. Les feuilles des très-jeunes plantes sont aciculaires (du moins la plupart), planes, étalées, 3-nervées, églanduleuses, coriaces; feuilles-squamuliformes d'abord charnues, finalement coriaces. Ramilles-amentifères tantôt courtes, tantôt plus ou moins allongées : celles des chatons-femelles plus ou moins nombreuses, nutantes, naissant sur les ramules de l'année précédente; celles des chatons-mâles très-nombreuses, rectilignes, naissant sur les ramules plus anciens. Floraison vernale. Maturation annuelle. — Ce genre n'est fondé que sur les 2 espèces suivantes :

CHAMÉCYPARIS A FRUIT GLOBULEUX. — *Chamæcyparis sphæroidea* Spach. — *Cupressus thuyoides* Linn. — Pluk. Mant. tab. 345, fig. 1. — Wangh. Amer. 8, tab. 2, fig. 4. — Duham. nov. 3, tab. 2. — Mich. fil. Arb. 3, p. 20, cum fig. —Wats. Dendr. Brit. tab. 156. (mala) — *Thuya sphæroidalis* Rich. Conif. tab. 8. — Arbre atteignant 70 à 80 pieds de haut, sur 2 à 3 pieds de diamètre ; tronc droit, effilé vers le sommet, branchu dès la base (du moins dans sa jeunesse), et restant tel lorsqu'il croît isolément ; mais lorsque l'arbre croît en masses serrées, les troncs des vieux individus sont dégarnis de branches jusqu'à la hauteur de 50 à 60 pieds. Branches très-rameuses : les inférieures étalées, ou déclinées, ou inclinées; les supérieures ascendantes ou redressées. Écorce brune ou rousse. Bois très-léger, très-tendre, d'un grain assez fin, odorant, blanchâtre, mais prenant une couleur rosée lorsqu'il est bien sec et qu'il a été exposé pendant quelque temps à l'influence de la lumière. Rameaux affectant en général la même direction que les branches. Ramules et ramilles tantôt inclinés, tantôt étalés, tantôt dressés ou ascendants. Ramilles très-rapprochées, ou moins souvent un peu distancées. Feuilles d'un vert tantôt gai, tantôt plus ou moins foncé : les ramillaires longues de ¼ ligne, ovales, ou ovales-lancéolées, ou rhomboïdales, pointues ; les ramulaires longues d'environ 1 ligne, ovales, ou ovales-lancéolées, ou rhomboïdales, ou deltoïdes, acuminées ; les raméaires longues de 1 ligne à 3 lignes, tantôt squamuli-

formes, et variant comme les feuilles-ramulaires, tantôt aciculaires. Strobiles du volume d'un Pois, d'abord verts, finalement bleus, en général droits ou horizontaux ; écailles-basilaires ovales, ou semi-orbiculaires, ou cunéiformes, souvent
inégales, planes ou convexes, mucronées vers le milieu ou plus
haut ; écailles terminales suborbiculaires, ou carrées, ou en
losange, planes ou bombées, mucronées au centre ou à peu près.
Nucules ovales, ou obovales, ou suborbiculaires, petites, d'un
brun noirâtre : aile de même couleur que la loge, tantôt plus
large que celle-ci, tantôt moins large.

. Cet arbre, connu sous les noms vulgaires de *Faux-Thuya*, ou-
Cyprès Faux-Thuya, croît au Canada et aux États-Unis ; mais
on ne l'a pas observé au sud du 35ᵉ degré de latitude ; en Amérique on lui donne assez généralement le nom de *Cèdre blanc* ;
on ne le trouve que dans les lieux très-humides ; il couvre presque entièrement les grands marais qui existent au voisinage des
plages du Jersey, du Maryland, et de la Virginie : ces marais, dit
M. Michaux, sont tellement fangeux pendant huit mois de
l'année, qu'ils ne sont praticables en été que lors des plus grandes
sécheresses, et les arbres y sont tellement rapprochés, que la lumière du jour n'y pénètre que difficilement. Le Cèdre-blanc
fleurit au printemps ; les fruits mûrissent dès l'automne : à
cette époque les écailles des strobiles s'écartent les unes des autres, et laissent échapper les nucules. L'accroissement de l'arbre
est très-lent : M. Michaux a compté 297 couches annuelles,
dans un tronc de 21 pouces et 6 lignes de diamètre à 5 pieds de
terre ; donc les individus de 3 pieds de diamètre peuvent avoir
vécu près de 5 siècles ; aussi les troncs de cette dimension
sont-ils devenus très-rares aux États-Unis.

Parmi les diverses espèces d'arbres résineux que produit le
sol des États-Unis, celle-ci, dit M. Michaux, peut être mise
au nombre des plus intéressantes, à cause de plusieurs bonnes
qualités qui rendent son bois propre à des usages très-variés. Ce
bois se travaille assez facilement ; dépouillé de son aubier, il résiste très-longtemps aux alternatives de la sécheresse et de l'humidité ; en vertu de cette propriété, à laquelle il joint une

grande légèreté, on le préfère pour les bardeaux dont on couvre les maisons, ainsi que pour la confection des seaux et autres ouvrages de boissellerie; on l'emploierait avec avantage à la charpente des maisons, si la rareté des arbres d'un diamètre assez fort n'y mettait obstacle ; dans le voisinage des marais à Cèdre, ce bois sert à faire les barres dont on à coutume d'enclore les champs : les pieux de jeunes Cèdres-blancs, dépouillés de leur écorce, durent de 5o à 6o ans; enfin, on en fait aussi un charbon très-estimé pour la fabrication de la poudre à canon. — Le port de cet arbre n'est pas moins élégant que celui des Cyprès et des *Thuya;* mais il ne prospère pas dans les sols secs ou peu humides; aussi n'est-il pas commun dans les plantations. Sa culture serait probablement très-avantageuse sur les plages marécageuses voisines de la Méditerranée.

CHAMÉCYPARIS DE NOUTKA. — *Chamœcyparis nutkatensis* Spach. — *Thuya excelsa* Bongard, Vég. de Sitcha, p. 46.— *Cupressus nutkatensis* Lambert, Pin. ed. 2. — Hook. Flor. Bor. Amer. II, p. 165. — Suivant M. Hooker, cette espèce diffère de la précédente par des branches presque dressées; par des feuilles plus fortement carénées (et point glanduleuses au dos ; mais nous doutons fort que ce caractère soit constant), et par des fruits plus gros. — Suivant M. Bongard, le *Thuya excelsa* est un arbre très-élevé, à rameaux divariqués et pendants; les feuilles sont apprimées, imbriquées sur 4 rangs, ovales, pointues ; le strobile est globuleux, à 4 écailles obovales, obtuses, oncinées au milieu ; les nucules sont triangulaires, oblongues, bordées d'une large aile ; si cette description du strobile est parfaitement exacte, l'espèce appartiendrait peut-être plutôt au genre *Callitris*. — Cet arbre croît dans le nord-ouest de l'Amérique.

Genre PLATYCLADE. — *Platycladus* Spach.

Fleurs monoïques. Chatons minimes, solitaires au sommet des ramilles, accompagnés d'un calicule de 4 squamules cymbiformes, étalées, membraneuses aux bords. —

Chatons-mâles subglobuléux, courtement stipités, très-nombreux; écailles (au nombre de 8 à 12 par chaton) opposées-croisées, subcoriacés, ovales-orbiculaires, obtuses, mutiques, 3-ou 4-andres. — *Chatons-femelles* moins nombreux, sessiles, subovales; écailles (au nombre de 6 ou 8 par chaton) biflores (les 2 terminales souvent sans fleurs), apiculées, presque étalées lors de l'anthèse, plus tard conniventes et entregreffées. Ovaires ovales, sublenticulaires, immarginés, rétrécis en col court et à orifice tronqué. Strobile obové, ou ovoïde, ou ovale, ou subglobuleux, anguleux, aréolé, squarreux, glauque, composé de 6 à 8 écailles épaisses (surtout vers leur sommet), non-peltées, corniculées (plus ou moins au-dessous du sommet), superposées en 2 verticilles imbriqués et très-rapprochés, avant la maturité charnues et entregreffées, finalement ligneuses, disjointes, plus ou moins divergentes, persistantes : les extérieures plus larges, inonguiculées, presque recouvrantes, valvaires, confluentes vers la base, chacune 2-carpe; les intérieures courtement onguiculées, subclaviformes, soit au nombre de 2 (petites et non-fructifères), soit au nombre de 3 ou de 4 (dont 1 ou 2 plus grandes, ordinairement 1-ou 2-carpes, et 2 petites, non-fructifères); onglets confluents en axe raccourci. Nucules géminées ou par avortement solitaires, minces, osseuses, ovoïdes, ou subglobuleuses, immarginées, aptères.

Arbres pyramidaux, très-rameux. Écorce adulte à couches externes fendillées, peu à peu caduques par plaques. Rameaux et ramules distiqués : les jeunes feuillés, plus ou moins anguleux, subarticulés. Ramilles distiqués, aplaties, submoniliformes, comme bipennées, herbacées, persistantes, formées de petites feuilles imbriquées sur 4 rangs. Bourgeons nus, peu apparents. Feuilles sessiles, persistantes, marcescentes, décurrentes, squamuliformes et opposées-croisées (excepté celles des très-jeunes plantes), longtemps charnues; finalement coriaces : les ramillaires plus ou moins connées, écarénées, apprimées, fovéolées au dos (à foréole tantôt sublinéaire et allongée, tantôt arrondie ou elliptique, ordinairement résinifère), les unes (marginales) naviculaires, démi-embrassantes, subovales, les autres (dorsales) aplaties ou plano-convexes ; les raméairés et les ramulaires point connées, subconformes (subovales), plus ou moins distancées (rarement subimbriquées), planes, ou convexes, ou subnaviculaires, 1-sulquées au dos, tantôt apprimées, tantôt inappliquées. Feuilles de la jeune plante subcoriaces, glauques, linéaires-aciculaires, point connées, mucronées, trinervées en dessous (à nervure médiane ordinairement résineuse) : les caulinaires verticillées-quaternées, planes, étalées ; les raméaires tantôt verticillées-ternées, tantôt opposées, presque planes, plus ou moins étalées ; les ramulaires presque imbriquées, naviculaires-trièdres, carénées au dos. Ramilles-masculiflores tantôt courtes, tantôt plus ou moins allongées, droites, naissant sur les ramules inférieurs. Ramilles-féminiflores toujours courtes, nutantes ou réfléchies, naissant sur les ramules les plus jeunes. Écailles-staminifères d'un brun roux. Anthères minimes, jaunes. Strobiles assez gros, tantôt nutants, tantôt dressés, tantôt horizontaux ; ramilles-strobilifères subcylindriques, assez grosses , épaissies au sommet. Embryon à peu près aussi long que le périsperme, 2-à 5-cotylédoné. Cotylédons courts, elliptiques, très-obtus. Floraison vernale. Maturation annuelle.

Ce genre, qui a beaucoup moins d'affinité avec les vrais *Thuya* (dont on ne l'avait pas distingué jusqu'aujourd'hui), qu'avec les Cyprès, appartient à l'ancien continent ; nous ne pouvons y rapporter avec certitude que les deux espèces suivantes.

PLATYCLADE DRESSÉ. — *Platycladus stricta* Spach. — *Thuya orientalis* Linn. — Duham. Arb. vol. 2, tab. 96. — Wats. Dendr. Brit. tab. 149. — Rich. Conif. tab. 7. (anal.) — *Thuya acuta* Mœnch , Meth. — *Cupressus Thuya* Targ. Tozz. — *Thuya pyramidalis*, Tenor. Mem. Acad. Neap. 3, p. 35, tab. 2. — *Thuya orientalis*, *Thuya pyramidalis*, *Thuya nepalensis* et *Thuya tatarica* Hortul. — Arbre très-touffu, svelte, s'élevant à environ quarante pieds dans son climat natal, mais atteignant rarement une trentaine de pieds dans le nord de la France. Tronc très-droit, grêle, effilé vers le sommet, garni dès sa base de longues branches effilées, raides, redressées ou ascendantes de même que les rameaux et les ramules. Écorce brune, longtemps lisse. Rameaux et ramules plus ou moins flexueux. Ramilles raides, plus ou moins divergentes, très-rapprochées, simulant sur chaque ramule une feuille surdécomposée, oblongue ou triangulaire en contour. Feuilles d'un vert soit gai, soit plus ou moins foncé (suivant qu'elles sont ou jeunes, ou plus ou moins vieilles), ou quelquefois d'un vert glauque : les ramillaires ordinairement obtuses ou subobtuses ; les ramulaires et les raméaires pointues ou acuminées ; la fovéole-dorsale est plus ou moins profonde, tantôt résinifère (glanduleuse), tantôt unie. Strobile de 3 à 7 lignes de diamètre, de forme variable, à base ordinairement rétrécie ; écailles finalement brunes, rugueuses, courtement ou plus ou moins longuement corniculées, ou ombonées : les extérieures ovales, ou obovales, ou oblongues-obovales, ou ovales-oblongues, obtuses (abstraction faite de l'appendice-dorsal), plus ou moins convexes au dos, concaves antérieurement, tantôt égales, tantôt alternativement plus larges et plus étroites. Nucules brunes, lisses, de moitié à 3 fois plus courtes que les écailles, apiculées au sommet, obtuses à la base.

Cette espèce, fréquemment cultivée comme arbrisseau d'ornement, et connue sous les noms vulgaires d'*Arbre de vie*, *Thuya d'Orient*, ou *Thuya de Chine* (1), est originaire du nord de la Chine ; on ne la connaît, en Europe, que depuis le milieu du dernier siècle ; elle fleurit dès le commencement du printemps : ses fruits mûrissent en automne, mais ils ne s'ouvrent qu'au printemps suivant. Cet arbrisseau est parfaitement rustique ; il prospère en tout sol, dans les terrains les plus arides, mais, de même que tous les autres végétaux de la famille des Cupréssi-

---

(1) Ce que les pépiniéristes appellent *Thuya de Tartarie*, *Thuya pyramidal* et *Thuya du Népaul*, ne diffère pas assez du type de l'espèce pour être considéré comme variétés.

nées, il croît avec une extrême lenteur ; on le multiplie facilement de boutures et de marcottes : toutefois les individus obtenus
de graines deviennent plus forts et se développent plus rapidement ; jusqu'à un certain âge il reprend facilement à la transplantation. On choisit fréquemment cet arbrisseau pour faire
des palissades toujours vertes et des abris : usage auquel son
port touffu et la facilité avec laquelle il se prête au ciseau le
rendent très-propre. Le bois est dur et odorant : il paraît qu'il
possède les mêmes qualités que celui du Cyprès. Les feuilles
ont une odeur résineuse assez légère et point désagréable. Les
fruits, encore verts, contiennent beaucoup de résine dont l'odeur
est forte et analogue à celle de la térébenthine.

PLATYCLADE DOLABRIFORME. — *Platycladus dolabrata*
Spach. — *Thuya dolabrata* Thunb. Jap. — Lamb. Pin. ed. 2,
App. p. 2. tab. 1. — Grand arbre. Feuilles obtuses, d'un blanc
de neige en dessous ; les unes dolabriformes, les autres (marginales) subovales. (*Lambert, l. c.*) — Cette espèce croît au Japon ; on ne la possède pas encore en Europe.

Genre THUYA. — *Thuya* Tourn.

Fleurs monoïques. Chatons minimes, solitaires au sommet des ramilles, accompagnés d'un caïcule de 4 squamules cymbiformes, étalées, membraneuses aux bords. —
Chatons-mâles subglobuleux, courtement stipités, très-nombreux ; écailles (au nombre de 4 à 8 par chaton) opposées-
croisées, subcoriaces, ovales-orbiculaires, obtuses, mutiques, 3-ou 4-andres. — *Chatons-femelles* moins nombreux,
sessiles, subovales : écailles (au nombre de 8 à 12 par
chaton) opposées-croisées, biflores (les 2 ou 4 intérieures
ordinairement sans fleurs), inonguiculées, apiculées, presque étalées lors de l'anthèse, plus tard imbriquées sur
4 rangs, apprimées, mais jamais entregreffées. Ovaires
ovales-lenticulaires, marginés, rétrécis en col très-court,
à orifice 2-ou 3-denticulé. Strobile ovale, ou oblong, ou

subconique, cylindrique, inaréolé, non-squarreux, composé de 8 à 12 écailles minces (non-épaissies au sommet), coriaces, non-peltées, inonguiculées, obtuses (subapiculées ou mutiques), ovales ou oblongues, planes ou subconvolutées, opposées-croisées, imbriquées sur 4 rangs, jamais cohérentes, insérées sur un axe très-court, conniventes avant la maturité, finalement plus ou moins divergentes : les 2 ou 4 intérieures plus étroites, non-fructifères ; les autres 2-carpes, presque recouvrantes. Nucules géminées (ou quelquefois solitaires par avortement), comprimées, minces, subcartilagineuses, bordées d'une aile membraneuse, échancrée aux 2 bouts.

Arbres pyramidaux, très-rameux. Écorce des vieux troncs fendillée. Rameaux et ramules distiques ; les jeunes feuillés, subarticulés, plus ou moins anguleux. Ramilles comprimées ou aplaties, distiques, moniliformes, comme bipennées, herbacées, persistantes, formées de petites feuilles imbriquées sur 4 rangs. Bourgeons nus, peu apparents. Feuilles sessiles, persistantes, marcescentes, décurrentes, ésulquées, squamuliformes (excepté chez les très-jeunes plantes), opposées-croisées, longtemps charnues, finalement coriaces : les ramillaires tantôt mucronulées, tantôt mutiques, plus ou moins connées, apprimées, les unes (marginales) naviculaires, demi-embrassantes, églanduleuses, carénées au dos ; les autres aplaties ou plano-convexes, carénées ou écarénées, glandulifères au dos (glandule soit ponctiforme, soit tuberculiforme et saillante, située tantôt au milieu du dos, tantôt plus ou moins près du sommet de la feuille) ; feuilles-ramulaires et feuilles-raméaires point connées, subimbriquées, ou plus ou moins distancées, apprimées, ou plus ou moins étalées, subovales, carénées, mucronées, toutes glandulifères (ordinairement à la base). Feuilles de la jeune plante subcoriaces, glauques, linéaires-aciculaires, point connées, mucronées, trinervées en dessous (à nervure-médiane ordinairement résineuse) : les caulinaires verticillées-quaternées, planes ; les raméai-

res tantôt verticillées-ternées, tantôt opposées, presque
planes, plus ou moins étalées ; les ramulaires presque imbriquées, naviculaires-trièdres, carénées au dos. Ramilles-
masculiflores tantôt courtes, tantôt plus ou moins allongées, droites, naissant sur les ramules inférieurs. Ramilles-
féminiflores nutantes ou réfléchies, toujours très-courtes,
naissant sur les ramules les plus jeunes. Maturation annuelle. Strobiles redressés ou réfléchis, petits, point glauques. Ramilles-strobilifères ordinairement épaissies au
sommet. Embryon à peu près aussi long que le périsperme,
2-à 5-cotylédoné; cotylédons courts, elliptiques, très-
obtus.

Ce genre, dans les limites que nous lui assignons, est propre à l'Amérique septentrionale. Il diffère notablement de toutes les autres Cupressinées, en ce que le strobile est composé d'écailles jamais cohérentes,
minces; toutes inonguiculées, complétement imbriquées, et superposées en
4 à 6 paires; il diffère en outre du genre précédent (qu'on a coutume de
confondre avec lui) par ses nucules comprimées et ailées. On ne peut y
rapporter avec certitude que les espèces suivantes :

THUYA COMMUN. — *Thuya occidentalis* Linn. — Blackw.
Herb. tab. 210.—Mich. fil. Arb. 3, p. 29, cum fig. —Duham.
nov. vol. 3, tab. 4. — Wats. Dendr. Brit. tab. 150. — Rich.
Conif. tab. 7. (anal.) — *Thuya obtusa* Mœnch, Meth. — *Cupressus arbor-vitæ* Targ. Tozz.—*Thuya occidentalis* et *Thuya
plicata* Hortul. — Ramilles aplaties, étalées ou inclinées ou pendantes de même que les ramules et rameaux. Feuilles pointues
ou acuminées : les ramillaires-médianes obovales-rhomboïdales,
aplaties; glandule grosse, saillante. Strobiles redressés. —
Arbre atteignant, dans les localités favorables, 40 à 50 pieds
de haut, et 2 à 3 pieds de diamètre; mais sa grosseur ordinaire, à 5 pieds de terre, n'est que de 10 à 15 pouces. Tronc
droit lorsque l'arbre croît isolément, plus ou moins incliné lorsqu'il forme des forêts, très-ample au niveau du sol (où il offre
2 ou 3 sillons très-profonds), puis diminuant rapidement et se
terminant en flèche très-effilée; dans sa jeunesse il est garni de
branches dès la base, et, dans cet état, il forme un buisson py-

ramidal très-touffu; plus tard il se dégarnit peu à peu des branches inférieures, et il finit souvent par en être dépouillé jusqu'aux quatre cinquièmes de sa hauteur, surtout quand les
arbres croissent en masses serrées. Branches très-rameuses,
éparses, plus ou moins distancées : les inférieures plus ou moins
déclinées ou pendantes; les suivantes horizontales; les supérieures ascendantes. Cime pyramidale, touffue. Écorce d'un brun
pourpré, longtemps lisse; celle des vieux troncs (au témoignage
de M. Michaux) fort blanche. Bois rougeâtre, peu odorant,
léger, d'un grain fin et tendre. Ramules effilés, plus ou moins
flexueux. Ramilles pennées ou bipennées, assez rapprochées,
longues de 2 à 6 pouces, les jeunes d'un vert gai, les adultes
luisantes et d'un vert foncé. Feuilles-ramillaires mutiques ou
mucronées, pointues, ou subacuminulées : les marginales ovales
ou ovales-lancéolées, à peine plus longues que les médianes :
celles-ci tantôt carénées, tantôt écarénées. Feuilles-ramulaires
et feuilles-ramillaires ovales, ou ovales-lancéolées, ou subdeltoïdes, ou subrhomboïdales, en général trièdres. Glandules subglobuleuses, ou ellipsoïdes, très-visibles à l'œil nu. Strobiles ovales,
ou oblongs, ou coniques, longs de 3 à 6 lignes, sur 1 $^1/_2$ ligne à
3 lignes de diamètre, d'abord verts, puis jaunâtres, enfin bruns;
écailles ovales, ou oblongues, subapiculées au-dessous du sommet, demi-embrassantes : les deux basilaires souvent très-
courtes. Nucules roussâtres, oblongues, 2 à 3 fois plus courtes
que les écailles : aile à peu près aussi large que la loge.

Cette espèce, connue sous les noms vulgaires de *Thuya du
Canada*, *Thuya d'Amérique*, *Thuya plissé*, *Thuya d'Occident*, *Arbre de vie* (nom qui s'applique aussi au *Platycladus*
ou *Thuya orientalis*), *Arbre de vie d'Amérique*, et *Arbre du
paradis*, croît aux États-Unis, et dans les contrées plus septentrionales de l'Amérique, jusque vers le 55e degré de latitude;
toutefois, au sud du 45e degré de latitude, elle est confinée
dans les localités fraîches et ombragées des montagnes. Au
Canada et dans le nord des États-Unis, on la désigne par
les noms de *Cèdre-blanc* (nom qu'on donne aussi au Faux-
Thuya) et d'*Arbor vitæ*; c'est par contre, après l'*Abiès*

nigra et l'*Abies canadensis*, la Conifère la plus abondante dans le Canada, la Nouvelle-Brunswick, le Vermont et le Maine. — Le *Thuya occidentalis* ne se plaît que dans les sols très-frais : il croît de préférence sur les bords des lacs, des rivières, et des torrents, ainsi que dans les grands marais tourbeux, si fréquents dans l'Amérique septentrionale ; c'est surtout dans les marais les plus fangeux, et tout à fait impraticables, excepté par les grands froids, que cet arbre constitue à lui seul des forêts extrêmement épaisses : mais, dans ces conditions, il n'acquiert jamais des dimensions aussi considérables que lorsqu'il peut se développer sous l'influence du grand air ; du reste, sa croissance s'opère toujours avec une lenteur extraordinaire : M. Michaux a compté 117 couches annuaires sur un tronçon de 13 pouces 5 lignes de diamètre. — La floraison a lieu au printemps ; les fruits mûrissent en automne, mais les strobiles persistent jusqu'au printemps suivant, et ils ne s'ouvrent qu'à cette époque.

Parmi les bois que produisent les États du nord de l'Union, et le Canada, celui du *Thuya occidentalis* a la qualité de résister le plus longtemps à la pourriture, lorsqu'il est exposé aux alternatives de la sécheresse et de l'humidité ; mais comme il est difficile d'en obtenir des pièces d'une grande longueur et d'un diamètre égal, on ne peut guère l'employer à la charpente ; son emploi le plus habituel, et qui le rend très-précieux pour les contrées où il abonde, est pour en faire les pieux et les barres qui servent à enclore les champs : ces enclos de bois de *Thuya* durent de 35 à 60 ans.

Le *Thuya occidentalis*, en raison de son port pittoresque, est très-répandu dans les jardins paysagers ; et, quoiqu'en Amérique on ne le rencontre guère que dans les localités humides ou marécageuses, il ne se refuse pas à croître dans les terrains les plus ingrats ; mais, dans les sols arides, sa croissance est beaucoup plus lente, et il n'y forme en général qu'un buisson peu élevé. Cet arbre est cultivé en Europe depuis le milieu du seizième siècle ; on peut le multiplier de boutures et de semis, mais, de même que pour toutes les autres Conifères, la voie des

sémis est préférable ; du reste, il produit des graines en abondance, sous le climat du nord de la France. — Les feuilles exhalent une odeur résineuse, forte et peu agréable ; dans le nord de
l'Amérique, on les fait entrer dans la composition d'un onguent
qu'on emploie contre les douleurs rhumatismales.

THUYA PLISSÉ.—*Thuya plicata* Donn. Hort. Cantabr. ed. 6,
p. 249. — Lambert, Pin. ed. 2, vol. 2, p. 114. — D'après la
description de M. Lambert, ce *Thuya*, qu'on dit originaire de
Noutka, ne diffère pas du *Thuya occidentalis*.

THUYA GIGANTESQUE.—*Thuya gigantea* Nutt. Plants of the
Rocky-Mountains, p. 52. — Hook. Flor. Bor. Amer. II,
p. 165. — Ramilles dressées et comprimées de même que
les ramules. Feuilles ovales, pointues : les médianes à dos convexe ; glandules ponctiformes, concaves. Strobiles réfléchis. —
Arbre haut de 60 à 170 pieds, sur 20 à 24 pieds de circonférence. (*Hooker, l. c.*)—Cette espèce est commune dans le nord-
ouest de l'Amérique, depuis les sources du Columbia, jusqu'à
Noutka. On ne la possède pas encore en Europe.

ESPÈCE DOUTEUSE QUANT AU GENRE.

THUYA ? DU CHILI. — *Thuya chilensis* Lamb. Pin. ed. 2,
vol. 2, p. 114. — « Ramules articulés, étalés, comprimés.
« Feuilles elliptiques-oblongues, obtuses, subtrigones, imbri
« quées sur 4 rangs, apprimées, sillonnées de chaque côté. Stro-
« biles ovales-oblongs ; écailles elliptiques-oblongues, obtuses,
« munies d'un tubercule au-dessous du sommet. — Grand ar
« bre. Rameaux nombreux, très-étalés, inclinés, à écorce d'un
« gris roussâtre. Ramules agrégés vers l'extrémité des rameaux.
« Feuilles connées par la base, creusées de chaque côté d'un
« sillon blanchâtre. Strobiles nutants, 4-valves. » (*Lambert, l. c.*)
— Cet arbre croît dans les Andes du Chili ; il appartient peut-
être plutôt au genre *Pachylepis* de M. Ad. Brongniart.

Genre CALLITRIS. — *Callitris* Vent.

Fleurs monoïques : chatons petits, caliculés, solitaires au

sommet des ramilles. — *Chatons-mâles* oblongs-cylindracés ou ovales, courtement stipités, très-nombreux; écailles (au nombre de 10 à 20 par chaton) opposées-croisées,
subcoriaces, suborbiculaires, mutiques, 4-andres; calicule
de 2 ou 4 squamules cymbiformes, étalées. — *Chatons-femelles* moins nombreux, sessiles, composés de 4 écailles
bisériées, opposées-croisées, étalées lors de l'anthèse, plus
tard conniventes, valvaires, entregreffées : les 2 extérieures plus grandes, biflores; les 2 intérieures 1-flores; calicule de 4 à 6 paires de squamules imbriquées, opposées-
croisées. Strobile 6 - carpe, ovale - globuleux, très-obtus,
profondément 2-sulqué, 4-gone, composé de 4 écailles ligneuses, épaisses, verticillées, 1-sériées, non-peltées, mucronulées au-dessous du sommet, valvaires, isomètres,
mais alternativement plus larges, entregreffées avant la maturité, finalement disjointes jusqu'à la base, peu divergentes,
persistantes, simulant une capsule à 4 valves; les deux
écailles les plus larges inonguiculées; les 2 autres subonguiculées; toutes confluentes avec le réceptacle, qui est déprimé et dépourvu de tubercules résineux. Nucules insérées au réceptacle, géminées devant les 2 écailles larges,
solitaires devant les 2 autres écailles, imbriquées, lenticulaires, ou anguleuses, membranacées, entourées d'une
large aile diaphane, cordiforme, échancrée au sommet.

Arbrisseau pyramidal. Rameaux et ramules tantôt opposés, tantôt épars : les jeunes tétragones, articulés, très-mé-
diocrement feuillés. Ramilles tantôt opposées, tantôt distiques aplaties, articulées, herbacées, persistantes, 2-sul-
quées de chaque côté, pennées, ou bi-pennées, ou dichotomes, garnies de très-petites feuilles (beaucoup plus courtes
que les entre-nœuds); articulations très-fragiles après la dessiccation. Feuilles minimes, squamuliformes (1), coriaces,

---

(1) Nous n'avons pas eu l'occasion de voir les feuilles primordiales,
qui sont très-probablement aciculaires comme chez les *Thuya*, les Cyprès, etc.; mais sur les individus adultes, toutes les feuilles sont constamment squamuliformes.

persistantes, sessiles, décurrentes, verticillées-quaternées, non-connées, très-distancées, apprimées, glanduleuses au dos : les marginales (de chaque verticille) naviculaires, embrassantes; les 2 autres (du même verticille) aplaties, subrhomboïdales. Bourgeons nus, très-petits. Ramilles-féminiflores courtes, ordinairement nutantes, naissant sur les plus jeunes pousses. Ramilles-masculiflores droites, très-nombreuses, naissant sur les ramules plus anciens, tantôt courtes, tantôt plus ou moins allongées. Ramilles-fructifères épaissies, redressées. Maturation annuelle. Périsperme mince. Embryon à peu près aussi long que le périsperme, 3-à 5-cotylédoné : cotylédons sublinéaires, trièdres, plus longs que la radicule.—L'espèce suivante est la seule qu'on puisse rapporter avec certitude à ce genre.

CALLITRIS QUADRIVALVE. — *Callitris quadrivalvis* Vent. Decad. Nov. Gen. — Rich. Conif. tab. 8. — *Thuya articulata* Vahl, Symb. 2, tab. 48. — Desfont. Atlant. tab. 252. — Duham. nov. vol. 3, tab. 5. — *Frenela Fontanesii* Mirb. in Mém. du Mus. XIII.—Arbrisseau de 15 à 20 pieds. Écorce finalement fendillée. Branches et rameaux ascendants, souvent grisâtres ou glauques, plus ou moins flexueux. Ramules ascendants, ou étalés, ou inclinés, subdichotomes, grêles, flexueux, plus ou moins divariqués de même que les ramilles, les jeunes d'un vert gai, les adultes glauques ou brunâtres. Ramilles larges de ¹/₂ ligne à 1 ligne, d'un vert gai, plus ou moins distancées, divariquées de même que leurs pennules, étalées, ou inclinées, ou ascendantes, assez semblables à des feuilles de *Crithmum;* mérithalles linéaires, élargis au sommet. Feuilles longues de ¹/₄ de ligne à ¹/₂ ligne, mucronulées, écarénées, plus ou moins largement membraneuses aux bords : les marginales ovales ou ovales-lancéolées, pointues; les dorsales obovales-rhomboïdales, brusquement acuminulées; glandule plus ou moins saillante, tantôt basilaire, tantôt submédiane, arrondie, ou allongée, à peine visible à l'œil nu. Chatons-mâles longs de 1 ligne : écailles roussâtres. Strobiles du volume d'une petite Cerise; écailles ascendantes, finement chagrinées à la surface externe, amincies aux bords, point épaissies au sommet : les deux plus larges ovales, acuminulées, convexes au dos, un peu convexes antérieurement ; les deux autres elliptiques-oblongues, tronquées au sommet, rétrécies à la base, concaves au dos, concaves et légèrement carénées antérieurement, plus épaisses ; mucrons très-courts, subobtus, recourbés. Nucules ovales, ou oblongues, ou ovales-oblongues, subobtuses, roussâtres, tantôt comprimées, tantôt subtrigones, aussi longues que les écailles ; aile roussâtre, subdiaphane, plus large que les écailles du strobile.

Cet arbrisseau croît dans l'Algérie et dans l'empire de Maroc, sur les collines voisines du littoral, ainsi que dans l'Atlas. Toutes ses parties abondent en résine d'une odeur penétrante, analogue à celle du camphre, et d'une saveur amère, un peu âcre ; suivant Broussonnet, cette résine n'est autre chose que la *sandaraque* du commerce. — On cultive cette espèce comme arbrisseau d'orangerie.

Genre FRÉNÉLA. — *Frenela* Mirb.

Ce genre diffère du précédent : 1° en ce que le strobile est polycarpe, composé de 6 écailles alternativement plus longues et plus courtes, épaissies au sommet, simulant finalement une capsule à 6 valves ; 2° en ce que le réceptacle est tuberculeux ; 3° en ce que les nucules sont osseuses, moins largement ailées ; 4° en ce que les ramules et les ramilles sont cylindriques ou trièdres et point aplaties ; 5°, enfin, par les feuilles, qui sont verticillées-ternées, églanduleuses, toutes conformes. — On en connaît environ 10 espèces, toutes indigènes de la Nouvelle-Hollande.

FRÉNÉLA TRIÈDRE.—*Frenela triquetra* Spach. — *Cupressus australis* Desfont. Hort. Par. (non Pers.) — *Cupressus triquetra* Lodd. Cat. ? — Ramules et ramilles trièdres, érigés, agrégés, filiformes. Feuilles minimes, ovales-lancéolées, acérées. Strobiles ovales-globuleux, hexagones, subsessiles, subfasciculés ; écailles gibbeuses et mucronées au-dessous du sommet : les mineures ova-

les-deltoïdes, 3 fois moins larges et de moitié à 1 fois plus courtes que les 3 grandes écailles ; celles-ci obovales-rhomboïdales.
Nucules à peine ailées. — Arbrisseau ayant le port d'un *Casuarina.* Tronc droit. Rameaux étalés ou ascendants. Ramules
flexueux, irrégulièrement paniculés, à 6 stries alternativement
vertes et brunes. Ramilles d'un vert foncé, irrégulièrement dé-
composées ou subtrichotomes ; mérithalles courts, 1-sulqués à
chaque face, se désarticulant par la dessiccation. Feuilles longues
au plus de $^1/_4$ de ligne, apprimées, très-distancées. Strobiles du
volume d'une Cerise, d'abord verdâtres, finalement bruns ;
écailles rugueuses et convexes à la surface externe, beaucoup
plus longues que les nucules. Ramilles-fructifères courtes,
épaisses, ligneuses. — Cette espèce, qu'on cultive comme arbrisseau d'orangerie, est indigène de la Nouvelle-Hollande.

Genre PACHYLÉPIS. — *Pachylepis* Ad. Brongn.

Ce genre diffère des deux précédents : 1° en ce que le
strobile est composé de 4 écailles égales, conformes, 5-ou
10-carpes, confluentes au sommet, se séparant finalement
à la base ; 2°, par les rameaux, les ramules, et les ramilles,
qui sont inarticulés et très-feuillus ; 3°, par les feuilles, qui
sont alternes, ou subopposées, souvent aciculaires et étalées. — M. Ad. Brongniart en a fait connaître 3 espèces,
dont une de l'île de France, et les 2 autres du Cap de
Bonne-Espérance ; la suivante se cultive comme arbrisseau d'orangerie.

PACHYLÉPIS FAUX-GENÉVRIER. — *Pachylepis juniperoides*
Ad. Brongn. in Ann. des Sc. Nat. XXX (1833), p. 190. —
Cupressus juniperoides Linn. — *Schubertia capensis* Spreng.
Syst. — Arbrisseau. Tige droite. Rameaux étalés ou ascendants,
épars, les jeunes feuillés, plus ou moins anguleux. Ramules
très-nombreux, paniculés, étalés, ou ascendants, ou inclinés, ou
pendants, anguleux étant garnis de feuilles étalées, cylindriques
étant garnis de feuilles imbriquées. Feuilles de forme et de

grandeur extrêmement variables, sessiles, décurrentes, coriaces,
d'un vert glauque ; celles des jeunes individus la plupart linéaires-aciculaires, planes, mucronées, subtrinervées, étalées, ou
réfléchies, très-rapprochées, longues de 6 à 15 lignes, larges
de ⅓ de ligne à 1 ligne ; celles des individus adultes les unes
aciculaires et plus ou moins étalées (semblables aux feuilles aciculaires des jeunes individus, mais longues seulement de 3 à
6 lignes), les autres squamuliformes, petites, subtrièdres, ovales,
ou ovales-lancéolées, ou subrhomboïdales, obtuses, ou pointues,
mutiques, ou submutiques, tantôt apprimées, tantôt lâchement
appliquées, imbriquées en ramilles filiformes, ordinairement
églanduleuses, moins souvent munies d'une glandule dorsale
peu apparente. Fleurs dioïques. Chatons-mâles longs d'environ
2 lignes, oblongs-cylindracés, obtus, courtement stipités, caliculés, composés d'environ 12 écailles roussâtres, ovales-
deltoïdes, pointues, oligandres, opposées-croisées ; calicule de
2 squamules cymbiformes, étalées, un peu charnues, rougeâtres.
Ramilles-masculiflores filiformes, plus ou moins allongées, très-
nombreuses, couvertes de feuilles en général exactement opposées-
croisées. Strobiles (au témoignage de M. Brongniart) subglobuleux, du volume d'une Noisette ; écailles 10-carpes, corniculées
au-dessous du sommet. Nucules bisériées à la base de chaque
écaille.

Genre SCHUBERTIA. — *Schubertia* Mirb.

Fleurs monoïques. Chatons petits, caliculés, agrégés : les
mâles très-nombreux, en grappes (simples ou rameuses)
latérales aphylles ; les femelles peu nombreux, subglomé-
rulés, terminaux. — *Chatons - mâles* ovales ou subglobuleux, stipités, obtus, denses ; écailles (au nombre de 6 à 8
par chaton) ovales-deltoïdes, acuminulées, opposées-croisées, 3-à 5-andres, imbriquées sur 4 rangs ; calicule ob-
long-turbiné, composé d'environ 12 squamules coriaces,
mucronées, convexes, imbriquées en ordre spiral, insérées sur un rachis court. — *Chatons-femelles* ovoïdes ou

subglobuleux, sessiles, composés d'écailles nombreuses, charnues, acuminées, mucronées, imbriquées en ordre spiral, biflores, finalement entregreffées. Calicule ovoïde ou oblong, conformé comme celui du chaton-mâle. Ovaires tubuleux, renflés à la base, à orifice tronqué.—Strobile subglobuleux, ou ovale, ou ovoïde, ou obové, très-obtus, aréolé, polycarpe, ruptile longtemps après la maturité, composé d'un nombre indéfini d'écailles ligneuses, minces, discoïdes, ombonées (dans leur jeunesse mucronées au-dessous du sommet), longuement onguiculées, excentriquement peltées, valvaires, entregreffées, superposées en ordre spiral, rugueuses, crénelées au bord supérieur, finalement caduques avec les nucules; onglets confluents en axe allongé. Nucules obliquement verticales, grandes, ligneuses, sans forme déterminée, très-irrégulièrement trièdres, pointues à la base, adnées aux onglets des écailles-strobilaires.

Arbres. Rameaux épars, cylindriques (du moins les adultes), inarticulés, garnis (même les vieux) de même que les ramules de ramilles herbacées, non-persistantes (tombant chaque année avec les feuilles), éparses, ou subdistiques, feuillues, stériles, filiformes, ordinairement très-simples et simulant des feuilles pennées. Jeunes-pousses plus ou moins anguleuses. Bourgeons écailleux : les floraux aphylles, plus gros que les foliaires, et développés dès l'automne aux aisselles des feuilles et à l'extrémité des jeunes-pousses; les foliaires petits, axillaires et latéraux, peu apparents avant le printemps. Feuilles éparses ou distiques, non-persistantes, non-coriaces, petites, sessiles, décurrentes, ou non-décurrentes, 1-nervées, églanduleuses, poncticulées, tantôt aciculaires, tantôt squamuliformes. Floraison vernale, plus précoce que les feuilles. Inflorescences aphylles à l'époque de la floraison : grappes-mâles tantôt spiciformes, tantôt subpaniculées, agrégées en panicule vers l'extrémité des scions de l'année précédente (assez développées dès l'automne; à cette époque, les ramilles-amentifères sont souvent feuillées à la base), qui sont terminés par un glomérule de 2 à 5 chatons-femelles (dont ordinairement il ne se développe qu'un seul). Calicules naissant chacun à l'aisselle d'une écaille. Écailles-staminifères roussâtres. Écailles-pistillifères verdâtres. Maturation annuelle. Strobiles subsessiles, assez gros, horizontaux, ou droits, ou déclinés, à écailles inégales : les basilaires et les terminales plus petites que les autres. Nucules imbriquées, agglutinées, aussi longues que les écailles-strobilaires : loge petite ; subcylindracée. Périsperme mince. Embryon subcylindracé, 5-à 7-cotylédoné ; cotylédons oblongs, à peu près aussi longs que la radicule. —On ne peut rapporter à ce genre, avec certitude, que les deux espèces suivantes.

A. *Feuilles 1-nervées, point charnues, d'un vert gai : les aciculaires linéaires, planes, rétrécies à la base, peu ou point décurrentes. Rameaux et ramules peu ou point anguleux.*

SCHUBERTIA D'AMÉRIQUE. —*Schubertia disticha* Mirb. —*Cupressus disticha* Linn. —*Taxodium distichum* Rich. Conifer. tab. 10. (anal.).

— α : A FEUILLES DISTIQUES. — *Cupressus disticha* Mich. fil. Arb. 3, tab. 1.—Catesb. Carol. 1, tab. 11.—Duham. Arb. 1, tab. 82, fig. 4. — *Taxodium distichum* Lamb. Pin. ed. 2, vol. 2, p. 108, cum fig. —Feuilles-ramillaires aciculaires, linéaires, distiques, étalées. Ramilles la plupart horizontales ou inclinées.

— β : A FEUILLES IMBRIQUÉES. — *Cupressus disticha imbricaria* Nutt. — *Taxodium ascendens* Ad. Brogn. in Ann. des Sc. Nat. XXX (1833), p. 182. — *Cupressus sinensis* Hort. Par. —Feuilles-ramillaires éparses ou subéparses, plus ou moins appliquées ou apprimées, imbriquées sur plusieurs rangs, les unes aciculaires, les autres squamuliformes ; quelquefois toutes ou la plupart soit aciculaires, soit squamuliformes. Ramilles presque filiformes, souvent ascendantes ou dressées.

— γ : A PETITES FEUILLES. — *Taxodium microphyllum* Ad. Brogn. l. c. p. 182. — Feuilles - ramillaires distiques, ovales-lancéolées, petites. Ramules et ramilles horizontaux.

Arbre atteignant, dans les localités propices, 90 à 120 pieds de haut, sur 2 à 12 pieds de circonférence (à quelques pieds de terre) : la base est conique, profondément sillonnée, et toujours 3 à 4 fois plus grosse que le corps de l'arbre. Racines-primaires grosses, pivotantes, longues de 6 à 7 pieds, produisant des ramifications horizontales, très - longues, rampant presque à la surface du sol ; de la surface de ces racines horizontales, il naît, sur les arbres adultes, jusqu'à la distance de 30 pieds du tronc, des protubérances (exostoses) coniques, saillantes, obtuses, creuses à l'intérieur, lisses au sommet, hautes de 1 pied à 5 pieds : ces exostoses, qui ne commencent à se manifester que lorsque l'arbre a atteint au moins 20 à 25 pieds de haut, sont couvertes d'une écorce rousse comme celle des racines, et elles ne produisent jamais ni feuilles ni rameaux. — Les jeunes arbres sont ramifiés à peu de distance du sol, et ils offrent une cime pyramidale, très-touffue, à branches-inférieures horizontales ou déclinées. — Les vieux arbres offrent un tronc indivisé et subcylindracé jusqu'à la hauteur de 50 à 60 pieds, couronné d'une cime ample, étalée, déprimée. — Écorce du tronc et des branches brune ou d'un gris blanchâtre. Bois plus ou moins rougeâtre, peu résineux, léger, élastique, d'un grain très-fin. Rameaux et ramules étalés, ou inclinés, ou déclinés, ou ascendants, effilés, d'un brun roux. Ramilles longues de 2 à 6 pouces, plus ou moins rapprochées, le plus souvent étalées ou inclinées, en général garnies seulement de feuilles aciculaires et distiques ; toutefois, les 2 bouts des ramilles offrent assez souvent des feuilles squamuliformes et imbriquées. Feuilles-aciculaires longues de 2 à 6 lignes, larges de ¼ ligne à 1 ligne, pointues, mucronées, tantôt rectilignes, tantôt subfalciformes, très-rapprochées (mais jamais immédiatement superposées comme

chez l'espèce suivante) sur les ramilles, plus ou moins distancées sur les rameaux et les ramules. Feuilles-squamuliformes,
longues de ½ ligne à 2 lignes, ovales, ou ovales-lancéolées, ou
deltoïdes, ou sublinéaires, acuminées, mucronées, ordinairement naviculaires, carénées au dos, décurrentes. Grappes-mâles
pendantes ou inclinées, plus ou moins denses, spiciformes, ou
subpaniculées, longues de 3 à 8 pouces. Calicule long d'environ 2 lignes : écailles ovales ou ovales-lancéolées, apprimées,
concaves antérieurement, convexes et carénées au dos; les intérieures plus grandes. Chatons-mâles longs d'environ 1 ligne.
Chatons-femelles 2 fois plus gros que les chatons-mâles. Strobiles
du volume d'une petite Noix, en général subglobuleux, moins
souvent ovales ou ovoïdes, avant la maturité verts, finalement
bruns, résineux; écailles rhomboïdales, ou ovales-rhomboïdales, ou ovales-deltoïdes, épaissies vers le centre, en général acuminées aux deux bouts. Nucules déformées par la compression
mutuelle, recouvertes d'une pellicule mince, rousse, luisante,
quelquefois prolongée en forme d'aile au delà des bords.

Cet arbre, qu'on appelle vulgairement *Cyprès-chauve*, habite les provinces méridionales des États-Unis, ainsi que le
Mexique; dans la Louisiane, on le désigne par les noms de
Cypre ou *Cyprès*; dans les Carolines et la Géorgie, on le nomme
Cyprès blanc et *Cyprès noir*; sur le littoral atlantique, il devient rare au delà du 38ᵉ degré de latitude, et il ne croît plus
spontanément au nord du 43°, tandis qu'il est très-commun
dans les contrées plus méridionales ; confiné aux lieux aquatiques ou très-humides, il prospère surtout dans les vastes marais qui bordent les rivières, et dont le sol, bourbeux et très-
profond, est submergé pendant l'hiver : dans la Louisiane, on
donne le nom de cyprières à des marais de cette nature, et
qui sont presque exclusivement couverts de Cyprès-chauves.
Dans les mares dont le sol est mince et reposant sur un fond
quartzeux, le Cyprès-chauve ne s'élève qu'à une vingtaine de
pieds. — En raison des qualités de son bois, le Cyprès-chauve
est l'un des arbres les plus utiles des États méridionaux de l'U-
nion; doué d'une force et d'une élasticité considérables, il jouit

en outre de la propriété d'être presque incorruptible sous l'eau et de résister très-longtemps aux alternatives de sécheresse et d'humidité ; en Louisiane, on l'emploie de préférence à tout autre tant à la charpente des maisons qu'à la menuiserie, et à la couverture en bardeaux ; ceux-ci durent à peu près quarante ans, et l'on en exporte une quantité considérable pour les Antilles ; avec le tronc de l'arbre on construit des canots, qui sont légers et plus durables que ceux qui se font avec toute autre sorte de bois des mêmes contrées ; enfin, c'est l'un des plus recherchés pour faire des conduits souterrains et des pieux.

Grâce à son feuillage léger et d'un vert tendre, le *Schubertia disticha* est un arbre d'ornement des plus élégants ; mais il faut le planter sur le bord des étangs, ou dans d'autres localités constamment humides ou marécageuses ; du reste, il ne forme pas un grand arbre dans le nord de la France, et ses fruits n'arrivent pas à maturité ; mais il résiste aux hivers les plus rigoureux de ce climat, dans les localités convenables des départements méridionaux, sa culture offrirait probablement des avantages sur beaucoup d'arbres indigènes. — Les feuilles donnent une décoction d'un jaune pâle, avec laquelle on peut teindre les laines en couleur cannelle très-vive et très-durable. Les strobiles contiennent une résine rougeâtre et très-odorante. — Lorsque cet arbre a été coupé, il ne repousse jamais ni du tronc, ni des racines. Dans les provinces méridionales des États-Unis, il fleurit en février, et ses fruits sont mûrs en automne.

B. *Feuilles innervées, charnues, glauques, toutes distinctement décurrentes ; les aciculaires trigones ou latéralement comprimées, élargies à la base, linéaires-subulées. Jeunes-pousses très-anguleuses.*

SCHUBERTIA DU JAPON. — *Schubertia japonica* Ad. Brogn. (sub Taxodio) in Ann. des Sc. Nat. sér. 2, XII (1839), p. 232. — *Taxodium japonicum heterophyllum* Brong. l. c. sér. 1, XXX (1833), p. 182. — *Taxus nucifera* Hortul. (non Thunb.) — Arbre. Rameaux et ramules subfastigiés, souvent érigés, en général garnis de feuilles squamuliformes plus ou moins distancées. Ramilles grêles ou filiformes, dressées, ou ascendantes, ou étalées, ou inclinées, simples ou paniculées, tantôt homophylles, tantôt hétérophylles. Feuilles-aciculaires longues de 3 à 6 lignes, mucronées : les ramillaires 3-à 5-stiques, plus ou moins divergentes, en général un peu arquées du dedans au dehors. Feuilles-squamuliformes longues de $^1/_2$ ligne à 2 lignes, ovales, ou ovales-lancéolées, ou subrhomboïdales, ou sublinéaires, acuminées, ou pointues, mucronées, naviculaires, carénées ou canaliculées au dos, apprimées : les ramillaires imbriquées. Strobiles (jeunes) obovés. — Cette espèce, qui passe pour originaire du Japon, se cultive comme arbrisseau d'ornement ; elle est rare, et paraît ne pas se plaire dans le climat du nord de la France.

C. *Espèce de classification douteuse.*

SCHUBERTIA? TOUJOURS-VERT. — *Schubertia sempervirens* Lamb. (sub Taxodio) Pin. ed. 2, vol. 2, p. 107, tab. 48. — Arbre à ramules anguleux, feuillus. Feuilles longues de $^1/_2$ pouce à 1 pouce, larges de $^1/_2$ ligne à 1 ligne, coriaces, persistantes, linéaires, pointues, opaques. Strobiles solitaires, terminaux, subglobuleux, du volume de ceux du Cyprès commun, accompagnés chacun d'un calicule de squamules imbriquées ; écailles-strobilaires trapézoïdes, épaisses, ligneuses, rugueuses. (*Lambert, l. c.*) — Cette espèce croît dans le nord-ouest de l'Amérique ; elle n'est pas encore cultivée en Europe.

Genre CRYPTOMÉRIA. — *Cryptomeria* Don.

Fleurs monoïques. Chatons sessiles. — *Chatons - mâles* très-nombreux, caliculés, ovales - oblongs, obtus, agrégés en épis terminaux ; écailles - caliculaires subulées, étalées, presque aussi longues que le chaton ; écailles-staminifères sessiles, arrondies, imbriquées en tous sens, 4-à 6-andres. Anthères connées, adnées en entier à la base des écailles, déhiscentes antérieurement par une large fente. — *Chatons-femelles* solitaires au sommet des ramules, globuleux, écaliculés: écailles 4-ou 5-flores. Ovaires ovales, comprimés, rétrécis en col tubuleux, à orifice tronqué. Strobiles subglobuleux, squarreux, polycarpes, composés d'écailles nombreuses, imbriquées, 3-à 6-denticulées au sommet, appendiculées au-dessous du sommet. Nucules suboblongues, comprimées, collatérales, ailées d'un côté. — Arbre. Feuilles coriaces, persistantes, éparses, 5-stiques, subulées, latéralement comprimées, 4-sulquées, incourbées, décurrentes. (*D. Don, in Trans. of the Linn. Soc. Lond.* XVIII.) — Ce genre, qui ne paraît différer essentiellement du précédent que par ses écailles-strobilaires 3-à 5-carpes, n'est fondé que sur l'espèce suivante.

CRYPTOMÉRIA DU JAPON. — *Cryptomeria japonica* D. Don. l. c. et in Ann. des Sc. Nat. sér. 2, XII, p. 232. — *Cupressus japonica* Thunb.—Gærtn. Fruct. II, tab. 91.—Lamk. Ill. tab. 787, fig. 2. — Arbre élevé. Tronc droit, atteignant 1 pied de diamètre. Bois blanc, compacte. Ramules étalés. Feuilles longues d'environ 1 pouce, semblables à celles de l'*Eutassa Cunninghamii*, subobtuses et calleuses au sommet ; celles de la base des ramules courtes, imbriquées. Strobile du volume d'une Noix. — Cette espèce habite le Japon ; on ne la cultive pas encore en Europe.

CENT QUATRE-VINGT-DOUZIÈME FAMILLE.

LES ABIÉTINÉES. — *ABIETINEÆ.*

Abietineæ (Coniferarum tribus) et *Taxinearum* genn. Rich. Conif. — Lindl. Nat. Syst. — *Abietineæ* et *Taxinearum* genn. Bartl. Ord. Nat. — Endl. Gen. — *Coniferæ-Araucarieæ, Çoniferæ-Abietineæ, et Taxineæ-Podocarpeæ* (excl. genn.) Reichb. Syst. Nat. — *Coniferæ-Abietineæ* et *Taxineæ-Podocarpeæ* Dumort. Anal. fam.

Cette famille ne diffère essentiellement des Taxinées et des Cupréssinées, qu'en ce que les fleurs sont ren-versées, et, sauf quelques exceptions, adnées aux écailles qui les portent. C'est aux Abiétinées qu'appartiennent presque toutes les Conifères des régions boréales ou alpines; mais il en existe aussi dans toutes les autres contrées du globe, à l'exception de l'Afrique équa-toriale.

Caractères de la Famille.

Arbres (le plus souvent très-élancés, à tronc conique, à cime pyramidale), ou *arbrisseaux.* Branches et rameaux inarticulés, cylindriques, le plus souvent verticillés. Bourgeons nus ou écailleux.

Feuilles éparses, ou fasciculées, ou distiques, ou (seulement chez quelques espèces) opposées, sessiles, ou subsessiles, articulées à la base, en général coriaces et persistantes (chez quelques espèces minces et annuelles), linéaires, ou aciculaires, ou (rarement) squamiformes, ou (seulement chez quelques espèces) larges et assez grandes, 1-ou 3-nervées, ou innervées, ou rarement striées d'un grand nombre de nervules longitudinales.

Fleurs monoïques ou dioïques : les mâles ébractéo-lées, agrégées en chatons à rachis nu, immédiatement staminifère; les femelles insérées sur des écailles 1-à 3-bractéolées (rarement ébractéolées), charnues, en général agrégées en chatons, moins souvent solitaires.

Chatons-mâles axillaires, ou terminaux, ou latéraux, solitaires, ou agrégés, simples, stipités, subglobuleux, ou ovales, ou allongés, polyandres.

Étamines plus ou moins serrées, insérées (en ordre spiral) immédiatement au rachis du chaton. Filets courts ou nuls. Anthères continues avec les filets, ou sessiles, 2-à 20-thèques, extrorses, ou introrses; connectif inappendiculé, ou plus souvent couronné soit d'une crête membraneuse, soit d'une écaille coriace : bourses adnées, ou pendantes, déhiscentes chacune par une fente soit longitudinale, soit transverse. Granules-polliniques ellipsoïdes.

Chatons-femelles axillaires, ou terminaux, ou latéraux, solitaires, ou subsolitaires. Écailles 1-à 3-flores, en nombre indéfini (ordinairement très-nombreuses), inonguiculées, ou courtement onguiculées, point peltées, imbriquées sur plusieurs rangs (en ordre spiral), accrescentes, souvent entregreffées après la floraison : les fructifères apprimées, serrées, finalement coriaces ou ligneuses, formant des *strobiles* subglobuleux, ou ovoïdes, ou coniques, ou oblongs. Bractées accrescentes ou marcescentes (quelquefois s'oblitérant peu après la floraison), ordinairement membranacées et colorées. Fleurs collatérales (lorsque les écailles sont 2-ou 3-flores), renversées, adnées à la surface antérieure des écailles (1). — Chez un certain nombre d'espèces (les Podocarpées), les écailles-pistillifères sont solitaires,

---

(1) Excepté chez le genre *Arthrotaxis*, où, suivant M. Don, la fleur-femelle est inadhérente et pendante.

mais, du reste, conformées comme chez les espèces normales.

Pistil : Ovaire plus ou moins confluent avec l'écaille, à orifice urcéolé, ou tubulaire, ou bien dilaté en forme de limbe bifide ou irrégulièrement lacinié. Ovule adné au fond de l'ovaire, ou adhérent jusqu'au delà du milieu, renversé, en général réduit au nucelle, ou moins souvent à nucelle recouvert d'un tégument simple.

Écailles-strobilaires 1-à 3-carpes, entregreffées, ou distinctes, finalement caduques (soit avec, soit sans les nucules) ou divergentes. — Les écailles–fructifères des espèces non-strobilifères deviennent le plus souvent pulpeuses.

Péricarpe osseux, ou ligneux, ou coriace, nuculaire, ailé, 1-loculaire, 1-sperme, se détachant finalement de l'écaille-strobilaire, ou bien restant adné à cette écaille. — Chez les espèces non-strobilifères, le péricarpe est un drupe à noyau solitaire, 1-loculaire, 1-sperme.

Graine adnée inférieurement au péricarpe, ou inadhérente et basifixe, renversée (par exception redressée), conforme à la cavité du péricarpe. Tégument membraneux. Périsperme épais, charnu, huileux. Embryon à peu près aussi long que le périsperme, 3-à 15-cotylédoné (rarement 2-cotylédoné); cotylédons courts ou plus ou moins allongés, obtus, ou pointus, linéaires, ou rarement larges, foliacés en germination, ou (chez quelques espèces) hypogés. Radicule columnaire, allongée, infère (par exception supère).

La famille des Abiétinées comprend les genres suivants :

SECTION I. **ARAUCARIÉES**. — *Araucarieæ* Reichb.

Anthères 2-à 20-thèques, introrses : connectif large, longuement appendiculé; bourses pendantes, disjoin-

tes, inadhérentes, 1-ou 2-sériées, attachées vers le
sommet de la face antérieure du connectif. — Écailles-pistillifères 1-ou 3-flores, ébractéolées, imbriquées, agrégées en chatons. Écailles-strobilaires
point entregreffées. Nucules ailées ou aptères, —
Bourgeons nus. Feuilles étalées ou imbriquées, éparses, ou rarement opposées, le plus souvent inarticulées et marcescentes.

Arthrotaxis Don. — *Cunninghamia* R. Br. (Belis
Salisb.) — *Eutassa* Salisb. — *Araucaria* Juss. (Dombeya
Lamk. Columbea Salisb.) — *Dammara* Rumph. (Aga-
this Salisb.)

Section II. **ABIÉTINÉES-TYPES**. — *Abieteæ* Reichb.

Anthères 2-thèques, extrorses, cristées au sommet (ou
rarement inappendiculées) ; connectif étroit ; bourses
collatérales, adnées aux bords du connectif, contiguës postérieurement. — Écailles-pistillifères biflores, 1-bractéolées, imbriquées, agrégées en chatons,
Écailles-strobilaires entregreffées ou distinctes. Nucules à aile membranacée, oblique, basilaire, avant
la maturité adnée à l'écaille-strobilaire. — Bourgeons écailleux. Feuilles éparses, ou subdistiques,
ou fasciculées, linéaires, ou aciculaires, persistantes
(excepté chez les Mélèzes), jamais imbriquées.

Pinus Tourn. — *Abies* Tourn. — (Abies et Picea
Link. Peuce Rich.) — *Cedrus* Juss. — *Larix* Tourn.

Section III. **PODOCARPÉES**. — *Podocarpeæ* Dumort.

Anthères appendiculées ou inappendiculées, extrorses,
2-thèques ; connectif étroit ; bourses collatérales, adnées aux bords du connectif, contiguës postérieure-

ment. — Écailles-pistillifères solitaires (ou rarement en épis lâches), 1-flores, 1-à 3-bractéolées, accrescentes, finalement pulpeuses (par exception inaccrescentes, marcescentes). Ovules (suivant MM. R. Brown et Bennet) à nucelle recouvert d'un tégument simple. Péricarpe drupacé. — Bourgeons nus ou écailleux. Feuilles éparses, ou rarement distiques ou opposées.

Podocarpus L'Hérit. — *Dacrydium* Soland (1).

Section 1. ARAUCARIÉES. — *Araucarieæ* Reichb. (2)

Anthères 2-à 20-thèques, introrses; connectif large, longuement appendiculé; bourses pendantes, disjointes, inadhérentes, 1-ou 2-sériées, attachées vers le sommet du connectif. — Écailles-pistillifères 1-ou 3-flores, ébractéolées, imbriquées, agrégées en chatons. Écailles-strobilaires point entregreffées. Nucules ailées ou aptères. — Bourgeons nus. Feuilles étalées ou imbriquées, éparses, ou rarement opposées, le plus souvent inarticulées et marcescentes.

(1) A l'exemple de C. L. Richard, tous les auteurs, MM. R. Brown et Bennet exceptés, ont classé ces deux genres dans les Taxinées.

(2) « Les *Araucaria*, les *Eutassa*, les *Dammara*, et peut-être quelques autres Conifères, » dit M. Ad. Brongniart (Dict. universel d'Hist. nat. II, p. 78), « présentent une structure de leurs fibres ligneuses qui les « distingue facilement des Pins et de la plupart des autres Conifères. « C'est la disposition des ponctuations des parois latérales de ces fibres, « qui forment plusieurs rangées longitudinales sur chaque fibre, ordinai- « rement 2 ou 3, et dont les ponctuations alternent dans deux rangées « contiguës. Ce dernier caractère les distingue des bois de quelques Co- « nifères, tels que les *Taxodium*, qui ont aussi deux rangées de ponc- « tuations, mais formant des séries transversales perpendiculaires à la « direction des fibres ligneuses. »

Genre CUNNINGHAMIA. — *Cunninghamia.* R. Br.

Fleurs monoïques. — *Chatons-mâles* petits, solitaires, terminaux, ovoïdes. Anthères sessiles, 3-thèques, imbriquées; bourses 1-sériées, collatérales, sublinéaires, longitudinalement déhiscentes; appendice-apicilaire ovale-orbiculaire, membranacé, denticulé, acuminulé, applique. —*Chatons-femelles* solitaires, terminaux, ovoïdes, sessiles; écailles 3-gynes, courtement onguiculées, ovales, acuminées, denticulées. Ovaire inadhérent, pendant, à orifice urcéolé, tronqué. Strobile ovoïde ou subglobuleux : écailles coriaces, ovales, acuminées, denticulées, amincies aux bords et au sommet, onguiculées, tricarpes. Nucules sublenticulaires, minces, subcoriaces, marginées, inadhérentes, pendantes, imbriquées, attachées au sommet de l'onglet des écailles, finalement caduques. Embryon dicotylédoné : cotylédons oblongs, obtus, aussi longs que la radicule.—Arbre résineux. Branches et rameaux subverticillés ou épars, striés. Feuilles éparses, très-rapprochées, coriaces, raides, marcescentes, sessiles, subdécurrentes, planes, linéaires-lancéolées, piquantes, étalées, très-finement ciliolées-denticulées, innervées, marquées en dessus de 2 stries intra-marginales, blanchâtres, très-fines. Chatons naissant au sommet des jeunes-pousses. — Ce genre n'est fondé que sur l'espèce suivante.

Cunninghamia de Chine. — *Cunninghamia sinensis* R. Br. in Rich. Conifer. — Rich. l. c. p. 80 et 149; tab. 18. — *Cunninghamia lanceolata* Bot. Mag. tab. 2743. — *Pinus lanceolata* Lamb. Pin. tab. 34. — *Belis jaculifolia* Salisb. in Trans. Soc. Linn. Lond. VIII, p. 315. — *Abies lanceolata* Desfont. Cat. Hort. Par. ed. 3. — *Belis lanceolata* Sweet, Hort. Brit. — Arbre très-élevé (dans son climat natal), à cime pyramidale. Branches et rameaux étalés ou inclinés : les inférieurs très-longs. Feuilles longues de 1 ¹/₂ pouce à 2 pouces, larges de 2 à 3 lignes, luisantes, d'un vert plus ou moins foncé en dessus, d'un vert glauque en dessous. Chatons dressés : les femelles sur des ramules latéraux. Strobiles dressés, du volume d'une Noix, accompagnés d'un involucelle de petites feuilles subulées, recourbées ; écailles-strobilaires roussâtres, concaves antérieurement, convexes au dos, beaucoup plus longues que les nucules. Nucules suborbiculaires ou subcunéiformes, supra-basifixes. — Cette espèce, originaire de Chine, se cultive comme arbre d'ornement; mais sous le climat de Paris elle ne résiste pas, en plein air, aux hivers rigoureux.

Genre EUTASSA. — *Eutassa* Salisb.

Fleurs dioïques. — *Chatons-mâles* solitaires, terminaux, subovales. Anthères polythèques, imbriquées ; appendice-apicilaire cristé, court, apprimé ; bourses 2-sériées, longitudinalement déhiscentes. (*D. Don.*)—*Chatons-femelles* solitaires, terminaux, globuleux, sessiles ; écailles monogynes, acuminées. Ovaire adné. Strobile gros, subglobuleux : écailles subacuminées, confluentes presque entièrement avec le péricarpe. Nucules grosses, ligneuses, obcunéiformes, ailées aux bords, appendiculées par la partie inadhérente des écailles, finalement caduques. (*Salisbury.*)—Embryon 4-cotylédoné : cotylédons larges, foliacés en germination, et striés d'un grand nombre de nervures fines. (*Ad. Brongniart.*)—Arbres très-élevés. Branches verticillées. Rameaux opposés ou épars. Ramules grêles, alternes, très-feuillus, subdistiques. Feuilles alternes, sessiles, décurrentes, juxtaposées, raides, coriaces, marcescentes, finement ponctuées, hétéromorphes : les unes (plus ou moins rares sur les individus adultes, abondantes ou seules présentes sur les jeunes individus) étalées ou presque étalées, subdistiques, aciculaires, piquantes, écarénées, aplaties latéralement ; les autres imbriquées sur plusieurs rangs, disposées en ordre spiral, trièdres, ou tétragones, fortement carénées au dos, épaissies à la base, ordinairement mutiques. — Ce genre est propre à l'Australie ; on n'en connaît que 3 espèces.

a) Feuilles-inappliquées, linéaires-subulées, falciformes.

EUTASSA HÉTÉROPHYLLE. — *Eutassa heterophylla* Salisb. in Trans. Linn. Soc. Lond. VIII, p. 316. — *Dombeya excelsa* Lamb. Pin. ed. 1, tab. 39 et 40. — *Araucaria excelsa* Lamb. Pin. ed. 2, vol. 2, tab. 47 et 47 bis. — *Columbea excelsa* Spreng. Syst. — *Columbea angustifolia* Bertol. — *Cupressus columnaris* Forst. — Arbre haut de 180 à 220 pieds. Tronc columnaire, finalement sans branches jusqu'à la hauteur de 80 à 90 pieds, et atteignant 11 pieds de diam ètre. Écorce grisâtre, épaisse, tuberculeuse, finalement lamelleuse. Cime pyramidale. Branches étalées ou déclinées : les inférieures très-longues. Rameaux tantôt opposés, tantôt alternes, horizontaux, souvent déclinés, longtemps feuillus. Ramules horizontaux ou réclinés, très-nombreux, longs de ¹/₂ pied à 3 pieds, effilés, ordinairement très-simples. Feuilles d'un vert gai : les inappliquées mucronées, longues de 3 à 8 lignes, larges de ¹/₂ ligne à 1 ligne ; les imbriquées oblongues-lancéolées ou linéaires-lancéolées, subobtuses, mutiques, longues de 4 à 8 lignes, lâchement appliquées, ou apprimées, plus ou moins courbées. Strobiles ovales-globuleux, très-obtus, du volume de ceux du Pin Pignon.

Cette espèce (appelée par les jardiniers *Pin de Norfolk*, et *Sapin Colombaire*), qui est l'un des arbres les plus majestueux que l'on connaisse, croît à l'île Norfolk. Son bois, à ce qu'on assure, n'est pas assez solide pour servir à la mâture.

h) Feuilles-inappliquées pugioniformes ou linéaires-lancéolées, rectilignes, horizontales.

EUTASSA DE CUNNINGHAM. — *Eutassa Cunninghami* Sweet, Hort. Brit. (sub *Araucaria.*) — *Altingia Cunninghami* G. Don. — Arbre semblable à l'espèce précédente par le port ; écorce des jeunes troncs lisse, luisante, d'un brun rougeâtre, semblable à celle du Merisier. Feuilles (des jeunes individus) longues de 4 à 6 lignes, larges de ¹/₂ ligne à 1 ligne, d'un vert gai, très-acérées, mucronées, piquantes : celles de l

base des ramules tout à fait semblables à des aiguillons, longues
de 1 ligne à 3 lignes. — Cette espèce croît sur le littoral de la
Nouvelle-Hollande, entre les 14° et 30° de Lat. S.

L'*Eutassa Cunninghami* et l'*Eutassa heterophylla* se cultivent dans les collections de serre tempérée ; mais il n'est pas
probable qu'elles soient susceptibles de résister en plein air
au climat de la France, excepté peut-être dans quelques localités
des départements les plus méridionaux.

Genre ARAUCARIA. — *Araucaria* Juss.

Fleurs dioïques. Chatons solitaires, terminaux, gros, compactes, sessiles. — *Chatons-mâles* ovales-cylindracés, squarreux. Anthères polythèques, imbriquées, très-nombreuses,
sessiles ; appendice-apicilaire grand, coriace, ovale-lancéolé, longuement acuminé, recourbé au sommet ; bourses
2-sériées, linéaires, longitudinalement déhiscentes. — *Chatons-femelles* ovoïdes ou subglobuleux ; écailles monogynes,
inonguiculées, appliquées. Ovaire adné. Strobile très-
gros, subglobuleux ; écailles acuminées ou tronquées,
cunéiformes, épaissies et ligneuses vers leur sommet,
coriaces inférieurement et confluentes avec leur nucule.
Nucules grosses, adnées, coriaces, obcunéiformes, obscurément tétragones, aptères, finalement caduques avec
l'écaille. Embryon 2-ou 3-cotylédoné ; cotylédons hypogés (1), linéaires, obtus, plus longs que la radicule. Périsperme point huileux. — Arbres élancés. Branches verticillées. Rameaux opposés ou alternes, effilés et feuillus de
même que les ramules. Feuilles (étalées ou réfléchies sur
les jeunes arbres, imbriquées sur les vieux) similai-
res, assez grandes, éparses, très-rapprochées, coriaces,
persistantes, marcescentes, décurrentes, sessiles, planes,
subcarénées en dessous, acérées, piquantes, innervées, ou légèrement 1-nervées en dessous, finement

____

(1) Au témoignage de M. Ad. Brongniart.

ponctuées; ponctuations (à peine perceptibles à l'œil nu) blanchâtres, très-rapprochées, disposées par séries longitudinales parallèles. — Ce genre ne comprend que les deux espèces dont nous allons parler.

A. *Feuilles très-épaisses, cartilagineuses aux bords, concolores (d'un vert foncé aux 2 faces), acuminées-cuspidées. Écailles-strobilaires acuminées. Écailles des chatons-femelles appliquées.*

ARAUCARIA DU CHILI. — *Araucaria chilensis* Mirb. — *Dombeya chilensis* Lamb. Enc. — *Araucaria imbricata* Hort. Kew. — Lamk. Pin. ed. 2, tab. 45. — *Araucaria Dombeyi* Rich. Conif. tab. 20 et 21. — *Columbea quadrifaria* Salisb. in Trans. Linn. Soc. Lond. VIII, p. 317. — *Pinus Araucana* Molin. — *Abies araucana* Poir. — Arbre atteignant souvent 150 pieds de haut. (Suivant Pavon, l'individu mâle ne s'élèverait qu'à environ 40 pieds.) Cime conique-pyramidale, très-touffue. Tronc très-droit. Écorce fongueuse, finalement très-rimeuse. Bois d'un blanc jaunâtre. Branches verticillées au nombre de 6 à 8, horizontales, ou déclinées, ascendantes au sommet; celles des jeunes individus décombantes. Rameaux opposés ou épars, très-longtemps feuillus. Ramules ascendants ou inclinés, effilés, simples. Feuilles longues d'environ 1 pouce, ovales-lancéolées, ou oblongues-lancéolées, ou elliptiques-oblongues, luisantes, terminées en spinule brunâtre; celles des arbres adultes imbriquées en 6 à 8 rangs. Chatons-mâles dressés, semblables à un capitule de *Dipsacus*, longs d'environ 4 pouces. Strobiles quelquefois du volume de la tête d'un homme, cordiformes-globuleux, nutants, courtement pédonculés. Nucules longues de 15 à 20 lignes, luisantes, d'un brun roux. Graine oblongue ou ovale-oblongue, subtétragone : tégument d'un violet noirâtre à la surface externe, d'un brun pâle à la surface interne.

Cette espèce croît dans les Andes de l'Amérique australe, depuis le 35e jusque vers le 50e de Lat. S. Les naturels du

Chili l'appellent *Péhuen.* Son bois est élégamment veiné, et susceptible d'un beau poli ; la résine qu'il contient est blanchâtre, et odorante comme l'encens. L'amande de la graine est comestible, d'une saveur comparable à celle des Châtaignes, et très-estimée par les habitants du pays. — Jusqu'aujourd'hui l'*Araucaria chilensis* n'a été cultivé que dans quelques collections de serre tempérée, mais il est très-probable que cet arbre magnifique pourrait être naturalisé dans le nord de la France.

B. *Feuilles beaucoup moins épaisses que celles de l'espèce précédente, point cartilagineuses aux bords, discolores (d'un vert gai en dessus, d'un vert glauque en dessous), graduellement rétrécies en pointe acérée. Écailles-strobilaires très-épaisses et tronquées au sommet. Écailles des chatons-femelles recourbées au sommet.*

ARAUCARIA DU BRÉSIL. — *Araucaria brasiliensis* Lamb. Conifer. ed. 2, vol. 2, p. 79 ; tab. 46. — Arbre atteignant la taille de l'*Araucaria chilensis*; les jeunes individus pyramidaux ; les vieux à cime ample et déprimée. Branches et rameaux horizontaux ou déclinés. Ramules simples, effilés, longs, ordinairement réclinés. Feuilles longues de 1 pouce à 2 pouces, larges de 1 ¼ ligne à 4 lignes, linéaires-lancéolées, ou oblongues-lancéolées, terminées en spinule brunâtre, acérée. Chatons-femelles de la forme et du volume d'un capitule de *Dipsacus.* Strobiles du volume de la tête d'un enfant. Noix longues de près de 2 pouces, roussâtres, luisantes, plus grosses que celles de l'espèce précédente.

Cette espèce, qui n'est pas moins remarquable que la précédente, tant par la majesté de son port, que par sa taille gigantesque, forme de grandes forêts, au Brésil, dans les provinces de Rio et des Mines, entre 15° et 25° de Lat. S. L'amande de sa graine est également mangeable. — L'*Araucaria brasiliensis* est cultivé dans les collections de serre tempérée ; il paraît qu'il est assez rustique pour résister aux hivers des localités les plus chaudes de la France méridionale.

Genre DAMMARA. — *Dammara* Rumph.

Fleurs dioïques. — *Chatons-mâles* axillaires ou extra-axillaires, solitaires, subsessiles, assez gros, ovales ou cylindracés, compactes. Anthères subsessiles, petites, imbriquées, 3-à 15-thèques; appendice-apicilaire cunéiforme ou suborbiculaire, coriace, apprimé, plus grand que le connectif; connectif concave antérieurement; bourses 1-ou 2-sériées, cylindracées, longitudinalement déhiscentes. — *Chatons-femelles* terminaux ou axillaires, solitaires, ovoïdes, subsessiles; écailles monogynes ou digynes, apprimées, courtement onguiculées. Ovaire adné seulement par la base, à orifice urcéolé, tronqué. Strobile obové ou subglobuleux, gros; écailles épaisses, coriaces, presque ligneuses, apprimées, courtement onguiculées, cunéiformes, ou cunéiformes-orbiculaires, amincies et infléchies aux bords. Nucules cunéiformes ou obovales, lenticulaires, appendantes, coriaces, ailées d'un côté, finalement caduques; aile membranacée, oblique. Embryon dicotylédoné; cotylédons courts, arrondis. — Arbres très-résineux. Tronc subcylindracé, élancé. Branches étalées. Ramules opposés-croisés. Feuilles éparses ou opposées, distancées, coriaces, persistantes, sessiles, ou courtement pétiolées, planes, finement striées, très-entières, oblongues, ou oblongues-lancéolées, plus larges que chez toutes les autres Abiétinées. Chatons dressés. — Ce genre, très-remarquable, parmi les Abiétinées, par la conformation des feuilles, ne comprend que les deux espèces suivantes :

A. *Feuilles pétiolées, le plus souvent opposées. Chatons-mâles ovales, extra-axillaires. Anthères 6-à 15-thèques : bourses 2-sériées; crête cunéiforme-orbiculaire. Strobiles subglobuleux, terminant des ramules latéraux; écailles monocarpes, cunéiformes-orbiculaires, arrondies au sommet. Nucules à aile cunéiforme-oblongue, allongée.*

DAMMARA A FEUILLES DE LORANTHE. — *Dammara loran-*

thifolia Link. — *Agathis loranthifolia* Salisb. in Trans. Linn. Soc. Lond. VIII, p. 311; tab. 15. — *Dammara alba* Rumph. Amb. II, p. 174; tab. 57. — *Agathis Dammara* Rich. Conif. p. 83; tab. 15. — *Pinus Dammara* Lamb. Pin. éd. I, tab. 38. — *Dammara orientalis* Lamb. Pin. ed. II, vol. I, tab. 43. — *Abies Dammara* Poir. Enc. — *Pinus Abies* Loureir. Flor. Cochinch. — Arbre très-élevé. Tronc droit, semblable à celui d'un Sapin, atteignant (au témoignage de Rumphius) jusqu'à 10 pieds de diamètre, muni à sa base de plusieurs gibbosités du volume de la tête d'un homme. Branches grosses, nombreuses, très-rameuses, formant une cime de peu d'étendue en proportion à la force du tronc. Écorce d'un roux tirant sur le gris. Bois blanchâtre. Rameaux opposés ou épars. Ramules opposés-croisés, subancipités. Feuilles d'un vert glauque, tantôt obtuses, tantôt pointues ; celles des jeunes arbres longues de 4 à 5 pouces, lancéolées, acuminées, semblables à des feuilles de Saule ; celles des arbres adultes longues de 2 à 3 $^{1}/_{2}$ pouces, larges de $^{1}/_{2}$ pouce à 1 pouce, oblongues, ou lancéolées-oblongues, ou oblongues-lancéolées, souvent infléchies. Chatons-mâles longs d'environ 2 pouces, de la grosseur du doigt d'un homme. Strobile un peu déprimé au sommet, du volume d'une Orange, glauque avant la maturité ; écailles larges d'environ 18 lignes. Nucule à aile obtuse, débordant le côté de l'écaille.

Cet arbre forme des forêts dans les montagnes des Moluques et des îles de la Sonde ; les Malais l'appellent *Dammar puti*, et *Dammar Batu* (1) ; suivant Loureiro, on le trouve aussi en Cochinchine. — Il découle spontanément de cet arbre une résine copieuse, transparente, qui durcit bientôt à l'air ; elle reste suspendue à la surface des troncs, sous forme de masses coniques, blanches et transparentes comme du cristal, et souvent d'environ un pied de long ; au bout de quelque temps ces masses résineuses se colorent en jaune, par l'influence de l'air

---

(1) Le nom de *Dammar*, qui signifie résine, est appliqué par les Malais à plusieurs autres arbres résineux.

et de la lumière, et elles deviennent fragiles comme du verre. Pour faciliter l'écoulement de cette résine, on pratique des incisions à la base des troncs. A l'état liquide, la résine de Dammar répand une odeur aromatique, qui se perd en grande partie par la dessiccation ; en brûlant, elle répand une odeur analogue à celle du mastix. Aux Moluques cette résine sert à divers usages d'économie domestique, et il est probable qu'on l'emploierait avec avantage pour la confection des vernis. Le bois de *Dammara* est facile à fendre et à convertir en planches ; il est aussi susceptible d'un assez beau poli ; mais il se décompose promptement, tant à l'eau qu'à l'air libre ou sous le sol.

B. *Feuilles sessiles, éparses. Chatons axillaires. Anthères 3-thèques ; bourses 1-sériées ; crête suborbiculaire. Strobiles obovés ou subturbinés; écailles dicarpes, cunéiformes, pointues et étalées au sommet. Nucules à aile courte.*

DAMMARA AUSTRAL. — *Dammara australis* Lamb. Pin. ed. 2, tab. 44. — Arbre atteignant 140 à 200 pieds de haut. Tronc parfaitement droit, de 5 à 9 pieds de diamètre, dégarni de branches jusqu'à 80 à 100 pieds. (*D. Don, in Edinb. Phil. Journ.* vol. 13, p. 378.) Écorce très-épaisse, grisâtre, unie. Branches grosses, nombreuses. Rameaux ascendants, feuillus. Bois blanc. Feuilles longues de $^1/_2$ pouce à 1 $^1/_2$ pouce, luisantes, d'un vert pâle, divergentes, oblongues, ou lancéolées-oblongues, obtuses. Chatons solitaires aux aisselles supérieures, courtement pédonculés, les mâles cylindracés, longs d'environ 1 pouce. Strobiles longs de 5 à 6 pouces, très-obtus; écailles courtes, lisses et grisâtres à la surface externe. Nucules brunâtres, cunéiformes. (*Lambert, l. c.*) — Cette espèce croît dans la Nouvelle-Zélande, où on l'appelle *Cowrie* ; elle se plaît dans les situations élevées et sèches; sa taille gigantesque la fait reconnaître de loin, dans les forêts, où elle s'élève de beaucoup au-dessus de tous les autres arbres. Son bois, à ce qu'on assure, est d'aussi bonne qualité que celui du meilleur Pin de Riga, et très-propre à la mâture. Il découle spontanément de cet arbre une résine limpide et très-copieuse, qui se solidifie au contact de l'air, et qu'on dit être un vernis aussi excellent que le copal.

SECTION II. **ABIÉTINÉES-TYPES**. — *Abieteæ* Reichb.

Anthères 2-thèques, extrorses, cristées au sommet (ou rarement inappendiculées); connectif étroit; bourses collatérales, adnées aux bords du connectif, contiguës postérieurement. Écailles-pistillifères biflores, 1-bractéolées, imbriquées, agrégées en chatons. Écailles-strobilaires entregreffées ou distinctes, ligneuses, ou coriaces. Nucules ailées (par exception aptères), finalement caduques; aile membranacée, oblique, basilaire (comme apicilaire, à cause du renversement du fruit), avant la maturité adnée à l'écaille-strobilaire de même que la paroi postérieure du péricarpe. — Bourgeons écailleux. Feuilles éparses, ou subdistiques, ou fasciculées, linéaires, ou aciculaires, persistantes (excepté chez les Mélèzes), jamais imbriquées. Axe du strobile ligneux. Périsperme huileux. Cotylédons épigés.

Genre PIN. — *Pinus* Tourn.

Fleurs monoïques. — *Chatons-mâles* ovales ou cylindracés, polyandres, courtement stipités, latéraux à la base des jeunes pousses, agrégés en épis-raméaires, ou rarement fasciculés. Anthères oblongues ou obovales, subsessiles, cristées (ou rarement inappendiculées), imbriquées, longitudinalement déhiscentes. — *Chatons-femelles* solitaires, ou géminés, ou verticillés, ovoïdes, ou oblongs, terminant les jeunes pousses. Bractées petites, membranacées, colorées, marcescentes, inaccrescentes, finalement oblitérées. Écailles-pistillifères obovales ou subréniformes, inonguiculées, apprimées, ordinairement acuminées, entregreffées (du moins en partie) après la floraison. Ovaire oblique, lagéniforme, à orifice dilaté en forme de limbe 2-ou 3-fide. Strobile conique, ou ovoïde, ou subglobuleux, ou cylindracé, compacte, aréolé ou tuberculeux (1), persistant après la déhiscence; écailles cunéiformes, ligneuses (par exception presque subéreuses), épaissies et anguleuses au sommet, amincies aux bords, finalement disjointes et divergentes. Nucules osseuses, ailées (par exception aptères); aile décurrente, finalement caduque. Embryon obclaviforme, 4-à 5-cotylédoné; cotylédons linéaires, pointus.

Arbres, en général pyramidaux; quelques espèces et variétés ne forment que des buissons. Écorce vieille en général lamelleuse. Branches horizontales, ou déclinées, ou pendantes, verticillées (2). Rameaux et ramules verticillés, ou opposés, ou épars, feuillus, cylindriques, effilés. Feuilles coriaces, persistantes (en général trisannuelles ou bisannuelles), point marcescentes, inarticulées, aciculaires (en général longues), sessiles, mucronées, finement striées et ponctuées (3) : les primordiales éparses, décurrentes, minces, subtrièdres, ciliolées-denticulées, disposées en ordre spiral; les autres fasciculées (au nombre de 2, de 3, ou de 5; accidentellement au nombre de 4 ou de 6), non-décurrentes, trièdres, ou semi-cylindriques, plus ou moins scabres aux bords (par des denticules plus ou moins rapprochées, roides, cartilagineuses, en général à peine perceptibles à l'œil nu); ces fascicules, disposés en spirales comme

---

(1) Par la partie épaissie des écailles.

(2) De même que chez la plupart des autres Conifères, le tronc des jeunes Pins est garni de branches dès sa base; mais chez la plupart des espèces, les branches inférieures périssent peu à peu, au fur et à mesure que l'arbre vieillit.

(3) Ces stries et les ponctuations sont en général à peine perceptibles à l'œil nu. Les ponctuations, qui sont probablement des vésicules résinifères, sont blanchâtres, très-rapprochées, très-régulièrement disposées en séries longitudinales alternant avec les stries.

les feuilles primordiales, naissent chacun à l'aisselle d'une écaille coriace ou scarieuse, décurrente, et le plus souvent persistante ; chaque fascicule est en outre accompagné à sa base d'une gaîne membranacée et scarieuse, composée d'écailles imbriquées et plus ou moins soudées, le plus souvent persistante (1). Bourgeons terminaux, ordinairement verticillés ou subverticillés : ceux des inflorescences-femelles aphylles ; ceux des inflorescences-mâles gros, allongés, foliaires au sommet; écailles-gemmaires scarieuses, imbriquées, ordinairement fimbriées aux bords, finalement recourbées. Chatons-mâles caliculés, denses, dressés, naissant chacun à l'aisselle d'une écaille scarieuse ; calicule de plusieurs séries d'écailles scarieuses, imbriquées, conformes aux écailles-gemmaires. Anthères jaunâtres ou rougeâtres, assez grosses. — Chatons-femelles dressés et en général de couleur pourpre à l'époque de la floraison, plus tard en général horizontaux, ou pendants, ou déclinés, sessiles, ou pédonculés ; ils naissent toujours sur des rameaux moins anciens que ceux qui produisent les chatons-mâles. Maturation bisannuelle ou trisannuelle (2). Strobiles latéraux dès la seconde année (et quelquefois dès la première

---

(1) Les écailles aux aisselles desquelles naissent les feuilles fasciculées, sont les représentants des feuilles-primordiales éparses ; la gaîne qui enveloppe la base de chaque fascicule de feuilles n'est autre chose que les écailles d'un bourgeon-foliaire axillaire. Chaque fascicule de feuilles doit donc être considéré comme appartenant à un ramule abortif.

(2) Le chaton-femelle, en général très-petit à l'époque de la floraison, ne prend que très-peu d'accroissement durant la première année, et jusqu'au printemps suivant : à cette époque seulement les pistils y deviennent visibles, et alors il grossit rapidement chez toutes les espèces. Chez certaines espèces, le strobile s'ouvre spontanément dès l'automne de la seconde année; chez d'autres le strobile, quoique arrivé à peu près au terme de sa croissance dès l'automne de la seconde année, ne s'ouvre qu'au printemps de la troisième année, ou même seulement vers la fin de l'été de la troisième année. Les strobiles du *Pin Pignon* ne mûrissent que vers la fin de la troisième année, et ils ne s'ouvrent qu'au printemps suivant.

année, lorsque le rameau-floral est muni de bourgeons-foliaires qui se développent en nouvelles pousses). La partie renflée et superficielle des écailles-strobilaires est de forme très-variable : tantôt elle est presque plane ou plus ou moins bombée, subrhomboïdale ou subtrapézoïde en contour, ombiliquée vers le centre ou plus près du sommet, partagée en 2 à 4 facettes (soit égales, soit plus ou moins inégales) plus ou moins saillantes ; d'autres fois elle s'élève en forme de tubercule pyramidal, à 3 ou 4 faces ; quelquefois enfin son centre se prolonge en bec recourbé (1). Nucules (y compris l'aile) en général presque aussi longues que les écailles-strobilaires.

Ce genre compte environ quarante espèces suffisamment connues, dont la plupart habitent les climats tempérés de l'hémisphère septentrional ; quelques espèces seulement s'avancent jusqu'au delà du cercle polaire, et forment d'immenses forêts dans les régions arctiques ; mais un grand nombre des espèces propres aux contrées plus méridionales ne croissent que sur les montagnes, ou sur des plateaux plus ou moins élevés.

Les Pins constituent l'un des genres les plus importants du règne végétal. La plupart prospèrent dans des localités perdues pour l'agriculture, et qui se refusent même à la production de presque tous les autres arbres forestiers. Leur accroissement est en général assez rapide. Le suc résineux (qu'on appelle aussi *térébenthine de Pin*) contenu plus ou moins abondamment dans la plupart des espèces, fournit le *galipot*, l'*essence de térébenthine*, la *colophane* (ou *brai sec*), la *poix noire*, et le *goudron* (2) : matières indispensables

---

(1) Toutes ces modifications des écailles-strobilaires se rencontrent chez la plupart des espèces, et souvent sur le même strobile. La forme et le volume des strobiles varie également chez la plupart des espèces.

(2) Le *galipot* est le suc résineux des Pins, qui s'est épaissi à l'air en masses molles et blanchâtres. Pour obtenir le galipot, on fait des entailles larges, mais peu profondes, dans les troncs des Pins destinés à l'exploitation de cette résine, qui découle plus ou moins abondamment des bles-

à une infinité d'usages. Le bois de certaines espèces est d'un emploi plus universel que tout autre bois indigène, et surtout essentiel aux constructions navales. Plusieurs Pins produisent des fruits dont l'amande est comestible. Enfin, les Pins, tant en raison de leur port pittoresque et de leur feuillage persistant, qu'à cause de leur propriété de croître

---

sures, depuis le mois de mai jusqu'à la fin de l'été; on commence par entailler la base du tronc, et, toutes les semaines à peu près, on rafraîchit les plaies en hauteur, mais jamais en largeur, et sans jamais dépasser dix-huit pouces de hauteur dans le courant de la saison; les entailles sont prolongées les années suivantes, jusqu'à ce qu'elles aient atteint la hauteur de douze à quatorze pieds, ce qui arrive dans l'espace de sept à huit ans; puis on pratique une nouvelle entaille au pied du même arbre, parallèle et presque contiguë à la première, et ainsi de suite, jusqu'à ce qu'on ait fait le tour de l'arbre. Lorsqu'on veut forcer la récolte de la résine, sans ménager les arbres, on entaille à la fois tous les côtés des troncs, qui, ainsi traités, ne tardent pas de périr.

Le *noir de fumée* est la suie qui provient de la combustion de la résine des pins et des sapins.

L'*essence de térébenthine* s'extrait, par distillation, du galipot, ainsi que de la térébenthine des Sapins et des Mélèzes; le galipot en contient à peu près le quart de son poids; cette huile essentielle, qui sert à des usages très-variés dans les arts, s'emploie aussi à titre de vermifuge et d'excitant.

La *colophane* se prépare en faisant cuire le galipot, jusqu'à point convenable, dans des chaudières de cuivre. Le résidu de la distillation de l'essence de térébenthine constitue aussi une sorte de colophane, mais qui est de qualité médiocre.

Le *goudron* est une sorte d'huile empyreumatique, d'une odeur pénétrante et d'une saveur âcre. On l'obtient en soumettant le bois des Pins à une combustion lente, dans des fourneaux d'une construction adaptée à cet usage; on préfère le bois des racines, qui est plus résineux que celui des autres parties des Pins, et qui, par conséquent, fournit une plus grande quantité de goudron. L'emploi le plus important du goudron est pour le calfatage des bateaux et des navires, ainsi que pour enduire le bois et les cordages, afin de les rendre imperméables à l'eau; on s'en sert aussi en thérapeutique et dans l'art vétérinaire, contre les maladies de la peau, et comme détersif; naguère on le vantait même comme un remède efficace contre la phthisie.

en toute exposition et dans la plupart des sols, occupent à juste titre le premier rang parmi les arbres d'agrément.

Les Pins ne peuvent se multiplier ni de boutures, ni de marcottes ; mais la greffe herbacée se pratique facilement entre espèces voisines : les pépiniéristes ont habituellement recours à cette opération, pour propager les espèces rares ; cette greffe se fait en fente, sur la jeune pousse terminale du sujet, lorsque cette pousse est en pleine séve et encore parfaitement herbacée. Du reste, les Pins adultes sont prodigieusement féconds en graines (1), et celles-ci, lorsqu'elles restent enfermées dans leurs cônes, conservent leur faculté germinative pendant plusieurs années. Les semis souffrent facilement des ardeurs du soleil, et, de même que la plupart des autres Conifères, ils ne souffrent la transplantation que jusqu'à l'âge de 5 ou 6 ans. L'accroissement en hauteur des Pins ne cesse qu'avec la vie de ces arbres, à moins que leur flèche (c'est ainsi qu'on appelle vulgairement la pousse terminale de leur tige), qui ne se reproduit jamais après avoir été détruite, n'ait été brisée par accident ou autrement; c'est en général depuis l'âge de dix ans jusqu'à celui de cinquante, que cet accroissement en hauteur se montre dans toute sa vigueur ; il n'est pas rare de voir ces arbres s'allonger de 2 à 3 pieds par année. Aucune espèce de Pin ne repousse de sa souche, lorsque le tronc a été coupé. — Nous ne traiterons que des espèces les plus remarquables.

Section I. EUPITYS Spach.

Gaînes-foliaires persistantes (à écailles plus ou moins soudées) de même que les écailles-phyllodiennes (2). Feuilles géminées (accidentellement ternées), semi-cylindriques

---

(1) Chez certaines espèces chaque cône contient jusqu'à trois cents graines, et un vieux Pin porte souvent quelques milliers de cônes.

(2) Nous appelons ainsi les écailles aux aisselles desquelles sont insérées les feuilles fasciculées.

(convexes en dessous, planes ou un peu concaves en dessus), écarénées, unicolores. Strobiles coniques, ou ovoïdes, ou subovales, à écailles ligneuses, très-épaissies vers le haut, entregreffées jusqu'au sommet. — Jeunes branches et rameaux fortement aréolés par la décurrence des écailles-phyllodiennes. Écorce adulte se séparant le plus souvent en lamelles.

A. *Nucules grosses, beaucoup plus longues que l'aile ; coque ordinairement épaisse et dure ; aile ovale ou arrondie, très-courte. Maturation trisannuelle.*

Pin Pignon. — *Pinus Pinea* Linn. — Duham. nov. vol. 5, tab. 72, bis, fig. 3, et tab. 73. — Rich. Conif. tab. 12, fig. 1. — Lamb. Pin. tab. 6 et 7. — *Pinus sativa* Blackw. Herb. tab. 189. — Cime subfastigiée. Feuilles longues de 3 à 7 pouces, épaisses, d'un vert foncé. Chatons-mâles courts, oblongs, disposés en épis cylindracés. Crête-anthérale large, suborbiculaire, érosée. Strobiles ovoïdes ou ovales-globuleux, très-obtus, gros, fortement tuberculeux, sessiles, souvent verticillés, finalement horizontaux. Embryon 10-à 12-cotylédoné.

Arbre atteignant 50 à 60 pieds de haut. Tronc droit ; écorce brunâtre, rimeuse, lamelleuse. Branches horizontales, redressées au sommet, disposées en parasol (sur les individus adultes). Rameaux feuillus. Feuilles érigées ou divergentes, ordinairement rectilignes ; jeunes gaînes panachées de brun et de blanc. Écailles-gemmaires rousses, fimbriées. Épis-mâles longs de 1 pouce à 2 pouces ; chatons roussâtres, longs de 4 à 5 lignes. Strobiles longs de 3 à 6 pouces, souvent de la grosseur d'une tête d'enfant, luisants, brunâtres ; écailles à partie saillante très-épaisse, fortement bombée, ou pyramidale. Nucules rousses ou d'un brun noirâtre, obovées, ou oblongues-obovées, ou subellipsoïdes, longues d'environ 6 lignes ; aile d'un brun clair ; coque mince et fragile chez une variété de culture.

Cette espèce, connue sous les noms de *Pin Pignon*, *Pin Pinier*, *Pin cultivé*, *Pin bon*, et *Pin de pierre*, croît dans l'Europe méridionale, ainsi qu'en Orient et sur le littoral de l'Afrique septentrionale ; on le cultive dans ces contrées comme arbre fruitier. Ses amandes, appelées *pignons doux*, ont une saveur analogue à celle des Noisettes ; on les sert sur les meilleures tables, au dessert et comme garniture des ragoûts ; on en fait aussi des dragées ; leur émulsion était jadis en vogue à titre de remède adoucissant et analeptique ; ces amandes se conservent bonnes pendant cinq ou six ans, en les laissant dans le strobile ; mais si l'on néglige cette précaution elles ne tardent pas de rancir. La variété à coque fragile, qu'on cultive de préférence en Italie, était déjà connue du temps de Pline. Le bois du Pin Pignon est peu résineux, blanc, et léger ; on s'en sert néanmoins avec avantage pour la menuiserie, la charpente, et le bordage des vaisseaux ; au témoignage d'Olivier, c'est le seul qu'on emploie pour la mâture, dans l'empire ottoman. — Comme arbre d'ornement, le Pin Pignon se fait remarquer par sa cime déprimée ou arrondie, qui lui donne un port différent de la plupart des autres Conifères ; il supporte le climat des environs de Paris, mais sans y atteindre une élévation considérable.

B. *Nucules courtes, longuement ailées ; coque assez mince.*
Maturation bisannuelle.

a) *Strobiles réfléchis dès la première année ; écailles mutiques à la maturité. Chatons-mâles courts, disposés en épis cylindracés.*

PIN SYLVESTRE. — *Pinus sylvestris* Linn. — Rich. Conifer. tab. 11. — Feuilles raides, d'un vert plus ou moins glauque, longues de 1 pouce à 3 pouces. Chatons-mâles ovales. Crête anthérale courte, demi-orbiculaire, érosée. Strobiles coniques, ou ovales-coniques, ou ovoïdes, pédonculés. Embryon 5- ou 6-cotylédoné.

— α : COMMUN. (Vulgairement *Pin sauvage, Pin du Nord, Pin de Russie, Pin de Riga, Pin de Haguenau, Pin de Genève.*) — *Pinus sylvestris* auctorum. — Pall. Flor. Ross. tab. 2, fig. 2. — Guimp. et Hayn. Deutsch. Holz. tab. 153. — Duham. ed. nov. vol. 5, tab. 66. — Lamb. Pin. tab. 1. — Bois d'un blanc jaunâtre. Turions grisâtres. Feuilles longues de 1 1/2 pouce à 3 pouces. Chatons-mâles jaunes. Strobiles solitaires ou subsolitaires, aussi longs que les feuilles.

— β : ROUGE. (Vulgairement *Pin rouge, Pin d'Écosse.*) — *Pinus rubra* Mill. — Duham. ed. nov. vol. 5, tab. 67, fig. 1. — *Pinus scotica* Willd. — *Pinus sylvestris* Engl. Bot. tab. 2460. — Bois rougeâtre ou ferrugineux, de même que les jeunes-pousses. Feuilles en général moins longues que chez le *Pin sylvestre commun*. Chatons-mâles ordinairement de couleur rose. Strobiles ordinairement plus courts que les feuilles, le plus souvent subverticillés (au nombre de 3 à 5). — Cette variété croît en Écosse, ainsi que dans les Pyrénées, les Alpes, et les Carpathes.

— γ : A PETIT FRUIT. (Vulgairement *Pin de Tartarie.*) — *Pinus tatarica* Hortul. — *Pinus Escarena* Risso. — Feuilles longues d'environ 1 pouce. Strobiles petits, plus courts que les feuilles. — Cette variété croît dans les localités arides des montagnes.

— δ : A FEUILLES ARGENTÉES. — *Pinus sylvestris argentea* Steven, in Ann. des Sc. Nat. 2ᵉ sér. vol. II (1839.), p. 60. — Feuilles d'un gris argenté, aussi longues que les strobiles. — Cette variété a été observée au Caucase.

Arbre atteignant 80 à 120 pieds de haut, sur 3 à 4 pieds de diamètre. Tronc droit, conique, branchu dès la base lorsque les arbres croissent isolément, mais dégarni de branches jusqu'à une élévation plus ou moins considérable, lorsque les arbres croissent en masses ; écorce épaisse, rimeuse, ferrugineuse ou d'un gris brunâtre vers la base du tronc, grisâtre ou jaunâtre vers le haut, lamelleuse. Branches verticillées au nombre de 3 à 7, horizontales. Rameaux et ramules étalés ou ascendants, à écorce d'un jaune verdâtre ou d'un brun d'olive. Cime pyramidale. Feuilles dressées ou plus ou moins divergentes, ordinairement rectilignes ; elles persistent pendant 3 ou 4 ans ; jeunes gaînes fimbriolées, roussâtres, ou panachées de blanc et de roux, plus tard grisâtres. Bourgeons ovales ou coniques ; écailles ovales ou

ovales-lancéolées, acuminées, rousses, ciliées. Épis-mâles longs
de ½ pouce à 1 ½ pouce, composés d'environ 30 à 50 chatons
longs de 3 à 5 lignes. Chatons-femelles ovoïdes, rougeâtres.
Strobiles de forme et de grandeur variables, d'un brun grisâtre
à la maturité, point luisants ; écailles à partie saillante tantôt
déprimée, tantôt bombée, tantôt pyramidale, tantôt comme oncinée et recourbée (1). Nucules ovales ou ovales-oblongues,
comprimées, d'un brun noirâtre, longues d'environ 2 lignes :
aile lancéolée-oblongue, subacuminée, presque aussi longue que
l'écaille-strobilaire.

Cette espèce croît dans toute l'Europe, ainsi qu'au Caucase
et en Sibérie ; suivant Thunberg (si toutefois cet auteur ne s'est
pas trompé), elle vient aussi au Japon ; dans l'Europe méridionale on ne la rencontre qu'à une certaine élévation : dans les
Pyrénées, par exemple, on ne l'observe plus dans les régions
élevées de moins de douze cents mètres ; mais dans les contrées
plus septentrionales, elle forme des forêts tant en plaine que dans
les régions inférieures des montagnes ; en Sibérie elle ne dépasse
pas le 62ᵉ degré de latitude. Dans le nord de la France, elle
fleurit en général durant la première moitié de mai. — Le *Pin
sylvestre* prospère surtout dans les sols sablonneux et secs, mais
il vient également, quoique avec moins de vigueur, en toute
autre espèce de terre, pourvu qu'elle ne soit pas trop humide ou
tenace ; il devient même assez beau dans les terrains calcaires
arides. La durée de sa vie est d'environ deux siècles, dans les
localités les plus favorables, quoique son accroissement soit très-
rapide jusque vers sa quarantième année ; il commence à fructifier souvent dès sa douzième année. Son bois est plus solide et
plus durable que celui des Sapins d'Europe, auxquels on le préfère aussi comme combustible ; on l'emploie à la charpente, à la
menuiserie, et à une quantité d'autres usages ; il se conserve longtemps dans l'eau et sous terre ; le charbon qu'il fournit est recherché pour les forges. Les branches servent à faire des échalas et des

____

(1) Ces modifications sont si peu constantes, qu'elles ne caractérisent
pas même des variétés.

palissades. Le bois des racines, qui est beaucoup plus résineux que celui des troncs, s'emploie à faire des torches. L'écorce est astringente : on la substitue, dans le nord, à celle du Chêne, pour le tannage ; les couches intérieures de cette écorce, réduites en poudre, peuvent servir de nourriture aux porcs ; en temps de disette, les Lapons et les Finlandais y ont même recours pour en faire une sorte de pain. La décoction des jeunes pousses a des propriétés antiscorbutiques, et, dans le Nord, les brasseurs en font quelquefois usage, en place de houblon. C'est principalement du *Pin sylvestre* et de l'espèce suivante qu'on obtient, en Europe, la *résine blanche* ou *galipot*, la *colophane* (appelée en outre *arcanson* et *brai sec*), et le *goudron*. Enfin, ce Pin est d'une grande importance pour les puissances maritimes, car c'est presque lui seul qui fournit, en Europe, des arbres offrant toutes les qualités requises pour la mâture.

b) *Strobiles dressés ou subhorizontaux durant la première année, finalement horizontaux, ou ascendants, ou plus ou moins déclinés; écailles mutiques à la maturité. Chatons-mâles courts, disposés en épis cylindracés.*

PIN DE BANKS. — *Pinus Banksiana* Pursh, Flor. Amer. Sept. — Lamb. Pin. tab. 3. — *Pinus rupestris* Mich. fil. Arb. 1, p. 49, cum fig. — Feuilles raides, assez épaisses, d'un vert foncé, longues de 1 pouce à 2 pouces. Crête-anthérale large. Strobiles sessiles, ascendants, coniques, plus ou moins arqués. — Arbrisseau de 3 à 10 pieds. Feuilles souvent divergentes, semblables à celles du *Mugho*. Strobiles longs d'environ 2 pouces, en général grisâtres à la maturité. Écailles à partie saillante en général fortement bombée et ombiliquée. Nucules semblables à celles du *Pin sylvestre*.

Cette espèce croît au Canada et dans les provinces les plus septentrionales des États-Unis ; c'est, parmi toutes ses congénères de l'Amérique, celle qui s'avance le plus au nord, parce qu'elle arrive jusqu'au delà du 68e degré de latitude; elle se plaît dans les localités rocailleuses.

PIN ALPESTRE. — *Pinus montana* Mill. — Feuilles longues

de 1 pouce à 2 ½, pouces, épaisses, d'un vert foncé ou tirant à
peine sur le glauque, ordinairement arquées. Chatons-mâles
ovales-cylindracés. Crête-anthérale large, suborbiculaire, très-
entière. Strobiles sessiles, point luisants, finalement horizontaux
(ou rarement déclinés).

— α : DRESSÉ. — *Pinus Mugho* Poir. Enc. — Lois. in Duham.
Nov. V, p. 233; tab. 68. — *Pinus uncinata* De Cand.
Flore Franç. — *Pinus obliqua* Reichb. Flor. Germ. Excurs.
— *Pinus rotundata* Link, in Bot. Zeit. 1827, p. 217, et
1828, p. 32. — Arbre s'élevant au plus à 50 pieds, sur
1 pied de diamètre; plus généralement arbrisseau de 10 à 20
pieds, très-touffu, branchu dès la base. Branches et rameaux
ascendants. Strobiles coniques, ou ovales, ou ovales-oblongs,
souvent squarreux.

— β : DIFFUS. — *Pinus Pumilio* Clus. Hist. — Waldst. et Kit.
Plant. Hungar. tab. 149. — Lamb. Pin. tab. 2. — Guimp.
et Hayn. Deutsch. Holz. tab. 154. — *Pinus Mughus* Scopol.
— Jacq. Ic. Rar. I, tab. 193. — Buisson touffu, haut de 3 à
6 pieds. Tronc court ou presque nul. Branches procombantes,
tortueuses, souvent radicantes, atteignant jusqu'à 30 pieds de
long. Rameaux ascendants. Strobiles ordinairement ovoïdes
ou ovales, très-obtus, plus courts que les feuilles, rarement
squarreux.

Arbre ayant le port du *Pinus sylvestris*, ou buisson soit droit,
soit diffus. Écorce d'un gris tirant sur le roux, épaisse, rugueuse, peu ou point rimeuse. Bois brun, ou rougeâtre, ou d'un
blanc jaunâtre, tenace, très-résineux. Feuilles très-rapprochées,
tantôt rectilignes et érigées, ou plus ou moins étalées, tantôt
plus ou moins arquées; jeunes gaînes panachées de blanc et de
roux, plus ou moins ciliées. Écailles-gemmaires ovales ou ovales-
lancéolées, ciliées, rousses. Jeunes-pousses roussâtres ou d'un
brun jaunâtre. Chatons-mâles agrégés en épis longs d'environ
1 pouce; écailles extra-caliculaires subpersistantes, presque aussi
longues que les chatons. Chatons-femelles solitaires, ou opposés,
ou subverticillés. Strobiles (tantôt plus courts que les feuilles,

tantôt aussi longs ou plus longs) longs de 10 à 20 lignes, obtus, ordinairement rougeâtres avant la maturité. Nucules longues d'environ 2 lignes, noirâtres, ou d'un brun noirâtre, pointues, oblongues, ou subovales ; aile suboblongue, roussâtre, longue d'environ 6 lignes. Embryon 5-à 7-cotylédoné.

Cette espèce, connue sous les noms vulgaires de *Torche pin*, *Pincrin*, *Pin Suffis*, et *Mugho*, est commune dans les régions alpines et subalpines de presque toute l'Europe ; on la rencontre jusqu'aux limites des neiges perpétuelles ; elle abonde surtout dans les sols tourbeux (1), quoiqu'en général elle ne forme, dans les localités de cette nature, que des buissons à branches rampantes ; elle vient également sous forme d'arbuste diffus et tortueux, dans les endroits pierreux, et dans les fentes des rochers ; sur les pentes et dans les vallons dont le sol est moins stérile, elle s'élève en arbre. L'accroissement en grosseur de ce Pin est extrêmement lent (2), mais son développement en hauteur s'accomplit dans l'espace de 60 à 70 ans ; on estime la durée de sa vie à environ 2 siècles. La résine qui découle abondamment de ses rameaux, lorsqu'on en coupe les extrémités, est d'une odeur forte et balsamique ; en Allemagne cette résine s'emploie, sous le nom de baume des Carpathes, à diverses préparations pharmaceutiques ; il en est de même de l'huile essentielle qu'on extrait des jeunes pousses du Mugho. Les rameaux sont assez tenaces pour tenir lieu d'osiers. Le bois, également tenace et très-dur, est employé par les montagnards à faire des torches et toutes sortes d'ustensiles. — Dans les jardins paysagers ce Pin se fait remarquer par son port très-touffu, et par la couleur verte de son feuillage ; il reste très-longtemps à l'état de buisson peu élevé.

______

(1) Parmi les Pins indigènes, cette espèce est la seule qui soit susceptible de végéter dans les lieux constamment très-humides. Tous les plateaux humides ou marécageux des Alpes, des Carpathes, de la Forêt Noire, sont couverts de fourrés bas, mais presque impénétrables, de Pin Mugho.

(2) Une tige ou une branche âgée d'une trentaine d'années n'a d'ordinaire que 15 à 24 lignes de diamètre.

PIN MARITIME. — *Pinus maritima* Lamk. Enc. (non Lamb.)
— Duham. Arb. II, tab. 29, n° 4. — Duham. ed. nov. 5,
tab. 72, et 72 bis, fig. 1. — *Pinus Pinaster* Hort. Kew. —
Lamb. Pin. tab. 4 et 5. — Feuilles raides, épaisses, d'un vert
foncé, longues de 4 à 10 pouces. Chatons-mâles ovales. Crête-
anthérale large, suborbiculaire, érosée. Strobiles ovoïdes, ou
pyramidaux, ou coniques, verticillés, subsessiles, finalement déclinés, grands, luisants, plus courts que les feuilles.

Arbre de la taille du *Pin sylvestre.* Tronc droit, à cime
pyramidale. Écorce rimeuse, lamelleuse. Branches étalées.
Écailles-gemmaires longuement fimbriées, ovales, ou ovales-lancéolées, acuminées. Jeunes pousses roussâtres. Jeunes gaînes-foliaires panachées de blanc et de roux. Feuilles épaisses, très-
raides, ordinairement rectilignes, tantôt érigées, tantôt plus ou
moins divergentes ou étalées. Chatons-mâles jaunâtres ou roussâtres, longs de 3 à 4 lignes, obtus, agrégés en épis longs de 1 à
2 pouces. Strobiles longs de 3 à 7 pouces, sur 15 à 30 lignes de
diamètre à leur base, verticillés au nombre de 3 à 6, d'un
brun-roussâtre à la maturité, en général fortement tuberculeux
par la portion saillante des écailles qui est très-épaisse, fortement
bombée ou pyramidale, tantôt ombiliquée, tantôt couronnée d'un
appendice onciné. Nucules noirâtres, luisantes, ovales, ou oblongues, lenticulaires, longues de 3 à 4 lignes; aile oblongue-cultri-
forme, longue de près de 1 pouce, d'un roux pâle.

Cette espèce, appelée vulgairement *Pin de Bordeaux,* et
Pinceau, croît dans toute l'Europe méridionale; elle abonde
dans la Provence, le Languedoc, et les landes de Bordeaux; on
la trouve aussi en Bretagne et dans les environs du Mans. Ce Pin
ne se plaît que dans les sables siliceux, et, quoiqu'il supporte
le climat du nord de la France, il ne paraît pas pouvoir résister
à des froids très-rigoureux; aux environs de Paris, il fleurit un
peu plus tard que le *Pin sylvestre.* — Le Pin maritime est un
arbre très-précieux, pour le midi et pour l'ouest de la France,
en raison de ses produits : on l'exploite en grand pour la préparation de l'essence de térébenthine, de la poix, du goudron,
de la colophane, et du noir de fumée; il contient, à ce qu'il pa-

raît, plus de résine que tout autre Pin indigène. Son bois sert au chauffage et à la charpente ; dans l'arsénal de la marine à Toulon, on l'emploie pour le doublage de toutes les embarcations des vaisseaux, et principalement pour les pilotis.

Pin d'Alep. — *Pinus halepensis* Mill. — Duham. ed. nov. 5, tab. 70. — Lamb. Pin. tab. 11. — *Pinus maritima* Lamb. Pin. tab. 9 et 10. (non Lamk.) — *Pinus brutia* Tenor. Prodr. Flor. Nap.; Flor. Nap. tab. 200. — *Pinus conglomerata* Græfer. Plant. exsicc. — *Pinus sylvestris* Gouan. — *Pinus genuensis* Lodd. — Feuilles menues, presque filiformes, un peu flasques, d'un vert foncé, longues de 1 '/, pouce à 6 pouces. Chatons-mâles oblongs-cylindracés. Crête-anthérale large, suborbiculaire, érosée. Strobiles coniques, ou ovales-coniques, ou ovoïdes, solitaires, ou verticillés, pédonculés, ou subsessiles, finalement déclinés, luisants.

Arbre atteignant 5o pieds de haut, et formant, dans sa jeunesse, un buisson très-touffu, à branches inférieures diffuses, redressées au sommet. Cime pyramidale, à branches touffues, très-rameuses. Rameaux grêles, redressés. Écorce d'un brun olive, ou grisâtre. Écailles-gemmaires ovales-lancéolées, longuement acuminées, fimbriolées, rousses. Feuilles en général rectilignes ou subrectilignes, tantôt érigées, tantôt divergentes ou étalées, beaucoup plus étroites et plus minces que celles des espèces précédentes ; gaînes courtes, panachées de roux et de blanc. Chatons-mâles longs d'environ 3 lignes, roussâtres, disposés en épis longs de '/, pouce à 2 pouces. Strobiles longs dé 2 à 4 pouces, finalement roussâtres, ou jaunâtres, ou grisâtres ; portion saillante des écailles aplatie, ou moins fréquemment soit bombée, soit pyramidale. Nucules noirâtres, ovales, ou oblongues, plus ou moins comprimées, longues d'environ 3 lignes ; aile subcultriforme, roussâtre, longue de près de 1 pouce.

Cette espèce, appelée vulgairement *Pin de Jérusalem*, croît sur les coteaux de la Provence et dans les contrées plus méridionales de l'Europe, ainsi que sur l'Atlas et en Syrie ; elle se plaît dans les sables les plus arides ; on ne peut la cultiver, dans le nord de la France, que dans les expositions chaudes et abritées. De même que les deux espèces précédentes, elle donne beaucoup de résine.

c) Strobiles dressés ou subhorizontaux durant la première année, fina-lement plus ou moins déclinés; écailles mutiques ou submutiques à la maturité. Chatons mâles allongés, cylindracés, fasciculés.

PIN LARICIO. — *Pinus Laricio* Poir. Enc. —Duham. ed. noy. 5, tab. 67, fig. 2. — Lamb. Pin. vol. 2, tab. 9. — *Pinus pyrenaica* Lapeyr. — *Pinus halepensis* Bieberst. (non Mill.) — *Pinus maritima* Pallas. (non Lamk.) — *Pinus Pinea* Habl. — *Pinus taurica* Lodd. — *Pinus corsicana* Loud. — *Pinus austriaca* Tratt. — *Pinus nigricans* Host. — *Pinus calabra* Hortul. — Feuilles longues de 4 à 7 pouces, assez épaisses, d'un vert noirâtre. Crête-anthérale large, suborbiculaire, très-entière. Strobiles coniques, ou ovales-coniques, ou ovoïdes, ses-siles, luisants.

Arbre atteignant 100 à 150 pieds de haut, et jusqu'à 9 pieds de diamètre. Tronc droit, finalement dégarni de branches jus-qu'à une hauteur considérable. Écorce grisâtre, rimeuse, la-melleuse. Bois blanc ; aubier rougeâtre. Branches fortes, étalées, très-rameuses, très-feuillues. Rameaux étalés ou ascendants. Jeunes-pousses rousses ou verdâtres. Écailles-gemmaires rousses, longue-ment fimbriées, linéaires-lancéolées, acérées. Feuilles à peu près aussi larges et aussi épaisses que celles du *Pin sylvestre*, mais or-dinairement plus longues, tantôt rectilignes, tantôt arquées, éri-gées, ou divergentes, ou divariquées ; gaînes assez longues, les jeunes panachées de blanc et de roux. Chatons-mâles longs de près de 1 pouce, roussâtres, agrégés au nombre de 6 à 20. Stro-biles solitaires, ou géminés, ou opposés, ou verticillés au nombre de 3 ou 4, longs de 1 ½ à 3 pouces, tantôt rectilignes, tantôt courbés au sommet, finalement d'un brun pâle, ou roussâtres : portion saillante des écailles tantôt plane ou presque plane, tantôt plus ou moins fortement bombée, tantôt subpyramidale. Nucules ovales ou obovales, grisâtres, ou d'un brun noirâtre, assez grosses (notablement plus grosses que celles du *Pin d'Alep*), longues d'environ 3 lignes ; aile longue de près de 1 pouce, roussâtre, subcultriforme.

Cette espèce, connue sous les noms de *Laricio, Pin de Corse, Pin de Calabre, Pin de Crimée, Pin d'Autriche*, croît dans les Pyrénées, les montagnes de la Corse, de l'Italie, de l'Autriche, de la Hongrie, de la Crimée, et probablement dans beaucoup d'autres contrées de l'Europe méridionale et de l'Orient ; elle prospère dans les sols calcaires de même que dans les sables siliceux les plus arides. De tous les Pins d'Europe, le *Laricio* est celui qui atteint les dimensions les plus considérables ; il ne souffre nullement des froids les plus rigoureux du nord de la France, et son accroissement est beaucoup plus rapide que celui du Pin sylvestre ; aux environs de Paris, il ne fleurit qu'à la fin de mai ou au commencement de juin. — Le bois du *Laricio* est inférieur en qualité à celui du *Pin sylvestre ;* néanmoins on en fait une consommation assez considérable dans l'arsenal de la marine à Toulon, après avoir eu soin d'en enlever l'aubier, qui est très-tendre, très-volumineux, et sujet à se détériorer promptement ; le cœur du bois est durable et compacte. Le tronc du *Laricio* peut servir à la mâture, mais il paraît qu'il est loin d'avoir la force de celui du *Pin de Russie*.

— β : PIN DE CARAMANIE OU PIN DE LA ROMAGNE. — *Pinus caramanica* et *Pinus Romaniæ* Hortul. — Cette variété, qui passe pour originaire d'Orient, ne diffère du vrai *Laricio* qu'en ce que ses feuilles sont plus larges et plus épaisses ; on la cultive dans les plantations d'agrément.

— γ : PIN ROUGE D'AMÉRIQUE. — *Pinus resinosa* Hort. Kew. — Lamb. Pin. tab. 14. — *Pinus rubra* Mich. fil. Arb. 1, p. 45, cum fig. — Ce Pin, qui croît au Canada et dans le nord des États-Unis, où on l'appelle *Pin rouge*, et aussi *Pin jaune*, paraît ne différer du Laricio d'Europe que par des feuilles un peu plus menues. Son bois, très-résineux, d'un grain fin et serré, est très-estimé, en Amérique, pour sa force et sa durée ; on l'emploie pour les constructions navales, et particulièrement pour le pont des vaisseaux, parce qu'il peut fournir des planches de quarante pieds de long, sans aucun nœud.

d) Strobiles dressés ou subhorizontaux durant la première année, finalement plus ou moins déclinés; écailles mucronées ou spinelleuses.

PIN JAUNE. — *Pinus mitis* Mich. Flor. Bor. Amer. — Mich. fil. Arb. 1, p. 52, cum fig. — *Pinus variabilis* Pursh, Flor. Amer. Sept. — Lamb. Pin. tab. 15. — Feuilles assez menues, d'un vert sombre, longues de 3 à 5 pouces. Strobiles subsessiles, subsolitaires, coniques, courts; écailles courtement mucronées. — Arbre atteignant 50 à 60 pieds de haut, sur 1 1/2 à 3 pieds de diamètre. Cime formant une pyramide très-régulière. Strobiles brunâtres, longs d'environ 18 lignes.

Cette espèce croît aux États-Unis, depuis la Floride et la Louisiane jusque vers le 43e degré de latitude; on ne la rencontre que dans les terrains maigres et arides; M. A. Michaux dit que ce Pin ne forme jamais à lui seul des forêts, mais que moins le sol est bon, plus il y abonde; on le désigne par les noms de *Pin jaune* (yellow pine), *Pin sapin* (spruce pine), et *Pin à courtes feuilles* (short-leaved pine). Le bois du *Pinus mitis* est médiocrement résineux, compacte, léger, et très-durable; M. Michaux fait remarquer que les couches annuelles y sont fort rapprochées les unes des autres, et qu'elles le sont six fois plus que dans le *Pinus rigida* ou le *Pinus Tæda*. Dans la partie maritime des États du centre, les planchers des appartements et autres ouvrages de menuiserie sont presque exclusivement construits avec le bois du *Pinus mitis ;* dans les Hautes-Carolines, beaucoup de maisons en sont entièrement construites et même couvertes; on l'emploie aussi pour les constructions navales, parce qu'il est reconnu pour être le plus durable après le bois du *Pinus australis ;* débité en madriers ou en planches, il forme un article considérable d'exportation pour l'Angleterre et les Antilles. — Cette espèce se rencontre rarement dans les jardins paysagers.

PIN CHÉTIF. — *Pinus inops* Linn. — Mich. fil. Arb. 1,

p. 59, cum fig. — Lamb. Pin. tab. 13. — Feuilles assez épaisses, d'un vert foncé, longues de 1 à 2 pouces. Strobiles coniques, subsessiles, solitaires ou subsolitaires, courts; écailles à
mucron long, subulé, raide. — Arbre atteignant quelquefois
30 à 40 pieds de haut, sur 12 à 15 pouces de diamètre, mais
ordinairement moins haut. Écorce noirâtre. Branches supérieures distancées. Rameaux peu écailleux. Jeunes-pousses violettes.
Strobiles longs d'environ 2 pouces, sur 1 pouce de diamètre à
leur base, d'un rouge brun ; pointes souvent recourbées. —
Cette espèce croît dans les mêmes contrées que la précédente, où on l'appelle *Pin du New-Jersey*, et *Pin chétif ;*
son bois est de qualité très-médiocre, et il ne s'emploie à aucun
usage important.

PIN PIQUANT. — *Pinus pungens* Lamb. Pin. tab. 16. fig. c.
— Mich. fil. Arb. 1, p. 60 ; tab. 5. — Feuilles assez épaisses,
d'un vert foncé, longues d'environ 2 pouces. Strobiles gros, sessiles, verticillés, ovoïdes, ou obturbinés, spinelleux, finalement
d'un brun jaunâtre; spinelles ligneuses, coniques, acérées. —
Arbre de 40 à 50 pieds. Strobiles longs de 3 pouces, sur 2 pouces de diamètre à la base, souvent verticillés au nombre de
quatre; spinelles souvent recourbées. — Cette espèce n'a été
trouvée jusqu'aujourd'hui que sur les montagnes de la Caroline
septentrionale.

SECTION II. TÆDA Spach.

Gaînes-foliaires (à écailles plus ou moins soudées) persistantes de même que les écailles-phyllodiennes. Feuilles
ternées (accidentellement géminées), trièdres (carénées
en dessus, convexes et quelquefois canaliculées en dessous), unicolores. Strobiles coniques, ou ovoïdes, ou
subovales, plus ou moins déclinés à la maturité, à
écailles ligneuses, très-épaissies vers le haut, entregreffées jusqu'au sommet. — Jeunes branches et rameaux
fortement aréolés par la décurrence des écailles-phyllodiennes. Écorce adulte rimeuse, lamelleuse.

a) *Chatons-mâles dressés, imbriqués, disposés en épis. Strobiles ovoïdes.*

Pin raide. — *Pinus rigida* Linn. — Lamb. Pin. tab. 18 et 19. — Mich. fil. Arb. 1, p. 89; tab. 8. — Feuilles longues de 2 à 7 pouces, épaisses, d'un vert foncé. Strobiles solitaires ou agrégés, subsessiles, spinelleux; spinelles raides, subulées. Nucules petites, noires, longuement ailées. — Arbre atteignant 70 à 100 pieds de haut, sur 2 à 3 pieds de diamètre, dans les marais vaseux; lorsqu'il croît dans des sols arides, il ne s'élève pas à plus de 40 pieds, et souvent il ne forme qu'un arbrisseau de 12 à 15 pieds. Écorce épaisse, noirâtre, profondément rimeuse. Tronc garni de branches dans les deux tiers de sa hauteur. Chatons-mâles longs d'environ 1 pouce. Strobiles longs de 1 pouce à 3 ½ pouces, luisants, d'un brun jaunâtre; spinelles dressées ou réfléchies, longues d'environ 2 lignes.

Cette espèce habite la partie atlantique des États-Unis, depuis la Caroline jusque vers le 46e degré de latitude; on la désigne le plus généralement par le nom de *Pin résineux* (pitch pine) et quelquefois aussi par celui de *Pin noir* (black pine); il abonde dans les landes sablonneuses les plus arides, mais dans les localités de cette nature il reste chétif et rabougri; il est aussi très-commun sur les chaînons des Alléghanys, dont le sol est composé d'argile et de beaucoup de pierres, et où il végète avec plus de vigueur que dans les sables purs; mais c'est dans les grands marais remplis de *Cupressus thuyoides,* qu'il acquiert des dimensions beaucoup plus fortes qu'en toute autre localité; il croît même quelquefois au milieu des prairies salées, exposées aux inondations des fortes marées. — La qualité du bois du *Pinus rigida* varie beaucoup suivant la nature du terrain dans lequel il croît; sur les montagnes, et dans les sols secs ou graveleux, il devient très-résineux, compacte et pesant; dans les marais, au contraire, il reste tendre, léger, et surchargé d'aubier; en tout cas il est inférieur à celui du *Pinus mitis;* mais comme cette dernière espèce devient de plus en plus rare, on la remplace, pour beaucoup d'usages, par le *Pinus rigida;* il est assez recherché comme combustible. —

Le *Pinus rigida* se cultive parfois dans les jardins paysagers, mais, de même que la plupart des autres Pins des États-Unis, il paraît s'acclimater difficilement dans le nord de la France.

PIN REMARQUABLE. — *Pinus insignis* Douglas, ex Loudon, Arb. Brit. p. 2265. — Pin. Wob. fig. 18. — Antoine, Conif. tab. 8, fig. 1. — Feuilles d'un vert foncé, assez épaisses, longues de 4 à 6 pouces, et plus. Strobiles ovoïdes, à écailles fortement bombées au sommet, finalement mutiques. Nucules à aile 3 fois plus courte que les écailles. — Grand arbre. Strobiles longs d'environ 3 pouces ou plus, sur 1 ¹/₂ pouce de diamètre ; écailles d'un pourpre foncé. (*Loudon*, *l. c.*) — Cette espèce habite la Californie ; on la cultive en Angleterre, de graines envoyées par Douglas en 1833.

PIN A BOIS LOURD. — *Pinus ponderosa* Douglas, ex Loud. Arb. Brit. — Pini Woburn. p. 44, fig. 15. — Antoine, Coniferæ, tab. 8, fig. 1. — Feuilles épaisses, d'un vert foncé, longues de 6 à 14 pouces. Crête-anthérale arrondie, très-entière. Strobiles ovoïdes, à écailles en général déprimées au sommet, mucronées. Nucules à aile presque aussi longue que l'écaille. — Très-grand arbre, à bois très-lourd. Vieilles branches souvent déclinées. Strobiles longs d'environ 3 pouces. Nucules à aile longue d'environ 1 pouce, brunes. (*Loudon*, *l. c.*) — Cette espèce croît sur la côte nord-ouest de l'Amérique, d'où Douglas en a envoyé des graines à la Société horticulturale de Londres, en 1826 ; elle commence à se répandre dans les collections d'arbres-verts. On dit que son bois est si pesant qu'il ne surnage pas à l'eau.

PIN TARDIF. — *Pinus serotina* Mich. Flor. Bor. Amer. — Mich. fil. Arb. 1, p. 86 ; tab. 7. — Feuilles assez minces, d'un vert foncé, longues de 5 à 8 pouces. Strobiles subsessiles, ordinairement opposés ; écailles finement mucronulées. Nucules petites, noires, longuement ailées. — Arbre de 30 à 40 pieds, sur 15 à 18 pouces de diamètre. Branches très-espacées. Chatons-mâles longs de 6 à 8 lignes. Strobiles du volume d'un œuf de poule, luisants, d'un brun clair; suivant l'observation de M. Michaux, ils ne s'ouvrent que la troisième et même la quatrième année, quoiqu'ils ne mettent que deux ans pour arriver à leur parfaite maturité.

Cette espèce croît dans la partie maritime des provinces méridionales des États-Unis ; on la trouve principalement autour des mares remplies de *Laurus æstivalis*, et dans les petits marais couverts de *Nyssa aquatica*, de *Magnolia glauca*, de *Gordonia lasianthus*, etc. Son bois est peu estimé.

PIN DE SABINE. — *Pinus Sabiniana* Douglas, ex Lamb. Pin. 2, tab. 80. — Feuilles glauques, assez épaisses, longues de ½ pied à 1 pied. Strobiles ovoïdes-globuleux, très-gros ; écailles très-larges, longuement acuminées, spinescentes et infléchies au sommet. — Arbre atteignant 110 à 140 pieds de haut, sur 3 à 12 pieds de diamètre. Strobiles longs de 9 à 11 pouces, sur 5 à 6 pouces de diamètre, verticillés au nombre de 3 à 9. Nucules oblongues, courtement ailées. (*Lambert, l. c.* — *Hooker, Flor. Bor. Amer.* II, p. 162.) — Cette espèce, introduite depuis peu en Europe, croît dans les montagnes de la Nouvelle-Albion.

PIN A LONGUES FEUILLES. — *Pinus longifolia* Lamb. Pin. tab. 21 ; id. ed. II, tab. 26 et 27. — Royle, Himal. tab. 85, fig. 1. — Antoine, Conifer. tab. 9. — Feuilles menues, pendantes, longues de 10 à 18 pouces. Strobiles ovoïdes ou ovales-oblongs ; écailles ordinairement oncinées au sommet. Nucules elliptiques-oblongues, comprimées. (*D, Don, in Royle, l. c.* p. 353.) — Arbre s'élevant à 100 pieds et plus. Écorce scabre. Crête-anthérale grande, suborbiculaire, infléchie. Strobiles longs de 5 à 7 pouces. — Cette espèce croît au Népaul, dans les régions élevées de 2,000 à 6,000 pieds. Les habitants du pays la nomment *Tchir, Sullah,* et *Surul.* On cultive ce Pin dans les collections d'orangerie ; il est probable qu'il résisterait aux hivers du nord de la France.

PIN DE GÉRARD. — *Pinus Gerardiana* Wallich, ined. —

Royle, Himal. tab. 85, fig. 2. — Antoine, Conifer. tab. 10. — Feuilles d'un vert glauque, courtes, à gaîne caduque. Strobiles ovales - oblongs ; écailles terminées en bec obtus, recourbé. Nucules oblongues, subcylindriques , courtement ailées. — Strobiles longs de 9 à 10 pouces. (*D. Don, in Royle, l. c.* p. 353.) — Cette espèce croît sur le revers septentrional de l'Himalaya, dans les régions élevées de 5,000 à 10,000 pieds ; les habitants de ces contrées l'appellent *Neoza*. Ses amandes sont assez grosses, et recherchées comme comestible. — Ce Pin est encore rare dans les collections ; il est assez rustique pour résister au climat du nord de la France.

PIN TÉDA. — *Pinus Tœda* Linn. — Mich. fil. Arb. 1, p. 97 ; tab. 9. — Lamb. Pin. 1, tab. 16 et 17. — *Pinus echinata* Mill. — Feuilles menues, d'un vert gai, longues de 6 à 10 pouces. Strobiles sessiles,, spinelleux, odinairement solitaires ; spinelles raides , coniques , souvent oncinées. Nucules petites, noires, longuement ailées. — Arbre atteignant 80 à 100 pieds de haut, sur 3 pieds de diamètre. Tronc droit, souvent sans branches jusqu'à la hauteur de 50 pieds. Écorce très-épaisse, très-rugueuse, profondément rimeuse. Cime très-large. Chatons-mâles longs d'environ 1 pouce. Strobiles longs de 2 à 5 pouces.

Ce Pin est commun dans la partie maritime des États-Unis, depuis la Floride jusqu'en Virginie ; on l'appelle vulgairement *Pin loblolly ;* dans la Virginie et dans la Caroline du nord, il occupe les terrains secs et sablonneux ; dans les États plus méridionaux, au contraire, il ne croît que dans les bas-fonds humides, au voisinage des rivières et des marais : c'est dans ces localités qu'il acquiert le plus d'élévation ; il se dissémine avec facilité, et de manière à envahir promptement tous les champs abandonnés ; c'est, au témoignage d'Elliot, le Pin le plus répandu sur le littoral de la Géorgie et des Carolines. — L'accroissement du *Pinus Tœda* est très-rapide, mais par contre son bois est de qualité fort médiocre, et toujours surchargé d'aubier, surtout lorsqu'il provient de localités humides ; il est aussi beaucoup moins résineux que celui de la plupart des autres Pins d'Amérique ; on l'emploie néanmoins à la menuiserie et comme combustible, mais seulement à défaut de bois de meilleure qualité. — Cette espèce mériterait d'être cultivée comme arbre d'ornement, mais elle ne supporte point le climat du nord de la France.

PIN AUSTRAL.—*Pinus australis* Mich. fil. Arb. 1, p. 64, tab. 6. — *Pinus palustris* Mill. — Lamb. Pin. tab. 20. — Feuilles menues, d'un vert gai, longues de 10 à 18 pouces. Strobiles sessiles ou subsessiles, solitaires ; écailles mutiques ou finement mucronées. Nucules minces, blanchâtres, longuement ailées.—Arbre atteignant souvent 80 à 100 pieds de haut, sur 24 à 30 pouces de diamètre. Tronc droit, subcylindrique, ordinairement sans branches jusqu'à la hauteur de 40 à 50 pieds. Écorce peu fendillée, à épiderme se détachant en lamelles fines et transparentes. Bourgeons à écailles profondément fimbriées. Feuilles agrégées vers l'extrémité des rameaux, souvent flasques et pendantes ; celles des jeunes individus ordinairement longues de 18 pouces. Chatons - mâles violets, fasciculés, longs de près de 2 pouces. Strobiles longs de 6 à 10 pouces, coniques, ou subcylindracés, bruns ; écailles à pointe oblitérée, ou fine et ordinairement recourbée. Nucules longues de 5 à 6 lignes ; aile roussâtre, obliquement oblongue, longue de près de 2 pouces.

Cette espèce est très-commune dans la Louisiane, les Florides, la Géorgie, les Carolines et les parties basses de la Virginie, jusque vers 38° de lat. ; on la désigne, dans ces contrées, sous les noms de *Pin jaune*, *Pin à longues feuilles*, *Pin à goudron*, et *Pin à balais*. C'est par erreur que des botanistes européens lui ont donné le nom de *Pin de marais*, car loin de croître dans les endroits humides ou marécageux, cet arbre vient de préférence dans les terrains les plus arides, et c'est lui qui couvre presque exclusivement les vastes landes sablonneuses qui s'étendent le long du littoral des États-Unis, et que les Anglo-Américains appellent landes à Pins (*pine barrens*). — Parmi les

Pins de l'Amérique septentrionale, le *Pinus australis* est l'espèce
la plus importante par son utilité. Son bois est très-résineux, plus
compacte et plus durable que celui de tous les autres Pins des
États-Unis; M. A. Michaux assure même qu'il est supérieur, sous
ce rapport, au Pin de Riga; il a le grain fin et serré, susceptible d'un beau poli; dans les lieux où il est commun, on n'en
emploie presque pas d'autre pour la construction des maisons,
ainsi que pour la quille et les bordages des navires; dans le
midi des États-Unis, on le préfère à tout autre bois pour les
planchers des appartements; il n'est pas moins recherché pour
la mâture; on l'exporte en quantité, tant en planches qu'en madriers, aux Antilles, en Angleterre et dans les États septentrionaux de l'Union. Le *Pinus australis* est aussi celui des Pins
d'Amérique qu'on exploite avec le plus d'avantage pour les produits résineux. — Comme arbre d'ornement, cette espèce mériterait aussi la préférence sur la plupart de ses congénères; mais
elle ne résiste pas aux hivers des environs de Paris, et elle
ne prospère même guère dans le climat de la France méridionale.

PIN DES CANARIES. — *Pinus canariensis* Buch, Descr. Ca-
nar. p. 32. — De Cand. Plantes rares du jardin de Genève,
tab. 1 et 2. — Feuilles menues, d'un vert gai, souvent pendantes, longues d'environ 1 pied. Strobiles sessiles, solitaires; écailles mutiques. Nucules brunes, 1 fois plus courtes que l'aile; aile
brunâtre, fortement striée. — Arbre très-élancé. Strobiles longs
de 7 à 8 pouces. Nucules longues de 3 à 4 lignes. Embryon
8-à 10-cotylédoné. — Ce Pin croît à Ténériffe, depuis les bords
de la mer jusqu'à la hauteur de 6,700 pieds; mais il abonde
surtout dans les régions situées entre 4,000 et 6,000 pieds; on
le trouve aussi à la Grande-Canarie. Son bois est très-résineux :
on le débite en planches, et on l'emploie à la charpente des maisons. — Ce Pin se cultive dans les collections d'orangerie; il ne
résiste pas aux hivers, même les plus tempérés, du nord de la
France.

Section III. STROBUS Sweet.

Gaînes-foliaires (à écailles distinctes presque dès leur base)
caduques de même que les écailles – phyllodiennes.
Feuilles quinées (accidentellement ternées, ou quaternées, ou sénées, ou septénées), trièdres (carénées
en dessus, convexes et quelquefois 1-sulquées en dessous), bicolores (vertes en dessous et aux bords, glauques en dessus). Strobiles cylindracés, allongés, pendants
dès la première année ; écailles à peine épaissies vers le
sommet, ligneuses, entregreffées seulement jusqu'au
delà du milieu, lâchement imbriquées dans leur partie
inadhérente, quelquefois recourbées au sommet. Nucules plus ou moins comprimées, longuement ailées. —
Jeunes branches et rameaux dépourvus d'aréoles saillantes. Écorce finalement rimeuse, mais point lamelleuse.
Écailles-gemmaires point fimbriées.

Pin Strobus. — *Pinus Strobus* Linn. — Mich. fil. Arb. 1,
p. 103, tab. 10. — Lamb. Pin. 1, tab. 22. — Feuilles menues,
longues de 2 à 4 pouces, d'un vert foncé en dessous, glauques
en dessus. Anthères bimucronulées, sans crête. Strobiles pédonculés, plus longs que les feuilles ; écailles cunéiformes - oblongues, subobtuses, point recourbées. Nucules ovales, brunes. —
Arbre atteignant, dans les conditions les plus favorables, 180
pieds de haut, et 4 à 8 pieds de diamètre. Tronc droit, diminuant sensiblement d'épaisseur du pied jusqu'au sommet, sans
branches jusqu'aux deux tiers et même aux trois quarts de sa
hauteur. Branches étalées ou inclinées, redressées au sommet ;
les terminales ascendantes ou dressées. Cime très-régulièrement
pyramidale, ou conique, touffue. Écorce lisse sur les jeunes
troncs et branches, d'abord d'un vert olive, plus tard d'un gris
de cendres, finalement fendillée et rugueuse. Bois d'un blanc
jaunâtre. Jeunes - pousses grêles, d'un brun jaunâtre. Feuilles
agrégées en panache vers l'extrémité des ramules, un peu flasques, ordinairement rectilignes. Bourgeons ovales, acuminés,

ferrugineux, à écailles ovales, longuement acuminées. Gaînes
membranacées, blanchâtres, caduques avant le complet développe-
pement des feuilles. Chatons-mâles courts, subovales, jaunâtres
ou roussâtres, agrégés au nombre de 10 à 20 en épis longs de
9 lignes à 2 pouces. Strobiles solitaires, ou opposés, ou verticillés-ternés, longs de 4 à 5 pouces, sur 1 pouce de diamètre,
rétrécis aux 2 bouts, un peu arqués, avant la maturité d'un
vert gai ou glauque, finalement d'un brun roux ou jaunâtre; ils
s'ouvrent dès l'automne de la seconde année; écailles striées,
très - obtuses, ou acuminulées; pédoncule - fructifère long
de $^1/_2$ pouce à 1 pouce, pendant, assez gros. Nucules à aile brune,
subdolabriforme, pointue d'un côté, presque aussi longue que
l'écaille. Embryon 6-à 12-cotylédoné.

Cette espèce, connue sous les noms vulgaires de *Pin du Lord*,
ou *Pin de Weymouth*, habite le Canada et les États-Unis, où
on l'appelle assez généralement *Pin blanc* (nom dû à la couleur de son bois); elle abonde surtout entre 43° et 48° de latitude; dans les contrées plus méridionales, elle est confinée aux
vallons frais et aux flancs élevés des montagnes; le 50e degré
de latitude paraît être sa limite septentrionale. Le *Pinus Strobus* s'accommode de toute espèce de sol, pourvu que les localités
ne soient ni trop arides, ni continuellement submergées ; c'est
dans les bas-fonds à sol frais, profond et très-fertile, ainsi qu'aux
bords des rivières et dans les marais tourbeux où abonde le
Thuya occidentalis, qu'il atteint son plus grand développement; on le trouve plus ou moins épars dans les forêts d'Érables à sucre, de Hêtres, et de Chênes : quoiqu'il s'élève moins
dans ces localités, dont le sol est substantiel et propre à la culture du blé, il surpasse encore de beaucoup tous les autres arbres, et se fait distinguer ainsi à de grandes distances.

En raison des qualités et des nombreux emplois de son bois,
le *Pinus Strobus* est l'espèce la plus importante de son genre,
pour tout le nord de l'Amérique. Ce bois est tendre, léger, peu
chargé de nœuds, et facile à travailler; il a fort peu d'aubier, et
il résiste longtemps aux alternatives de sécheresse et d'humidité, lorsqu'on a eu soin de le dépouiller de son écorce dès qu'il

a été abattu ; il ne se fend pas facilement aux ardeurs du soleil ; il fournit des planches très-larges, et des pièces de charpente d'une grande dimension ; du reste, la nature du sol influe beaucoup sur ses propriétés : celui qui provient d'un sable gras, profond et humide, est le plus estimé pour sa légèreté et pour la texture fine et délicate de son grain, qui permet de le couper net en tous sens ; celui qui croît dans les terrains secs et élevés est plus ferme, plus résineux, et d'un grain plus grossier. Dans le nord des États-Unis, beaucoup de maisons sont construites entièrement en bois de *Pinus Strobus ;* il est d'un usage général pour la charpente et les planchers, et souvent aussi pour les couvertures en bardeaux ; on l'emploie presque exclusivement à la mâture des vaisseaux qui se construisent dans les États du nord et du milieu, et ces contrées ne possèdent même aucun autre arbre adapté à cet usage : les mâts de *Pinus Strobus* ont l'avantage sur ceux du Pin de Riga, en ce qu'ils sont beaucoup plus légers ; mais ils ne peuvent rivaliser avec ceux-ci en force et en durée. Le bois de *Pinus Strobus* est exporté en grande quantité, tant en planches qu'en madriers, aux Antilles et en Angleterre. — Le *Pinus Strobus* ne contient pas assez de résine pour être exploité sous ce rapport.

Le *Pinus Strobus* est l'un des arbres-verts les plus élégants que l'on connaisse : aussi voit-on peu de jardins paysagers dont il soit exclu. Cet arbre est aussi rustique que les Conifères du nord de l'Europe, et c'est même le seul des Pins d'Amérique qui s'accommode facilement du climat de la France septentrionale ; néanmoins il n'y prospère que dans les sols frais et fertiles. Dans un terrain propice, sa croissance est très-rapide : il peut acquérir 60 à 70 pieds de haut, et 2 à 3 pieds de diamètre, dans l'espace d'une trentaine d'années.

PIN ÉLANCÉ. — *Pinus excelsa* Wallich, Plant. Asiat. Rar. tab. 201.—Lamb. Pin. vol. 2, tab. 3.—Feuilles menues, longues d'environ $^1/_2$ pied, bicolores, souvent pendantes. Anthères à crête arrondie, tronquée, laciniée. Strobiles plus longs que les feuilles ; écailles cunéiformes - oblongues, obtuses. — Arbre de

90 à 120 pieds. Branches souvent pendantes. Feuilles semblables à celles du *Pinus Strobus*, mais plus longues. Strobiles
longs de 5 à 10 pouces, semblables de forme à ceux du *Pinus
Strobus*, mais plus grands. — Cette espèce croît dans l'Himalaya. Elle est assez rustique pour supporter les hivers du nord
de la France, mais encore peu répandue dans les collections.
Son bois est plus compacte que celui de tous les autres Pins de
l'Himalaya.

PIN DE LAMBERT. — *Pinus Lambertiana* Douglas, ined. ex
Hook. Flor. Bor. Amer. II, p. 161.—Lamb. Pin. ed. nov.
Ic. — Feuilles longues de 4 à 5 pouces, raides, unicolores.
Strobiles très-longs, oblongs; écailles très-larges, planes. — Arbre atteignant jusqu'à 215 pieds de haut, sur 58 pieds de circonférence à 3 pieds de terre, et 6 pieds de diamètre à 34 pieds
de terre. Strobiles longs de 12 à 15 pouces, sur 11 pouces de
circonférence. (*Hooker, l. c.*) — Cette espèce, l'une des plus
remarquables du genre, en raison de la taille gigantesque qu'elle
est susceptible d'acquérir, a été observée par Douglas sur la
côte occidentale de l'Amérique, depuis la Californie jusqu'à
43° de latitude; on la cultive en Angleterre depuis 1827; mais
elle est encore fort rare dans les collections, en France.

PIN AYACAHUITÉ. — *Pinus Ayacahuite* C. Ehrenb. ex
Schlechtend. in Linnæa, XII (1838), p. 492.—Feuilles longues
de 3 à 4 pouces, bicolores, menues. Jeunes-pousses pubérules-
ferrugineuses. Strobiles 3 à 4 fois plus longs que les feuilles :
écailles pointues, un peu recourbées au sommet. — Arbre s'é-
levant à 100 pieds. Strobiles longs de 1 pied et plus, larges
d'environ 3 pouces à la base, graduellement rétrécis vers le
haut, souvent plus ou moins arqués; écailles longues d'environ
2 pouces, d'un brun verdâtre, ordinairement résineuses. Nucules brunâtres, longues de quelques lignes; aile brune, obliquement obovée, striée, longue de 1 pouce, large de 8 à 12 lignes vers le sommet. (*Schlechtendal, l. c.*)—Cette espèce croît
dans les Andes du Mexique.

Section IV. CEMBRA Spach.

Gaînes-foliaires caduques de même que les écailles-phyllodiennes. Feuilles quinées (accidentellement sénées ou
quaternées), trièdres (carénées en dessus), bicolores
(vertes en dessous et aux bords, glauques en dessus).
Strobiles ovoïdes, arrondis au sommet, dressés (même
à la maturité); écailles presque subéreuses, à peine
épaissies vers le sommet, entregreffées seulement jusqu'au delà du milieu, apprimées. Nucules grosses, obovées, peu comprimées, aptères. — Jeunes branches et
rameaux dépourvus d'aréoles saillantes. Écorce finalement rimeuse, mais non lamelleuse. Écailles-gemmaires
point fimbriées.

Pin Cembro. — *Pinus Cembra* Linn. — Duham. Arb. 1,
tab. 32. — Duham. Nov. vol. 5, tab. 77, fig. 1. — Pallas, Flor.
Ross. tab. 2. — Lamb. Pin. tab. 23 et 24. — *Pinus montana*
Lamk. Flore Franç. — Arbre atteignant 70 à 120 pieds de
haut, sur 3 à 4 pieds de diamètre. Tronc droit, finalement sans
branches jusqu'à une hauteur considérable. Bois tendre, tenace,
léger, élastique, résineux, blanchâtre étant vert, roussâtre après
avoir séché à l'air, d'une odeur balsamique et agréable. Écorce
adulte d'un gris cendré, fortement rimeuse, rugueuse; liber rougeâtre. Branches étalées ou déclinées, verticillées à 3 ou 4, très-
rameuses; rameaux et ramules ordinairement ascendants. Jeunes-
pousses couvertes d'un duvet velouté, ferrugineux. Bourgeons
ovoïdes, longuement acuminés, pubérules; écailles rousses, acuminées-cuspidées. Feuilles longues de 2 à 5 pouces, très-rapprochées, agrégées en panache vers l'extrémité des rameaux et des
ramules, assez épaisses, raides, tantôt rectilignes, tantôt plus ou
moins arquées, en général divergentes, d'un vert gai en dessous
pendant la première année, finalement d'un vert foncé; gaîne
de 2 ou 3 écailles deltoïdes, roussâtres, caduques avant le complet développement des feuilles. Écailles-phyllodiennes courtes,
brunâtres, ovales-deltoïdes. Chatons-mâles ovales, rougeâtres,
courts, agrégés au nombre de 3 à 12 en épis courts. An-

thères couronnées d'une crête réniforme, crénelée. Chatons-
femelles pédonculés, rougeâtres, en général verticillés-ternés, ou
opposés, accompagnés chacun d'un calicule de 2 écailles concaves, roussâtres, acuminées. Strobiles longs de 2 à 3 ¹/₂ pouces,
sur 2 à 2 ¹/₂ pouces de diamètre, plats ou ombiliqués à la base,
d'un brun violet avant la maturité, finalement d'un brun roux ;
écailles cunéiformes-obovales, ou cunéiformes-oblongues, subré-
tuses, obtuses, quelquefois un peu recourbées au sommet, longues d'environ 1 pouce ; le strobile mûrit durant l'automne de
la seconde année. Nucules longues de 3 à 5 lignes, subtrigones,
ou un peu comprimées, obtuses, d'un brun grisâtre, à coque
dure et assez épaisse. Graine jaunâtre ; embryon 9-à 11-co-
tylédoné.

— β : CEMBRO NAIN. — *Pinus Cembra* B, *pumila* Pallas,
Flor. Ross. tab. 2, fig. E. F. G. H. — *Pinus pygmæa* Fisch.
— *Pinus Cembra pygmæa* Loud. Arb. — Buisson peu élevé,
touffu, à branches souvent diffuses. — Cette variété croît dans
les montagnes du Kamtchatka.

Le *Cembro* habite les hautes régions des Alpes, des Carpathes,
de l'Oural et du Caucase, ainsi que les montagnes et les plaines
de toute la Sibérie, jusqu'au delà du 68ᵉ degré de latitude ; au
témoignage de Thunberg, on le trouve aussi au Japon. Les
montagnards du Dauphiné et de la Provence le désignent par
les noms de *Ceinbrot, Alviez, Couve,* et *Tinier.* Ce Pin ne se
plaît que dans les expositions froides, et dans les terres fraîches
ou même très-humides ; dans les régions alpines de l'Europe, on
ne le rencontre que sur les pentes et dans les vallons voisins des
neiges persistantes ; la durée de sa vie est d'environ cinq siècles ;
néanmoins, dans un sol favorable, il peut acquérir une quarantaine de pieds de haut, sur un pied de diamètre, dans l'espace
d'environ 40 ans, mais plus tard sa croissance se ralentit graduellement. Les amandes du Cembro sont aussi bonnes à manger
que les pignons ; on les exporte en quantités considérables de la
Sibérie en Russie, où elles passent pour un mets très-délicat ; les
habitants des Alpes les recherchent également pour l'usage ali-

mentaire. Le bois de ce Pin est excellent pour la menuiserie, et même pour les constructions qui se trouvent à l'abri de l'humidité ; la marine russe l'emploie à la mâture ; il est assez bon comme combustible ; il est surtout très-propre aux ouvrages de sculpture, parce qu'il a le grain très-tendre, et qu'on le travaille avec la plus grande facilité : les montagnards tyroliens en fabriquent toutes sortes de jouets d'enfant, qui trouvent un grand débit en Allemagne. — La décoction des jeunes-pousses de l'arbre passe pour un excellent remède antiscorbutique.

Quoique le Cembro ne croisse spontanément que dans des climats très-âpres, on peut néanmoins le cultiver dans les jardins paysagers du nord de la France, pourvu qu'on ait soin de choisir des expositions au nord ou à l'est, et un sol frais ou humide. Le port de cet arbre n'est pas moins élégant que celui du *Pinus Strobus.*

ESPÈCES INCOMPLÉTEMENT CONNUES.

a) *Feuilles géminées.*

PIN LEMON. — *Pinus Lemoniana* Lindl. in Trans. Hort. Soc. Lond. ser. 2, vol. 1, p. 512, cum fig. — Branches et rameaux flexueux. Feuilles longues d'environ 3 pouces, assez épaisses, semblables à celles du *Pinus Pinaster.* Strobiles interraméaires ou terminaux, solitaires, sessiles, ovoïdes, obtus, longs de 2 à 2 ½ pouces ; écailles à appendice fortement bombé, ombiliqué. — Ce Pin est cultivé chez les pépiniéristes anglais ; son origine est inconnue ; on le confondait avec le *Pinus Pinaster.*

b) *Feuilles ordinairement ternées.*

PIN TÉOCOTÉ. — *Pinus Teocote* Schiede et Deppe, ex Schlechtend. in Linnæa, XII, p. 487. — Arbre atteignant 100 pieds de haut. Feuilles longues de 3 à 4 ½ pouces, larges de ¾ de ligne. Strobiles longs d'environ 2 pouces ; écailles courtement mucronées. — Cette espèce croît sur les Andes du Mexique.

PIN A FEUILLES ÉTALÉES. — *Pinus patula* Schiede et Deppe,

ex Schlechtend. l. c. p. 488. — Grand arbre. Feuilles longues de 8 à 9 pouces, menues : les adultes pendantes. Strobiles ovales-coniques, pointus, luisants. — Cette espèce habite les Andes du Mexique.

PIN DE LA LLAVE. — *Pinus Llaveana* Schiede, ex Schlechtend. l. c. p. 488. — Arbre s'élevant au plus à 3o pieds. Feuilles longues seulement de 18 lignes, ordinairement arquées. Strobiles petits, subglobuleux, obtus, longs d'environ 15 lignes ; écailles à partie épaissie rhomboïdale. Nucules aptères, obovées, longues de 6 à 7 lignes. — Ce Pin croît au Mexique ; ses amandes, qui sont comestibles, se vendent aux marchés de Mexico, sous le nom de pignons.

c) Feuilles ordinairement quinées.

PIN DE MONTÉZUMA. — *Pinus Montezumæ* Lamb. Pin. ed. 2. — Schlechtend. in Linnæa, XII, p. 489. — *Pinus occidentalis* Kunth, in Humb. et Bonpl. (non Swartz.) — Grand arbre. Strobiles longs de 3 à 7 pouces ; écailles à épaississement subconique, anguleux, mucronulé, légèrement courbé au sommet. — Cette espèce croît sur les Andes du Mexique.

PIN A FEUILLES LISSES. — *Pinus leiophylla* Schiede et Deppe, ex Schlechtend. in Linnæa, XII, p. 490. — Lambert, Pin. ed. 2, cum fig. — Feuilles longues de 3 à 4 pouces, larges d'environ $^1/_3$ de ligne. Écailles-phyllodiennes fimbriées, caduques. Strobiles solitaires ou subfasciculés, longs de 1 $^1/_2$ à 2 $^1/_2$ pouces, ovoïdes, un peu pointus, grisâtres ; écailles à épaississement rhomboïdal, convexe, ombiliqué, mutique. — Ce Pin croît au Mexique.

PIN A STROBILES OVIFORMES. — *Pinus oocarpa* Schiede, ex Schlechtend. in Linnæa, XII, p. 491. — Arbre de 3o à 4o pieds. Feuilles longues de 8 à 11 pouces. Strobiles courts, ovoïdes, pointus, solitaires, longs au plus de 2 $^1/_2$ pouces, sur environ 20 lignes de large à la base ; écailles à épaississement subpyramidal. — Cette espèce croît au Mexique, dans la région des Palmiers ainsi que dans les régions tempérées.

PIN DE HARTWEG. — *Pinus Hartwegii* Lindl. in Bot. Reg. 1839, App. p. 62. — Feuilles très-menues, longues d'environ 6 pouces. Strobiles pendants, oblongs, obtus, agrégés, d'un brun grisâtre, longs de 4 pouces, sur 2 pouces de diamètre; écailles à épaississement déprimé, ombone, mutique. Nucules cunéiformes-arrondies, 4 fois plus courtes que l'aile. — Cette espèce croît au Mexique.

PIN DUC DE DEVONSHIRE. — *Pinus Devoniana* Lindl. l. c. p. 62. — Arbre de 60 à 80 pieds. Rameaux très-épais. Feuilles très-longues. Strobiles longs de 9 à 10 pouces, d'environ 3 pouces de diamètre à la base, pendants, solitaires, courbés, obtus; écailles à épaississement rhomboïdal, ombone, mutique. Nucules obovées, 5 fois plus courtes que l'aile; aile noirâtre. — Cette espèce croît au Mexique.

PIN RUSSEL. — *Pinus Russeliana* Lindl. l. c. p. 63. — Feuilles très-longues. Strobiles allongés, horizontaux, subnutants, verticillés, sessiles, subrectilignes, longs de 7 à 8 pouces, larges d'environ 2 pouces à la base. Écailles à épaississement pyramidal, rectiligne, obtus. Nucules oblongues, 4 fois plus courtes que l'aile; aile noirâtre. — Cette espèce habite le Mexique.

PIN A GRANDES FEUILLES. — *Pinus macrophylla* Lindl. l. c. p. 63. — Feuilles longues d'environ 15 pouces. Strobiles longs de 6 à 7 pouces, sur 3 pouces de large à la base, solitaires, horizontaux, ovoïdes, rectilignes; écailles à épaississement rhomboïdal, onciné. Nucules subrhomboïdales, rugueuses, quatre fois plus courtes que l'aile; aile brunâtre. — Ce Pin croît au Mexique.

PIN FAUX-STROBUS. — *Pinus Pseudo-Strobus* Lindl. l. c. p. 63. — Feuilles glauques, très-menues. Strobiles longs d'environ 4 pouces, verticillés, horizontaux, elliptiques-oblongs; écailles à épaississement pyramidal, rectiligne. Nucules ovales, 4 à 5 fois plus courtes que l'aile; aile noirâtre. — Cette espèce a été observée sur les Andes du Mexique, à 8,000 pieds d'élévation.

Pin d'Acapulco. — *Pinus apulcensis* Lindl. l. c. p. 63.— Arbre d'environ 50 pieds. Feuilles longues au plus de 6 pouces, menues, glauques de même que les jeunes pousses. Strobiles longs d'environ 4 pouces, très-régulièrement ovoïdes, pointus, verticillés; écailles à épaississement pyramidal, rectiligne. Nucules ovales, 4 fois plus courtes que l'aile; aile linéaire. — Mexique.

Pin a feuilles filiformes. — *Pinus filifolia* Lindl. in Bot. Reg. 1840, App. p. 61.—Rameaux gros. Écailles-gemmaires fortement acuminées, linéaires, très-longuement ciliées. Feuilles longues d'environ 18 pouces; gaînes longues, glabres, persistantes. Strobiles longs de 7 à 8 pouces, coniques, allongés, obtus; écailles à épaississement subpyramidal, obtus. — Mexique.

Genre SAPIN. — *Abies* Tourn.

Fleurs monoïques, naissant de bourgeons aphylles. — *Chatons-mâles* axillaires, ou axillaires et terminaux, solitaires (dans chaque bourgeon), stipités, cylindracés, polyandres (par exception subglobuleux et oligandres). Anthères cristées ou tronquées, subsessiles, serrées, cunéiformes, déhiscentes longitudinalement ou transversalement. — *Chatons-femelles* axillaires ou terminaux (sur les ramules de l'année précédente), solitaires, subsessiles. Bractées marcescentes ou accrescentes, colorées. Écailles-pistillifères minces, imbriquées après la floraison, jamais entregreffées. Ovaire oblique, à orifice dilaté en forme de limbe 2-ou 3-fide. Strobile ellipsoïde, ou ovoïde, ou cylindracé, ou subconique, à écailles coriaces, imbriquées, lâchement appliquées, amincies aux bords et vers le sommet, finalement caduques, ou plus ou moins divergentes et persistantes. Nucules coriaces, caduques, à aile couronnante,

décurrente, demi-embrassante, membranacée, oblique,
caduque ou persistante. Embryon 6-à 9-cotylédoné, claviforme. — Arbres élancés, à cime pyramidale. Racine rameuse. Branches verticillées ou subverticillées, ordinairement horizontales ou déclinées; les jeunes feuillues.
Rameaux et ramules feuillus, effilés, opposés (ou moins souvent épars), fortement aréolés par les phyllopodes. Feuilles
toutes solitaires (éparses en ordre spiral), très-rapprochées,
coriaces, raides, persistantes, sessiles, ou courtement pétiolées, aciculaires (linéaires-tétragones et 4-nervées), ou
planes (3-nervées), finement ponctuées (par séries longitudinales, comme les feuilles des Pins; par exception non-
ponctuées), très-entières (par exception finement denticulées), articulées chacune sur un petit renflement (phyllopode) décurrent sous forme de côte. Bourgeons axillaires
(épars) et terminaux (ceux-ci souvent ternés ou verticillés),
ovoïdes, composés d'un grand nombre d'écailles persistantes, coriaces, très-entières, imbriquées; les écailles intérieures des bourgeons-floraux sont membranacées, scarieuses, non-persistantes, et forment un calicule à la base du
chaton ou de son stipe. Floraison vernale ou estivale. Chatons-mâles dressés, très-nombreux, naissant sur les rameaux des branches inférieures et moyennes. Chatons-
femelles beaucoup moins nombreux que les chatons-mâles,
dressés lors de l'anthèse, naissant seulement sur les ramules des branches supérieures. Maturation annuelle (1).
Strobiles pendants ou dressés, terminaux, ou latéraux;
axe persistant (soit avec, soit sans les écailles) après la chute
des nucules; écailles de forme variée (suivant les espèces),
plus longues que les ailes des nucules. Nucules irréguliè-

---

(1) Les strobiles acquièrent tout leur développement avant la fin de
l'année, et les nucules sont mûres à la même époque; chez certaines espèces ce n'est qu'au printemps suivant que les écailles-strobilaires s'écartent
pour laisser tomber les nucules; chez d'autres espèces, la dissémination a
lieu dès l'automne.

rement anguleuses, ou comprimées, plus courtes que l'aile. — Toutes les espèces de ce genre habitent l'hémisphère septentrional; dans les climats chauds de ces contrées elles sont confinées aux régions supérieures des montagnes. Nous allons traiter de toutes les espèces suffisamment connues.

Section I. PICEA Link.

Feuilles aciculaires, linéaires-tétragones (à 4 nervures dont 2 marginantes, 1 dorsale, et 1 faciale), mucronées, piquantes, très-entières, sessiles, dilatées, mais non-tordues à la base, unicolores, partout ponctuées, en général point défléchies. Chatons-mâles axillaires et terminaux, cylindracés, allongés. Anthères cristées, longitudinalement déhiscentes. Chatons-femelles terminaux; bractées marcescentes, inaccrescentes, finalement soudées aux écailles-pistillifères. Strobiles terminaux, solitaires : écailles-fructifères beaucoup plus longues que les bractées, inonguiculées, persistant après la chute des nucules. Nucules à aile caduque, étroite, oblongue-obovale.

A. *Feuilles assez épaisses, courtement mucronées.*

Sapin Épicéa.—*Abies Picea* Mill.—Desfont. Hort. Par. — *Picea vulgaris* Link, in Act. Acad. Berol. p. 179. — *Pinus Abies* Linn. — Guimp. et Hayn. Deutsch. Holz. tab. 157. — Lamb. Pin. tab. 25. — *Pinus Picea* Duroi. (non Linn.) — *Pinus excelsa* Lamk. Flore Franç. — *Abies excelsa* De Cand. Flore Franç. — Rich. Conif. tab. 15. — *Picea pectinata* Don. — Feuilles d'un vert plus ou moins foncé. Crête-anthérale suborbiculaire, érosée. Strobiles grands, pendants, subfusiformes : écailles obovales-rhomboïdales, tronquées, érosées-denticulées et souvent bifides au sommet. — Arbre atteignant 120 à 180 pieds de haut, sur 3 à 6 pieds de diamètre. Tronc conique, effilé vers le sommet, à écorce roussâtre ou d'un gris ferrugineux, rugueuse, finalement rimeuse et lamelleuse, épaisse. Bois tendre, élastique, d'un blanc jaunâtre avec des stries rouges, ou rougeâtre.—Branches ordinairement plus ou moins déclinées, redressées au sommet. Rameaux et ramules d'un jaune ferrugineux, en général réclinés ou pendants. Cime élancée, régulièrement pyramidale. Feuilles longues de 4 à 12 lignes (ordinairement longues de 6 à 9 lignes), tantôt rectilignes, tantôt plus ou moins arquées, jaunâtres vers le sommet : les ramulaires et les raméaires étalées, ou plus ou moins divergentes, ou ascendantes, quelquefois défléchies vers un seul côté; les caulinaires apprimées; toutes persistent pendant 5 à 6 ans. Bourgeons roussâtres, les floraux plus gros, subobtus; les foliaires longuement acuminés, à écailles acuminées, carénées au dos, souvent recourbées au sommet. La floraison a lieu vers la fin de mai. Chatons-mâles longs d'environ 6 lignes, roses ou pourpres avant l'anthèse, finalement roussâtres. Chatons-femelles violets, ovoïdes, longs d'environ 1 pouce. Bractées oblongues-obovales, acuminées, fimbriées. Strobiles longs de 4 à 7 pouces, sur 15 à 18 lignes de diamètre, verdâtres ou d'un brun verdâtre avant la maturité, finalement d'un brun roux, ou d'un roux jaunâtre; écailles finement striées, longues de 6 à 9 lignes. Nucules d'un brun noirâtre; aile obtuse, d'un gris jaunâtre.

— β : A RAMEAUX EFFILÉS. —*Pinus viminalis* Alstrœm. — *Abies excelsa pendula* Loud. Arb. — Rameaux très-longs, effilés, pendants, presque simples. Feuilles plus menues.

— γ : A BRANCHES DRESSÉES. — *Pinus Abies rigida* Bechst. Forstbot. — Branches et rameaux presque dressés. Feuilles courtes, épaisses, subpectinées, divariquées, d'un vert très-foncé.

— δ : A FEUILLES MENUES. — *Abies excelsa tenuifolia* Loud.

— ε : A FEUILLES PANACHÉES. — *Pinus Abies variegata* Bechst. Forstbot. — *Abies excelsa variegata* Loud.

Les 4 variétés sus-mentionnées se rencontrent parfois dans les bois.

— ζ : NAIN. — *Abies excelsa pygmæa* Loud. Arb. — *Abies elegans* et *Abies nana* Hortul. — Variété de culture.

Cette espèce, qu'on désigne par les noms vulgaires de *Pesse*, *Épicia*, *Épicéa*, *Épicéa de Norwége*, *Sapin de Norwége*, *Pinesse*, *Serente*, *Faux-Sapin*, *Sapin rouge*, *Sapin-gentil*, etc., forme l'une des principales essences forestières du nord de l'Europe, ainsi que sur les Alpes, les Carpathes, et autres montagnes de l'Europe moyenne ; elle s'avance, en Laponie, jusqu'à 69° de latitude; dans les Alpes de Suisse et du Dauphiné, on la rencontre jusqu'à 1,800 mètres au-dessus du niveau de la mer ; elle manque dans toute la Sibérie (1). — La Pesse prospère surtout dans les terres pierreuses ou sablonneuses, ni trop arides, ni trop humides; dans les sols très-frais chargés de terreau, sa croissance est plus rapide, mais sa durée beaucoup moins longue ; dans les localités arides elle reste chétive, et elle est sujette à périr à la suite d'une sécheresse prolongée. Dans les localités convenables, cet arbre peut vivre deux siècles et plus ; mais en général le terme de sa croissance s'accomplit dans l'espace d'environ cent quarante ans; dans un sol humide et fertile, il peut acquérir 70 à 80 pieds de haut, sur 18 pouces de diamètre, dans l'espace d'une quarantaine d'années : mais ensuite il ne tarde pas à dépérir. Les forêts de Pesse, lorsqu'elles sont bien tenues, se repeuplent d'elles-mêmes par les graines qui tombent des vieux arbres. La Pesse, ainsi que les espèces de la même section, peuvent assez facilement être transplantées dans leur jeunesse, pourvu qu'on évite de mutiler leurs racines; une fois coupés du pied, ces arbres ne reproduisent jamais de rejets, mais ils peuvent perdre leur pousse terminale sans que leur accroissement en soit arrêté, parce que le plus souvent une pousse latérale vient bientôt continuer la tige. L'Épicéa peut être soumis à la taille : on le façonnait jadis, comme l'If et le Buis, en toutes sortes de formes,

(1) L'espèce de Sibérie que Gmelin, Pallas, et d'autres auteurs prenaient pour l'*Abies Picea*, est l'*Abies (Picea) obovata* Ledub.

pour la décoration des jardins ; dans le Nord, on a coutume d'en former des haies et des charmilles. On peut multiplier les *Épicéa* de bouture, et de greffes herbacées. Les graines doivent être semées dès le printemps, car elles perdent promptement leur faculté germinative ; on a soin de recueillir les cônes à la fin de l'automne ou en hiver, avant la chute des nucules ; les pépiniéristes ont coutume de les semer en terre de bruyère, à l'ombre, et de repiquer les jeunes plants au printemps suivant, dans une terre-franche légère ; durant les cinq ou six premières années, ils restent fort petits ; mais ensuite ils croissent rapidement en longueur.

Ce Sapin est l'un des arbres les plus précieux du nord de l'Europe. Son bois est d'un usage universel pour la charpente, la mâture, les constructions navales et batelières, la menuiserie, l'ébénisterie commune, la boissellerie, et quantité d'autres emplois ; les luthiers n'en emploient pas d'autre pour les tables sonores des instruments à cordes ; dans plusieurs départements de l'est de la France, les habitations villageoises sont couvertes de bardeaux de bois de Pesse ; c'est aussi avec ce bois que sont faites les petites boîtes à dragées et à confitures sèches ; comme combustible, sa valeur, en proportion au bois de Hêtre, est estimée comme 7 à 10. Du reste, le bois de Pesse a moins de force que celui du *Sapin commun* (*Abies vulgaris* Poir. — *Pinus Picea* Linn.), et sa qualité varie beaucoup suivant la nature du sol ; les arbres qui croissent sur les flancs des montagnes fournissent du bois plus solide et plus durable que celui qui provient du fond des vallons, ou des plaines, lequel est plus léger, spongieux, et très-sujet à pourrir. On a soin d'écorcer les arbres dès qu'ils ont été abattus, car sans cette précaution le bois est attaqué promptement par les insectes et détérioré par l'humidité. En raison de sa longueur et de sa rectitude, le tronc de la Pesse est précieux pour la mâture, la charpente et les échafaudages ; les jeunes arbres fournissent de longues perches, des manches à outils, etc. Dans le Nord, l'écorce s'emploie très-communément au tannage ; les couches internes, qui sont douceâtres et charnues, peuvent servir d'aliment, à défaut d'une nouriture plus substantielle. Les rameaux, coupés au mois de mai, fournissent des liens plus durables et plus tenaces que les meilleurs osiers ; les Lapons font des cordages et des paniers avec les racines de Pesse, qu'ils mettent bouillir, à cet effet, dans une lessive de cendres. En laissant fermenter les jeunes-pousses dans de l'eau, on en obtient une sorte de bière, dont les habitants des régions arctiques font usage à titre d'antiscorbutique. Enfin, la Pesse fournit aussi de la poix, de l'essence de térébenthine, de la colophane et du noir de fumée.

SAPIN D'ORIENT. — *Abies orientalis* Poir. — *Pinus orientalis* Willd. — Steven, in Ann. des Sc. Nat. 2e sér. vol. 4 (1839), p. 57. — Suivant Steven, cette espèce diffère de l'Épicéa par des feuilles de moitié plus courtes, par des strobiles cylindracés, plus courts (longs au plus de 3 pouces), à écailles ovales-rhomboïdales, arrondies et en général très-entières au sommet. — Cet arbre forme de grandes forêts au Caucase, et dans l'Asie Mineure.

SAPIN DE SIBÉRIE. — *Abies (Picea) obovata* Ledeb. Flor. Alt. IV, p. 201 ; ejusd. Icon. Plant. Alt. tab. 499. — *Pinus Abies* Pallas, Flor. Ross. (non Linn.) — Feuilles d'un vert noirâtre. Strobiles (longs de 2 à 3 pouces) cylindracés, dressés ; écailles cunéiformes-obovales, arrondies au sommet, très-entières. — Arbre ayant le port de l'*Épicéa*. Jeunes-pousses légèrement pubescentes. Feuilles longues de 8 à 9 lignes, un peu courbées. Strobiles le plus souvent longs d'environ 30 lignes sur 15 lignes de diamètre, arrondis à la base, un peu rétrécis au sommet, assez semblables à ceux de l'*Abies alba*, mais en général plus longs. (*Ledebour, l. c.*)

Cette espèce paraît propre à la Sibérie, où elle constitue d'immenses forêts tant en plaine que sur les montagnes ; elle ne croît pas, au Nord, au delà du 62e degré de latitude, ni, à l'Est, au delà du Léna ; dans l'Altaï, d'après les observations de MM. Ledebour et de Bunge, elle vient en forêts depuis le pied des montagnes jusqu'à 4,000 pieds de haut, et, au-dessus de cette limite, on la rencontre éparse jusqu'à près de 5,300 pieds. — Gmelin, Pallas, et d'autres auteurs, ont confondu cette espèce avec l'*Epicéa*, qui (au témoignage de M. Ledebour) n'existe pas dans l'Asie boréale. Du reste, les usages et propriétés de cette espèce sont les mêmes que ceux de l'*Epicéa*.

SAPIN NOIR. — *Abies nigra* Mich. fil. Arb. 1, p. 123, cùm fig. — *Picea nigra* Link. — *Pinus nigra* Hort. Kew. — Lamb. Pin. tab. 27. — *Pinus denticulata* Mich. Flor. Bor. Amer. — *Pinus mariana* Ehrh. — *Abies mariana* Mill. — *Abies denticulata* Poir. — *Pinus marylandica* Hortul. — Feuilles d'un vert noirâtre. Strobiles ellipsoïdes, pendants, courts (longs de 8 à 15 lignes) : écailles elliptiques-orbiculaires, érosées-crénelées. — Arbre atteignant 70 à 80 pieds de haut, sur 15 à 20 pouces de diamètre. Branches horizontales, point déclinées, formant une pyramide très-régulière. Tronc très-droit, conique, effilé vers le sommet ; écorce unie. Feuilles assez épaisses, très-raides, longues de 3 à 4 lignes. Strobiles roussâtres. Nucules petites, d'un brun noirâtre ; aile obovale, brune, longue de 3 à 4 lignes. Le strobile s'ouvre dès la fin de l'automne.

Cette espèce est commune dans les provinces les plus septentrionales des États-Unis, et dans les contrées plus boréales de l'Amérique, jusqu'au 65e degré de latitude ; M. Michaux dit qu'elle est tellement multipliée entre les 44° et 53° de latitude N., et les 55° et 75° de longitude O., que souvent elle forme un tiers de la masse des forêts qui couvrent ce pays ; sous les climats plus méridionaux, on ne la voit guère que dans les sites froids et humides des Alléghanys. Au Canada, on désigne cet arbre par les noms d'*Épinette noire*, et *Épinette à la bière ;* dans les États-Unis on l'appelle *Sapin noir* (black spruce), et *Sapin double* (double spruce). C'est dans les sols humides, profonds et fertiles, que le *Sapin noir* végète avec le plus de vigueur ; il vient moins bien dans les terres maigres et peu humides ; on le trouve aussi, mais constamment chétif, dans les localités marécageuses.

Le bois de cet arbre est blanchâtre, élastique, léger, et, à ce qu'on assure, plus fort que celui de toutes les autres espèces du genre. Dans les chantiers de constructions navales de tous les ports des États-Unis, les vergues sont presque toujours faites en bois de *Sapin noir*, qui est importé du Maine ; on l'exporte aussi, pour le même usage, aux Antilles et en Angleterre. Dans le nord des États-Unis, on l'emploie fréquemment à la charpente des maisons ; on le débite en planches, qui sont exportées dans les Antilles et en Angleterre. Ce bois ne contient pas-assez de résine pour fournir à une exploitation avantageuse.

C'est avec les jeunes-pousses de cette espèce qu'on fabrique la bière connue sous le nom de *bière de spruce* (spruce beer) ; cette boisson, qui est un excellent antiscorbutique, dont on fait habituellement usage dans les navigations de long cours, se prépare en faisant bouillir dans de l'eau les jeunes-pousses de l'*Abies nigra*, et en faisant fermenter ensuite avec cette décoction une certaine quantité de sucre ou de mélasse.

— β : Sapin rouge. — *Pinus rubra* Lamb. Pin. tab. 28. — *Abies rubra* Mill. Ic. tab. 8. —*Abies nigra* var. Mich. fil. Arb.— *Abies pectinata* Poir. Enc. (non De Cand.) —*Pinus americana* Gærtn. — Bois rougeâtre. Feuilles un peu plus longues. Strobiles plus longs, oblongs-cylindracés, à écailles suborbiculaires, souvent bifides au sommet, point érosées. — Cette variété croît dans les mêmes contrées que le *Sapin noir* ; la couleur de son bois lui a fait donner le nom de *Sapin rouge*. Suivant M. A. Michaux on ne la rencontre que dans les sols fertiles.

Le *Sapin noir*, de même que sa variété le *Sapin rouge*, ont un port très-élégant, et moins sévère que celui de l'*Épicéa* ; mais il paraît que ces arbres ne se plaisent pas dans le climat des plaines de la France, car on n'en rencontre que des individus chétifs dans les plantations de Paris et des environs.

Sapin blanc. — *Abies alba* Mich. Flor. Bor. Amer. — Mich. fil. Arb. I, p. 133, tab. 12. — *Picea alba* Link. — *Pinus alba* Hort. Kew. — Lamb. Pin. tab. 26. — *Pinus canadensis* Duroi. (non Hort. Kew.)—*Pinus glauca* et *Pinus tetragona* Mœnch.—*Pinus laxa* Ehrh. —Guimp. et Hayn. Fremd. Holz. tab. 131. —*Abies curvifolia* Salisb. — *Abies cærulea* et *Abies alba* Hortul. — Feuilles plus ou moins glauques. Strobiles oblongs-cylindracés, courts (longs de 15 à 30 lignes) : écailles cunéiformes-obovales ou cunéiformes-orbiculaires, tronquées au sommet, très-entières.—Arbre atteignant rarement plus de 50 pieds de haut, sur 12 à 16 pouces de diamètre. Tronc très-droit, très-effilé. Branches horizontales, point déclinées. Rameaux et ramules horizontaux, ou déclinés, souvent redressés au sommet. Cime très-régulièrement pyramidale, moins touffue que chez l'*Abies nigra*. Feuilles rectilignes ou arquées, assez épaisses, érigées, ou divergentes, longues de 3 à 6 lignes. Strobiles roussâtres, luisants, très-nombreux, souvent opposés ou fasciculés; ils mûrissent dès l'automne, et s'ouvrent à la même époque; écailles larges de 4 à 6 lignes. Nucules minces, brunâtres, longues à peine de 1 ligne; aile obovale, brune, un peu plus courte que l'écaille.

Cette espèce habite l'Amérique septentrionale, jusque vers le 68e degré de latitude; elle croît dans les mêmes localités que la précédente, mais sans être à beaucoup près aussi commune, et, dans les provinces méridionales des États-Unis, elle se trouve également confinée aux sites les plus élevés des Alléghanys. On l'appelle *Épinette blanche*, au Canada, et *Sapin blanc* (white spruce), ou *Sapin simple* (single spruce), dans le nord des États-Unis et dans la Nouvelle-Écosse. Les pépiniéristes français la désignent par les noms de *Sapinette blanche*, et de *Sapinette bleue*, suivant que son feuillage est plus ou moins glauque. Son bois s'emploie aux mêmes usages que celui de l'*Abies nigra*, mais il est moins estimé. Les fibres des racines de cet arbre sont douées d'une grande ténacité, lorsqu'on les a fait macérer dans l'eau; on s'en sert, au Canada, pour coudre ensemble les écorces de Bouleau avec lesquelles on construit des canots. Quelques auteurs disent que les jeunes-pousses du *Sapin blanc* peuvent être substituées au *Sapin noir*, dans la préparation de la boisson antiscorbutique qu'on appelle bière de Spruce; M. Michaux, au contraire, assure qu'on a grand soin de ne pas les employer à cet usage, parce qu'elles communiqueraient à la liqueur une saveur forte et désagréable.

L'*Abies alba* est commun dans les plantations d'agrément : il produit un bel effet par la couleur de son feuillage, et par son port régulièrement pyramidal; toutefois il exige, pour ne pas rester chétif, un sol frais et une exposition ombragée.

B. *Feuilles menues, presque subulées, longuement mucronées.*

SAPIN DE SMITH.—*Abies (Pinus) Smithiana* Wallich, Plant. Asiat. Rar. III, p. 246; tab. 24. — *Pinus Khutrow* Royle, Himal. tab. 84, fig. 1. — *Abies Morinda* Hortul. — Feuilles d'un vert foncé. Anthères très-longues. Strobiles grands (longs de 4 à 6 pouces), dressés, ovales-oblongs, ou oblongs, obtus : écailles obovales-orbiculaires, très-entières, très-raides.—Grand arbre. Branches pendantes ou plus ou moins déclinées. Rameaux grêles, effilés, subopposés, étalés ou déclinés, glabres, les jeunes brunâtres. Feuilles longues de 6 à 18 lignes, droites, ou un peu courbes, plus ou moins divergentes, quelquefois subunilatérales. Chatons-mâles ovoïdes, longs d'environ 1 pouce. Anthères longues de 4 lignes, linéaires-claviformes; crête arrondie, crénelée. Strobiles assez semblables à ceux de l'*Épicéa commun;* écailles longues de près de 1 pouce. Graines petites, à aile cunéiforme, brunâtre, rétuse. (*Wallich, l. c.*)—Cette espèce croît dans les régions subalpines de l'Himalaya, entre 7,000 et 10,000 pieds d'élévation; les habitants du pays l'appellent *Raga*, et *Morinda* (1). On ne cultive cet arbre que depuis quelques années; il est assez rustique pour résister aux hivers du nord de la France.

---

(1) Le nom de *Morinda* s'applique aussi, au Népaul, à l'*Abies (Pinus) Pindrow* de Royle.

Section II. PICEASTER Spach.

Feuilles mucronées (jamais échancrées), piquantes, sessiles,
dilatées à la base : celles des jeunes individus et celles
des branches inférieures linéaires, planes, écanaliculées
en] dessus, trinervées en dessous (à nervures latérales
marginantes), discolores (d'un vert foncé et point ponctuées en dessus, glauques et ponctuées en dessous,
excepté aux nervures), souvent tordues à la base et défléchies vers deux côtés ; celles des branches-supérieures
tétraèdres-aciculaires (à quatre nervures dont 2 marginantes, 1 dorsale, et 1 faciale), unicolores, ponctuées
aux 4 faces, point défléchies ni tordues. Chatons subterminaux. Strobiles fasciculés, dressés ; écailles-fructifères
onguiculées, caduques à la maturité. Nucules à aile
large, cunéiforme, persistante.

Sapin Pinsapo.— *Abies Pinsapo* Boissier, in Bibl. Univers.
de Genève, 2ᵉ sér. vol 13 (1838), p. 402. — *Abies cephalonica*
Loud. Arb. — *Abies Luscombeana* et *Abies taxifolia* Hortul.
(ex Steud. Nom.) — Arbre de 60 à 70 pieds. Tronc branchu
dès peu de distance de la base. Branches horizontales, verticillées,
peu épaisses comparativement au diamètre de l'arbre ; celles du
bas ne sont guère plus longues que celles du haut, et la partie supérieure de l'arbre est arrondie et non effilée, de sorte que la cime
est plutôt cylindrique que pyramidale. Écorce semblable à celle
du Sapin commun (*Abies vulgaris* Poir.), sans être aussi blanche ;
elle se détache par plaques. Branches inférieures comme pennées ;
rameaux nombreux, réguliers, opposés. Feuilles des jeunes individus longues de 3 à 6 lignes. Feuilles des rameaux-fructifères
subverticales, épaisses, longues de 3 à 4 lignes ; phyllopode orbiculaire au sommet. Strobiles ovoïdes-oblongs, obtus, agrégés
vers l'extrémité des ramules, à peine plus longs, mais plus gros
que ceux du Sapin commun ; écailles cunéiformes, arrondies au
sommet, légèrement échancrées à la base, subérosées aux bords,
d'un brun violet, longues de 12 à 15 lignes (y compris l'onglet),

sur à peu près autant de large : onglet ligneux, pointu, trièdre, long de 3 à 4 lignes. Bractées obovales, mucronulées, érosées, apprimées, peu accrescentes, à l'époque de la floraison aussi longues que les écailles du chaton, lors de la maturité 5 à 6 fois plus courtes que les écailles-fructifères. Nucules d'un brun clair, assez grosses, subtrigones, obconiques, longues de 5 à 6 lignes ; aile presque aussi longue que l'écaille-fructifère, d'un brun roussâtre. Embryon 7-cotylédoné.

Ce Sapin croît sur les montagnes de l'Andalousie, depuis une hauteur de 3,500 pieds, jusqu'à 6,000 pieds ; son bois est très-résineux, et il ressemble par la couleur et par la structure à celui du Sapin commun. Les écailles des strobiles tombent dès l'automne. (*Boissier, l. c.*) — On ne cultive cette espèce que depuis quelques années.

Section III. PEUCE Sweet. (*Abies* Link. — *Picea* Don.)

Feuilles toutes planes, linéaires, canaliculées et non-ponctuées en dessus, 3-nervées et ponctuées en dessous (les nervures-latérales marginantes, moins saillantes que la médiane), discolores (vertes en dessus, glauques en dessous excepté aux nervures), très-entières aux bords, ordinairement échancrées ou rétuses au sommet, tordues à la base, défléchies (vers deux côtés, ou vers un seul côté), rétrécies en très-court pétiole dilaté à sa base. Chatons-mâles axillaires et terminaux, ovales ou oblongs, polyandres. Anthères cristées ou inappendiculées, transversalement déhiscentes. Chatons-femelles axillaires, solitaires sur chaque ramule. Strobiles gros, dressés ; écailles-fructifères onguiculées, caduques à la maturité. Nucules à aile large, subcunéiforme, persistante.

A. *Écailles-strobilaires (à l'époque de la maturité) débordées par les bractées.*

Sapin commun. — *Abies vulgaris* Poir. Encycl. — *Pinus Picea* Linn. — Lamb. Pin. tab. 30. — Guimp. et Hayn.

Deutsch. Holz. tab. 156.—*Pinus Abies* Duroi. (non Linn.)—
Abies Picea Lindl. — *Abies pectinata* De Cand. Flore Franç.
— *Abies taxifolia* Desfont. Hort. Par. — *Abies candicans*
Fisch. — *Abies alba* Mill. (non Mich.) — *Abies excelsa* Link.
(non De Cand.) — *Picea pectinata* Loud. — Feuilles subdistiques, échancrées. Strobiles subcylindracés, obtus, un peu rétrécis
au sommet; bractées lancéolées-spathulées ou spathulées-ob-
ovales, acuminées-cuspidées, à pointe recourbée; écailles-fructifères cunéiformes-orbiculaires, un peu plus courtes que les bractées. Nucules à aile inéquilatérale, cunéiforme, curviligne d'un
côté, rectiligne de l'autre côté. — Arbre haut de 100 à 180
pieds, sur 3 à 8 pieds de diamètre. Tronc très-droit, finalement
sans branches jusqu'à une élévation considérable; cime pyramidale chez les jeunes individus, subcylindracée chez les vieux.
Racine pivotante, rameuse, longue de 4 à 5 pieds. Écorce d'un
gris cendré, lisse pendant 40 à 50 ans, plus tard rimeuse et
tombant par plaques; liber mince, d'un brun roux. Bois blanchâtre, léger, élastique, médiocrement résineux. Branches horizontales, ou déclinées, ou moins souvent plus ou moins dressées,
de longueur médiocre comparativement à la taille du tronc. Rameaux et ramules opposés, grêles, affectant à peu près la même
direction que les branches, d'un gris verdâtre. Jeunes-pousses à
écorce plus ou moins abondamment garnie d'un duvet ferrugineux. Bourgeons roussâtres ou ferrugineux, subobtus, ou obtus;
écailles subovales, obtuses, carénées. Feuilles longues de 6 à
15 lignes, larges d'environ 1 ligne, d'un vert foncé et luisantes
en dessus, d'un glauque blanchâtre en-dessous, obtuses, plus ou
moins profondément échancrées, ordinairement étalées et rectilignes. Chatons-mâles longs de 6 à 9 lignes, horizontaux, ou un
peu déclinés, ovales, ou ovales-oblongs, obtus, rougeâtres avant
la floraison, rapprochés en grappe (vers l'extrémité de chaque
ramule floral). Anthères à crête bicorne. Chatons-femelles d'un
brun roux, long d'environ 1 pouce; écailles-pistillifères cordiformes, débordées par les bractées. Strobile long de 5 à 8 pouces, d'abord d'un vert olive, finalement d'un brun roux, souvent
plus ou moins couvert de résine; écailles longues d'environ

1 pouce, sur à peu près autant de large, ou un peu plus larges que longues, courtement onguiculées. Nucules longues
d'environ 4 lignes, cunéiformes, d'un brun clair, luisantes;
aile d'un brun jaunâtre, ou roussâtre, obliquement tronquée au
sommet, 2 fois plus longue que la nucule. Embryon 5-ou 6-co-
tylédoné.

Cette espèce, qu'on appelle le plus généralement *Sapin*, sans
autre désignation spéciale, porte en outre les noms de *Sapin
commun*, *Sapin-blanc*, *Sapin argenté*, *Sapin à feuilles d'If*,
Sapin des Vosges, et *Sapin de Normandie*. C'est à elle, et
non au *Pinus Abies* de Linné, que s'appliquait chez les anciens le nom d'*Abies*. Ce Sapin paraît propre aux montagnes de
l'Europe, depuis le 40ᵉ jusque vers le 55ᵉ degré de latitude (1);
il abonde dans les Pyrénées, les Alpes, le Jura, les Vosges, la
Forêt-Noire, et les Carpathes; mais quoiqu'il vienne de préférence dans les expositions fraîches, il ne monte point aussi
haut que l'Épicéa (2); il se plaît dans les sols frais et fertiles :
dans les localités de cette nature, sa durée est de 2 à 3 siècles, et
il y acquiert une taille plus élevée que toute autre Conifère indigène, tandis qu'il se refuse à végéter dans les terres maigres
et arides : sa croissance est aussi rapide que celle du *Sapin
Épicéa*. Suivant le climat, le *Sapin commun* fleurit en avril
ou en mai; ses strobiles mûrissent en automne, et c'est dès lors
que les écailles-fructifères se détachent de l'axe qui les porte.

Le bois de *Sapin commun* s'emploie aux mêmes usages que

***

(1) L'*Abies vulgaris* n'existe pas en Sibérie : l'espèce que Gmelin,
Pallas, et d'autres auteurs, croyaient être la même que celle d'Europe,
est l'*Abies sibirica* Ledeb. — Suivant Bieberstein, Pallas, et Steven,
l'*Abies vulgaris* croît au Caucase, et, au témoignage de Tournefort,
il habite aussi l'Asie Mineure; mais toutes ces indications sont trop
vagues pour lever les doutes sur l'identité de l'espèce de ses régions
avec le Sapin commun d'Europe.

(2) Dans les Pyrénées, cet arbre est confiné aux régions situées entre
1,400 et 2,000 mètres au-dessus du niveau de la mer; dans les Carpathes, il s'arrête à la hauteur de 1,000 mètres, et, dans les Alpes, à celle
de 1,500 mètres.

celui d'*Épicéa*; il est même préférable à ce dernier, sous le rapport de la force et de la durée; les anciens Romains en faisaient une consommation considérable pour la construction des habitations et des navires; toutefois, il est essentiel que les arbres dont il provient aient au moins cent ans, car plus jeune, il se décompose plus facilement que celui de l'*Épicéa* et du *Pin sylvestre*; à défaut de Chêne, on le recherche pour les pilotis et autres constructions destinées à séjourner sous l'eau ou sous terre. Les troncs suffisamment longs sont fort recherchés pour la mâture; à titre de combustible, il est moins avantageux que le bois d'Épicéa.; ses cendres fournissent plus de potasse que le bois de ce dernier, mais moins que celui du *Pin sylvestre*. Le *Sapin commun* n'est pas assez résineux pour l'exploitation de la poix-blanche, mais c'est de lui qu'on obtient, en faisant des incisions dans son écorce pendant l'été, la térébenthine connue dans le commerce sous le nom de *térébenthine de Strasbourg* : cette térébenthine donne, à la distillation, un quart de son poids d'essence; on prépare aussi de l'essence de térébenthine en faisant bouillir dans de l'eau les jeunes cônes du Sapin commun.

Cette espèce s'accommode beaucoup plus difficilement que l'Épicéa des terres médiocres, et des expositions découvertes; on a même vu périr des forêts entières de ce Sapin, à la suite d'un été très-chaud et très-sec. Lorsque cet arbre vient à perdre sa pousse terminale, il se couronne et cesse de croître en hauteur; mais on peut lui retrancher, sans aucun risque, beaucoup de ses branches inférieures. Les jeunes plants ne résistent ni à la sécheresse, ni aux extrêmes de froid et de chaleur, et ils exigent une situation ombragée; aussi une forêt de ce Sapin se repeuple-t-elle très-difficilement, à moins qu'on ait laissé subsister assez de vieux arbres pour abriter les semis.

Sapin de Nordmann. — *Abies Nordmanniana* Steven, in Ann. des Sc. Nat. 2ᵉ sér. vol. XI, p. 56. — Feuilles subunilatérales, légèrement échancrées. Strobiles ovoïdes; écailles cunéiformes-orbiculaires; bractées spatulées-obcordiformes, à sommet saillant, réfléchi, acuminé-cuspidé. — Arbre de 80 pieds et plus, sur 3 pieds de diamètre. Écorce lisse, grisâtre. Branches grêles, la plupart horizontales, les supérieures plus ou moins érigées. Ramules couverts d'une pubescence rousse. Feuilles longues d'environ 1 pouce, sur ¾ de ligne de large, d'un vert gai en dessus, d'un glauque blanchâtre en dessous. Strobiles longs d'environ 5 pouces, sur 2 ½ pouces de large, sessiles, ou subsessiles, solitaires, ou géminés, ou ternés, résineux ; écailles longues d'environ 15 lignes, sur autant de large vers le sommet, érosées-dentées aux bords latéraux, très-entières au sommet. Nucules ovoïdes, longues de 1 ½ ligne ; ailes obliquement cunéiformes, rectilignes d'un côté. (*Steven, l. c.*) — Cette espèce croît dans les régions subalpines du Caucase.

SAPIN NOBLE. — *Abies nobilis* Douglas. — Lamb. Pin. ed. 2, Ic. — Feuilles linéaires-falciformes, d'un vert pâle en dessous. Strobiles ovales-cylindracés ; écailles très-larges, recouvertes par la portion saillante des bractées. Bractées spatulées, acuminées-cuspidées, réfléchies, imbriquées, érosées au sommet : pointe raide, subulée. — Feuilles longues d'environ 1 pouce. Strobiles longs de 6 à 7 pouces, sur 3 pouces de large, semblables à ceux du Sapin commun. (*Hooker, Flor. Bor. Amer.* II, p. 162.) — Cette espèce a été trouvée sur la côte nord-ouest de l'Amérique, aux environs du fort Vancouver.

SAPIN OYAMEL. — *Abies religiosa* Kunth, in Humb. et Bonpl. Nov. Gen. et Spec. II, p. 5. — Feuilles pointues, glauques en dessous. Strobiles subcylindracés ; écailles cunéiformes-orbiculaires, à peine plus courtes que les bractées. Bractées oblongues, acuminées, recourbées au sommet. — Grand arbre, ayant le port du Sapin commun. Ramules glabres, ferrugineux. Feuilles longues de 6 à 14 lignes, larges de ½ ligne à 1 ligne. Strobiles longs de 4 à 4 ½ pouces, larges de 2 à 2 ½ pouces ; écailles courtement onguiculées, longues de 9 lignes (l'onglet non compris), sur 16 à 17 lignes de large, érosées aux bords. Bractées larges d'environ 3 lignes. Nucules d'un brun clair. Embryon 5-cotylédoné. (*Schlechtendal, in Linnæa,* XII, p. 487.)

— Ce *Sapin* croît dans les Andes du Mexique, depuis les régions élevées d'environ 4,000 pieds, jusqu'à la limite extrême des arbres; les habitants du pays l'appellent *Oyamel*; on l'emploie dans les cérémonies religieuses, à cause de ses rameaux cruciformes. Toutes les parties de l'arbre sécrètent une résine jaune, transparente, et odorante.

B. *Écailles-strobilaires plus longues que les bractées.*

SAPIN PICHTA. — *Abies sibirica* Ledeb. Ic. Plant. Alt. tab. 500; ejusd. Flor. Alt. IV, p. 202. — *Pinus Pichta* Fisch. — *Pinus Picea* Pallas, Flor. Ross. (non Linn.) — Feuilles obtuses ou échancrées (celles des ramules-fructifères en général pointues), courbées vers en haut. Strobiles cylindracés : écailles trapézoïdes, brusquement rétrécies en forme de coin à la base, plus de 2 fois plus longues que les bractées. Bractées presque carrées, mucronées. Nucules à aile rectiligne aux 2 bords, à peine élargie au sommet. (*Ledebour, l. c.*) — Grand arbre, à écorce lisse. Branches horizontales ou défléchies (excepté les terminales, qui sont ascendantes ou presque dressées), moins allongées que chez le Sapin commun, d'où il résulte que la cime est plus grêle. Rameaux et ramules roussâtres, glabres. Feuilles longues de 6 à 15 lignes, larges de ½ ligne, d'un vert plus ou moins foncé et luisantes en dessus, plus ou moins glauques en dessous : celles des rameaux-stériles rectilignes, plus longues; celles des rameaux-floraux plus courtes, plus ou moins courbes. Chatons-mâles horizontaux, longs de 3 à 4 lignes. Chatons-femelles longs de 12 à 15 lignes. Bractées denticulées, réfléchies ou subrévolutées à l'époque de la floraison. Strobiles longs de 2 à 3 pouces, sur 15 lignes de diamètre; écailles longues d'environ 9 lignes (y compris l'onglet), sur à peu près autant de large vers le sommet, à bords-latéraux subrectilignes, denticulés. Nucules longues de 3 ½ lignes; aile longue de 5 lignes, sur 3 ½ à 4 lignes de large, obliquement tronquée au sommet. (*Ledebour, l. c.*)

Ce Sapin, que les auteurs anciens confondaient avec le *Sapin commun*, habite la Sibérie, la Daourie, et le Kamtchatka ; il cesse de croître au nord de 58° de latitude. Au témoignage de M. Ledebour, il abonde sur l'Altaï, dans les régions situées entre 2,000 et 4,000 pieds d'élévation, et il ne dépasse pas la hauteur de 5,300 pieds. Les Russes l'appellent *Pichta*. Son bois sert aux mêmes usages que celui du Sapin commun. — Cette espèce est cultivée depuis une vingtaine d'années ; elle se plaît, comme le Sapin commun, dans les terres fraîches.

SAPIN BAUMIER. — *Abies balsamea* Mill. — *Abies balsamifera* Mich. Flor. Bor. Amer. — Mich. fil. Arb. I, p. 146, tab. 14. — Rich. Conifer. tab. 16. — *Pinus balsamea* Linn. — Lamb. Pin. tab. 31. — Feuilles échancrées ou obtuses, subpectinées. Strobiles cylindracés ; écailles subréniformes, à peine de moitié plus longues que les bractées. Bractées obovales-orbiculaires, mucronées. Nucules à aile arrondie du côté extérieur, cunéiforme - obovale. — Arbre atteignant rarement plus de 40 pieds de haut, sur 12 à 15 pouces de diamètre. Tronc très-effilé. Écorce grisâtre. Branches nombreuses, formant une cime régulièrement pyramidale. Bois léger, peu résineux. Feuilles longues de 6 à 9 lignes, larges au plus de 1 ligne, tantôt rectilignes, tantôt plus ou moins courbes, en général plus ou moins étalées, d'un vert foncé et luisantes en dessus, très-glauques en dessous. Chatons-mâles courts. Anthères tronquées, inappendiculées. Strobiles longs de 4 à 5 pouces, sur environ 1 pouce de diamètre, obtus, d'un violet glauque ; écailles courtement onguiculées, larges d'environ 6 lignes. Nucules petites, 3 fois plus courtes que l'aile, qui est d'un brun violet.

Cette espèce, appelée vulgairement *Baumier de Giléad*, habite toute l'Amérique boréale, jusqu'au delà du 68ᵉ degré de latitude ; dans les provinces méridionales des États-Unis, on ne la rencontre que sur les sommités des Alléghanys ; dans les provinces septentrionales et au Canada, elle est disséminée plus ou moins abondamment parmi les autres espèces de Sapin qui, dans ces contrées, constituent les forêts d'arbres-verts. Au Canada et dans le nord des États-Unis, on lui donne les noms de *Sapin argenté*, *Sapin Baumier*, et *Baumier de Giléad*. On ne tire guère parti de son bois, même dans les localités où il abonde le plus ; mais on en recueille la térébenthine qu'on appelle fort improprement *baume de Giléad* : cette substance a une odeur plus agréable que la térébenthine du Sapin commun ; elle est en vogue, chez les Anglo-Américains, comme remède anticatarrhal. Les feuilles ont aussi une odeur balsamique agréable.

Le Sapin Baumier se cultive depuis longtemps comme arbre d'ornement, et, à ce titre, il est préférable au Sapin commun, en raison de son port plus régulièrement pyramidal.

— β : SAPIN DE FRASER. — *Abies Fraseri* Pursh, Flor. Amer. Sept. — *Abies balsamea* β : *Fraseri* Torrey, Compend. — Feuilles plus courtes, subunilatérales, ordinairement dressées. Strobiles ovoïdes-oblongs. Bractées allongées, incisées-denticulées. (*Torrey, l. c.*) — Cette variété croît sur les montagnes des États-Unis.

SAPIN ÉLANCÉ. — *Abies grandis* Douglas, mss. — Lamb. Pin. ed. 2, App. — Hook. Flor. Bor. Amer. II, p. 163. — Feuilles obtuses, blanchâtres en dessous. Strobiles cylindracés ; écailles très-larges, beaucoup plus longues que les bractées ; bractées ovales, courtement acuminées-cuspidées, érosées aux bords. — Grand arbre. Feuilles longues d'environ 1 pouce. Strobiles longs de 4 à 5 pouces, semblables à ceux de l'*Abies balsamea*. (*Hooker, l. c.*) — Cette espèce habite le nord-ouest de l'Amérique.

SAPIN MAGNIFIQUE. — *Abies spectabilis* Lamb. Pin. ed. 2, vol. 2, tab. 2. — *Pinus tinctoria* et *Pinus Webbiana* Wallich, Cat. — Feuilles longues, bimucronées, subunilatérales, d'un blanc argenté en dessous. Strobiles cylindracés ; écailles réniformes-orbiculaires ; bractées oblongues, apiculées. — Arbre de 80 pieds et plus, ayant le port du Sapin commun. Ramules glabres, roussâtres. Feuilles longues de 1 à 2 pouces, larges d'environ 1 ligne, d'un vert foncé en dessus. Anthères à crête bicorne. Strobiles longs de 4 à 6 pouces, sur 1 ½ à 2 pouces de diamè-

tre, solitaires, obtus, d'un pourpre noirâtre. Nucules d'un brun
pâle de même que l'aile. (*D. Don, Prodr. Flor. Nepal.*) —
Cette espèce, remarquable par la beauté de son feuillage, croît
dans les régions subalpines de l'Himalaya ; elle est cultivée depuis quelques années.

Sapin Pindrow. — *Abies* (*Pinus*) *Pindrow* Royle, III.
tab. 86. — Feuilles longues, subpectinées, bimucronées, verdâtres en dessous. Strobiles ellipsoïdes ; écailles cordiformes-tra-
pézoïdes. Bractées suborbiculaires, échancrées, érosées-crène-
lées, beaucoup plus courtes que les écailles. — Grand arbre.
Feuilles longues de 2 à 3 pouces. Anthères à crête bicorniculée.
Strobiles semblables à ceux du Cèdre, d'un brun violet, solitaires. (*D. Don, in Royle*, p. 354.) — Ce Sapin croît dans les
régions subalpines de l'Himalaya ; les habitants de ces contrées
le nomment *Pindrow* et *Morinda* (ce dernier nom s'applique
aussi à l'*Abies Smithiana*) ; son bois est fréquemment employé
aux constructions.

Section IV. PEUCOIDES Spach.

Feuilles comme chez les espèces de la section précédente.
Strobiles dressés ; écailles-fructifères inonguiculées, persistantes, plus courtes que les bractées ; bractées tricus-
pidées au sommet, non-réfléchies.

Sapin de Douglas. — *Abies Douglasii* Sabine, mss. ex
Hook. Flor. Bor. Amer. II, p. 162 ; tab. 183. — Feuilles subdistiques, étroites, blanchâtres en dessous. Strobiles cylindracés
ou ovales-cylindracés ; écailles ovales-orbiculaires. Bractées cunéiformes-oblongues, à segment moyen subulé, spinescent, 3 fois
plus long que les lobes latéraux, qui sont dentiformes, acérés,
mucronés, érosés, divergents. — Arbre de 150 à 200 pieds de
haut, sur 20 à 50 pieds de circonférence. (*Hooker, l. c.*) Rameaux et ramules étalés ou déclinés, très-grêles, glabres, roussâtres. Bourgeons ovoïdes, pointus, d'un brun roux. Feuilles
d'un vert foncé en dessus, longues de 5 à 12 lignes, larges d'environ ½ ligne, obtuses, ou mucronées, celles des jeunes arbres

étalées. Strobiles longs de 2 à 3 pouces, larges au plus de
1 pouce, d'un brun roux, courtement pédonculés. — Cette espèce habite le nord-ouest de l'Amérique : elle est commune dans
les vallées des Rocheuses; on la possède, en Angleterre, depuis
1827, de graines envoyées par Douglas.

Section V. MICROPEUCE Spach.

Branches éparses ou irrégulièrement verticillées. Rameaux
et ramules distiques, très-grêles, réclinés. Feuilles conformées comme celles des espèces des 2 sections précédentes, mais denticulées. Chatons-mâles (naissant sur les
mêmes rameaux que les chatons-femelles, mais sur d'autres ramules) axillaires et terminaux, petits, oligandres.
Anthères subréniformes, transversalement déhiscentes.
Strobiles petits, solitaires, terminaux; écailles inonguiculées, persistantes, beaucoup plus longues que les bractées. Bractées adhérentes.

Sapin du Canada. — *Abies canadensis* Mich. Flor. Bor.
Amer. — Mich. fil. Arb. I, p. 137, tab. 13. — Rich. Conifer.
tab. 17. — *Pinus canadensis* Hort. Kew. — Lamb. Pin.
tab. 32. — Wangenh. Amer. tab. 15, fig. 36. — *Pinus americana* Duroi. — Feuilles subdistiques, glauques en dessous,
obtuses ou acuminulées, denticulées dès leur base. Anthères à
crête très-petite, subbilobée. Strobiles ovoïdes ou subcylindracés,
déclinés; écailles très-entières; bractées cunéiformes, érosées,
ciliolées. — Arbre atteignant 70 à 100 pieds de haut, sur 2 à
3 pieds de diamètre dans les deux tiers de sa hauteur. Tronc
droit, effilé vers le sommet; branches longues, horizontales,
très-rameuses, effilées vers l'extrémité. Écorce lisse, brune
étant jeune, finalement d'un gris cendré. Bois blanchâtre, peu
résineux. Cime d'abord pyramidale, plus tard irrégulière. Jeunes-pousses cotonneuses-ferrugineuses, réclinées. Bourgeons
très-petits, roussâtres. Feuilles longues de 3 à 9 lignes, larges
de ½ ligne à 1 ligne, rectilignes, horizontales, d'un vert gai et
luisantes en dessus, beaucoup moins rapprochées que celles du

Sapin commun. Chatons-mâles subglobuleux, très-petits, longuement stipités, jaunâtres. Chatons-femelles verdâtres. Strobiles
longs de '/² pouce à un pouce, larges de 3 à 6 lignes, subsessiles,
subobtus, verts avant la maturité, finalement d'un brun clair ;
ils mûrissent en automne, et laissent échapper les nucules avant
la fin de l'année ; écailles obovales ou elliptiques-obovales, très-
entières, arrondies au sommet, longues de 4 à 5 lignes. Bractées
très-petites. Nucules petites, subovales, anguleuses, grisâtres ;
aile 2 fois plus longue que la nucule, d'un jaune clair, subovale,
très-oblique, rectiligne d'un côté.

Cette espèce abonde au Canada, jusqu'à 51° de lat., et dans
les provinces les plus septentrionales des États-Unis : elle y constitue, avec l'*Abies nigra*, près de la moitié des forêts qui
couvrent ces pays ; dans les contrées plus méridionales, elle se
trouve confinée aux expositions les plus fraîches des montagnes ; les Français du Canada l'appellent *Pérusse* ; les Anglo-
Américains la désignent par le nom de *Hemlock spruce*. Les
terrains trop humides ne conviennent pas à cet arbre ; au témoignage de M. Michaux, il acquiert un grand développement
parmi les Hêtres et les Érables à sucre, dans un sol très-fa-
vorable à la culture du froment. Son accroissement est plus lent
que celui des autres Sapins ; il lui faut près de deux siècles pour
atteindre ses plus fortes dimensions.

Le bois du Sapin du Canada est inférieur à celui de tous les
autres grands arbres résineux de l'Amérique septentrionale ; il
ne se fend pas de droit fil, il a peu de force, et il pourrit
promptement à l'humidité ; on l'emploie néanmoins, par économie, à la charpente intérieure des maisons. L'écorce est excellente pour le tannage ; au Canada et dans le nord des États-
Unis, on l'emploie presque exclusivement à cet usage, parce
que les Chênes sont peu répandus dans ces contrées ; cette écorce
donne aux cuirs une couleur d'un rouge foncé.

L'*Abies canadensis* est très-propre à l'ornement des bosquets ; mais pour prospérer dans notre climat, il exige un sol
frais et une exposition ombragée ; la disposition de ses rameaux
et la petitesse de ses feuilles lui impriment un aspect particu-

lier, assez différent du port des autres Sapins, et qui est très-pittoresque dans la jeunesse de l'arbre; mais lorsqu'il avance en âge, sa cime se dégarnit irrégulièrement.

SAPIN BROWN. — *Abies Brunoniana* Wallich, Cat. ; Plant. Asiat. Rar. III, p. 24, tab. 247. — *Abies dumosa* Don, Prodr. Flor. Nepal. — Feuilles unilatérales, denticulées seulement au sommet, blanches en dessous. Strobiles ovoïdes, obtus, dressés; écailles érosées aux bords ; bractées réniformes, échancrées, cuspidulées. (*Don, l. c.*) — Arbre de 70 à 80 pieds. Tronc droit, finalement sans branches jusqu'à 15 à 20 pieds de haut. Cime étalée, très-rameuse. Ramules grêles, nutants, brunâtres, les jeunes pubescents. Feuilles longues d'environ 1 pouce, d'un vert gai et luisantes en dessus, très-rapprochées, rectilignes. Chatons-mâles ovoïdes, 4 fois plus courts que les feuilles. Anthères brunâtres, apiculées. Strobiles longs d'environ 1 pouce, d'un brun clair, un peu glauque ; écailles ovales-orbiculaires, très-obtuses. Nucules petites ; aile oblongue, obtuse, brunâtre, à peine plus courte que l'écaille. (*Wallich, l. c.*) — Cette espèce, très-semblable à la précédente par le port et le feuillage, croît sur l'Himalaya ; son bois n'est pas estimé.

Genre CÈDRE. — *Cedrus* Juss.

Ce genre ou sous-genre ne diffère essentiellement des Sapins que par la disposition des feuilles, qui sont éparses sur les jeunes scions, mais roselées au sommet des ramilles qui garnissent les ramules plus anciens. — Feuilles coriaces, persistantes, aciculaires, mucronées, linéaires-tétragones (à 4 nervures dont 2 marginantes, 1 dorsale, et 1 faciale), mucronées, piquantes, très-entières, unicolores, partout ponctuées, rectilignes, courtement pétiolées : pétiole articulé au sommet, décurrent. Rosettes-ramulaires composées chacune de 20 à 30 feuilles disposées en plusieurs verticilles immédiatement superposés au-dessous d'un bourgeon central. Floraison vernale. Chatons assez gros, sessiles au sommet des ramilles latérales, dressés, naissant chacun d'un bourgeon aphylle. Chatons-mâles solitaires, subcylindracés, polyandres. Anthères cunéiformes, serrées, déhiscentes longitudinalement, couronnées d'une grande crête elliptique, obtuse, érosée-denticulée. Chatons-femelles solitaires ou géminés, cylindracés, à bractéoles inaccrescentes, finalement adnées. Pistil à orifice dilaté en forme de limbe irrégulièrement 3-à 6-fide. Maturation bisannuelle (1). Strobile gros, obtus, dressé, composé d'écailles très-nombreuses, coriaces, amincies aux bords, épaissies vers leur base, arrondies au sommet, onguiculées, subréniformes, horizontales, immédiatement superposées, très-serrées, mais non-entregreffées, finalement un peu écartées, persistantes; onglet très-large, cunéiforme, ligneux, épais, caréné en dessus, gibbeux en dessous; bractées très-courtes, adnées, finalement presque oblitérées. Nucules longuement ailées, insérées sur l'onglet de l'écaille; aile membranacée, persistante, couronnante, décurrente, point embrassante, très-oblique, à bord intérieur rectiligne, et à bord extérieur plus ou moins courbe, tronquée ou arrondie au sommet. Embryon sub-9-cotylédoné. — Ce genre ne comprend que les deux espèces suivantes :

CÈDRE DU LIBAN. — *Cedrus Libani* Juss. — *Pinus Cedrus* Linn. — Trew. Ehret. tab. 60 et 61. — Lamb. Conifer. tab. 37. — *Larix Cedrus* Mill. Dict. — *Abies Cedrus* Poir. Enc. — Rich. Conifer. tab. 14, fig. 1, et tab. 17, fig. 1. — *Larix patula* Salisb. — Branches et rameaux étalés ou un peu déclinés. Feuilles d'un vert plus ou moins foncé. Strobiles obtus aux 2 bouts. Nucules à aile demi-flabelliforme, tronquée au sommet. — Arbre atteignant 100 pieds de haut, et, avec l'âge, jusqu'à 12 pieds de diamètre. Racine pivotante, garnie de longues

______

(1) Les nucules mûrissent vers la fin de la seconde année, mais les strobiles persistent souvent pendant plusieurs années sur les arbres, sans s'ouvrir.

branches horizontales. Tronc droit; écorce lisse, d'un brun grisâtre. Bois léger, tendre, roussâtre, veiné, semblable à celui du
Pin sylvestre. Branches fortes, très-rameuses, les inférieures
(en général situées seulement à une dizaine de pieds de distance du sol) atteignant jusqu'à 30 pieds de long (du moins
lorsque l'arbre croît isolément; lorsque l'arbre croît en masses,
sa cime devient beaucoup plus svelte et semblable à celle des
Sapins). Cime pyramidale, très-touffue; rameaux et ramules
divariqués, effilés chez les jeunes individus. Ramilles plus ou
moins raccourcies, rapprochées, solitaires, ou subfasciculées.
Bourgeons-foliaires petits, hémisphériques, roussâtres ou grisâtres; écailles très-petites, très-nombreuses, obtuses, finalement réfléchies, persistant plusieurs années. Feuilles larges
de ¼ de ligne à ⅓ de ligne : celles des rosettes longues de 6
à 9 lignes; celles des scions longues de 12 à 18 lignes. Chatons-mâles roussâtres, longs d'environ 2 pouces, naissant en
général sur les branches inférieures. Chatons-femelles, à l'époque de la floraison, à peu près du même volume que les chatons-
mâles, pourprés, naissant d'ordinaire seulement sur les branches
supérieures; écailles-pistillifères suborbiculaires ou ovales-orbiculaires, courtement onguiculées, irrégulièrement érosées-denticulées; bractées obovales, très-courtes, érosées-denticulées.
Strobiles ellipsoïdes ou ovales-globuleux, déprimés au sommet,
longs de 3 à 5 pouces, sur 3 à 4 pouces de diamètre, courtement pédonculés, d'un vert glauque avant la maturité, finalement d'un brun clair; écailles larges d'environ 18 lignes, sur
1 pouce de long. Nucules longues d'environ 6 lignes, oblongues,
ou oblongues-obovales, pointues; aile roussâtre, longue d'environ 1 pouce, sur 8 à 9 lignes de large vers le sommet.

Le Cèdre du Liban, qui couvrait, dans l'antiquité, les flancs
de ces montagnes, où il n'en existe plus, depuis longtemps,
qu'une petite forêt d'une centaine d'arbres, croît aussi sur le
Taurus (1), et sur l'Atlas, aux environs de Maroc (2). On sait

(1) Au témoignage de Belon.
(2) C'est vers 1830 que Schousboe, dans un voyage à Maroc, eut con-

que le fameux temple de Salomon fut construit, en partie, de Cèdres du Liban, et que les écrivains sacrés des Hébreux avaient choisi cet arbre majestueux comme emblème de la force et de la grandeur. Tous les auteurs anciens préconisent le bois de Cèdre comme incorruptible ; on l'employait à la construction des édifices et des vaisseaux, ainsi qu'à la sculpture ; toutefois le Cèdre, cultivé dans nos climats, ne donne qu'un bois peu résineux, de qualité médiocre, et inférieur à celui du Sapin.

Le Cèdre est fort remarquable par sa longévité : on a calculé que les plus gros arbres de cette espèce qui existent encore sur le Liban, et qui ont environ 36 pieds de tour, doivent avoir vécu plus de 9 siècles. De même que chez les Sapins, l'accroissement du Cèdre en hauteur est très-lent pendant les premières années : un arbre de 7 ou 8 ans a tout au plus 4 pieds de haut ; mais ensuite il s'allonge au moins d'un pied par année, jusqu'à ce qu'il ait atteint le terme de sa hauteur ; lorsque sa flèche vient à être détruite, il cesse de croître en hauteur, et ne reproduit jamais une nouvelle pousse - terminale. L'accroissement en épaisseur est également assez rapide durant sa jeunesse : on a vu des Cèdres de 70 ans, d'un diamètre de près de 3 pieds. Les plus anciens Cèdres qui existent en Europe se trouvent, suivant Miller, au jardin de Chelsea, près Londres, où on les possède depuis 1683 ; deux de ces arbres avaient en 1766, c'est-à-dire 83 ans après leur plantation, environ 12 pieds de circonférence à 2 pieds de terre. Le Cèdre planté au Jardin du Roi, en 1734, par Bernard de Jussieu, a environ 3 pieds de diamètre ; mais il a perdu sa flèche depuis une cinquantaine d'années. Le Cèdre se plaît surtout dans les terres-franches légères ; mais, du reste, il s'accommode assez bien de toute autre sorte de sol, pourvu que les localités ne soient ni trop humides, ni trop arides ; il résiste aux hivers les plus rigoureux du nord de la France ; toutefois, les jeunes plants ont besoin d'être garantis des gelées.

---

naissance de l'existence du *Cedrus Libani*, dans ce pays ; il en apporta des échantillons, dont il donna plusieurs à M. Webb, et qui ne laissent aucun doute sur l'identité spécifique.

CÈDRE DÉODARA. — *Cedrus Deodara* Lamb. Pin. ed. II, tab. 42.—*Pinus Deodara* Roxb. Flor. Ind. ed. II, vol. 3, p. 651. — D. Don, in Edinb. Phil. Journ. vol. 13, p. 377. — Branches et rameaux réclinés. Feuilles très-glauques (du moins celles des jeunes arbres). Strobiles turbinés à la base, obtus au sommet. Nucules à aile dolabriforme, arrondie au sommet, à bord extérieur très-oblique.—Arbre de la taille du Cèdre du Liban ; tronc atteignant 10 pieds et plus de diamètre. Branches très-fortes, très-rameuses, les inférieures souvent réclinées jusqu'à terre. Ramules des vieux arbres ascendants. Feuilles longues de 1 pouce à 2 pouces : celles des rosettes au nombre de 30 à 40. Chàtons semblables à ceux du Cèdre du Liban. Strobiles longs de 3 à 4 pouces, sur 2 à 4 pouces de diamètre, ovoïdes, ou ellipsoïdes, ou ovales-globuleux, déprimés et ombiliqués au sommet, brusquement rétrécis vers la base, d'un brun glauque à la maturité ; écailles larges de 18 lignes à 2 pouces, longues d'environ 1 pouce (y compris l'onglet, qui est flabelliforme et à peu près aussi long que la lame), fimbriolées vers la base de la lame, très-entières dans le reste du contour. Nucules semblables à celles du Cèdre du Liban, mais à aile beaucoup plus courte, plus oblique au bord extérieur. Embryon 9-ou 10-cotylédoné.

Cette espèce croît au Cachemyre, au Népaul et au Thibet, dans les hautes régions de l'Himalaya ; il forme, sur le flanc de ces montagnes, de vastes forêts, en général entremêlées de différentes espèces de Pins, de Chênes et de Bouleaux; il ne s'arrête qu'au delà de 13,000 pieds (anglais) d'élévation. Cet arbre porte, en sanscrit, le nom de *Déodara*, qui veut dire arbre divin. Le bois du Déodara est compacte, léger et susceptible d'un beau poli ; la résine dont il est abondamment imprégné le rend à peu près incorruptible, et le garantit du ravage des insectes ; au Cachemyre et au Thibet, on recherche ce bois pour la construction des temples et autres édifices, ainsi que pour celle des ponts et des bateaux. Moorcroft rapporte que la charpente des toits de certains édifices très-anciens, construits de bois de Déodara, fut trouvée en si parfait état de conservation, qu'on l'employa à de nouvelles bâtisses. Ce bois sert aussi à faire des torches.

Ce Cèdre, dont le port paraît être encore plus élégant que celui de son congénère du Liban, peut se cultiver en pleine terre dans le nord de la France; mais on ne le possède que depuis une vingtaine d'années, et il est encore peu multiplié.

Genre MÉLÈZE. — *Larix* Tourn. (1)

Fleurs monoïques. Chatons solitaires, terminant de très-courts ramules latéraux. — *Chatons-mâles* ovoïdes, sessiles, polyandres, naissant de bourgeons aphylles ; rachis assez gros. Anthères claviformes, subsessiles, cristées au sommet, déhiscentes longitudinalement. — *Chatons-femelles* sessiles, ovoïdes, feuillus à la base. Bractées marcescentes, peu accrescentes, membranacées, colorées, à l'époque de la floraison beaucoup plus longues que les écailles-pistillifères. Écailles-pistillifères charnues, arrondies, imbriquées, appliquées, point entregreffées après la floraison. Ovaire lagéniforme, oblique, à orifice subcirculaire, denticulé. Strobile ovoïde, ou ellipsoïde, ou oblong-cylindracé, à écailles coriaces, imbriquées, lâchement appliquées, amincies aux bords et vers le sommet, épaissies vers la base, inonguiculées, plus longues que les bractées, finalement un peu écartées, persistant après la chute des nucules. Nucules petites, coriaces, caduques, à aile couronnante, décurrente, non-embrassante, persistante, membranacée, obliquement ovale. Embryon 5-à 7-cotylédoné, claviforme.

Arbres élancés, à cime pyramidale. Branches (excepté les supérieures) réclinées, irrégulièrement subverticillées. Rameaux épars, grêles, effilés : les adultes garnis de ramules

---

(1) Les Mélèzes ne diffèrent essentiellement des Sapins que par la disposition des feuilles, qui est la même que celle des Cèdres; on les distingue de ceux-ci parce que les feuilles sont molles, planes, et non-persistantes.

alternes, très-raccourcis, tuberculiformes, rugueux, annelés ; les jeunes aréolés par les phyllopodes, garnis de bourgeons axillaires (qui plus tard sont remplacés par les ramules
tuberculiformes). Bourgeons subglobuleux, composés d'un
grand nombre d'écailles verticillées, plurisériées, imbriquées, membranacées, ciliées, longtemps persistantes.
Feuilles non-persistantes, molles, minces, planes, étroites,
courtes, linéaires, mucronées, sessiles, très-entières, à
peine ponciculées, 1-nervées, unicolores (d'un vert gai,
ou glauque) ; celles des jeunes scions éparses, articulées par
la base sur un phyllopode décurrent ; celles des rameaux
anciens roselées (au sommet des ramules raccourcis) autour d'un bourgeon central (qui produit l'année suivante
soit un chaton, soit une nouvelle rosette de feuilles). Floraison vernale. Chatons naissant sur les rameaux âgés de
2 à 6 ans ; les mâles petits, subhorizontaux, d'un jaune
verdâtre ; les femelles redressés, rougeâtres, dès l'époque
de la floraison plus grands que les chatons-mâles, accompagnés chacun d'une rosette de feuilles. Bractées plus ou
moins longuement cuspidées, ordinairement denticulées
au sommet. Maturation annuelle. Strobiles obtus, redressés. — Les Mélèzes sont les seules Abiétinées qui se dépouillent de leurs feuilles en hiver. Ce genre ne comprend
que les 2 espèces suivantes :

MÉLÈZE COMMUN. — *Larix vulgaris* Fisch. — *Pinus Larix*
Linn. — Pall. Flor. Ross. I, tab. i. — Guimp. et Hayn.
Deutsch. Holz. tab. 155. — *Abies Larix* Poir. Enc. — Duham.
nov. V, tab. 79, fig. i. — Rich. Conif. tab. 13. — *Larix
europæa* De Cand. Flore Franç. — *Pinus Larix* et *Pinus pendula* Lamb. Pin. tab. 35 et 36. — *Abies pyramidalis* et *Abies
pendula* Salisb. in Linn. Trans. VIII, p. 313. — *Larix deci-
dua* Mill. — *Larix sibirica* Ledeb. Flor. Alt. — *Larix alba,
Larix archangelica, Larix compacta, Larix intermedia,
Larix laxa, Larix pendula, Larix repens, Larix rossica,* et
Larix sibirica Hortul. — Feuilles d'un vert gai. Strobiles

(longs de 9 à 18 lignes) ovoïdes, ou ovales-oblongs, ou oblongs-cylindracés, ou oblongs-coniques.

Arbre atteignant 60 à 100 pieds de haut (et quelquefois plus), sur 3 à 4 pieds de diamètre (1). Racine forte, longue, pivotante, garnie de beaucoup de ramifications rampantes. Tronc svelte, droit, conique, à écorce d'abord lisse, d'un brun grisâtre, finalement d'un gris tirant sur le roux, et fortement rimeuse. Bois d'un jaune ou d'un brun roussâtre, avec des veines plus foncées, très-tenace, assez solide et d'un grain fin. Rameaux étalés ou plus ou moins déclinés, à écorce brunâtre, striée de jaune. Cime conique. Feuilles longues de 6 à 15 lignes, larges de $^1/_4$ de ligne à $^1/_5$ de ligne, glabres. Fleurs paraissant à la même époque que les jeunes feuilles. Chatons-mâles longs d'environ 3 lignes. Chatons-femelles longs de 5 à 10 lignes, composés chacun de 30 à 40 écailles-pistillifères petites, recourbées au sommet (lors de l'anthèse), souvent pubescentes. Bractées d'un pourpre brunâtre, ovales, ou ovales-oblongues, ou ovales-lancéolées, ou oblongues, ou elliptiques, ou subpanduriformes, plus ou moins profondément échancrées, et ordinairement denticulées au sommet; fortement 1-nervées, plus ou moins longuement cuspidées (par le prolongement de la nervure) dans l'échancrure. Ramilles-fructifères courtes, grosses, ascendantes. Strobiles finalement d'un jaune ou d'un brun roussâtre, de 6 à 12 lignes de diamètre; ils mûrissent en automne, mais ne s'ouvrent qu'au printemps suivant, et ils persistent encore pendant près d'une année sur les rameaux. Écailles-strobilaires longues de 3 à 5 lignes, ovales, ou ovales-elliptiques, ou ovales-orbiculaires, ou demi-orbiculaires, arrondies, tronquées ou échancrées au sommet, souvent pubérules, finement striées, à bords plans, ou ondulés, ou subinvolutés, ou subrévolutés. Nucules petites, d'un brun jaunâtre,

---

(1) Avec l'âge, le Mélèze est susceptible d'acquérir une grosseur beaucoup plus considérable; il en existe, dans le Valais, un individu renommé dans le pays, à cause de sa taille gigantesque : le tronc de cet arbre est tel que sept hommes suffisent à peine pour en embrasser la partie inférieure, et il est sans branches jusqu'à la hauteur de cinquante pieds.

ovoïdes, pointues, plus ou moins comprimées, à aile brune ou jaunâtre, obliquement ovale, obtuse, rectiligne au bord interne, presque aussi longue que l'écaille-fructifère.

Le *Mélèze commun*, qu'on appelle vulgairement *Mélèze*, sans autre désignation spéciale, croît sur les Alpes, les Carpathes, l'Oural, ainsi qu'en Sibérie jusqu'au 68e degré de latitude, et dans l'Amérique boréale. Cet arbre vient dans tous les sols, excepté dans ceux qui sont glaiseux ou très-humides ; toutefois, il ne prospère pas dans les localités chaudes et arides. Le Mélèze d'Europe tient le premier rang parmi les arbres forestiers tant en raison de sa prompte croissance, qu'à cause des excellentes qualités de son bois. Cet arbre atteint le terme de sa hauteur dans l'espace de cinquante à soixante ans, mais il continue à augmenter en circonférence jusqu'à l'âge de 150, et même jusqu'à celui de 200 ans (1). Le bois de Mélèze, en vertu de la résine dont il est imprégné, résiste très-longtemps à l'action destructive de l'air et de l'humidité : aucun autre bois indigène n'est aussi durable ; il n'est pas sujet à se fendre, ni à être attaqué par les insectes ; aussi est-il fort propre à toutes les constructions, et notamment à celles qui restent constamment submergées ; car, sous l'eau, il devient incorruptible, et il y acquiert, avec le temps, une dureté égale à celle de la pierre ; les charpentes qu'on en fait sont très-solides, quoique beaucoup plus légères que celles de Chêne, et elles durent plusieurs siècles sans s'altérer. Dans les contrées où le Mélèze est commun, on en construit des maisons entières, qu'on couvre de bardeaux du même bois. La marine russe le préfère au Chêne, pour les constructions navales ; les navires vénitiens sont également construits de bois de Mélèze : on assure qu'employé à cet usage, il dure deux fois autant que le Chêne. En Suisse, et dans la Russie méridionale, on en fait les tonneaux à vin. Les échalas de vigne qu'on a coutume d'en faire, dans quelques cantons suisses, ont une durée à peu près indéfinie, quoiqu'on ne les retire jamais

---

(1) On a même vu des Mélèzes acquérir cent pieds de haut, et environ deux pieds de diamètre, dans l'espace de quarante ans.

de terre. Les planches de Mélèze sont excellentes pour la menuiserie ; mais elles sont sujettes à se déjeter lorsque le bois a été mis en œuvre avant la parfaite dessiccation. Comme combustible, le Mélèze est préférable aux Pins et aux Sapins ; sa puissance calorifique, comparativement à celle du Hêtre, est estimée à la proportion de 766 à 1,000 ; son charbon est d'assez bonne qualité pour servir aux usages des forges et des usines. L'écorce des jeunes Mélèzes sert au tannage, et à teindre en brun.

L'utilité de cet arbre ne se borne pas aux précieuses qualités de son bois. La résine qu'il contient, et qui est connue sous le nom de *térébenthine de Venise*, sert à beaucoup d'usages dans les arts, et en thérapeutique ; on en extrait de l'essence de térébenthine, et le résidu de cette distillation est de la colophane. La térébenthine du Mélèze reste toujours liquide, et de la consistance d'un sirop épais ; elle est claire, transparente, jaunâtre, d'une saveur un peu amère, et d'une odeur balsamique ; cette térébenthine s'emploie en médecine de préférence à celle du Sapin commun ; c'est un médicament stimulant, qu'on administre souvent contre les catarrhes chroniques ; elle entre en outre dans la composition de divers emplâtres, baumes, onguents, et autres préparations pharmaceutiques ; de même que la térébenthine de Sapin, elle communique une odeur de violette à l'urine des personnes qui en font usage. La térébenthine suinte spontanément de l'écorce des Mélèzes, mais pour l'obtenir en quantité, on pratique des trous ou des entailles d'environ un pouce de profondeur dans les troncs des arbres vigoureux, en commençant à trois ou quatre pieds de terre, et en remontant peu à peu jusqu'à dix ou douze ; on commence la récolte à la fin de mai, et on la continue jusqu'en septembre. Un arbre fort peut fournir, pendant quarante à cinquante ans, sept à huit livres de térébenthine chaque année ; mais le bois des Mélèzes ainsi exploités perd beaucoup de sa qualité. — Pendant les mois de juin et de juillet, il suinte souvent des feuilles des jeunes Mélèzes une autre substance résineuse, qui se solidifie sous forme de petits grains blanchâtres ; cette substance, qu'on appelle vulgairement *Manne de Briançon*, est usitée comme purgatif par les montagnards du Dauphiné.

Le Mélèze produit un fort bel effet dans les jardins paysagers, par son port pyramidal, ainsi que par son feuillage léger et d'un vert gai ; mais dans le climat des plaines de la France, cet arbre souffre facilement des gelées printanières, parce que ses feuilles s'y développent dès la fin de l'hiver ; les fortes chaleurs lui sont également contraires, et par conséquent l'exposition du nord, qui est même celle qu'il affecte le plus sur les montagnes, lui convient le mieux. On ne peut le multiplier que de graines, et sa reprise, à la transplantation, ne réussit que pour les jeunes plants. Ainsi que les autres Abiétinées, il ne reproduit jamais une pousse terminale, et il ne repousse pas de sa souche lorsque le tronc a été coupé.

MÉLÈZE A PETIT FRUIT. — *Larix microcarpa* Poir. Enc. — *Pinus laricina* et *Pinus Larix nigra* Duroi. — *Larix americana* Mich. Flor. Bor. Amer. — Mich. fil. Arbr. 3, p. 37, cum fig. — *Pinus microcarpa* Lamb. Pin. tab. 37. — *Larix tenuifolia* Salisb. in Trans. Linn. Soc. VIII, p. 313. — Feuilles d'un vert glauque. Strobiles (longs de 5 à 8 lignes) ovoïdes, ou ovales, ou oblongs.

Arbre atteignant 80 à 100 pieds de haut, sur 2 à 3 pieds de diamètre. Branches horizontales, ou inclinées, ou pendantes. Rameaux grêles, effilés, pendants. Écorce lisse sur le tronc et les grosses branches. Cime conique. Feuilles longues de 3 à 6 lignes, larges d'environ 1/4 de ligne, glabres. Strobiles d'un vert glauque avant la maturité, finalement roussâtres ; écailles-fructifères ovales, ou ovales-elliptiques, ou elliptiques, ou elliptiques-orbiculaires, érosées aux bords. Bractées elliptiques ou oblongues, échancrées, fortement 1-nervées, plus ou moins longuement cuspidées (par la nervure), denticulées, courtes. Nucules semblables à celles du Mélèze commun, mais plus petites.

Cette espèce forme de grandes forêts au Canada, et dans les contrées plus septentrionales de l'Amérique, où on l'a observée jusqu'au 65ᵉ degré de Lat. ; elle est aussi assez abondante dans le Vermont, le Maine, et le New-Hampshire ; mais plus au midi elle devient rare et ne se trouve plus que sur les montagnes ; les Canadiens l'appellent *Épinette rouge* ; aux États-Unis on la désigne par le nom de *Hacmatack*. Le bois de ce Mélèze, suivant M. Michaux, est très-supérieur à celui de tous les Pins et Sapins de l'Amérique septentrionale; il a beaucoup de force, et résiste bien aux alternatives de sécheresse et d'humidité; au Canada, il est un des plus appréciés pour la charpente; dans le Maine, il est plus estimé que celui de tout autre arbre résineux, pour faire des genoux, dans la construction des navires.

Cette espèce se cultive aussi comme arbre d'agrément; elle réussit dans les mêmes conditions que le Mélèze commun.

SECTION III. **PODOCARPÉES**. — *Podocarpeæ* Dumort.

Anthères appendiculées ou inappendiculées, extrorses, 2-thèques; connectif étroit; bourses collatérales, adnées aux bords du connectif, contiguës postérieurement. — Écailles-pistillifères solitaires (ou rarement en épis lâches), 1-flores, 1-à 3-bractéolées, accrescentes, finalement pulpeuses (par exception inaccrescentes, marcescentes). Ovules à nucelle recouvert d'un tégument simple. Péricarpe drupacé. — Bourgeons nus ou écailleux. Feuilles en général éparses.

Genre PODOCARPE. — *Podocarpus* L'hérit.

Fleurs dioïques ou moins souvent monoïques. — *Chatons-mâles* axillaires ou terminaux, solitaires, ou fasciculés, ou en épis. Anthères subsessiles. — *Fleurs-femelles* axillaires ou terminales, solitaires, ou subsolitaires, ou en épis lâches; écaille-pistillifère 1-à 3-bractéolée, accrescente, finalement charnue et recouvrant la nucule de manière à simuler un drupe. Nucule subglobuleuse ou ovoïde, osseuse, renversée. Embryon 2-cotylédoné. — Arbres ou arbrisseaux. Ramules plus ou moins anguleux, ordinairement épars de même que les rameaux. Feuilles éparses, ou distiques, ou (seulement chez une espèce) opposées, 1-nervées (innervées chez l'espèce à feuilles opposées), planes, ou (seulement chez 2 espèces) aciculaires-trièdres, très-entières, coriaces, persistantes, sessiles, ou courtement pétiolées. — On connaît une vingtaine d'espèces de ce genre ; toutes sont indigènes de la zone équatoriale, ou des climats tempérés de l'hémisphère austral. Les suivantes se cultivent dans les collections d'orangerie.

Chatons-mâles solitaires ou agrégés, axillaires. —Fleurs-femelles axillaires, pédonculées ; pédoncules nus ; écaille-pistillifère 2-ou 3-bractéolée à la base : bractées soudées presque jusqu'au sommet en gaîne recouvrant la base du fruit. — Feuilles linéaires ou oblongues, planes, 1-nervées, éparses.

PODOCARPE A FEUILLES ALLONGÉES.—*Podocarpus elongata* L'hérit. — Rich. Conif. tab. 1, fig. 2.—*Taxus elongata* Hort. Kew.—Arbrisseau à ramules tantôt épars, tantôt subverticillés, anguleux, feuillus. Feuilles longues de 10 à 15 lignes, larges de 1 1/2 ligne à 2 lignes, d'un vert glauque, linéaires-oblongues, subsessiles, pointues aux 2 bouts, mucronées. Chatons-mâles filiformes. Fleurs dibractéolées. Fruit subglobuleux, subacuminé, du volume d'un gros Pois.—Cette espèce croît au cap de Bonne-Espérance.

PODOCARPE A FEUILLES DE LAURIER-ROSE. — *Podocarpus neriifolia* Don, Prodr. Flor. Nepal.—Feuilles longues d'environ 3 pouces, larges de 3 à 4 lignes, d'un vert gai, lancéolées-oblongues, pointues, mucronées, subrévolutées aux bords, subsessiles. Chatons-mâles filiformes, subternés, 4 fois plus courts que les feuilles.—Cette espèce croît au Népaul. La chair de son drupe est mangeable.

Genre DACRYDIUM. — *Dacrydium* Soland.

Fleurs dioïques, terminales. — *Chatons-mâles* en épis ou solitaires, terminaux, sessiles, ovoïdes, caliculés, petits, polyandres. Anthères subsessiles, serrées, couronnées d'un appendice squamuliforme. — *Fleurs-femelles* solitaires ou en épis, sessiles. Écaille-pistillifère petite, subcymbiforme, ébractéolée, inaccrescente. Péricarpe charnu, cupuliforme, finalement débordé par la graine. Graine osseuse, ovoïde, finalement redressée. Embryon dicotylédoné. — Arbres élancés, très-rameux. Rameaux étalés ou pendants. Feuilles opposées-croisées ou distiques, coriaces, persistantes. — Ce genre ne comprend que les 2 espèces suivantes :

A. *Feuilles petites, opposées-croisées, très-rapprochées, aciculaires, subcylindriques. Chatons - mâles et fleurs - femelles solitaires.*

DACRYDIUM A FEUILLES DE CYPRÈS. — *Dacrydium cupressinum* Soland. in Forst. Plant. Escul. p. 80. — Lamb. Pin. ed. 2, vol. 2, tab. 51. — Rich. Conifer. tab. 2, fig. 3. — *New-Zealand Spruce* Cook's second Voy. I, p. 70, tab. 51. — Arbre atteignant 100 pieds de haut, sur 3 pieds de diamètre. Rameaux étalés. Ramules effilés, grêles, flexueux, pendants, feuillus. Feuilles longues à peine de 1 ligne, subulées, piquantes; celles des jeunes arbres divariquées; celles des arbres adultes lâchement imbriquées, décurrentes, connées par la base. Chatons semblables à ceux des Thuya. Fruit du volume d'un Pois, ovoïde. — Cet arbre forme de vastes forêts dans les contrées du sud-ouest de la Nouvelle-Zélande; son bois est solide et d'un grain serré.

B. *Feuilles distiques, linéaires, planes, étalées. Chatons-mâles et fleurs-femelles en épis.*

DACRYDIUM A FEUILLES D'IF. — *Dacrydium taxifolium* Soland. — Don, in Lamb. Pin. ed. 2, vol. 2, p. 110; id. in Edinb. Phil. Journ. XIII (1825), p. 379 (1). — Très - grand arbre. Tronc gros, très-droit; écorce rousse. Rameaux et ra-

---

(1) M. Don pense que cette espèce doit former un genre distinct.

mules étalés, flexueux. Feuilles longues de 1 pouce, sur 1 ligne.
de large, non-luisantes, vertes aux 2 faces, pointues, très-courtement pétiolées, subrévolutées aux bords, obliques à la base.
Chatons-mâles au nombre de 10 à 20 par épi, distants, sessiles,
étalés, oblongs-cylindracés, longs de ¹/₂ pouce ; épis latéraux ou
terminaux. Fruits au nombre de 4 à 7 par épi, subsessiles, elliptiques-oblongs, courtement mucronés. (*Don, in Lambert,
l. c.*) — Cet arbre croît dans la Nouvelle-Zéelande ; les naturels
du pays l'appellent *Kakaterri ;* il se plaît dans les localités
marécageuses. Son bois n'est pas très-fort.

CENT QUATRE-VINGT-TREIZIÈME FAMILLE.

LES CYCADÉES. — *CYCADEÆ.*

Cycadeæ Pers. Syn. — Rich. Comment. de Conifer. et Cycad. — R.
Br. Prodr. p. 546; id. in King's Voyage. — Kunth, in Humb. et Bonpl.
Nov. Gen. et Spec. 2. — Ad. Brongn. in Ann. des Sc. Nat. 16 (1829),
p. 589. — Bartl. Ord. Nat. p. 95. — *Cycadeaceæ* Lindl. Nat. Syst. ed.
2, p. 512. — Endl. Gen. p. 70. — *Cycadeaceæ* et *Zamiaceæ* Reichb. Syst.
Nat. p. 159.

Les Cycadées, quoique très-distinctes par leur port,
qui est semblable à celui des Fougères arborescentes, ne
diffèrent pourtant essentiellement des autres familles
de la même classe que par les feuilles pennées, et par
leur bois, qui n'offre pas de couches concentriques.
Cette famille ne comprend qu'une quarantaine d'espèces, toutes indigènes soit de la zone équatoriale, soit
des contrées extra-tropicales de l'hémisphère austral.

Caractères de la Famille.

Arbres ou *arbrisseaux.* Tronc très-simple (rarement
rameux au sommet), droit, columnaire, écailleux ou
annelé (par les cicatrices des anciennes feuilles) ; chez

un certain nombre d'espèces, la tige est réduite à une souche hémisphérique ou subsphérique. Sucs-propres mucilagineux.

Feuilles couronnantes, agrégées, disposées en ordre spiral, persistantes, pétiolées, pari-pennées ; folioles très-entières ou dentées, sessiles, coriaces, alternes, ou opposées, 1-ou pluri-nervées, non-veineuses, en général enroulées en préfloraison.

Fleurs dioïques, naissant sur des écailles ébractéolées, disposées en chatons terminaux.

Chatons-mâles : Écailles polyandres, horizontalement superposées, serrées, pluri-sériées (en ordre spiral), anthérifères en dessous.

Anthères 2-à 4-thèques, sessiles, adnées, extrorses, sans connectif ; bourses divariquées, disjointes, s'ouvrant chacune par une fente longitudinale.

Chatons-femelles : Écailles accrescentes, soit serrées, et biflores en dessous au sommet, soit lâchement imbriquées, et pluri-flores aux bords.

Pistil dressé (lorsqu'il est inséré au bord de l'écaille), ou renversé (lorsqu'il est porté sur la face inférieure de l'écaille), basifixe, inadhérent, cupulaire, à orifice urcéolé. Ovule inclus, réduit au nucelle.

Péricarpe dressé ou renversé, sessile, drupacé ; noyau osseux, évalve, 1-loculaire, 1-sperme.

Graine adhérente ; tégument membraneux. Périsperme blanc, charnu (corné étant sec). Embryon 2-cotylédoné, à peu près aussi long que le périsperme ; cotylédons gros, inégaux, beaucoup plus longs que la radicule, plus ou moins complétement entregreffés ; ils restent engagés dans le périsperme, en germination ; plumule conique, squamelleuse, incluse ; radicule courte, obtuse.

La famille des Cycadées se compose des genres suivants :

SECTION I. **CYCADINÉES.** — *Cycadeaceæ* Reichb.

Chatons-femelles composés d'écailles lâchement imbriquées, longuement stipitées (comme pétiolées), planes, foliacées, 3-ou 4-flores de chaque côté, après la floraison étalées ou réfléchies. Fleurs dressées.

Cycas Linn.

SECTION II. **ZAMIÉES.** — *Zamiaceæ* Reichb.

Chatons-femelles composés d'écailles serrées, épaisses, horizontales, stipitées, subrhomboïdales, peltées, biflores en dessous, entregreffées en strobile après la floraison. Fleurs renversées.

Encephalartos Lehm. (Arthrozamia Reichb.)— *Zamia* Linn.

Genre CYCAS. — *Cycas* Linn.

Chatons-mâles composés d'écailles épaisses, serrées, horizontales, cunéiformes, subtrigones, sessiles, cuspidées, anthérifères à toute la surface inférieure. Anthères petites, 1-à 4-thèques, irrégulièrement éparses ; bourses elliptiques ou subglobuleuses. — Chatons-femelles à écailles lâchement imbriquées, longuement stipitées (comme pétiolées), ensiformes, foliacées, très-grandes, 3-ou 4-flores de chaque côté, après la floraison étalées ou réfléchies. Fleurs dressées, demi-enfoncées chacune dans une fossette du bord de l'écaille. Drupes subglobuleux, dressés.—Arbres ou arbrisseaux. Tronc très-simple. Feuilles très-grandes, paripennées ; folioles subdécurrentes, 1-nervées. Chatons gros, solitaires. — Ce genre renferme environ dix espèces, dont voici les plus notables.

Cycas de Rumphius. — *Cycas Rumphii* Miquel, in Ann. des
Sc. Nat. 2ᵉ sér. vol. 14, p. 61. — Rumph. Amb. I, tab. 22
(fœm.) et 23 (mas.). — *Cycas circinalis* auctorum ex parte. —
Roxb. Flor. Ind. ed. 2, vol. 3, p. 147. — Arbre de 12 à
24 pieds; tronc irrégulièrement rimeux. Feuilles longues d'environ cinq pieds; pétiole cylindrique, glabre, épineux à la
base; folioles opposées, horizontales, linéaires-lancéolées, mucronées, fortement 1-nervées à chaque face. Chatons-mâles
ovoïdes. Écailles des chatons-femelles ramiformes, défléchies,
terminées en appendice court, longuement acuminé, rhomboïdal,
spathulé, dentelé. Drupes au nombre de 3 à 5 par écaille, un
peu comprimés, de couleur orange, ovoïdes. (*Miquel, l. c.*)

Roxburgh (*l. c.*) décrit cette espèce comme il suit : Feuilles
longues de 3 à 6 pieds, divergentes, nombreuses, luisantes, d'un
vert foncé. Folioles (au nombre de 50 à 60 paires par feuille)
sub-alternes, un peu distancées, planes, linéaires-lancéolées,
subfalciformes, longues de 4 à 10 pouces, larges d'environ 6 lignes. Pétiole subcylindrique, dégarni de folioles jusqu'à 1 à
2 pieds de distance de la base, mais garni d'aiguillons courts et
pointus. Chaton-mâle ovale-oblong, long de 1 pied à 2 pieds,
porté sur un pédoncule gros, court, dressé; écailles nombreuses,
tronquées, cotonneuses-ferrugineuses au sommet, d'abord imbriquées, finalement disjointes. Drupes ellipsoïdes, du volume d'un
œuf de poule, lisses, un peu comprimés, jaunes à la maturité. —
Cette espèce croît aux Moluques.

Cycas a fruit globuleux. — *Cycas sphærica* Roxb. Flor.
Ind. ed. 2, vol. 3, p. 747. — Tronc plus gros que celui du
Cycas Rumphii. Feuilles moins grandes que celles de ce dernier; pétiole épineux aux bords; folioles au nombre de 80 à
100 paires par feuille, sub-alternes, linéaires, mucronées, piquantes. Écailles du chaton-mâle cuspidées : pointe subulée, recourbée. Écailles du chaton-femelle triflores de chaque côté,
cotonneuses-ferrugineuses, cuspidées au sommet. Drupes du volume d'un œuf de pigeon, globuleux, d'un jaune orange à la
maturité; pulpe un peu farineuse, douceâtre, mais d'une odeur
désagréable. — Cette espèce habite les Moluques.

Cycas circinal. — *Cycas circinalis* Linn. (exclus. syn. Rumph.) — Rich. Conifer. tab. 25 et 26. — *Todda Panna* Hort. Malab. III, tab. 13 ad 21. — Arbre de 40 à 70 pieds de haut. Tronc couvert de tubercules annulaires. Écorce pourpre à l'intérieur. Bois mou, blanchâtre. Feuilles longues d'environ 8 pieds : les jeunes laineuses. Pétiole convexe en dessous, canaliculé en dessus, épineux aux bords. Folioles linéaires-lancéolées, pointues, subfalciformes, opposées. Chaton-mâle ovale-cylindracé, dressé, subsessile, long de 2 pieds et plus, sur 5 à 7 pouces de diamètre, assez semblable à un Ananas; écailles coriaces, un peu charnues, longues de 2 à 3 pouces, laineuses au sommet, terminées en pointe infléchie. Chatons-femelles grands, sessiles, ovoïdes-coniques; écailles longues de près de 1 pied, subspathulées-lancéolées, acuminées, crénelées vers le sommet, épaisses, coriaces, cotonneuses-ferrugineuses, 1-à 4-flores de chaque côté. Drupes du volume et de la forme d'un œuf de poule, un peu comprimés, lisses, apiculés, d'un jaune orange à la maturité. Graine globuleuse-turbinée, à peu près du tiers plus courte que la cavité du noyau. — Cette espèce croît au Malabar. C'est une opinion assez généralement reçue qu'on en obtient du Sagou; mais Roxburgh assure que ni le *Cycas circinalis*, ni aucun de sés congénères ne produisent cette fécule, qui ne provient que de quelques espèces de Palmiers, du genre *Sagus*.

FIN DU TOME ONZIÈME DES PHANÉROGAMES.

COLLABORATEURS

MM.

AUDINET-SERVILLE, [...] la Société Entomologique, Membre de plusieurs Sociétés savantes nationales et étrangères (ORTHOPTÈRES, NÉVROPTÈRES, HÉMIPTÈRES).

AUDOUIN, Professeur-administrateur du Muséum, Membre de plusieurs Sociétés savantes nationales et étrangères (ANNÉLIDES).

BIBRON, Aide-Naturaliste au Muséum, collaborateur de M. Duméril pour les Reptiles.

BOISDUVAL, Membre de plusieurs Sociétés savantes nationales et étrangères [...] entomologie de l'Amérique et de l'Asie [...] Lépidoptères et Histoire de la Faune de Madagascar [...] (LÉPIDOPTÈRES).

DE BLAINVILLE, Membre de l'Institut [...]

DUMÉRIL, Membre de l'Institut, Professeur-administrateur du Muséum d'Histoire naturelle, Professeur à l'École de Médecine, etc. (REPTILES).

LACORDAIRE, Naturaliste voyageur, Membre de la Société entomologique (INTRODUCTION À L'ENTOMOLOGIE).

HUOT (GÉOLOGIE).

BRONGNIART (MINÉRALOGIE).

DELAFOSSE

LESSON, Membre correspondant de l'Institut, Professeur à l'École de Médecine (ZOOPHYTES DIVERS).

MACQUART, Directeur du Muséum de la ville de Lille, Membre [...] des Sociétés savantes [...] Département du Nord de la France (DIPTÈRES).

MILNE EDWARDS, Professeur, Membre de plusieurs Sociétés savantes [...]

LE PELETIER DE SAINT-FARGEAU [...] Membre de la Société entomologique [...]

PAUL GERVAIS [...]

WALCKENAER [...]

CONDITIONS DE LA SOUSCRIPTION

ON SOUSCRIT, SANS RIEN PAYER D'AVANCE,

À LA LIBRAIRIE ENCYCLOPÉDIQUE DE RORET,

RUE HAUTEFEUILLE, 10 bis, À PARIS.

www.ingramcontent.com/pod-product-compliance
Ingram Content Group UK Ltd.
Pitfield, Milton Keynes, MK11 3LW, UK
UKHW020608230726
13926UKWH00005B/2277